“十二五”规划教材

12th Five-Year Plan Textbooks
of Software Engineering

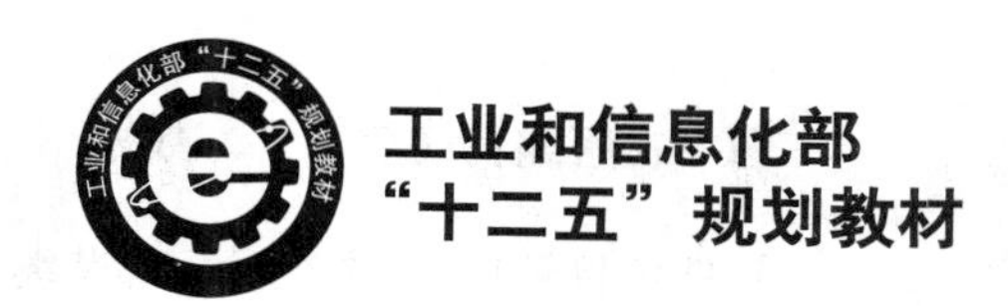

软件项目管理

（第2版）

朱少民 韩莹 ◎ 编著

Software Project Management

人民邮电出版社
北京

图书在版编目（C I P）数据

软件项目管理 / 朱少民，韩莹编著. -- 2版. -- 北京 : 人民邮电出版社，2015.2（2024.7重印）
普通高等教育软件工程“十二五”规划教材
ISBN 978-7-115-37814-9

Ⅰ. ①软… Ⅱ. ①朱… ②韩… Ⅲ. ①软件开发－项目管理－高等学校－教材 Ⅳ. ①TP311.52

中国版本图书馆CIP数据核字(2014)第299382号

内 容 提 要

本书借鉴了工业界项目管理的理论、方法和实践，结合软件研发项目的特点，全面介绍了软件项目管理的各个方面，以软件项目管理的生命周期演进顺序，详细介绍了项目启动准备、项目计划、范围管理及估算、进度和成本管理、质量管理、风险管理、团队与干系人管理、监督与控制、项目收尾等内容，揭示了软件项目管理的本质，并使读者能够全面掌握软件项目管理所需的知识体系。

本书充分吸收了《人月神话》、《人件》、《梦断代码》等许多软件工程名著的精华，参考了 PMBOK 最新版本（2013，5.0），并兼顾了敏捷开发的思想和实践，通过一些生动、形象的案例来讨论和解决软件项目管理活动中遇到的问题，希望对读者及其所在的软件组织有更大的启发和帮助，能够完善项目管理体系，将项目管理落到实处，按时按量地开发出高质量的软件产品。

本书条理清晰、语言流畅、通俗易懂，内容丰富、实用，理论和实践有效结合。本书可作为高等学校软件工程专业、计算机软件专业和其他相关专业的教材，以及软件项目经理和其他各类软件工程技术管理人员的参考书。

◆ 编　　著　朱少民　韩　莹
　责任编辑　刘　博
　责任印制　沈　蓉　彭志环

◆ 人民邮电出版社出版发行　　北京市丰台区成寿寺路 11 号
　邮编　100164　　电子邮件　315@ptpress.com.cn
　网址　http://www.ptpress.com.cn
　北京市艺辉印刷有限公司印刷

◆ 开本：787×1092　1/16
　印张：20　　　　　　2015 年 2 月第 2 版
　字数：522 千字　　　2024 年 7 月北京第 25 次印刷

定价：42.00 元

读者服务热线：(010) 81055256　印装质量热线：(010) 81055316
反盗版热线：(010) 81055315

第 2 版前言

2009 年 11 月，《软件项目管理》第 1 版和读者见面，时光如梭，5 年很快就过去了，本书也多了一份收获——受到读者的喜爱，国内有近 60 所大学选用本书作为软件项目管理课程的教材，并被评为工业和信息化部"十二五"规划教材。在这 5 年，软件研发领域也发生了很大变化，传统的瀑布模型逐渐被边缘化，敏捷开发成为软件开发中的主导模式；软件不再是产品，而是一种服务，和互联网、移动设备、云计算、虚拟技术等有更多的融合，软件应用无处不在、无时不在，软件正在重新定义我们的工作、生活，甚至可以说，软件正在重新定义我们这个世界。

日渐盛行的敏捷开发模式对软件项目的影响是显著的。开发思想和理念发生改变，项目管理也会随之而变。传统的软件项目管理更多吸取了传统工业的项目管理思想、方法和实践，侧重流程管理，强调计划和监控。而敏捷软件开发，强调以人为本的管理，强调"沟通、反馈、开放、相互尊重、承诺、专注、勇气"等理念。要使软件项目管理适应敏捷文化，需关注下列这些问题。

- 如何在发挥人的能动性和建立必要的流程管理之间获得平衡？
- 如何在接受需求变化和风险控制之间获得平衡？
- 如何在加强沟通和降低成本之间获得平衡？
- 如何在开发效率和开发质量之间获得平衡？

管理本身就是一种平衡艺术，所以当人们讨论敏捷宣言中核心四句话时，有专家觉得更应该将"胜于（over）"改为"平衡于（balance with）"。

个体与协作~~胜于~~（平衡于） 流程和工具
可工作的软件~~胜于~~（平衡于） 完备的文档
与客户合作~~胜于~~（平衡于） 合同谈判
拥抱变化~~胜于~~（平衡于） 遵循计划

在本书第 2 版的修订中，引入了更多敏捷思想、方法和实践，但也没有把过去传统的管理做法全部删去，也是出于上述"平衡"思想来考虑的，毕竟许多经典的东西还是有价值的。而且，软件项目管理也必须基于上下文来考虑，不同的软件开发模式，就有相应的管理模式去应对。在相当长的时间内，传统软件开发和敏捷软件开发两种模式是并存的。软件开发完全由一种模式一统天下的日子，也许永远不会到来。万一来到，我们再修改本书也不迟。

从项目管理本身来看，过去 5 年也发生了较大变化，其中最大的变化是 2013 年发布的 PMBOK 5.0，增加了 1 个知识领域"项目干系人管理"，强调项目团队需要处理好与项目干系人的关系，并对 PMBOK 4.0 的 44 个过程进行了整合，形成现在的 47 个过程。本书在修改时，参考了 PMBOK 最新版本内容，进行了相应调整。

针对敏捷开发、PMBOK 的调整，第 2 版做了重要修改，除此之外，还适当增加了实例和课程实验，对原来某些不妥当的内容（如过时的工具等）进行了修改，尽量使本书能更好地满足软件项目管理的需要。

希望通过这样的修改，老师和同学们更喜欢本书。同时，作者也深感书中还存在一些问题，并且离完美还有很大的距离。但无论如何也不能为了追求完美，把已经修改的内容锁在计算机内，这样不能给大家带来价值；而应该拥有敏捷的思想，及时交付有价值的成果给大家，为大家的教学服务。为此，作者将不断努力，持续跟踪大家的反馈，不断修改，继续出版第 3 版、第 4 版……最后，再一次祈求大家不吝赐教，及时提供反馈，为下一版的改进提出宝贵意见。

朱少民

于同济大学美丽而偏远的嘉定校区

第 1 版前言

奥运会开幕式，千人击缶，气势磅礴；画轴铺开，精彩绝伦；场面宏大，衔接自然，一气呵成，令人叹为观止，敬佩不已！奥运会开幕式的确奉献给全世界一台经典的奥林匹克视听盛宴，但在开幕式的背后，我们可知道有多么大的付出和艰辛？

2008 年北京奥运会开幕式历经三年多的精心准备，近两万名中外艺术家和文艺工作者参与，不能说不是一项巨大的工程。演出时间确定了，就不可能改动，没有丝毫的商量余地。同时，又要通过奥运会开幕式使全世界几十亿电视观众认识北京、了解中国和享受中国文化，肩负着 13 亿人民的使命，可谓责任重大。人们对奥运会开幕式有很高的期盼，希望获得很好的效果，在时间、质量等各个方面都有很高的要求，这对开幕式主办方提出了很大的挑战。我们后来知道，仅张艺谋、王潮歌和樊跃“铁三角”组合准备标书就准备了半年，其创意是经过了一遍又一遍的修改，最后通过实施、调整，达到大家全部满意为止，仅仅就演出中可能出现的风险，就做了不少预案，做好防范措施，例如：

- 在高空，火炬掉了怎么办？如果火炬掉下来，任何补救的机会都没有，解决方案是：火炬握在李宁手中的同时，上面还吊着一组钢丝，加了一道安全措施。
- 李宁在空中奔跑时，与“卷轴”同步的轨道车坏了如何办？解决方案是：有工作人员一直在跟着轨道车跑，如果它一旦出现故障，马上就会换成人来推。

从“奥运会开幕式”这个项目的计划、组织和实施来看，它似乎具备了所有项目的成功因素，如高度重视计划、精心设计、进度安排缜密、资源充足、风险防范全面等，但软件项目管理的情况非常不乐观。软件项目失败率比较高，一半以上的项目会延期，许多项目超过预算，软件质量就更糟糕了。虽然在 20 世纪 70 年代就奠定了软件工程学基础，但软件项目管理的路还很长。不过，我们不要气馁，努力向传统工程学习，结合软件自身特点，运用好项目管理的知识和方法，只要认真、坚持和不断创新，我们仍然可以降低软件开发成本，提高产品质量，不断获得项目的成功。

老子在《道德经》里说：“上善若水。水善利万物而不争。处众人之所恶，故几于道。居善地，心善渊，与善仁，言善信，正善治，事善能，动善时。夫唯不争，故无尤。”那“善”是什么？“善”就是合乎天地的“道”，“上善”就是最高境界的道，就像水一样，能适应各种各样的不同环境，水可以包容万物、滋养万物而不与万物相争。老子认为水有七善。

（1）居善地　善于自处而甘居下地，要谦让。

（2）心善渊　心存善良，心胸开阔，能容纳百川。

（3）与善仁　行为修到同水一样助长万物的生命和善良，与人为善。

（4）言善信　说话如同潮水，言而有信，拥有信任，才能获得足够的支持。

（5）正善治　立身处世，尽量做到公平、公正，才能更好地治理团队。

（6）事善能　担当做事，沟通融和，问题容易解决，是能力的体现。

（7）动善时　以静制动，及时而动，把握机会。

老子所弘扬的水的精神，其实对项目管理有很好的启发。作为一个项目经理，确实需要水的柔性，无坚不摧，战无不胜，有道是“水善利万物而不争，处众人之所恶，此乃谦下之德也；故江海所以能为百谷王者，以其善下之，则能为百谷王。天下莫柔弱于水，而攻坚强者莫之能胜，此乃柔德也；故柔之胜刚，弱之胜强。因其无有，故能入于无间，由此可知不言之教、无为之益也”。市场总是千变万化的，在不同的时期，对待不同的问题，需要不同的解决办法，就像水一样，适应各种各样不同的环境，包容万物、因势利导。我们在管理过程中会遇到各种各样的问题，随机应变就显得非常重要，既要抓住机会，又要规避风险，获得最大的成功机会。在平时工作中，对待项目组成员要谦和、能屈能伸、公平公正、言而有信，那么就一定能带好项目团队。同时，和其他各方人员要沟通流畅，获得足够的支持和资源。有了人和资源，还怕项目不成功？所以掌握软件项目管理的知识是基础，关键在于灵活运用、融会贯通并总结出适合自己的软件项目管理的体系和方法。这需要在实践中慢慢摸索和成长。

本书正是基于这些思想，通过围绕《人月神话》和《梦断代码》所赋予的经验与教训，并通过一些生动、形象的实际案例来讨论软件项目管理知识体系的精髓，希望对读者及其所在的软件组织有更大的启发和帮助，改进项目管理，真正将项目管理落到实处，按时按量地开发出高质量的软件产品。

全书共 10 章，比较全面地介绍了软件项目管理的各个方面，以项目管理的生命周期——启动、计划、执行、控制、结束为顺序，介绍了范围管理、质量管理、（人力）资源管理、时间（进度）管理、沟通管理、成本管理和风险管理等相关内容。每一章的最后都有本章的小结和习题，以便帮助读者理解每一章的内容。

第 1 章　对项目管理进行了概述，以项目起源开始，分别阐述了项目管理的本质、基本方法、生命周期、知识体系，最后引申到软件项目管理的特点和管理重点。

第 2 章　相继介绍了软件项目启动前的一些准备工作，重点介绍了软件的可行性分析和软件的组织结构，包括可行性分析的前提、要素、方法和软件组织结构中的重要角色——项目经理、QA 与 QC 等。

第 3 章　介绍了如何制订软件项目的计划，对计划的内容、方法进行阐述之后，着重讨论了有效制订项目计划的策略，包括计划的原则、计划的流程、计划的工具等具体内容，而且对如何制订资源、进度、成本、风险、质量等具体计划分别进行了阐述。

第 4 章　介绍了软件项目估算的内容和方法，主要介绍了软件规模估算、工作量估算、资源估算、进度估算和成本估算的一些常用方法和模型以及相关的实践应用，包括 COCOMO 方法、基于用例的估算方法、不同场景的估算方法和学习曲线等。

第 5 章　描述了软件进度安排和成本管理的相关内容，分别讨论了软件进度和成本计划如何制订以及常用方法和策略，包括关键路径分析、里程碑管理、PERT 计划评审技术、挣值法、进度—成本平衡法等。

第 6 章　阐述了项目质量计划的内容和软件评审的方法，并介绍了控制软件质量的方法和手段，最后还介绍了质量度量的相关知识。通过对本章的学习可以基本掌握软件评审的方法和过程，以及对软件缺陷的分析和有效移除。

第 7 章　通过风险的警示引出风险管理的内容，其控制流程是通过识别、评估、监控和应对的顺序来完成的。在本章的最后两小节，还介绍了风险管理的高级技术，并给出了风险管理的最佳实践供读者参考。

第 8 章 主要介绍了“以人为本”的软件项目人力资源管理理念。首先阐述了软件工程师赖以生存的环境——团队的建设和管理，然后相继介绍了工程师之间的知识传递、沟通协作和经验共享等内容，最后讨论了如何才能做好软件的绩效管理。

第 9 章 首先阐述了软件过程度量的基本内容、流程和方法，然后通过对项目进展中的数据进行收集和分析，来监控项目的进展状态。后面几个小节针对常见的优先级控制、变更控制和合同控制进行了具体的讨论。

第 10 章 总结了项目收尾阶段的具体工作，做好项目的收官之战。包括项目如何通过验收，项目如何进行总结等内容。

本书由朱少民主编和审稿，其中第 1 章、第 3 章、第 4 章、第 6 章、第 7 章由朱少民编写，第 2 章、第 5 章、第 8 章、第 9 章、第 10 章由韩莹编写。

本书条理清晰、语言流畅、通俗易懂，内容丰富、实用，理论和实践有效结合。本书可作为高等学校软件工程专业、计算机软件专业和其他相关专业的教材，软件项目经理的良师益友，以及其他各类软件工程技术管理人员的参考书。

由于作者水平有限，本书不可避免会存在一些错误、不准确以及其他问题，恳请读者见谅并能及时提出宝贵意见。

作　者

2009 年 7 月

目 录

第 1 章 概述

公元前256年，李冰任蜀郡守，组织民众巧妙地利用岷江出山口处特殊的地形和水势，筑鱼嘴分流，凿宝瓶口引水，修飞沙堰泄洪，在成都平原上穿二江引水行舟溉田，分洪减灾，立石人以观测水位变化，创建了神奇的都江堰。

都江堰是全世界至今为止，年代最久的宏大水利工程。都江堰是工程项目管理的典范，蕴含着许多值得我们永远称赞的东西。

- 高质量的管理：两千多年来，它一直发挥着防洪灌溉作用。
- 资源管理：在那样的年代，完成这样巨大的工程，无论在人力、物力上都是非常不容易的。
- 设计巧妙：充分利用当地西北高、东南低的地理条件，根据江河出山口处特殊的地形、水脉、水势，因势利导，无坝引水，自流灌溉。
- 系统架构完美：做到堤防、分水、泄洪、排沙、控流相辅相成，构成完整的、统一的体系，发挥了水利工程的最大效益。
- 创新：火药还未发明，李冰就率众以火烧水浇的施工方法，使岩石爆裂，在玉垒山硬凿出了一个宽20m、高40m、长80m的山口。

都江堰的项目管理实际发生在两千多年前，虽然那时还没有形成一门学科。今天我们讨论软件项目管理，许多内容还是来源于传统的工程项目管理，二者在本质上是一样的，包括了相同的主题——范围管理、质量管理、（人力）资源管理、时间（进度）管理、沟通管理、成本管理、风险管理、采购管理和整合管理等。所不同的是，软件项目管理会从软件自身特性出发，将项目管理的最佳实践融于整个软件开发过程，满足各方面的要求，以获得软件项目的最大收益。

1.1 什么是项目管理

项目管理对大家既熟悉又陌生，人们在日常生活中经常谈及项目或项目管理，如学校活动、道路工程、房屋建筑工程等。项目管理并不神秘，人类数千年来进行的组织工作和团队活动，包括前面介绍的都江堰工程，都可以视为项目管理行为。但同时，人们又很难解释清楚什么是项目管理，不识庐山真面目。

1.1.1 项目

“项目”一词，是从英文project 翻译过来的，在汉语中出现得比较迟，大概是20世纪50年代。英文“project”一词在很早就有了，来源于中世纪英语 projecte 和中古拉丁文 projectum，其主要含义是已计划好的活动、承诺或事业，如以下几种。

- 特定的计划或设计。
- 公共的房屋开发，包括计划、设计和实施。
- 可以明确表述的研究活动。
- 一次政府支持的大型活动。
- 由一群人参与的活动，目的是解决某个特定的问题或完成某个特定的任务。

项目（project）是指为增加某一独特的产品或服务的价值所做的一次性的、有限的努力。这里，“一次性”意味着项目是有特定的开始和结束时间的，而“独特”则意味着任何一个项目具有自己的特点，即与其他项目一定存在不同之处，这些不同之处表现在项目的目标、范围、质量、成本、时间、资源等多个因素中的一项或几项。所以，我们还可以说：

（1）项目就是在特定的时间内解决特定的问题或达到特定的目标；

（2）项目是指一种一次性的复合任务，具有明确的开始时间、明确的结束时间、明确的规模和预算，通常还有一个临时性的项目组；

（3）项目包含了一系列独特的且相互关联的活动，这些活动有着一个明确的目标，必须在特定的时间、预算、资源等条件下，依据规范完成特定的任务。

在这个社会上，项目随处可见，小到一次聚会或一次郊游的组织，大到一场文艺演出、一次全国性的体育比赛、一项建筑工程、一个新产品的开发等，还有著名的项目，如曼哈顿计划、北极星导弹计划、北京2008奥运会的开幕式等。

项目管理的有关概念

- **顾客：**委托工作并将从最终结果中得益的个人或团体。
- **用户：**使用项目的最终交付物的个人或团队。有可能和顾客是同一个（类）人。
- **提供者：**负责提供项目所需物品或专业知识的一或多个小组。有时又称为供应者或专家。他们负责项目的输入。
- **程序（Program）：**按照协调原则选择、计划和管理的项目集。
- **项目委员会：**由顾客、用户方代表、供应方代表组成。项目经理定期向项目委员会报告项目的进程和面临的突出问题。项目委员会负责向经理提供项目进程中突出问题的解决方案。
- **项目委任书：**来自项目外部的，形成参考条款并用于启动项目的信息。
- **交付物：**是项目的产出项，作为项目要求的一部分。它可以是最终产品的一部分或是一个或更多后继的交付物所依赖的某一中间产物。依据项目的类型，交付物又称“产品”。

- **项目经理**：被授予权力和责任管理项目的个人，负责项目的日常性管理，按照同项目委员会达成的约束条件交付必需产品。
- **项目质量保证**：项目委员会确保其自身能正确管理项目的职责。
- **检查点报告**：在检查点会议上收集的关于项目进展情况的报告。该报告由项目小组向项目经理提交，其内容包括在项目起始文档中定义的报告数据。
- **例外报告**：这是一个由项目经理向项目委员会提交的报告。报告描述例外，对后续工作进行分析，提出可供选择的解决方案并确定一个推荐方案。

项目的有限特性和一次性特性，使它区别于“流程（process）”“日常操作（operation）”等活动，这些活动一般是永久的或长期的，服务于一个产品系列的长期开发过程或一个服务的长期运作。所以，项目是为完成某个独特的产品或服务所做的一次性任务，概括起来项目具有下列特性。

- 目标性，其结果只可能是一种期望的产品或服务；
- 独特性，每一个项目都是唯一的；
- 一次性，有确定的起点和终点；
- 约束性，每一个项目的资源、成本和时间都是有限的；
- 关联性，所开展的活动是密切相互关联的；
- 多方面性，一个项目涉及多个方面、多个相关利益者，如委托方、总承包商、分承包商、供应商等；
- 不可逆转性，不论结果如何，项目结束了，结果也就确定了。

在讨论项目管理（project management）时候，还需要区别程序管理（Program management）、资产组合管理（portfolio management）。在介绍程序管理、资产组合管理之前，先要了解程序（Program，习惯翻译为“项目集”）、资产组合（portfolio，习惯翻译为“项目组合”）和项目的关系与区别。

在这三者中，简单地说，多个项目构成项目集，多个项目集构成资产组合。资产组合处于最高层次，将项目、项目集、资产组合和业务操作等作为一个组合，以达到业务战略目标。而项目集也是一个组合，只是在资产组合之下的组合，由子集、项目或其他工作构成，通过组织有序、协调的方式来支持资产组合，如图 1-1 所示。项目和项目集不一定具有直接关系或依赖性，但它们的目标最终都指向公司战略规划。资产组合与项目集、项目集与单个项目，和组织的策略及其优先级都有直接联系，组织在进行战略规划时，基于收益、风险、成本、资源等因素考虑来对项目进行优先级排序，也可以直接参与项目资源的调度与管理。

实　例

曼哈顿计划（Manhattan Project）

曼哈顿计划（1942 年 6 月至 1945 年 7 月）是第二次世界大战期间美国陆军开发核武器计划的代号，也称曼哈顿工程、曼哈顿项目。曼哈顿计划的总负责人为陆军格罗夫斯少将（Leslie R. Groves），而美国著名理论物理学家，有“原子弹之父”之称的罗伯特·奥本海默（J.Robert Oppenheimer）为技术总顾问，整个计划的经费是 25 亿美元，历时 3 年完成。

1941 年 12 月 7 日，日本偷袭美国珍珠港。此后不久，美国正式成为第二次世界大战参战国。面对德国已从 1939 年就开始研制原子弹的情况，加之反法西斯的许多科学家上书建议，美国秘密拨款共25亿美元，加紧核武器的开发。由于研制计划的总部开始设在纽约市曼哈顿区，所以称为曼哈顿计划。1942年6月，丘吉尔首相和罗斯福总统在华盛顿会晤，决定两国联合研制原子弹，即把英国原来研制原子弹的“合金管”计划逐步融入到美国的“曼哈顿计划”。

曼哈顿计划主要在新墨西哥州沙漠地区洛斯阿拉莫斯（Los Alamos）附近的一个专为此项目开辟的绝密研究中心进行。为提高效率，美国决定将所有分散在军队、大学和各实验室研制原子弹的单位联合起来，这种体制被称为“三位一体”制，罗斯福总统还赋予该工程有“高于一切的特别优先权”。在奥本海默领导下，大批物理学家和技术人员参加了这一计划，高峰时期参加者人数逾10万人，著名的科学家费米、波耳、费曼、冯纽曼、吴健雄等也参与了研制工作。与此同时，罗斯福还命令空军组成一支秘密分队，主要任务就是执行“曼哈顿计划”。这支被命名为509大队的特殊航空部队于1944年12月7日组建完成，至1945年7月29日，509大队完成了一切战前训练和准备。

1945年7月16日，第一颗原子弹试验成功，爆炸当量相当于2.1万吨三硝基甲苯（TNT）。由于当时欧洲的两个主要轴心国均已战败，原子弹投放的目标转向了日本。而冲绳岛之战，美军共阵亡48 000名官兵，如此伤亡让美国坚定了使用原子弹的决心（冲绳岛是盟军和日军在太平洋战场争夺的最后一座岛屿，尽管美国最终取得了胜利，但死伤惨重）。1945年8月6日上午8时15分，美国向广岛投放了称为“小男孩”的原子弹，8月9日又向长崎投放了称为“胖子”的原子弹。在长崎投掷原子弹的第二天，日本裕仁天皇不得不接受“波茨坦公告”，8月15日，日本宣布无条件投降，第二次世界大战宣告结束。

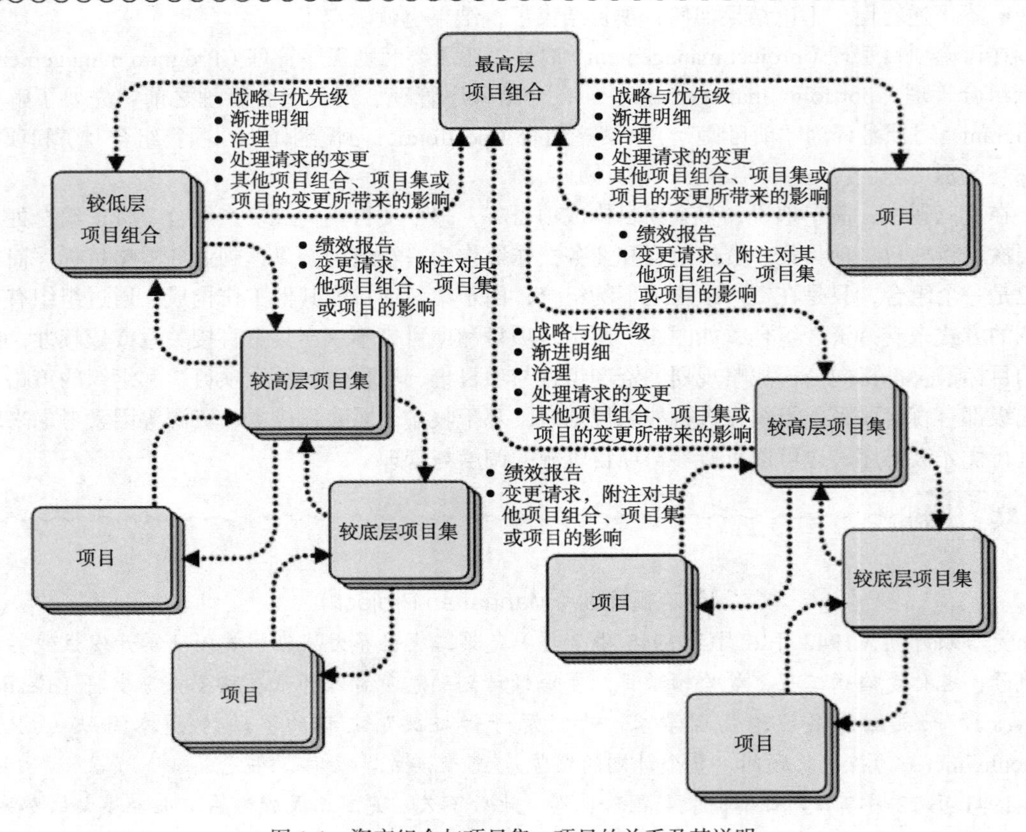

图1-1　资产组合与项目集、项目的关系及其说明

1.1.2 项目管理

项目管理（Project Management），简单地说就是对项目进行的管理，即有计划地、有序地、有控制地做事。通过对项目的管理，才能达到项目的目标，才能在时间、资源和成本的限制下完成项目的任务。生活中充满了项目管理，例如我们去做一件重要的事情，一定会深思熟虑，把各种可能会出现的问题过一遍，找到对应的方法，做到心中有数，然后一步一步地去做。也就是事先有个计划，然后有步骤地去实施，不断调整，力求获得满意的结果。

如果从严格意义上看，项目管理是一门有关计划、组织、协调、控制和评价的学科，是管理学和工程学的有机结合。它探求项目活动的计划、组织、管理所需要的理论与方法，从而确保成功地完成特定项目的目标和任务。项目管理活动就是在有限的资源约束下，按照项目的特点和规律，科学地、系统地对项目进行计划、组织、协调和控制，对项目涉及的全部工作进行有效的管理。下面给出一些其他常见的项目管理定义。

项目管理的定义

- PMBOK（Project Management Body of Knowledge，项目管理的知识体系）给出的定义：项目管理是为了满足项目需求，在项目活动中采用的知识、方法、技术和工具的集合。
- PRINCE2 给出的定义：项目管理是对项目各个方面的计划、监督和控制，并激励项目的所有参与人员去达到项目的时间、质量、成本、性能等多方面的目标。
- DIN 69901（德国国家标准）给出的定义：项目管理是项目活动中所应用的一系列的任务、技术和工具。
- 项目管理就是组织实施为实现项目目标所必需的一切活动的计划、安排与控制。

概括起来，项目管理就是以项目为对象的系统管理方法，通过一个特定的柔性组织，对项目进行高效率的计划、组织、指导和控制，不断进行资源的配置和优化，不断与项目各方沟通和协调，努力使项目执行的全过程处于最佳状态，获得最好的结果。项目管理是全过程的管理，是动态的管理，是在多个目标之间不断地进行平衡、协调与优化的体现。

项目管理包含对工具、人和过程的管理，并受到多方因素的约束，如图 1-2 所示。项目组是由人组成的，过程的处理靠人，工具的使用也是人，所以人是项目管理的主体；工具包括工作分解结构法、PERT 工作表、挣值分析法、进度表等；过程是将项目推进所经历的时间，过程总是决定任务的成败，管理也是一个过程。

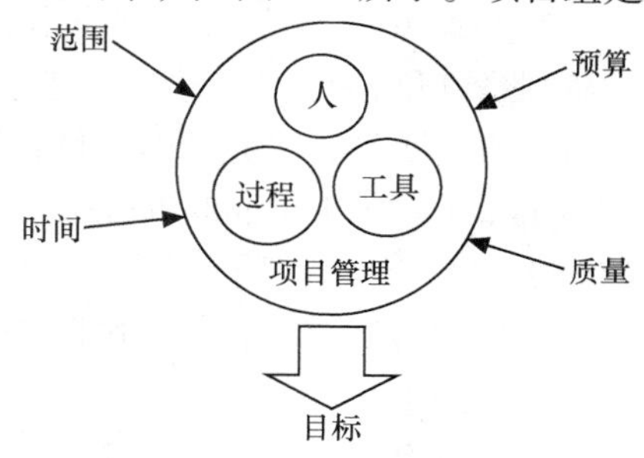

图 1-2 项目管理的构成和约束

项目管理最大的挑战是在范围、时间、质量和预算等条件限制下达到项目的各项目标。另一个挑战是，为满足预先定义的项目目标而需要的各种资源的分配、整合和优化。这些资源包括资金、人员、材料、设备、能源、空间、供应、沟通和文化等。

	项目（Project）	项目集(Program)	项目组合(Portfolio)
范围	项目有明确的目标。其范围在整个项目生命周期中渐进明细	项目集的范围更大，并能提供更显著的利益	项目组合的业务范围随组织战略目标的变化而变化
变更	项目经理预期变更，并执行一定的过程来确保变更处于管理和控制中	项目集经理必须预期来自项目集内外的变更，并为管理变更做好准备	项目组合经理在广泛的环境中持续监督变更

续表

	项目（Project）	项目集(Program)	项目组合(Portfolio)
规划	项目经理在整个项目生命周期中，逐步将宏观信息细化成详细的计划	项目集经理制定项目集整体计划，并制定项目宏观计划来指导下一层次的详细规划	项目组合经理针对整个项目组合，建立与维护必要的过程和沟通
管理	项目经理管理项目团队来实现项目目标	项目集经理管理项目集人员和项目经理，建立愿景并统领全局	项目组合经理管理或协调项目组合管理人员
成功	以产品与项目的质量、进度和预算达成度以及客户满意度来测量成功	以项目集满足预定需求和利益的程度来测量成功	以项目组合所有组成部分的综合绩效来测量成功
监督	项目经理对创造预定产品、服务或成果的工作进行监控	项目集经理监督项目集所有组成部分的进展，确保实现项目集的整体目标、进度、预算和利益	项目组合经理监督综合绩效和价值指标

1.1.3　项目管理的起源

工程项目的历史悠久，相应的项目管理工作也源远流长。最早的工程项目主要来源于建筑工程，如前面提到的都江堰水利工程，还有像长城、紫禁城、赵州桥等著名建筑。这些工程主要集中在房屋建筑、水利工程、道路桥梁工程等方面。虽然当时没有明确的项目管理的概念，也没有一套系统的管理方法，而主要依赖于管理者的能力和经验、严厉的惩罚措施和行政手段等；但是，所有成功的建筑工程，总是有一套严密的组织管理体系来保证，包括详细的工期安排、任务分配、人力管理、进度控制、质量检验等。从学科的观点看，虽然那时存在项目管理的痕迹和内容，但还不是现代意义上的项目管理学。

人们通常认为，项目管理学是第二次世界大战的产物，如前面介绍的曼哈顿计划，建立了完整的项目概念，包括项目负责人、项目组织形式、独立的项目经费、项目计划、项目进度和风险的控制方法等，很好地完成了既定的任务。但项目管理学的全面发展则是发生在 20 世纪 50 年代后的几十年，可以说是前苏联和美国军事竞赛促进了项目管理学的发展。

20 世纪五六十年代，前苏联和美国处在冷战状态，而前苏联发射了第一颗人造卫星，使得美国感到恐惧和危机，决心加紧航空技术领域的开发。为了尽快超过前苏联，美国认为其必须提高项目的管理水平，研究新的项目管理方法和工具。例如，这个时期诞生了计划评估和审查技术（Program Evaluation and Review Technique，PERT）以及关键路径方法（Critical Path Method，CPM）。

- 1957 年，美国杜邦公司把 CPM 方法应用于设备维修，使维修停工时间由 125 小时锐减为 7 小时。
- 1958 年，美国在北极星导弹潜艇项目中应用 PERT 技术，竟把设计完成时间缩短了两年。
- 20 世纪 60 年代，美国阿波罗登月项目耗资 300 亿美元，2 万多家企业参加，40 多万人参与，使用了 700 万个零部件，但由于使用了网络计划技术，使各项工作进行得有条不紊，取得了很大的成功。

此后，人们开始借助大型计算机来进行网络计划的分析，从而建立更合理、可靠的进度计划。在这种背景下，现代项目管理逐渐形成了自己的理论和方法体系，1965 年欧洲成立了国际项目管理协会（International Project Management Association，IPMA），1969 年美国也成立了项目管理学会（Project Management Institute，PMI）。

20 世纪七八十年代，人们开始将信息系统的方法引入项目管理，相继建立项目管理信息系统。通过项目管理信息系统，可以由计算机承担辅助资源和成本的计划，控制和优化的过程，由此使项目管理工作变得更为有效、全面，项目管理覆盖面越来越广。项目管理信息系统的应用，进一步促进了项目管理学的发展，人们开发了许多新的方法及其对应的管理工具，反过来，这些方法和工具又融于项目管理信息系统之中，为项目管理服务。此后，项目管理越来越普及，不断获得新的发展。项目管理学变得越来越清晰，其中最著名的项目管理知识体系有 3 个。

（1）**美国 PMI 推出的项目管理知识体系（PMBOK）**。目前最新版是 PMBOK 2013（5.0 版）。PMBOK 总结了项目管理实践中成熟的理论、方法、工具和技术，从知识领域的角度将项目管理过程分成 10 个项目管理知识领域，定义了 47 个基本的项目管理过程，从过程输入、输出以及采用的工具和技术的角度给出了项目管理过程的详细描述。

（2）**英国政府商务部（OGC）出资研究开发的 PRINCE**。基于过程的（process-based）、结构化的项目管理方法，适合于所有类型项目（不管项目的大小和领域，不再局限于 IT 项目）的易于剪裁和灵活使用的管理方法。每个过程定义关键输入、需要执行的关键活动和特殊的输出目标。

（3）**IBM 公司的全球项目管理方法（World-wide Project Management Method，WWPMM）**。该体系由 4 个有机部分组成，即项目管理领域、项目管理工作产品、项目管理工作模式和项目管理系统。项目管理领域可以理解为项目管理的知识领域，与 PMBOK 中的 9 大知识领域类似，但在深度和广度两个方面对 PMBOK 进行了扩展，以符合大型 IT 项目管理的行业特点和现代管理理念。

1.2 项目管理的本质

项目管理的目标，就是以最小的代价（成本和资源）最大程度地满足软件用户或客户的需求和期望，也就是协调好质量、任务、成本和进度等要素相互之间的冲突，获取平衡。概括地说，项目管理的本质，就是在保证质量的前提下，寻求任务、时间和成本三者之间的最佳平衡，如图 1-3 所示。

在一个项目中，一般说任务、时间和成本中的某项是确定的，其他两项是可变的。这样，我们就可控制不变项，对可变项采取措施，保证项目达到预期效果。例如，产品质量是不变的，要有足够的时间和成本投入去保证产品的质量。但同时市场决定产品，时间受到严格限制，这时，如果要保证产品的功能得到完整的实现，就必须有足够的成本投入（人力资源、硬件资源等）。如果成本也受到限制，就不得不减少功能，实现产品的主要功能。如果从不同的角度去观察项目管理，我们可以从不同方面来描述项目管理的本质。

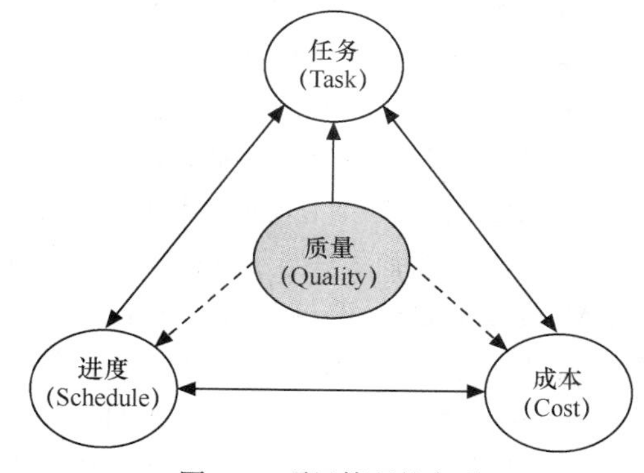

图 1-3 项目管理的实质

- 管理对象是项目或被当作项目来处理的运作。
- 管理思想是系统管理的系统方法论。
- 管理组织通常是临时性、柔性、扁平化的组织。
- 管理机制是项目经理负责制，强调责权的对等。
- 管理方式是目标管理，包括进度、费用、技术与质量。

- 管理要点是创造和保持一种使项目顺利进行的环境。
- 管理方法、工具和手段具有先进性和开放性。

1.2.1 太多的软件项目失败

据美国国家标准和技术学会（National Institute of Standards and Technology）2002 年的研究，软件错误每年造成美国 595 亿美元的经济损失，2/3 的项目明显延误或超出预算，甚至干脆无疾而终。即使在今天，根据 Standish 提供的调查数据，在 2013 年还有 24%的软件项目失败。

几乎所有软件工程课本都会讲到 IBM 那场空前绝后的软件灾难——美国航空管理局（FAA）1981 年上马的 AAS 项目（Advanced Automation System）。在花费数十亿美元，历经 13 年，耗尽数千人的心血后颗粒无收，FAA 的需求远远超过人类和机器的工作能力，项目组成员们被挫败感而不是工作负担压垮，有人砸烂自己的汽车，有人发疯，有人自杀身亡。一位项目经理甚至吃纸上瘾，随着进度一再延误，开会时往自己胃里塞的纸片越来越大。

在经过 12 年的开发历程之后，《永远的毁灭公爵》（Duke Nukem Forever）这一游戏业内的肥皂剧终于在 2009 年 5 月宣告终结，这让已经在这款游戏中投入了 1200 万美元资金的 Take-Two 公司倍感失望，并将其开发商 3D Realms 告上法庭。

针对软件项目所处的环境，《梦断代码》作者 Scott Rosenberg 有太多问题要问。

- 为什么做软件那么难？
- 如果说软件是虽不可见，但构筑于物理世界之上的人造物，那么人类为什么不能像造桥筑房那样精确地制造软件？
- 软件能像乐高积木一样随意组合吗？
- 软件开发是一种工程还是一种艺术？
- 人工智能能否超越人类智慧？
- 在长达半个世纪的研究和实践之后，为什么还是很难做到按时、按预算做出计算机软件？
- 为什么还是很难开发出可靠而安全的软件？
- 为什么还是很难把软件做得易于学习使用，且具备按需修改的灵活性？
- 软件（质量）只跟时间和经验有关吗？是否有出现某种根本性突破的可能？
- 在软件的本质特性（抽象性、复杂性及延展性）上，是否存在某种总能打倒我们的无常之物，将开发者咒入充满不可挽回的延误和根深蒂固的缺陷的世界？

在《梦断代码》中，Chandler 项目的开发时间从 2002 年转眼到了 2004 年，这年 10 月 26 日 OSAF 发布了 Chandler 0.4 版。两年的时间里，整个项目组的人员从几人上升到了 20 多人，有人离开，更多的新人加入。作为一款致力于“分布式数据处理”的开源个人信息管理（Personal Information Management，PIM）软件，项目组的所有成员似乎经历了软件工程中的一切噩梦。项目的计划不断延后、需求不断变更、技术体系不断调整、功能不断取舍。然而，世界一直在进步，许多以前为 Chandler 发布高唱赞歌的外部人员抛弃了它。

米奇·卡普尔（Mitchell Kapor）养活 Chandler 和 OSAF 达 6 年之久，上百万美元，几十号顶尖高手，寄望于能做出令人激动的创新 PIM 套件。但 6 年后，Chandler 仍无定形，梦幻一场。

公司中的很多人，包括 CEO 和市场部的同事都认为 Chandler 缺乏亮点和竞争力，和他们想象中的相距甚远。等到 1.0 版出来，比卡普尔预计的时间整整超过了 4 年！很可惜，当初开发的那些人都不在一起了。

1.2.2　失败和管理有着千丝万缕的关系

《梦断代码》书中描述的问题，不少软件团队都经历过。如果有很好的项目管理，其中大部分的问题是可以避免的。如果没有良好的项目管理，其中许多问题就会一而再、再而三地出现，人们无动于衷，项目不断地失败，难以成功。这些问题包括：

- 想得太多，总想做大事，把目标定得太高，可谓眼高手低；
- 过于乐观，无论是领导还是开发工程师，总是设想得太好，实际结果却出乎意料；
- 用户需求不清楚，不知道自己到底要做什么，所有人员都陷入迷惘；
- 需求不断变更，并且没有人评估变更对项目整体带来的影响；
- 需求文档不清或者文档过多，产品经理缺乏对产品的构思和描述；
- 分不清轻重缓急，所有功能一哄而上，项目周期遥遥无期；
- 不是缺乏计划就是计划不切实际，项目时间从后向前推，按主观意志办事而不是客观地依照计划；
- 太多成员缺乏时间计划概念，对自己、对其他团队成员都没有时间计划；
- 会开得太多，或喜欢开会，同时，会议主题不明确又缺乏控制，难以快速达成结论；
- 缺乏有效的沟通方式或方法，喜欢用邮件沟通，而邮件沟通的效率是最低的；
- ……

在总结和分析足够多的失败的软件项目之后，看出其原因大多与项目管理工作有关。在软件项目开始执行时，遇到的问题往往是可供利用的资料太少，项目负责人的责任不明确，项目的定义模糊，没有计划或计划过分粗糙，资源要求未按时作出安排而落空，没有明确规定子项目完成的标准，缺乏使用工具的知识，项目已有变更，但预算未随之改变。

在软件项目执行的过程中可能会发生的问题是：项目审查只注意琐事而走过场，人员变动造成对工作的干扰，项目进行情况未能定期汇报，对阶段评审和评审中发现的问题如何处置未作出明确规定，资源要求并不像原来预计的那样大，未能做到严格遵循需求说明书，项目管理人员不足。

项目进行到最后阶段可能会发生的问题是：未做质量评价，取得的知识和经验交流很少，未对人员工作情况做出评定，未做严格的移交，扩充性建议未写入文档资料。

总之，问题涉及软件项目研制中的计划制订、进度估计、资源使用、人员配备、组织机构和管理方法等软件管理的许多侧面。

1.2.3　项目管理的对象

有效的项目管理集中在对 3P——人员（People）、问题（Problem）和过程（Process）的管理上，其中人是决定性因素，对于软件开发，这一点更为明显，因为软件开发是人的智力密集型劳动。问题的解决依赖人员的能力，流程的执行也依赖于人，这也就是为什么要在软件项目管理中强调“以人为本”的思想。

项目管理虽然涉及很多管理对象，如任务、时间、成本、质量、资源和风险等，但人员、问题和过程是核心，处理好这 3 者的问题，其他方面就会迎刃而解，如图 1-4 所示。概括起来，3P 对软件项目管理具有本质的影响，如下所述。

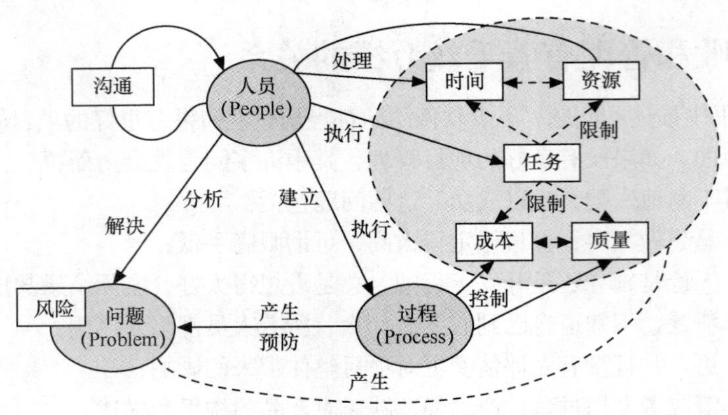

图 1-4　以 3P 为核心的项目管理示意图

（1）**人员**必须被组织成有效率的团队，他们的潜力需要被激发出来，为此，我们要为项目团队及其成员建立有效的沟通途径和方法，以实现人员之间、团队之间、管理者和被管理者之间的有效沟通。有效的团队应建立合适的组织结构和工作文化，并通过一系列活动提高团队的凝聚力和战斗力，共享团队的目标和文化，并最终有能力圆满地完成任务。

（2）**问题**在软件项目管理中表现为流程不清楚或控制不严，应用领域知识不足，需求不断变化和不一致，沟通不流畅等。其解决办法是找出引起问题的根本原因在哪里，然后针对问题本质找到解决办法，以求彻底解决问题。如果项目管理者具有缺陷预防意识，对问题有预见性，能避免问题的发生，防范风险，防患于未然，项目的成本就会大大降低，项目成功的机会就会更大。

（3）**过程**必须适应于人员的需求和问题的解决，人员的需求主要体现在能力、沟通、协调等上，问题能在整个项目实施过程中得到预防、跟踪、控制和解决。也就是说，一套规范且有效的流程是保证项目平稳、顺利运行的基础。

1.2.4　项目管理的成功要素

要了解项目管理的成功要素，首先要了解项目管理的主要职能。不同类型、不同规模的项目和不同的组织内，项目管理职能有一定的差异，但总体来说，其主要职能可以概括为下列 5 点。

1）识别需求，确定项目实施的范围；

2）在项目计划和执行过程中阐明项目干系人（stakeholders）各种需求、担心和期望；

3）在项目干系人之间建立、维护和进行积极、有效和协作的沟通；

4）管理项目干系人以满足项目需求、成功地实现项目的交付；

5）平衡项目各种限制或条件（如范围、质量、进度、预算、资源、风险等）。

在完成了上述职能后，项目的成功标志是什么？或者说什么样的结果说明项目获得成功？一般来说，项目完成了既定目标，满足了项目三要素——时间进度、成本控制和质量要求，就可以认为项目是成功的，而有时候，一旦项目的成果被顾客接受就可以认为项目获得成功。我们可以简单定义项目成功的标志为以下几点。

- 在规定的时间内完成项目。
- 项目成本控制在预算之内。
- 功能特性达到规格说明书所要求的水平（质量）。
- 项目通过客户或用户的验收。
- 项目范围变化是最小的或可控的。

- 没有干扰或严重影响整个软件组织的主要工作流程。
- 没有改变公司文化或改进了公司的文化。

项目的成败受到 4 个方面的影响，即项目组内环境、项目所处的组织环境、客户环境、自然社会环境。从可控角度，通常需着重考虑前 3 个方面的影响。把前 3 个方面放在整个项目生命周期进行考察，可以得到影响项目成败的因素。

为了确保项目成功，需要进行有效的项目管理。项目管理，就是定义目标和流程，建设组织，通过工具、管理方法来保证项目的成功。目标、组织、流程、工具和管理，形成一个项目的管理体系，缺一不可，如图 1-5 所示。

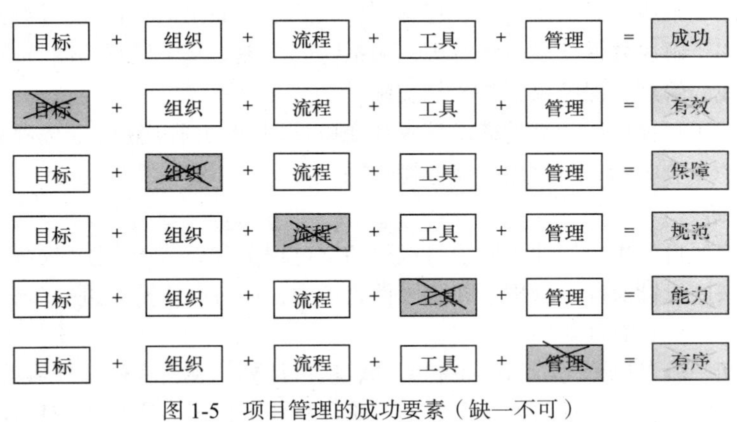

图 1-5　项目管理的成功要素（缺一不可）

- 缺少目标，项目就会迷失方向，工作漫无目的，自然不够有效。
- 没有组织的保障，项目管理就成了纸上谈兵，容易半途而废。“人”是项目成功的决定性因素，所有的事情都是靠人去完成，而把这些项目组的人组织起来，建立奖惩分明的制度，充分发挥他们的积极性和潜力，这些都需要组织的支持和保证。
- 没有流程，项目实施就无章可循，其结果可能会杂乱无章。流程是项目成功的制度化保证，包括里程碑设置、输入/输出标准定义等。
- 工具是解决问题的有效手段，没有工具的帮助，项目管理的能力就大打折扣。
- 没有管理，项目就缺乏约束，容易偏离轨道，处于无序状态。项目管理包括风险管理、质量管理、进度和成本的控制等。

除了“目标、组织、流程、工具和管理”这些关键因素之外，项目管理还包括其他一些因素，如项目经理的能力、项目计划的有效性、人员沟通程度和风险控制力度等，例如：

- 项目经理是项目的灵魂人物，项目经理的能力有时直接影响了项目的成败，而项目经理的能力包括领导力、组织能力、协调沟通能力、技术能力和团队文化建设能力等。
- 计划先行，需要精心策划项目的各项计划，包括质量计划、进度计划、成本控制计划、风险防范计划等，才能进一步确保项目获得成功。如果缺乏计划，项目实施无法控制，最终往往导致项目无限期的拖延等。
- 沟通流畅，不仅可以提高工作效率，降低开发成本，而且及时获得信息，项目组成员得到共识，就能避免问题（缺陷）的产生，也有利于问题解决。
- 人们常常说，风险管理好，项目管理就成功了一半。项目中存在各种风险，一旦风险发生，就会给项目带来损失或不利的影响。消除风险，能有力地保证项目顺利、平稳按计划地实施。

1.3 项目管理基本方法

项目管理方法在项目管理方法论上可以分为 3 种：阶段化管理、量化管理和优化管理。阶段化管理是项目管理的基本方法；在此基础上，量化管理提高了项目管理的效率和有效性；而优化管理建立在阶段化管理和量化管理基础之上，获得项目管理的持续性改进。软件项目管理会涉及组队模型、过程模型和应用模型。

- 组队模型用于解决人力资源管理，包括明确相互依赖的角色和责任、沟通机制等。
- 过程模型用于解决软件开发过程管理，包括时间管理、基于里程碑的阶段划分、阶段性成果及其基线的管理，保障项目的顺利实施。
- 应用模型用于具体应用领域的需求管理和变更管理等，并在用户、业务和数据 3 个层面上，定义协作的、分布的、可重用的业务逻辑网络。

1. 阶段化管理

阶段化管理将项目的生命周期（即项目运行的全过程）分为若干个阶段，再根据不同阶段所具有的不同特点来进行针对性的管理。在阶段性管理中，还可以将阶段进一步分为子阶段，管理的方法可以更具体、更具有针对性。

项目生命周期一般可以分为项目准备和启动、项目计划、项目实施、项目验收（收尾）和项目总结 5 个基本阶段。对于“项目准备和启动”阶段，还可以进一步分为信息采集、信息分析、工程项目立项及项目申请书编制 4 个子阶段。

2. 量化管理

量化管理针对影响项目成功的因素制定指标、收集数据、分析数据，从而完成对项目的控制和优化。量化管理方法是尽量通过数据说明问题、解释问题，找出问题产生的根本原因，然后解决问题。通过量化管理，可以更精确地预估工作量、所需资源（人力、物力等），更好地控制项目的成本和进度。

一般来说，在项目实施前确定度量的指标，如每个人每日的代码行数、每千行代码的缺陷数、每个人每日可执行的用例数和每日新报缺陷数等。有了度量指标，借助数据库、信息系统等就比较容易获取数据、分析数据，如可以根据每日新报缺陷数来评估项目质量和风险，甚至可以根据每日新报缺陷数和修正的缺陷数来预测项目结束的日期。

3. 优化管理

优化管理就是分析项目每部分所蕴涵的知识，不断吸取教训、总结经验，将知识和实践更好地融合在一起，从而对项目计划、实施办法等进行优化，获得项目的最佳效益。优化管理需要知识和经验的不断积累，优化管理是一个不断分析、总结的过程，是自然的进步过程。

无论是教训还是经验，都具有一定的时效性，即不同的阶段的经验不能混淆。例如，计划阶段的经验对下一个项目的计划阶段有很大的参考价值，而对其实施阶段不一定有意义。又如某个阶段的工作管理做得好，项目进展顺利，就应该使这一阶段内的管理经验和知识更好地发挥成效；而后一阶段管理工作没做好，就要了解这一阶段为什么不成功。是客户的需求没搞清楚，还是设计的问题。阶段性的分析，有利于进一步优化项目管理，但管理项目仅仅靠项目总结或阶段性总结是不够的，还需要依赖于一些方法、手段和工具，这在很大程度上要依靠量化管理。可以说，阶段化管理和量化管理是优化管理的基础。

1.4　项目的生命周期

项目管理的基本内容是计划、组织和监控，计划包括工作范围确定、风险评估、工作量估算、日程和资源安排等；而组织包括团队的建立、协调和各种资源的调度等。项目生命周期划分为 3 个基本的阶段——计划、实施监控和总结。根据 PMBOK，项目生命周期分为 5 个阶段，如图 1-6 所示。

（1）**启动**。项目正式被立项，并成立项目组，宣告项目开始。启动是一种认可过程，用来正式认可一个新项目或新阶段的存在。

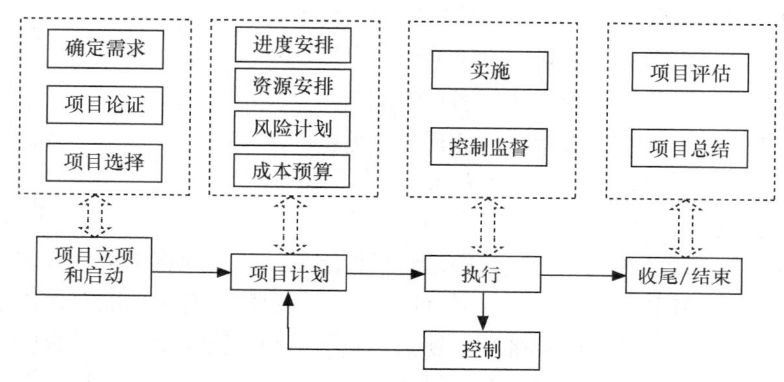

图 1-6　软件项目周期的示意图

（2）**计划**。定义和评估项目目标，选择实现项目目标的最佳策略，制定项目计划。

（3）**执行**。调动资源，执行项目计划。

（4）**控制**。监控和评估项目偏差，必要时采取纠正行动，保证项目计划的执行，实现项目目标。

（5）**结束**。完成项目验收，使其按程序结束。

因为执行和控制一般是同时进行的，所以可以合并为一个阶段。项目结束后，必须进行总结分析，获取经验和最佳实践，为下一个项目打下基础。有时，项目结束后还存在一个维护、支持服务的阶段。

为了更好地理解项目的生命周期，这里较详细地介绍各个阶段的主要工作和任务。

1. 项目准备和启动阶段

在项目准备和启动阶段，一般是先收集相关信息，进行项目的可行性分析；通过可行性分析后，会正式提交项目申请书，项目申请书中会说明项目目标、项目收益、项目成本以及如何建立项目组等；项目申请书被批准后，会建立项目组，并宣布项目正式启动。如果是对外项目，则需要涉及投标、谈判和签订合同等工作内容。

2. 项目计划阶段

项目计划阶段是非常重要的阶段，主要任务有工作量估算、资源分配、风险识别和计划书的编制等。一般会根据项目的特点，对项目作业进行分解，估算项目的工作量；确定和落实项目所需的资源；识别出项目的风险及其对应措施；确定各个阶段性要递交的成果及其验收标准；最后确定项目具体的、整体的实施方案，写成文档。

在软件项目中，设计阶段介于计划和实施阶段之间。概要设计或系统架构设计可以纳入项目计划阶段，概要设计完成之后，才能进行工作量的估算；而详细设计或程序设计可以纳入项目实施阶段。

3. 项目实施和监控阶段

项目实施阶段就是项目计划的执行阶段，也就是根据项目实施的具体方案去完成各项任务。项目实施阶段根据项目特点，还可以继续细分出子阶段，然后完成各个子阶段的任务，并对这些阶段性成果进行检验，确保达到预先定义的技术要求和质量要求。

在执行阶段，监控是非常重要的，即要随时掌握项目的进展情况，了解有什么问题需要解决，有没有新的需求或需求是否发生变化等。如果发现项目偏离计划，就需要采取措施，纠正项目出现的偏离，使项目回到正常的轨道上。如发现有利于项目管理的方法，应及时通报各部门加以应用，以提高项目管理的整体水平。项目的监控还包括以下几方面。

- 协调项目组各方的关系，促进项目组的合作。
- 保持和客户良好的沟通，及时获得客户的反馈。
- 收集项目度量数据，对监控指标的数据进行分析。
- 向客户、项目组和上级汇报项目的状况。

4. 项目验收和总结阶段

在完成项目的各项任务和达到了项目的总体目标之后，项目即将结束，应该开始安排项目验收，并进行项目决算。项目验收主要是根据合同所规定的范围及有关标准对项目进行系统验收，以确定项目是否真正达到竣工验收标准，各项指标是否达到合同要求，并是否可交付使用。

不管项目是否通过验收，一般都会对项目实施过程中所产生的各种文档、技术资料等进行整理，了解哪些地方做得很好，哪些地方需要提高，分析项目实施过程中的得与失，以积累项目管理的经验，最终提交项目总结报告。除此之外，还应对项目组成员的绩效进行评价，交给相应的技术管理部门和人事部门。

1.5 项目管理知识体系

项目管理就是根据特定的规范，在预算范围内，按时完成指定的任务，即运用既有规律又经济的方法，制定计划，围绕计划对项目进行监控，在时间、费用和人力上进行控制。同时，在项目管理中，必须关注质量，质量是产品或服务立于不败之地的关键，而项目所有活动都是由项目团队来完成的，所以项目组的建设也是非常重要的任务，包括人力资源和沟通的管理。在项目实施过程中，可能会发生意想不到的情况，也有可能在项目范围、资源等方面发生一些变化，例如用户提出新的需求，项目组长突然生病了，这些都是项目潜在的风险，需要预防和控制。所以项目管理涉及各方面的知识，包括计划管理、人员管理、资源管理、风险管理、成本管理、时间管理、沟通管理等。

1.5.1 PMBOK

PMBOK 是美国项目管理学会历经近 10 年（1987—1996 年）开发的一个关于项目管理的知识体系标准，之后，每 4 年发布一个版本，最新版本是 2013 年发布的 5.0 版。PMBOK 受到项目管理业界的普遍认可，例如，PMBOK 第 3 版被国际电机电子工程师学会认定为作业标准，标准编号：IEEE Std 1490-2003，在不同行业得到了广泛的应用。

PMBOK 将软件开发划分为“启动、计划、执行、控制和结束”5 个过程，每个管理过程包含了输入、输出、所需工具和技术，而通过相应的输入和输出将各个过程联系在一起，构成完整的项目管理活动过程。PMBOK2000 根据过程的重要性，将项目管理过程分为核心过程和辅助过程两类，共有 39 个过程。

- 核心过程（共 17 个），是大多数项目都必须经历的、依赖性很强的项目管理过程，对项目管理的影响至关重要。
- 辅助过程（共 22 个），是可以根据实际情况取舍的项目管理过程。

在 PMBOK2004（第 3 版）中，为了保证项目管理的各个过程都得到足够的重视，“核心过程、辅助过程”概念被取消了，但增加了 7 个过程，减少了 2 个过程，对 13 个过程进行了修改，总共是 44 个过程。第 4 版在沟通管理领域增加了“识别干系人”和“管理干系人期望”，加强了对干系人的关注；第 5 版又将项目干系人管理单独作为一个知识领域，更进一步体现了在项目管理过程中对干系人的关注和管理。并且，第 5 版增加的 7 个新过程分别是：计划（或规划）范围管理、计划进度管理、计划成本管理、计划干系人管理、管理干系人约定、控制干系人参与、控制沟通等；其中“计划干系人管理、管理干系人约定、控制干系人参与”包含在新增加的知识领域“项目干系人管理”中。删除了“沟通管理”知识领域中 2 个过程“管理干系人期望”和“报告绩效”，并将“沟通管理”知识领域的“识别干系人”移到知识领域“项目干系人管理”中。这样，PMBOK 最新版本包括了 10 个知识领域和 47 个过程。

表 1-1　　PMBOK 第 5 版（2013）的 10 个知识域及其过程

知识域	启动	计划编制	执行	监控	收尾
项目综合管理（7 个过程）	制定项目章程；制定项目初步范围说明书	制定项目管理计划	指导与管理项目执行	监控项目工作；实施整体变更控制	结束项目或阶段
项目范围管理（5 个过程）	范围计划	范围定义 制定工作分解结构 范围确认	范围控制		
项目时间管理（7 个过程）	规划进度管理	活动定义 活动排序 活动资源估算 活动时间估算 编制进度表	进度控制		
项目成本管理（4 个过程）	规划成本管理	成本估算 成本预算		成本控制	
项目质量控制（3 个过程）		质量管理计划	实施质量保证	质量控制	
项目人力资源管理（4 个过程）		人力资源计划 团队组建	团队建设	项目团队管理	
项目沟通管理（3 个过程）		沟通管理计划	管理沟通	控制沟通	

续表

知 识 域	启 动	计 划 编 制	执 行	监 控	收 尾
项目风险管理 （6个过程）		风险管理计划 风险识别 风险定性分析 风险定量分析 风险应对计划	风险识别、风险监控		
项目采购管理 （4个过程）		采购管理计划	实施采购	控制采购	结束采购
干系人管理 （4个过程）		识别干系人 干系人管理计划	管理干系人参与	控制干系人参与	

它将项目管理按所属知识领域分为10类，按时间逻辑分为5类，按重要程度分为2类。项目管理的内容一般包括综合（整合）管理、范围管理、人力资源管理、沟通管理、时间管理、风险管理、采购管理、费用（成本）管理、质量管理和项目干系人管理。

（1）**综合管理**也称整合管理、集成管理，是指为确保项目各项工作相互配合、协调所展开的综合性和全局性的项目管理工作，其包括7个基本的子过程：制订项目章程、制定项目初步范围说明书、制定项目管理计划、指导与管理项目执行、监控项目工作、实施整体变更控制、结束项目或阶段。在项目管理中，由于项目各方对于项目的期望值不同，要满足各方的要求和期望并不是一件很容易的事。例如，客户期望获得非常高的质量，将质量作为首要目标，而项目组可能设法降低成本，将成本作为首要目标。因此，需要在不同的目标之间进行协调，寻求一种平衡，这就主要依靠综合管理来实现。

（2）**范围管理**是对项目的任务、工作量和工作内容的管理，包括范围计划、范围定义、制定工作分解结构、范围确认、范围控制等。说得通俗些，范围管理也就是确定项目中哪些事要做，哪些事不需要做，每个任务做到什么程度。例如，客户总是不断提出新的需求，如果不能界定项目范围，不能对需求变化进行控制，那么项目将永无休止。

（3）**时间管理**是确保项目按时完成而开展的一系列活动，包括规划进度管理、活动定义、活动排序、活动资源估算、活动时间估计、项目进度编制和项目进度控制等工作。时间管理和人力资源管理、成本管理相互作用、相互影响，需要综合考虑。

（4）**成本管理**是为了确保项目在不超预算的情况下对项目的各项费用进行成本控制、管理的过程，包括规划成本管理、成本估算、成本预算和成本控制等工作。在小的项目过程中，成本估算和成本预算可以合并为一个过程。

（5）**质量管理**是为了确保项目达到所规定的质量要求所实施的一系列管理过程，包括质量管理计划、实施质量保证和质量控制等活动。质量是项目关注的焦点，成本控制、进度管理和范围管理，都应该在保证质量的前提下进行。

（6）**人力资源管理**。为了提高项目的工作效率、保证项目顺利实施，需要建立一个稳定的团队，调动项目组成员的积极性，协调人员之间的关系，这些都在人力资源管理的范围内。“天时、地利、人和”一直被认为是成功的三大因素，“人和”就是人力资源管理的目标之一，在项目管理中，如何最大地发挥每个项目组成员的作用，就是人力资源管理的主要任务，包括人力资源计划、团队组建、团队建设和项目团队管理等。

（7）**沟通管理**是为了保证有效收集和传递项目信息所需要实施的一系列措施，包括沟通管理计划、管理沟通（包括沟通渠道建设）、控制沟通（如报告制度）等工作。沟通管理包括外部沟通管理（与顾客沟通）和内部沟通管理，而且沟通管理和人力资源管理之间有着密切关系。

（8）**风险管理**是对项目可能遇到的各种不确定因素的管理，包括风险管理计划、风险识别、定性风险估计、定量风险估计、风险应对计划（或策略）、风险控制等。项目实施前，虽然制定了项目计划，但是随着项目的不断深入，会发现计划的不足之处，无论是项目的范围、时间还是人力资源、费用等都存在变数。这种变数随时带来风险，需要得到管理。

（9）**采购管理**是从项目组织之外获得所需的资源或服务所采取的一系列措施，包括采购管理计划、实施采购（包括询价、选择供应商等）、控制采购和结束采购等工作。采购管理和成本管理有密切的关系。

（10）**干系人管理**主要包括以下 4 个过程：包括识别干系人、计划干系人管理、管理干系人参与、控制干系人参与。原干系人管理在第 4 版的 PMBOK 体系中是归入沟通管理的章节。项目管理协会（PMI）认识到当今项目干系人管理对项目成败的重大作用，所以 PMBOK 第 5 版将“干系人管理”作为单独模块加以讲解。

1.5.2 PRINCE2

受控环境中的项目（PRojects IN Controlled Environments，PRINCE）是组织、管理和控制项目的方法，强调通过管理方法使项目环境得到有效控制。PRINCE2 是对 PRINCE 的升级，即通过整合现有用户的需求，提炼特定的方法成为面向所有用户的通用的项目管理方法，而且它是基于过程的（process-based）、结构化的项目管理方法，从而成为英国项目管理的标准。

PRINCE2 包括组织、计划、控制、项目阶段、风险管理、在项目环境中的质量、配置管理以及变化控制 8 类管理要素。这些管理要素是 PRINCE2 管理的主要内容，贯穿于整个项目周期。PRINCE2 的主要管理技术有：基于产品的计划、变化控制方法、质量评审技术以及项目文档化技术。PRINCE2 项目管理方法的特点有以下几点。

- 项目是由业务用例进行驱动，强调业务的合理性和客户需求。
- 描述了一个项目如何被切分成可控的、可管理的阶段，以便高效地控制资源的使用和在整个项目周期执行常规的监督流程。
- 易于剪裁和灵活使用的方法，应用于任何级别的项目。
- 为项目管理团队提供定义明确的组织结构。
- 每个过程都依据项目的大小、复杂度和组织的能力定义关键输入、需要执行的关键活动和特殊的输出目标。
- 描述了项目中应涉及的各种不同的角色及其相应的管理职责。
- 项目计划是以产品为导向的，强调项目按预期交付结果。
- 首次引进程序管理（Programme Management）和风险管理（Risk Management）的概念。

PRINCE2 提供从项目开始到项目结束，覆盖整个项目生命周期的、基于过程的、结构化的项目管理方法，共包括 8 个过程，如图 1-7 和图 1-8 所示。每个过程都描述了项目为何重要（Why）、项目的预期目标何在（What）、项目活动由谁负责（Who）以及这些活动何时被执行（When）。

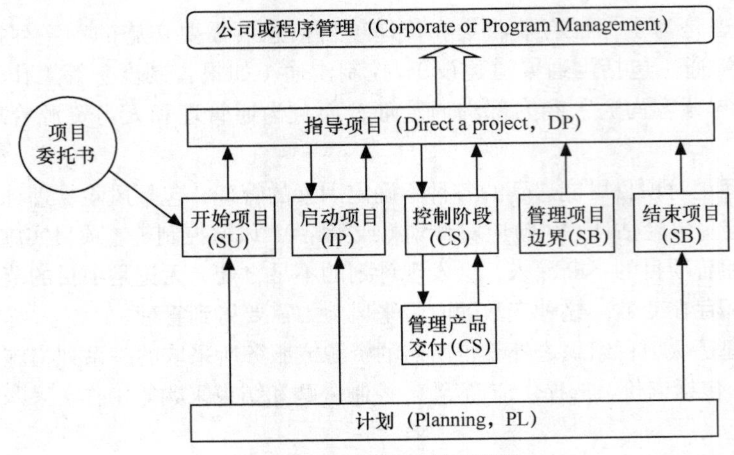

图 1-7　Prince2 知识体系结构

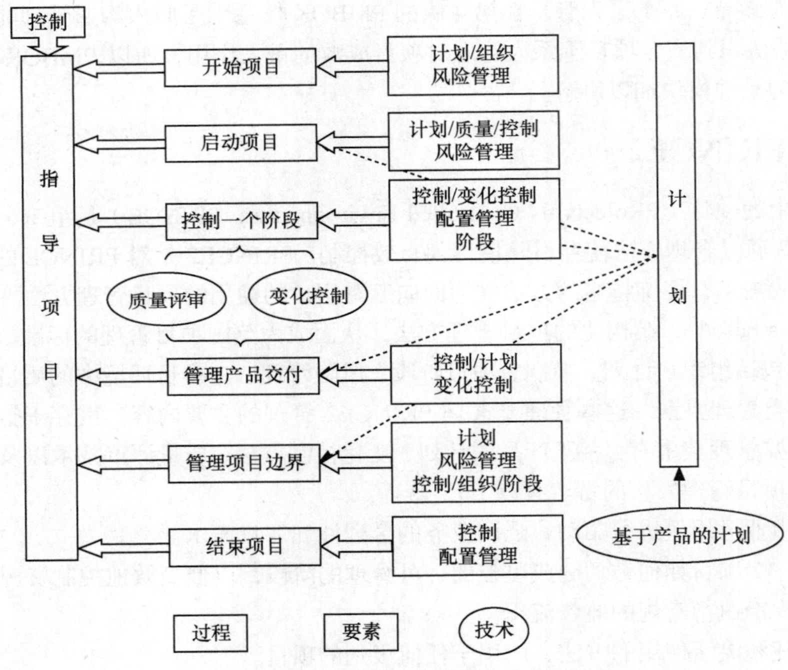

图 1-8　Prince2 过程、要素和技术之间关系

1.5.3　WWPMM

IBM 公司早期的项目管理方法主要有应用开发项目的方法论、ERP 软件包实施方法论、集成产品研发项目方法论等，而在 20 世纪 90 年代中期，为了满足公司向服务转型的需要，IBM 公司综合了上述不同的项目管理方法，适时地推出了全球设计发布方法（Worldwide Solution Design and Delivery Method，WSDDM）方法论。随后，IBM 公司成立了一个项目管理委员会（PM/COE，项目管理最佳实践中心），进一步整合了公司内部的项目管理方法，从而形成了统一的项目管理方法，称为 WWPMM。WWPMM 由 4 个有机部分（即项目管理领域、工作产品、工作模式和信息系统）组成，并定义了 13 个领域及其 51 个子领域（Sub-Domain），在此基础上再分解为 150 个过程（process）。IBM 公司项目管理方法中的 13 个领域如下：

（1）变更管理 Change Management。
（2）沟通管理 Communication Management。
（3）交付管理 Delivery Management。
（4）事件管理 Event Management。
（5）人力资源管理 Human Resource Management（HRM，对应 PMBOK 的人力资源管理）。
（6）项目定义 Project Definition。
（7）质量管理 Quality Management（对应 PMBOK 的质量管理）。
（8）资助人协议管理 Sponsor Agreement Management。
（9）风险管理 Risk Management（对应 PMBOK 的风险管理）。
（10）跟踪和控制 Track And Control。
（11）供应商管理 Supplier Management（对应 PMBOK 的采购管理）。
（12）技术环境管理 Technical Environment Management。
（13）工作计划管理 Work Plan Management。

PMBOK 中没有项目管理工作产品、工作模式和项目管理系统的概念，所以 PMBOK 以静态的方式，高度概括了项目管理的知识和过程；而 IBM 公司的项目管理方法不但在应用 PMBOK 的基础上进行了扩展，还提供了项目管理的工作产品、工作模式和项目管理系统的概念，成为了一个可以具体指导项目经理进行工作的动态方法论。IBM 公司的项目管理领域与 PMBOK 的 10 个知识域相比，有以下几方面的异同。

- 在质量管理、采购管理、人力资源管理、风险管理方面基本采用了 PMBOK 的内容，二者比较一致。
- 将 PMBOK 中的综合管理、范围管理、时间管理、成本管理和沟通管理重新进行结构化，成为项目定义、工作计划管理、变更管理、交付管理、沟通管理、跟踪和控制，符合项目进行的过程，并将项目工作和管理控制工作区别开来。
- 增加了资助人协议管理，以满足公司的实际操作要求，即每一个内部项目都需要一个资助人，这个资助人一般都是副总裁级别的人物。PMBOK 有更广范围的项目干系人管理。
- 增加了事件管理，建立对突发事件的防范和处理的机制。
- 增加了技术环境管理，这是 IT 项目特点所要求的，IT 项目的技术性比较突出。

WWPMM 项目管理方法目前依托 Rational Portfolio Manager（RPM）来实现。它能为企业快速打造统一的项目管理平台，提高项目全生命周期的管理能力，提高整个项目团队的项目计划、执行、监控能力和团队沟通效率，优化企业资源，提高项目执行过程的可见性。

1.6　软件项目管理

软件项目管理自然属于项目管理的范畴，项目管理的思想是相通的，一般来说，基本方法也是适用的，但不同之处在具体方法和管理工具上。软件项目管理中存在一些自己独特的方法和工具，这些独特之处是由软件及其生命周期的自身特征所决定的，而且受到软件技术快速发展的影响。

1.6.1　软件项目管理的特点

软件不同于一般的传统产品，它是对物理世界的一种抽象，是逻辑性的、知识性的产品，是一种智力产品。软件最突出的特征就是需求变化频繁、内部构成复杂、规模越来越大、度量困难等，这些特征给软件管理带来了很大的挑战。

1. 软件项目是设计型项目

设计型项目与其他类型的项目完全不同。设计型项目所涉及的工作和任务不容易采用Tayloristic 或者其他类型的预测方法，而且设计型项目要求长时间的创造和发明，需要许多技术非常熟练的、有能力合格完成任务的技术人员。开发者必须在项目涉及的领域中具备深厚和广博的知识，并且有能力在团队沟通和协作中有良好的表现。设计型项目同样也需要用不同的方法来进行设计和管理。

2. 软件过程模型

在软件开发过程中，会选用特定的软件过程模型，如瀑布模型、原型模型、迭代模型、快速开发模型和敏捷模型等。选择不同的模型，软件开发过程会存在不同的活动和操作方法，其结果会影响软件项目的管理。例如，在采用瀑布模型的软件开发过程中，对软件项目会采用严格的阶段性管理方法；而在迭代模型中，软件构建和验证并行进行，开发人员和测试人员的协作就显得非常重要，项目管理的重点是沟通管理、配置管理和变更控制。

3. 需求变化频繁

软件需求的不确定性或变化的频繁性使软件项目计划的有效性降低，从而对软件项目计划的制定和实施都带来了很大的挑战。例如，人们采用极限编程的方法来应对需求的变化，以用户的需求为中心，采用短周期产品发布的方法来满足频繁变化的用户需求。

需求的不确定性或变化的频繁性还给项目的工作量估算造成很大的影响，进而带来更大的风险。仅了解需求是不够的，只有等到设计出来之后，才能彻底了解软件的构造。另处，软件设计的高技术性，进一步增加了项目的风险，所以软件项目的风险管理尤为重要。

4. 难以估算工作量

虽然前人已经对软件工作量的度量做了大量研究，提出了许多方法，但始终缺乏有效的软件工作量度量方法和手段。不能有效地度量软件的规模和复杂性，就很难准确估计软件项目的工作量。对软件项目工作量的估算主要依赖于对代码行、对象点或功能点等的估算。虽然上述估算可以使用相应的方法，但这些方法的应用还是很困难的。例如，对于基于代码行的估算方法，不仅因不同的编程语言有很大的差异，而且也没有标准来规范代码，代码的精炼和优化的程度等对工作量影响都很大。基于对象点或功能点的方法也不能适应快速发展的软件开发技术，基于没有统一的、标准的度量数据供参考。

5. 主要的成本是人力成本

项目成本可以分为人工成本、设备成本和管理成本，也可以根据和项目的关系分为直接成本和间接成本。软件项目的直接成本是在项目中所使用的资源而引起的成本，由于软件开发活动主要是智力活动，软件产品是智力的产品，所以在软件项目中，软件开发的最主要成本是人力成本，包括人员的薪酬、福利、培训等费用。

6. 以人为本的管理

软件开发活动是智力的活动，要使项目获得最大收益，就要充分调动每个人的积极性、发挥每个人的潜力。要达到这样的目的，不能靠严厉的监管，也不能靠纯粹的量化管理，而是要靠良好的激励机制、工作环境和氛围，靠人性化的管理，即以人为本的管理思想。

1.6.2　软件项目管理的目标和范围

软件项目的主要任务一般包括需求获取、系统设计、原型制作、代码编写、代码评审、测试等，根据这些任务可以简单定义项目所需的角色及其工作职责。在软件项目中，常见的角色及其职责如表 1-2 所示。

表 1-2　　项目角色和职能

角　　色	职　　能
项目经理	项目的整体计划、组织和控制
需求人员	在整个项目中负责获取、阐述、维护产品需求及书写文档
设计人员	在整个项目中负责评价、选择、阐述、维护产品设计以及书写文档
编码人员	根据设计完成代码编写任务并修正代码中的错误
测试人员	负责设计和编写测试用例，以及完成最后的测试执行
质量保证人员	负责对产品的验收、检查和测试的结果进行计划、引导并做出报告
环境维护人员	负责开发和测试环境的开发和维护
其他人员	另外的角色，如文档规范人员、硬件工程师等

软件项目管理有其特定的对象、范围和活动，着重关注成本、进度、风险、和质量的管理，还需要协调开发团队和客户的关系，协调内部各个团队之间的关系，监控项目进展情况，随时报告问题并督促问题的解决。虽然软件的系统架构、过程模型、开发模式和开发技术等对软件项目管理也有影响，或者说软件项目管理对这些内容有一定的依赖性，但是它们不是软件项目管理的关注点。通过下面表 1-3 的对比，我们能更加了解软件项目管理的范围。

表 1-3　　软件项目管理和生命周期的活动比较

<table>
<tr><td>项目管理</td><td colspan="2">项目启动</td><td>计划阶段</td><td>监控阶段</td><td colspan="2">项目结束</td><td>客户服务和
系统维护</td></tr>
<tr><td>软件开发
生命周期</td><td>概念或
愿景</td><td>需求分析
和定义</td><td>设计</td><td>实施（编程
和单元测试）</td><td>系统集成
和测试</td><td>系统安装</td><td>维护或支持</td></tr>
<tr><td>说明</td><td colspan="2">项目活动
• 收集数据
• 识别项目需求
• 确定项目范围
• 制定初步的 WBS
• 资源估计
系统开发活动
• 定义产品需求
• 可行性分析
• 定义产品范围
• 规划系统架构</td><td>项目活动
• 建立项目团队
• 制定详细 WBS
• 项目路径网络分析
• 预算和进度估计
• 写项目计划
• 签定项目合同书
系统开发活动
• 产品需求确定
• 完成系统架构设计</td><td>项目活动
• 建立项目组织
• 建立和执行工作任务
• 指导、监督和控制项目
系统开发活动
• 完成详细设计
• 设计书签发
• 构建系统
• 执行单元、系统和集成测试</td><td colspan="2">项目活动
• 实施技术和财务审核
• 获取客户认可
• 准备项目移交
• 评估和记录结果
系统开发活动
• 安装和测试系统</td><td>项目活动
• 项目移交
• 制定客户调查计划
• 跟踪客户
• 客户服务
系统开发活动
• 操作系统
• 系统技术支持
• 维护和升级</td></tr>
</table>

1.6.3 软件项目的分类

软件项目可以说是形形色色，有大也有小，有内部项目也有外部项目，项目类型对项目的管理确实影响较大。在项目管理中要了解软件项目的各种类型，做到因地制宜，对不同类型的软件项目采取不同的管理策略和方法，从而达到事半功倍的效果。

项目类型可以从规模、运作模式、商业模式、技术或系统架构等不同方面进行划分，我们需要分析哪些类型对项目管理有影响。软件项目类型可以按下面方法进行划分。

（1）按规模划分比较简单，可分为大型项目、中小型项目等。大型项目比较复杂，代码量在百万行数量级，开发团队在百人以上。

（2）按软件开发模式划分，可分为组织内部使用的软件项目、直接为用户开发的外部项目和软件外包项目。

（3）按产品不同的交付类型可分为产品型项目、一次型项目。

（4）按软件商业模式划分，可分为软件产品销售、在线服务（online service）两种模式，或者分为随需服务模式（on-demand）和内部部署模式（on-premise）。

（5）按软件发布方式可分为新项目、重复项目（旧项目），也可分为完整版本（full package release或major release）、次要版本或服务包（service pack）、修正补丁包（patch）等。

（6）按项目待开发的产品进行分类，如COCOMO模型中，可分为组织型、嵌入型和半独立型。

- 组织型（organic）：相对较小、较简单的软件项目（<50 KLOC）。开发人员对项目目标理解比较充分，与软件系统相关的工作经验丰富，对软件的使用环境很熟悉，受硬件的约束较小。
- 嵌入型（Embedded）：要求在紧密联系的硬件、软件和操作的限制条件下运行，通常与某种复杂的硬件设备集成。对接口、数据结构和算法等要求高。软件规模没有限制。
- 半独立型（semidetached）：介于上述两种项目之间。规模和复杂度都属于中等或更高（<300 KLOC）。

（7）按系统架构（Architecture）分，可分为B/S结构、C/S结构，也可分为集中式系统和分布式系统，或者分为面向对象（OOA）、面向服务（SOA）、面向组件（COA）等类型。

（8）按技术划分，可分为Web应用、客户端应用、系统平台软件等类型，也可分为J2EE、.Net等类型。

项目的产品类型、规模、开发模式对项目管理影响最大，其次是软件商业模式和发布方式，最后才是系统架构和技术。规模大，项目复杂度就高，自然带来更大的项目管理风险。同样，一种新技术、新模式的应用，也会带来更多的风险，对项目管理也会有更高的要求，如图1-9所示。其他类型的影响，也可以按照这种象限分析方法来考虑。

如果换个角度看问题，不光是产品类型，技术和商业模式的成熟度对项目管理也有较大的影响，如图1-10所示。

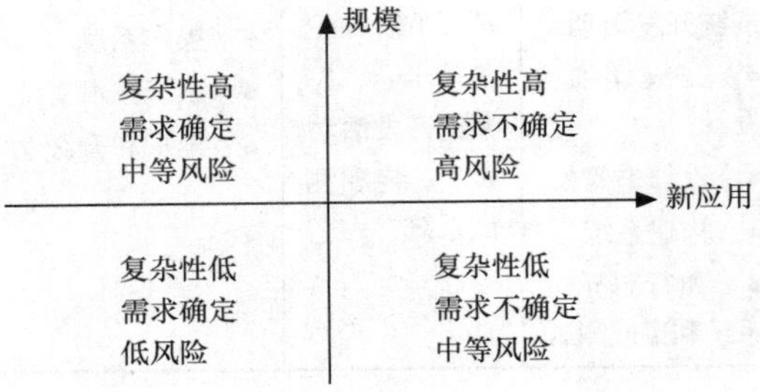

规模

复杂性高
需求确定
中等风险

复杂性高
需求不确定
高风险

新应用

复杂性低
需求确定
低风险

复杂性低
需求不确定
中等风险

图1-9 项目规模和新应用的影响

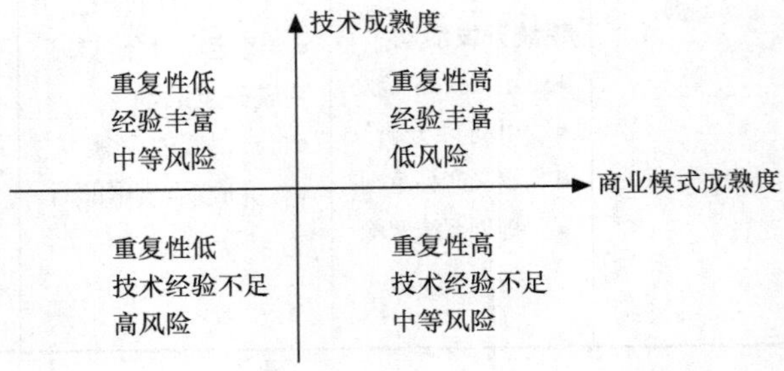

技术成熟度

重复性低
经验丰富
中等风险

重复性高
经验丰富
低风险

商业模式成熟度

重复性低
技术经验不足
高风险

重复性高
技术经验不足
中等风险

图1-10 技术和商业模式成熟度的影响

小 结

项目管理以质量为核心，在任务、成本和进度之间寻求平衡，对项目进行高效率的计划、组织、指导和控制，不断进行资源的配置和优化，不断与项目各方沟通和协调，保证项目计划顺利实施，最终完成项目所规定的各项目标。项目管理是全过程的管理，是动态的管理，它覆盖项目的整个生命周期，从项目立项、启动开始，经过计划、实施和监控阶段，直至项目收尾、结束。项目管理一般面临两个挑战。

- 在范围、时间、质量和预算等条件限制下达到项目的各项目标。
- 为满足预先定义的项目目标，需要进行各种资源的分配、整合和优化。

软件项目管理还会遇到更大的挑战，包括需求变化频繁、难以估算工作量等，必须通过合适的软件过程模型、方法和技术来解决这些问题，加强风险管理。在软件项目管理中，人力成本是主要的成本，软件是智力的产品，要获得项目的最大效益，就要实施“以人为本”的管理，从侧面反映了“人力资源管理”在软件项目管理中的比重。

项目管理涉及各方面的知识，包括计划管理、人员管理、资源管理、风险管理、成本管理、时间管理、沟通管理等。项目管理的知识体系，可以参考：

- 美国 PMI 推出的项目管理知识体系 PMBOK。
- 英国政府商务部（OGC）的 PRINCE2。
- IBM 公司的全球项目管理方法 WWPMM。

本书主要以 PMBOK 作为知识体系的参考依据，在后面各章进行展开讨论。

习 题

1. 结合生活中某件事，谈谈项目管理的作用。
2. 软件项目与一般项目的区别在什么地方？软件项目管理中最突出的问题是什么？
3. 项目管理的要素有哪些？怎样衡量项目是否成功？
4. 如何理解在任务、进度和成本之间获得平衡？有什么具体实例可以说明？
5. 收集相关资料，对 PMBOK 和 PRINCE2 进行比较，阐述各自的特点。

第2章 项目准备和启动

Are you ready? 通常我们都会无意中听到或者随意说出这句话。但是真的准备好了吗？这才是我们真正关心的问题。不管我们是准备出门旅行，还是参加一个宴会，或者准备一份礼物，事先我们都要进行充分的准备，否则我们一定会遇到类似电视剧里的窘迫状况。

- 旅行途中，忘记带信用卡，现金花光。
- 参加宴会出门之前，衣服选好，鞋子没得配。
- 准备的礼物和去年的一样。
- ……

俗话说得好，“好的开始是成功的一半”。对于做项目，道理亦如此。有些项目启动时期没有很好地考虑到前期准备方面的问题，造成一些项目盲目启动、仓促进行，导致项目的投入产出分析不正确、组织混乱，给项目后期的实施、管理和维护等都带来极大的风险，甚至导致项目延期或者不符合客户需求而被弃用，最终使整个项目以失败告终。因此，做好项目启动前的准备和分析工作是非常必要的。这也是整个软件项目实施的基础。

所有项目都不是凭空产生的。不管是《人月神话》中的IBM System/360项目还是《梦断代码》中的Chandler项目，所有的项目都是为了解决一定的矛盾和满足相关的需求而产生的。

1. IBM System/360 项目

该项目是为了解决兼容性的问题而产生的。在 System/360 之前，IBM 也研制了很多计算机，他们各自有自己的一套配套设备，但彼此间却互不兼容，即无论是程序代码还是外设，如打印机、存储设备、输入/输出设备等，都自成一体，彼此毫不相干。System/360 的设计师们看到了这种各自为政、资源浪费，并不断招来客户报怨的局面，在 System/360 设计之初，就非常有远见地力求：

- 为产品家族中的最小成员所写的程序代码，能够向上兼容更强大的产品家族成员；
- 所有的外设都要与产品家族中的所有成员兼容。

2. Chandler 项目

该项目是 OSAF 支持的开源软件项目（http://chandlerproject.org/），由米奇·卡普尔（Mitch Kapor，Lotus 1-2-3 的创始人）发起，是为了超越微软 OutLook，实现 Agenda 未曾完成的愿望而打造的一款全新的电子邮件和日程安排软件。其功能主要是个人信息管理（PIM），包括管理邮件、约会、地址簿、任务等，它具有开放架构，能够跨平台使用。

六年半的时间，上百万美元，几十号顶尖高手，只为打造卓越的软件。Chandler1.0 终于在 2008 年 8 月 8 日发布，比当初预计的发布时间推迟了整整 4 年。

大家也都清楚，无论做什么事情，不是有了意向就可以去做的。我们首先都要做个分析，判断这件事情是否值得去做，怎么去做，要消耗多少时间和成本等。做项目不同于生活中的琐事，一旦项目运行起来，资源的需求就会被提上日程，费用也会随之产生。我们必须在做项目之前，通过专业的分析来衡量其未来的成长和收益是否和我们的投入成正比。当然，在进行专业的可行性分析之前，首先项目要得到投资方的认可才行。这也就是我们第 1 小节要介绍的内容——项目建议书。

2.1 项目建议书

项目建议书，顾名思义，就是项目的立项申请报告。它可以比较简要，也可以比较详尽，其形式是否正规是无关紧要的，重点是如何向有关的投资方或上级阐述立项的必要性。有一些项目，如上级直接指派的项目或有投资方直接需求的项目等，由于其自身的特点或者其发展条件比较成熟，没有必要进行立项的申请，这类项目就可以直接进入可行性分析阶段。

项目建议书的内容因不同的项目类型、规模而不同，但一般来说，项目建议书主要应包括下面几项内容。

- 项目的背景。
- 项目的意义和必要性。
- 项目产品或服务的市场预测。
- 项目规模和期限。
- 项目建设必需的条件，已具备和尚不具备的条件的分析。
- 投资估算和资金筹措的设想。
- 市场前景及经济效益的初步分析。
- 其他需要说明的情况。

由于软件项目是无形产品，所以在做软件项目的建议书时应该着重分析其意义、必要性和发展前景。下面借助一个具体实例，说明如何创建项目建议书。

某私立中学小型信息管理系统项目建议书

1. 背景介绍

学校在过去的一年里，学生从2000人发展到现在的3000人，而学校现存的人工信息处理和更新方式完全不能满足需要，这样就导致了一些信息更新不及时，甚至混乱的状况。在5月8日就发生了一件这样的事情。初二3、4班的英语老师张言由于身体不适，临时请假一天。英语组组长就立即派初二5、6班的王路老师代课。但是就在前两天，初一部的英语老师李老师刚刚请产假，其教学任务由张言老师接手，而教学调度老师没有能及时更新公共信息栏。这样就导致了当天初一的一个班英语课延误。另外，学校近期不断收到学生和其家长的建议，反映学校应该增加一些信息交流和课程模拟的平台，让家长可以及时了解学生的状况，并给予必要的支持等。

2. 项目的意义和必要性

基于学校目前的形势和发展趋势，校领导经讨论和研究认为非常有必要建立一个学校信息系统。

它可以解决学校目前的信息更新问题。

它可以减轻教职工一些重复性和事务性的工作，把相关的员工解放出来，干一些更有意义的工作。

有了这个系统，学校就可以实现很多资源的及时共享，对资源的利用率也会提高。

这个系统还可以确保信息渠道的畅通，对家长、对学校、对学生的发展都是非常有好处的。

3. 项目产品或服务的市场预测

（由于这个系统不是校方的直接收益产品，这里不做分析。）

4. 项目的规模和期限

基于学校的实际情况，这个信息系统可以初步分为3个阶段来完成。

第1阶段，着重处理学校现有的问题，把系统运行起来，重点放在教学管理方面，如教学调度，成绩、学籍管理等。（期限2个月，可以在暑假期间进行开发和实现。）

第2阶段，注重完成学校的教学服务系统，如信息发布和共享平台，网络模拟题库等。（期限2个月，由于不会影响学校的事务性工作，可以在第1阶段上线后1个月进行。）

第3阶段是完善和维护阶段。（这个期限根据实际情况再定。）

5. 投资估算

具体详细的投资预算，由专业人员进行。这里只能给出对比其他同类学校信息系统的估算，3个阶段全部完成，大概需要5万元人民币。这个估算不包括硬件设备的预算。

6. 市场前景及经济效益初步分析

这个系统虽然不是校方的直接收益产品，但其带来的间接效益是毋庸置疑的。具体可以表现为：

（1）管理决策的科学化。

传统的决策只是凭经验大致的估算，无法采集到大量的数据，也无法对采集到的数据进行精确的分析，而信息系统可以比较全面、及时地采集信息数据，并选定合适的管理模式，再加上领导者的建议，就能做出科学的决策，减少决策失误。

（2）管理工作的高效化。

效率就是效益，信息系统可以进行全面的动态管理和及时的监控，提高效率。

（3）基础数据管理现代化。

学校现有的基础数据缺乏完整性、准确性、实效性和连续性，简单的师生人数由于教师的任、离职，学员的退、休学，均未能及时修正记录，以致数据的分散而不能正确统计。信息系统的开发应用，可以从根本上改变这种现象，使基础数据管理实现一致性和及时性，保证信息在整个教学管理工作中起到经络作用。

（4）管理人员的工作专业化。

信息系统的建立，可使管理人员，特别是中层管理人员从繁琐、重复的工作中解脱出来，充分发挥管理特长，有充分的时间从事教学研究。

（5）管理人员整体素质的提高。

系统建立之后，由于管理的现代化，管理人员也必须接受培训来掌握信息管理技能，从而推动了人员整体素质的提高。

（6）学生个性化学习能力的提高。

在信息化系统建设的第 2 阶段完成的教学服务系统中，为学生提供了跨时空、大信息量、交互性和个性化的学习环境。学生通过信息系统学习和培养在多媒体和网络环境中的学习方法和学习能力，并运用新的学习方法和观念指导自身的学习，从而提高自我学习和创新的能力。

另外需要注意的是，信息系统的效益一般是无形的，只有经过长期运行后的分析统计才能计算其收益。往往越成熟、科学、优秀的信息系统，带给我们的效益就越大。信息化管理水平提高了，学校知名度也会随之提高，学校的生源也会越来越好。

综上所述，校方认为建立一个学校信息管理系统是非常必要的。请上级领导批示。

Chandler 项目由于是由投资人米奇发起的，自然就没有这个建议书阶段了。但经查阅，IBM System/360 项目的方案是经过两个技术派别的争论而胜出的。当时以小沃森（Thomas John Watson Jr.）为首的 IBM 决策层于 1961 年 5 月担着极大的危险最后采纳了伊万斯（IBM System/360 主要负责人）的意见。这也就表明伊万斯和另一方在争论之前应该都给决策层提交了项目建议书。

在日常的项目中，多半的项目都由高层或者决策层来发起。但是，如果在项目开发或者实施的过程中，发现任何可以提高效率、提高生产力、加速产品开发实施等对企业发展有好处的想法，并且可以作为项目来开发的，那么项目建议书就很必要了。

项目建议书一旦得到批准，我们就可以进入可行性研究阶段了。

2.2　项目可行性分析

项目可行性分析是项目启动阶段的关键活动，旨在判断一个项目是否值得做或者是挑选许多待选项目中的最佳项目。可行性分析的结果直接影响项目的实施效果。对于大型的项目来说，其本身的可行性分析就可以当作一个单独的项目来做。在软件行业中，通常称作 Research 项目。Chandler 项目失败的其中一个原因之一就是他们没有做任何可行性分析就开始着手做项目了。对任何已经批准的项目建议书，都应该设立一个小组承担可行性研究，并尽量做出相应的方案。分析小组一般由公司内部的业务人员和相关的软件技术人员组成。我们要根据项目的重要程度、难度、规模和公司内部的实际状况来确定是否需要聘请专业顾问来进行评估。

2.2.1 可行性分析的前提

可行性分析之前，首先要了解客户的需求和想要达到的目标。这一阶段需要由专业的分析人员与客户业务人员组成的小组，对业务需求进行收集和初步的分析。

值得注意的是，这里所说的需求分析只是对项目的需求做出初步的分析，仅仅关注客户究竟想要哪些主要功能，并以此作为项目可行性分析的依据。一般来说，这类需求分析包括以下内容。

- 当前业务流程分析。
- 主要功能点需求分析。
- 系统的非功能需求分析，如性能需求、环境需求和安全需求分析等。
- 对一些限制条件的分析，如经费来源和使用的限制，软件开发周期的限制等。
- 需求的优先次序。

Chandler 项目是个开源项目，完全能够提前在网络上征集客户的相关需求，然后进行整理、调研和分析，确定用户的真正需求并制定出可行的计划。如果能这样做，是不是 1.0 版本早就做出来了呢？在正式版本发布之前，Chandler 团队先后发布了 0.1、0.4、0.6 等版本，听取用户的意见。

2.2.2 可行性分析因素

目标确定了，现在是时候要决定“做还是不做”了。我们先来分析一下影响项目可行性的因素。在很多软件项目专著中都对项目的可行性因素做了不同角度的分析，有的从宏观影响角度分为经济、技术、社会环境和人等 4 个要素；有的从风险影响角度分为项目风险、商业风险、技术风险、用户风险和过程风险等。结合有关专著对可行性分析因素的分析和参加项目管理的实践经验，我们在这里把影响软件项目可行性的因素归纳为 3 个方面：经济可行性、技术可行性、风险和不确定性，如图 2-1 所示。

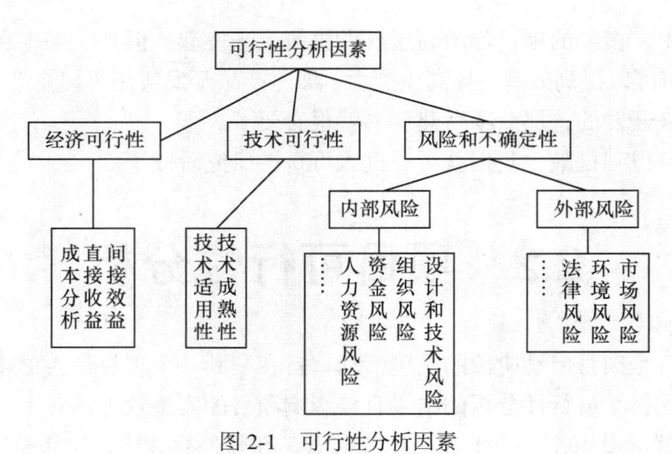

图 2-1 可行性分析因素

2.2.3 成本效益分析方法

通过进行成本和效益的分析，可以判断项目的经济可行性，即投入产出的合理性，主要包括成本、直接收益和间接效益的分析。目前在很多项目管理和软件技术的书籍中都论述了关于成本效益的分析方法（如参考文献［5］、［6］），我们这里只介绍比较常用的 2 种方法：回收期、净现值分析法。

1. 回收期分析法

回收期（**payback period**）就是使累计的净现金流入等于最初的投资费用所需的时间。假设：案例 2 项目的最初投资费用是 5 万元，如果每年的净现金流入是 2 万元，那么，它的回收期=5 万元/2 万元/年 = 2.5 年。

回收期分析法的优点是容易理解，计算也比较简便。可以看出回收期越短，风险越小。而不足之处是，回收期分析法没有全面考虑投资方案总的可能的收益，只考虑回收之前的效果，不能反映投资回收之后的情况，即无法准确衡量方案在整个计算期内的经济效果。这种方法还忽略了货币时间价值（Time Value of Money）。

由于这些局限，投资回收期分析法作为方案和项目的选择是不可靠的，它只能作为辅助评价指标。

2. 净现值分析法

净现值（Net-Present-Value）就是未来报酬的总现值减去原先的投入。这是一种常用的项目评价方法。其计算公式如下：

$$NPV=\sum_{t=1}^{n}\frac{F_t}{(1+k+r_t)^t}-p_0$$

其中：t = 年数；

F_t = 第 t 年的净现金流入；

k = 贴现率，也可以看作是目标回报率；

r_t = 第 t 年的预期通货膨胀率；

p_0 = 初始投资。

净现值法的决策规则是：在只有一个备选方案的采纳与否决决策中，净现值为正者则采纳，净现值为负者不采纳。在有多个备选方案的互斥选择决策中，应选用净现值是正值中的最大者。假设：案例 1 初期投资 20 万元，预计未来 5 年中各年的收入分别为 2 万元、4 万元、5 万元、8 万元、12 万元等，假定每年的贴现率是 5%，每年的通货膨胀率是 3%，那么：

$$NPV=\frac{20\ 000}{(1+0.05+0.03)}+\frac{40\ 000}{(1+0.05+0.03)^2}+\frac{50\ 000}{(1+0.05+0.03)^3}+\frac{80\ 000}{(1+0.05+0.03)^4}+\frac{120\ 000}{(1+0.05+0.03)^5}-200\ 000=32\ 972(\text{元})$$

因为其净现值是正数，也就是说未来的 5 年里现金的流入量大于现金流出量，这个项目是可以被采纳的。

在成本效益分析方法中，几乎都要用到现金流入量和现金流出量的数据。对于这两者的数据统计属于财务管理的范畴，有兴趣的读者可以参阅财务成本管理类书籍。

2.2.4 技术及风险分析方法

软件项目除了要进行成本效益的分析，还需要进行技术、风险和不确定性等可行性分析。

1. 技术分析

技术分析是要通过对技术设计方案或者演示模型的比较和分析，判断其技术的成熟性和适用性。这里最常用、有效的方法就是专家评定（Expert Judgment），即找相关行业的技术专家进行评审。

2. 风险分析

风险分析是对项目分别进行内部和外部的风险评估，主要对市场风险、技术风险、财务风险、组织风险、法律风险、经济及社会风险等风险因素进行定性和定量的分析，从而为项目决策提供依据。最常用的方法就是定量分析法决策树，详细内容可参考本书第 7 章。

图 2-2 所示为分析师用决策树来预测、评估某软件项目上线 1 年之后的运行结果。

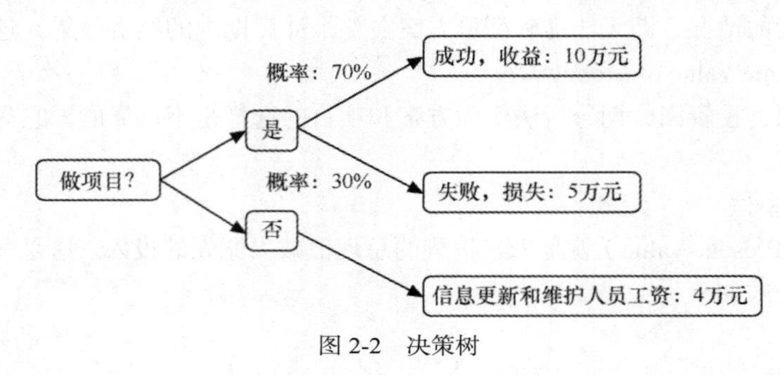

图 2-2 决策树

在此，做项目的预期收益就是：0.7×10 万元-0.3×5 万元 $= 5.5$ 万元，而不做项目的预期收益就是：-4 万元。做项目就是比较有利的选择。

2.2.5 可行性分析结论

项目是否可行？根据可行性分析、成本效益分析、技术分析和风险分析等研究结果，就比较容易做出决策。可行性研究报告的主要内容可以包括以下几点。

- 项目需求分析概况。
- 可行性要素分析。
- 项目的设计方案。
- 人员配置和培训计划。
- 项目主要风险。
- 可行性研究的结论和建议。
- 其他重要意见。

在此报告中，重要的是对项目的可行与否提出最终建议，为项目决策审批提供全面的依据。

决策层会根据分析结论，综合其他影响因素（经费，发展方向等），来决定项目是否立项。对于外部项目，合同就标志项目立项；对于内部项目，合作双方达成协议约定就可。

接着项目建议书的私立中学案例，给出如下所示的可行性研究报告。

某私立中学小型信息管理系统可行性研究报告

1. 项目简介

1.1 项目背景

随着学校的规模逐渐扩大，学校的学生越来越多，新来的教师也越来越多。学校的教学管理比较混乱，存在教学调度信息与学生档案信息等更新不及时、不完整等现象。学校的管理者需要对学生负责，在保证高质量教学工作的同时还要确保各类信息完整、及时、准确和真实。

作为一个发展良好的私立学校，信息化管理是非常必要的。如果能保证学校的信息完整、及时、安全、真实，那么学校的教学质量和教学管理都能相应地提高。人工化的信息管理，不仅浪费大量的人力和物力，信息的及时性、完整性也得不到良好的保证。建立一个安全的、真实的、可靠的学校信息管理系统已经成为一种必然。

1.2 项目目标

本系统一方面对日常的教学工作进行计算机化管理，解决现存的问题；另一方面对师生提供有效的共享服务和信息即时交流平台，使其更好地为学生、教师、学校服务。

本系统在确保信息安全的基础上采用 Web 的形式，以方便学生、教职员工、家长随时更新数据，查看数据。

2. 需求分析报告

基本要求：本系统包括 2 个子系统，即教学管理系统和教学服务系统。

针对教学管理系统：管理员可以管理（增加、更新、删除、存档等）所有信息，管理员要区分不同管理权限（比如对应的学生班主任可以管理本班学生的所有信息，系统管理员可以安排教学日历，管理教学调度，更新信息公告等）。系统要提供搜索和统计功能。

针对教学服务管理系统：共享资源平台，讨论区的功能。同时也要提供搜索和下载的功能。

外观要求：简单、简洁、美观、完整的站点布局，完整的有效的链接。

3. 总体设计方案

3.1 系统功能结构图

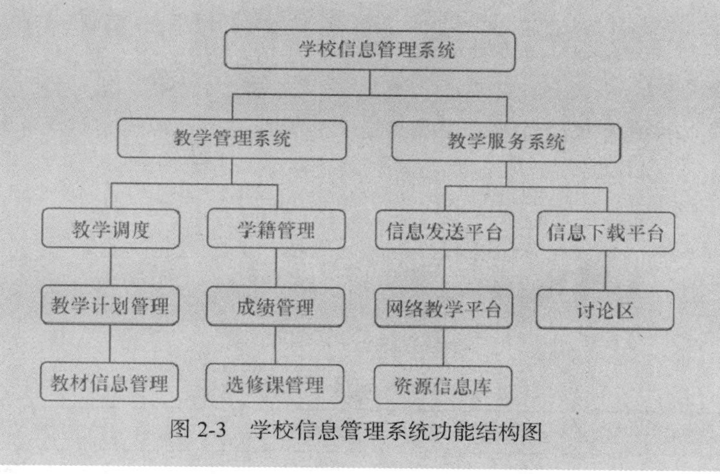

图 2-3　学校信息管理系统功能结构图

3.2 数据流图

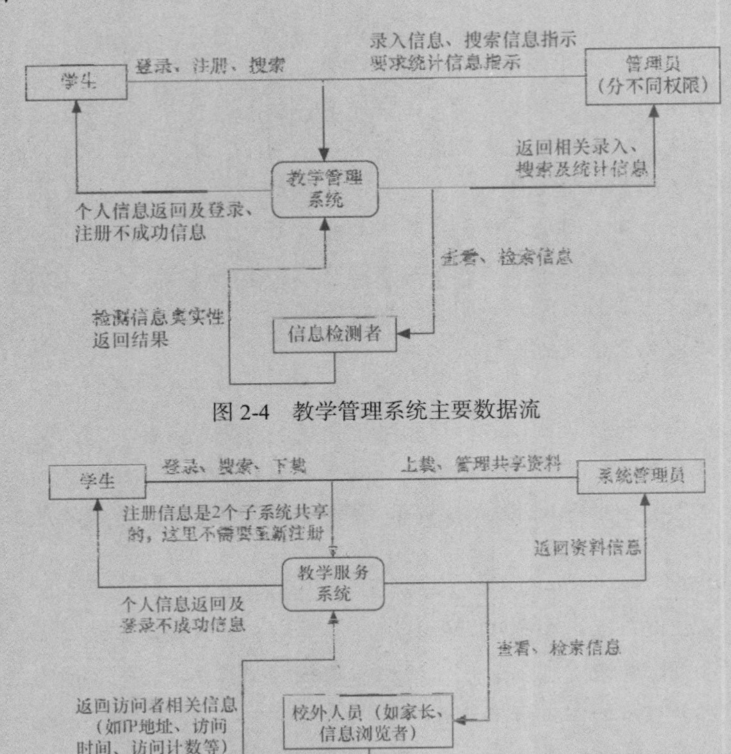

图 2-4　教学管理系统主要数据流

图 2-5　教学服务系统主要数据流

4. 系统可行性分析

4.1 技术可行性分析

当前开发小组成员以前做过类似系统的开发，对其软硬件操作环境、编译环境以及网络布局都比较熟悉。

暂定开发工具用 Ruby on Rails，这是一个结构化的 Web 应用程序开发技术；操作系统用 Windows；数据库用 SQL Server。

开发小组成员曾经也有过合作经验，在沟通上不是问题，所以当前这个系统从技术上来说是可行的。

4.2 经济可行性分析

此系统要求增加新的硬件（如服务器、新的计算机、新的网络设施等），这是一次性的投入成本。在系统上线之后，其软硬件的维护成本也是必不可少的。对软件带来的收益和耗用的成本进行计算，可判断经济可行性。

表 2-1　　私立中学信息管理系统有形收益

平均每年（第 1 年～第 5 年）		有形收益
A	成本降低和取消	￥5 600
B	错误减少	￥3 500
C	灵活性增加	￥3 500

续表

平均每年（第 1 年～第 5 年）		有形收益
D	活动速度更快	¥5 000
E	对规划和控制有所改善	¥16 000
	总计	¥33 600

表 2-2　　私立中学信息管理系统成本支出

第 0 年一次性投入		成本	平均每年维护成本（第 1 年～第 5 年）	成本
A	开发成本	¥20 000	应用软件维护	¥3 000
B	新硬件	¥15 000	软件新功能的开发	¥5 000
C	购买应用软件包	¥10 000	耗材供用	¥1 500
D	用户培训	¥10 000		
E	准备场地	¥2 000		
	一次性成本总计	¥57 000	每年维护成本总计	¥9 500

用 NPV 进行分析，由前面数据可以得出，初始投入成本是￥57 000，第 1 年到第 5 年的收入是￥33 600－￥9 500＝￥24 100。

假定每年的贴现率是 5%，每年的通货膨胀率是 2%，那么经过计算 NPV= ￥41762。

由此可以看出开发此系统在未来的 5 年里是收益大于支出的，而且随着系统的不断稳定其维护费用也会越来越低。

4.3 项目主要风险分析

（1）虽然开发小组做过一些类似的项目，但是每个客户的需求都是不尽相同的。所以在进行项目细节设计的时候需要更多的思考和讨论，以预防项目后期再修改设计的风险。

（2）对人员变动、大范围的需求变更做好足够的预防和减少的措施。因为这是个小型项目，历时本来就不长，如果有人员的变动或者大范围的需求变更就很容易导致项目的延期。

结论：

经过上述分析，开发此系统的技术完备、成熟，经济效益合理，满足学校当前信息管理的要求，也满足学校不断发展后的潜在功能。此系统可进行开发。

2.3　项目投标

讲到这里，有些人可能会奇怪了，怎么没有招标就开始投标了呢。其实善于思考的读者已经得到答案了。在进行可行性分析之前，我们就提到要根据实际状况来确定是否需要聘请专业顾问。如果项目需求方没有软件开发能力，那么他们需要聘请专业的机构来进行分析和开发。所以对于这样的情况，可行性研究和项目的招标就可以合二为一，既节省成本又可以选择最优的方案，何乐而不为呢？对于自主研发的项目来说，本身就是公司内部的事情，就谈不上招标和投标了。

项目投标基本可以分为 2 个阶段。

（1）第 1 个阶段是参加竞标的供应商在规定的时间内提交标书。标书一般包括项目需求分析、可行性研究方案和相关的财务预算。标书要做到清晰化、条理化和规范化。

（2）第 2 个阶段是需求方（客户）对标书进行评估。在评估之前，需要制定相应的评估标准，以确保我们的评估过程和结果是公平合理的。正如 PMP 中提到的，我们的标准可以是客观的，也可以是主观的。我们应该根据实际需要来制定标准，如从需求满足、技术能力、管理方案和财务预算等多方面来考虑。

通过评估，需求方可最后选定一个最优的方案和供应商签订合同。在这里需要提及一点，无论是从职业道德还是礼貌的角度，评估的结果都应该既通知成功的竞标者，也要通知没有获得成功的竞标者。

2.4 软件项目合同条款评审

法律是合同的依据，合同的条款是操作的依据。无论是成本管理、进度管理、质量管理还是沟通管理，都离不开合同约定的条款。在处理买卖双方的利益关系时，合同是最有力的裁判者。不同类型的项目一般会采用不同类型的合同。

2.4.1 合同计费的种类

不同种类的合同，有不同的应用条件、不同的权利责任分配和不同的风险分担。这里以合同计价的形式简单介绍 4 种常见的合同类型。软件项目计费常使用固定总价合同和功能点计费合同。

（1）**固定总价合同**：签订合同的时候，总的价格已经确定了。只有当出现设计变更或符合合同规定的调价条件时，才允许调整合同价格。这类合同是把需求变更和成本增加的风险从需求方转移到了承包方。但由于固定价格不变，承包方不得不节约成本，从而带来软件质量下降的风险。

（2）**费用偿还合同**：实际成本和奖励薪酬相加支付给承包方。奖励薪酬可以根据项目的情况来制定，如固定奖励、成本百分比奖励和按绩效结果奖励等。

（3）**时间和材料合同**：按单位工作量支付报酬，如按员工的工时等来计算。这类合同和固定总价合同的风险承担刚好相反，承包商缺乏动力。

（4）**功能点计费合同**：顾名思义，这类合同是按功能点的个数支付报酬。这种合同要求在项目开始的时候就应该估计好项目的规模，即通过功能点分析估计功能点数，每个单位功能点价格也要标注清楚，最终项目结束后通过功能点数和单位价格的计算得到总价格。表 2-3 所示为一个典型的例子。

表 2-3 功能点计费表

功 能 点 数	每个功能点的设计成本（元）	每个功能点的实现成本（元）	每个功能点的总成本（元）
1 000 以下	128	328	456
1 000～2 000	138	358	496
2 000～2 500	148	388	536
2 500～3 000	158	418	576
3 000～4 000	188	458	646

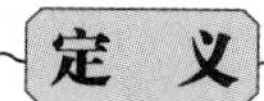

功能点分析（Function Point Analysis）就是从用户对应用系统的功能性需求出发，把应用系统按组件进行分解，并对每类组件以定义的功能点为度量单位进行计算，从而得到反映整个应用系统规模的功能点数。

2.4.2　合同条款评审

在正式签订合同之前，双方要对拟定中的合同进行评审。在评审过程中，要按照制定合同、评定合同和签订合同的顺序进行。

1. 制定合同

在制定合同的过程中，可以参照同类项目的合同进行讨论和修改。如果没有参照的合同内容，双方可以各自内部讨论制订合同草案，然后派代表通过会谈和讨论的方式确定合同的内容。

合同的内容基本可以包括如下方面。

（1）项目时间表（最好为项目重点部分设立对应的里程碑）。

（2）项目验收标准（如项目质量标准，包括适用性和安全性等）。

（3）项目维护和升级事项。

（4）项目价格和付款方式。

（5）双方的义务和责任。

（6）相关保密条款（如价格保密和代码保密等）。

（7）软件所有权问题（所有权归投资方还是开发方）。

（8）合同修订方式和修订程序。

（9）合同法律效力（确认合同是有效的）。

（10）合同有关附件（包括需求范围，项目质量标准等）。

（11）违约责任。

（12）其他责任等。

2. 评审合同

评审合同就是对合同内容进行最终的评定。在合同内容制订的过程中，双方已经进行了非常充分的交流，对大部分的合同内容都达成了一致的意见。在评审中，重点是对不一致的部分进行讨论和确定。

3. 签订合同

在合同评审结束后，应确保所有不明确的问题都已得到解决，即可以请双方的代表签订合同。

2.5　软件开发模型

软件行业发展至今，出现过不同种类的开发模型。根据项目的需求，选用适合的开发模型，无疑对项目的开发有很大的推进作用。软件开发模型是跨越整个软件生存周期的系统开发、运行和维护所实施的全部工作和任务的结构框架，它给出了软件开发活动各阶段之间的关系。目前，常见的软件开发模型大致可分为 3 种基本类型。

（1）以软件需求确定为前提，各项软件活动为线性分布的瀑布模型（Waterfall Model）。

（2）以响应变化、紧密沟通合作、快速持续交付有价值软件来满足客户的敏捷开发模型。

（3）快速实现一个可实际运行的系统初步模型，供开发人员和用户进行交流和评审，以便较准确地获得用户需求的快速原型实现模型。

本节将简单地介绍并比较这几种软件开发模型。

2.5.1 瀑布模型

瀑布模型将软件生命周期划分为软件计划、需求分析和定义、软件设计、软件实现、软件测试、软件运行和维护这 6 个阶段，规定了它们自上而下、相互衔接的固定次序，如同瀑布流水逐级下落，如图 2-6 所示。

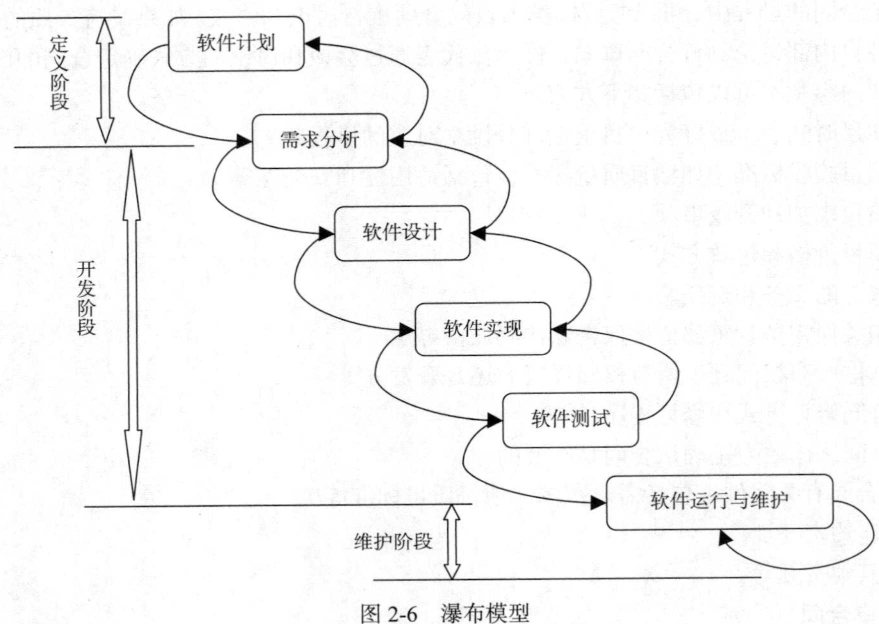

图 2-6　瀑布模型

瀑布模型是最早出现的软件开发模型，在软件工程中占有重要的地位，它提供了软件开发的基本框架。开发过程是通过一系列软件活动顺序展开的，从系统需求分析开始直到产品发布和维护，每个活动都会产生循环反馈，因此，如果有信息未被覆盖或者发现了问题，那么最好“返回”上一个阶段并进行适当的修改，开发进程从一个阶段“流动”到下一个阶段，这也是瀑布开发名称的由来。

瀑布模型有利于大型软件开发过程中人员的组织及管理，有利于软件开发方法和工具的研究与使用，从而提高了大型软件项目开发的质量和效率。然而软件开发的实践表明，上述各项活动之间并非完全是自上而下且呈线性图式的，因此瀑布模型存在一些的缺陷。

（1）由于开发模型呈线性，所以当开发成果尚未经过测试时，用户无法看到软件的效果。这样软件与用户见面的时间间隔较长，也增加了一定的风险。

（2）在软件开发前期未发现的错误传到后面的开发活动中时，可能会扩散，进而可能会造成整个软件项目开发失败。

（3）在软件需求分析阶段，完全确定用户的所有需求是比较困难的，甚至可以说是不太可能的。所以对于需求经常变化的项目不适用。

但是对于需求变更不太频繁的大型项目，瀑布模型还是很实用的。

2.5.2　快速原型实现模型

快速原型法其实是对瀑布模型的改进，侧重需求的快速挖掘。其第一步是建造一个快速可实际运行的系统初步原型，实现客户或用户与系统的交互，对原型进行评价，进一步细化待开发软件的需求。通过逐步调整原型使其满足客户的要求，开发人员可以确定客户的真正需求是什么；第二步则在第一步的基础上开发客户满意的软件产品。

它可以避免在瀑布模型冗长的开发过程中看不见产品雏形的现象。其优点一是开发工具先进，开发效率高，使总的开发费用降低，时间缩短；二是开发人员与用户交流直观，可以澄清模糊需求，调动用户的积极参与，能及早暴露系统实施后潜在的一些问题；三是原型系统可作为培训环境，有利于用户培训和开发同步，开发过程也是学习过程。其缺点是产品原型在一定程度上限制了开发人员的创新，没有考虑软件的整体质量和长期的可维护性。由于达不到质量要求，产品可能被抛弃，而采用新的模型重新设计，因此原型实现模型不适合嵌入式、实时控制及科学数值计算等大型软件系统的开发。

其开发步骤如图 2-7 所示。具体如下。

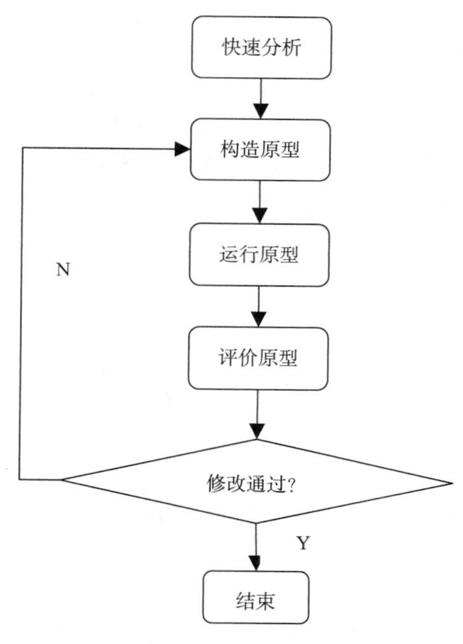

图 2-7　快速原型开发步骤

1. 快速分析

在分析人员与用户密切配合下，迅速确定系统的基本需求，根据原型所要体现的特征描述基本需求以满足开发原型的需要。

2. 构造原型

在快速分析的基础上，根据基本需求说明尽快实现一个可行的系统。这里要求具有强有力的软件工具的支持，并忽略最终系统在某些细节上的要求，如安全性、坚固性、例外处理等等，主要考虑原型系统能够充分反映所要评价的特性，而暂时删除一切次要内容。

3. 运行原型

这是发现问题、消除误解、开发者与用户充分协调的一个步骤。

4. 评价原型

在运行的基础上，考核评价原型的特性，分析运行效果是否满足用户的愿望，纠正过去交互中的误解与分析中的错误，增添新的要求，并满足因环境变化或用户的新想法引起的系统要求变动，提出全面的修改意见。

5. 修改

根据评价原型的活动结果进行修改。若原型未满足需求说明的要求，说明对需求说明存在不一致的理解或实现方案不够合理，则根据明确的要求迅速修改原型。

2.5.3 从增量模型到敏捷方法

在一个项目中，假定我们并不能事先确定系统的所有需求，那么在项目的初期有一个详细设计阶段的想法是不现实的。系统的设计和开发必须随着软件的变化而进化。那么我们就不能采用传统的瀑布模型进行开发。我们必须找寻一种应对需求快速变化的软件开发能力——增量开发模式或敏捷开发（Agile development）。

1. 增量模型

增量模型融合了瀑布模型的基本软件活动，如图 2-8 所示。该模型采用随着日程时间的进展而交错的线性序列，每一个线性序列产生软件的一个可发布的“增量”。当使用增量模型时，第 1 个增量往往是核心的产品，即第 1 个增量实现了基本的需求，但很多补充的特征还没有发布。客户对每一个增量的使用和评估都作为下一个增量发布的新特征和功能，这个过程在每一个增量发布后不断重复，直到产生了最终的完善产品。增量模型强调每一个增量均发布一个可操作的产品。

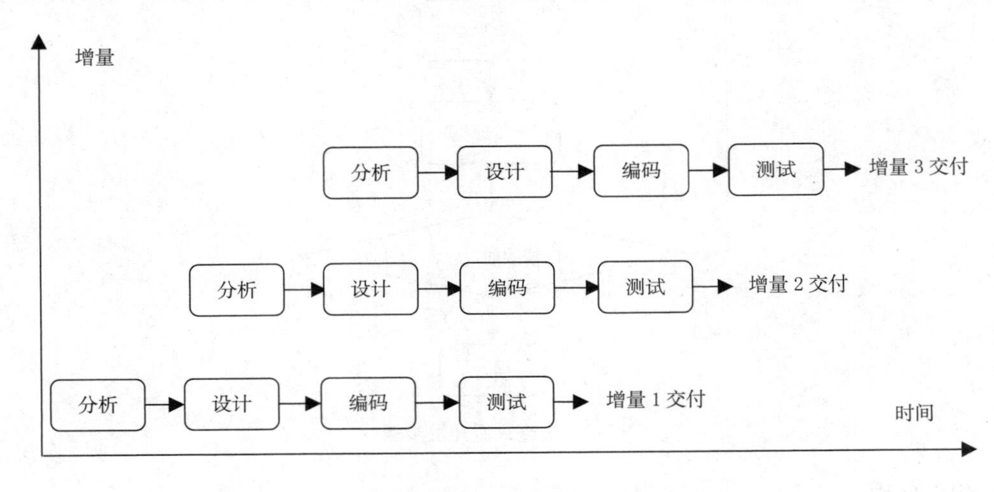

图 2-8 增量模型

增量模型的特点是引进了增量包的概念，无须等到所有需求都出来，只要某个需求的增量包出来即可进行开发。虽然某个增量包可能还需要进一步适应客户的需求并且更改，但只要这个增量包足够小，其影响对整个项目来说是可以承受的。

采用增量模型的优点是人员分配灵活，刚开始不用投入大量人力资源。如果核心产品很受欢迎，则可增加人力实现下一个增量。当配备的人员不能在设定的期限内完成产品时，它提供了一种先推出核心产品的途径。这样即可先发布部分功能给客户，对客户起到镇静剂的作用。此外，增量能够有计划地管理技术风险。

增量模型存在以下缺陷：

① 由于各个构件是逐渐并入已有的软件体系结构中的，所以加入构件必须不破坏已构造好的系统部分，这需要软件具备开放式的体系结构。这对系统结构设计提出了较高的要求；

② 在开发过程中，需求的变化是不可避免的。增量模型的灵活性可以使其具备适应这种变化的能力，但也很容易退化为边做边改模型，从而使软件过程的控制失去整体性；

③ 如果增量包之间存在相交的情况且未很好处理，则必须做全盘系统分析，这种模型将功能细化后分别开发的方法较适应于需求经常改变的软件开发过程。

2. 敏捷开发

敏捷开发是一种思想或方法论，就是通过不断迭代开发和增量发布，最终交付符合用户价值的产品。如何用敏捷的思想来进行软件开发？现在有很多具体的敏捷开发框架、流程或模式，比如：Scrum、极限编程、行为驱动开发、功能驱动开发，精益软件开发（Lean Software Development）等。它们的具体名称、理念、过程、术语都不尽相同，相对于“非敏捷”，更强调程序员团队与业务专家之间的紧密协作、面对面的沟通（认为比书面的文档更有效）、频繁交付新的软件版本、紧凑而自我组织型的团队、能够很好地适应需求变化的代码编写和团队组织方法，也更注重软件开发中人的作用。但不管采用哪种具体的敏捷开发框架，都应该符合敏捷宣言的思想，遵守敏捷开发的原则。只能按照这个敏捷宣言和敏捷开发原则来判断某种开发活动和实践是否是敏捷开发。

敏捷开发宣言（参考 http://www.agilemanifesto.org）全文如下表述：

我们一直在实践中探寻更好的软件开发方法，身体力行的同时也帮助他人。由此我们建立了如下价值观：

个体和互动 高于 流程和工具
工作的软件 高于 详尽的文档
客户合作 高于 合同谈判
响应变化 高于 遵循计划

也就是说，尽管右项有其价值，我们更重视左项的价值。

为了更好体现敏捷宣言所阐述的价值观，就要认真贯彻敏捷宣言背后所蕴含的如下 12 条原则。

① 我们最重要的目标，是通过持续不断地及早交付有价值的软件使客户满意。

② 欣然面对需求变化，即使在开发后期也一样。为了客户的竞争优势，敏捷过程掌控变化。

③ 经常地交付可工作的软件，相隔几星期或一两个月，倾向于采取较短的周期。

④ 业务人员和开发人员必须相互合作，项目中的每一天都不例外。

⑤ 激发个体的斗志，以他们为核心搭建项目。提供所需的环境和支援，辅以信任，从而达成目标。

⑥ 不论团队内外，传递信息效果最好效率也最高的方式是面对面的交谈。

⑦ 可工作的软件是进度的首要度量标准。

⑧ 敏捷过程倡导可持续开发。责任人、开发人员和用户要能够共同维持其步调稳定延续。

⑨ 坚持不懈地追求技术卓越和良好设计，敏捷能力由此增强。

⑩ 以简洁为本，它是极力减少不必要工作量的艺术。

⑪ 最好的架构、需求和设计出自自我组织型团队。

⑫ 团队定期地反思如何能提高成效，并依此调整自身的举止表现。

至于在软件项目管理中，选择哪一种开发模型，取决于项目所处的上下文（Context），包括组织文化、产品、应用领域、项目团队等背景和特点，表 2-4 所示为简单的对比。选择一个合适的生命周期模型，并应用正确的方法，对于任何软件项目的成功是至关重要的。企业在选择开发模型应从项目时间要求、人员状况、预算情况、需求明确程度、风险状况等选择合适的生命周期模型。

表 2-4　各种软件过程模型的特点及适用范围

模 型 名 称	技 术 特 点	适 用 范 围
瀑布模型	简单，分阶段，阶段间存在因果关系，各个阶段完成后都有评审，允许反馈，不支持用户参与，要求预先确定需求	需求易于完善定义且不易变更的软件系统
敏捷模型	积极响应需求变化，用最短的时间提交给客户最有价值的功能，并在整个项目周期中持续改善和增强	需求难以确定、不断变更的软件系统
快速原型模型	不要求需求预先完备定义，支持用户参与，支持需求的渐进式完善和确认，能够适应用户需求的变化	需求复杂、难以确定、动态变化的软件系统

2.5.4 极限编程

极限编程（Extreme programming，缩写为 XP），是一种软件工程方法学，是敏捷软件开发中最富有成效的几种方法学之一，基本思想是**"沟通、简单、反馈、勇气"**。如同其他敏捷方法学，极限编程和传统方法学的本质不同在于它更强调可适应性而不是可预测性。XP 的支持者认为软件需求的不断变化是很自然的现象，是软件项目开发中不可避免的、也是应该欣然接受的现象；他们相信，和传统的在项目起始阶段定义好所有需求再费尽心思地控制变化的方法相比，有能力在项目周期的任何阶段去适应变化，将是更加现实更加有效的方法。

XP 项目一开始就是收集用户故事（User Story），用户故事由用户编写，是一段与技术无关的文本，其目的在于提供一些特殊场景的详细描述，而不是用来估计系统的复杂性。用户故事的所有细节必须在它实现之前得到客户的确认。紧接着就是制定发布计划。发布计划确定在系统的哪个发布版本中有哪些用户故事需要实现。每个发布版本都要经过好几次迭代，每次迭代实现一些用户故事，如图 2-9 所示。一次迭代包括如下阶段：

① 计划：选择要实现的用户故事及其要明确的细节；

② 编码：实现用户故事；

③ 测试：至少每个类都要有相应的单元测试；

④ 验收测试：如果测试成功，新功能开发完成；如果失败，则进入下一次迭代。

1. XP 的最佳实践

- 开发人员和客户之间的交互是有益的。因此，一个极限编程的小组从理论上要求需要一个软件用户在身边，这个用户制定软件的工作需求和优先等级，并且尽可能在各种问题出现的时候马上就能回答（实际工作中，这个角色是由客户代理商完成的）。

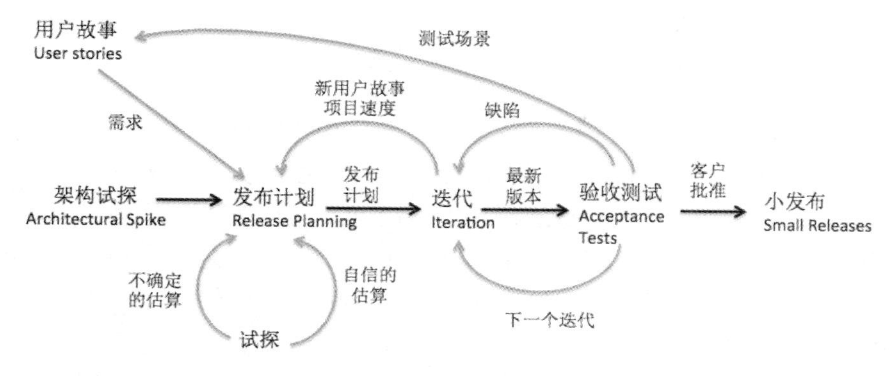

图 2-9　XP 流程示意图

- 如果学习是有效的，那么就把它做到底：这样减少了开发和回馈周期的长度，测试也能更早完成。
- 简单：设计最简单的，可以实施的方案。大部分项目中，开发人员往往把大部分时间都浪费在设计一些通用的解决方案上，以期适应将来可能变化的用户需求、运行平台等。要知道有时大部分变化并不是按开发人员最初想象的那样变化。
- 简单的代码更易于工作。所以把复杂的代码改写成简单的。
- 代码评审是有效的。因此，极限编程的程序设计师以两人搭档的方式工作。他们共享一个屏幕和键盘，增加了队员之间的交流，也让代码在一被写出的时候就被人评审了。
- 测试代码很重要。因此，在极限编程中，测试用例在实际代码之前就被写出来了。代码只有在通过测试的时候才被认为完成了（当然，需要进一步分解来降低复杂性）。整个软件系统用一种周期化的，实时的，被预先编好的自动化测试方式来保证它的确有作用。这就是测试驱动的开发。
- 一般来说，极限编程被认为对于少于 12 人的小团队很有用。然而，极限编程在一些超过 100 人的开发小组中也获得了成功。并不是极限编程不能够推广到更大的团队，而是很少有更大的团队来试着用它。

2. XP 特点

- 快速反馈：当反馈能做到及时、迅速，将发挥极大的作用。一个事件和对这一事件做出反馈之间的时间，一般被用来掌握新情况以及做出修改。与传统开发方法不同，与客户发生的接触是不断反复出现的。客户能够清楚地洞察开发中系统的状况。他 / 她能够在整个开发过程中及时给出反馈意见，并且在需要的时候能够掌控系统的开发方向。
- 假设简单：认为任何问题都可以“极度简单”地解决。传统的系统开发方法要考虑未来的变化，要考虑代码的可重用性。极限编程拒绝这样做。
- 增量变化：极限编程的提倡者总是说：罗马不是一天建成的。一次就想进行一个大的改造是不可能的。极限编程采用增量变化的原则。比如说，可能每三个星期发布一个包含小变化的新版本。这样一小步一小步前进的方式，使得整个开发进度以及正在开发的系统对于用户来说变得更为可控。
- 包容变化：可以肯定的是，不确定因素总是存在的。“包容变化”这一原则就是强调不要对变化采取反抗的态度，而应该包容它们。比如，在一次阶段性会议中客户提出了一些看来戏剧性的需求变更。作为程序员，必须包容这些变化，并且拟定计划使得下一个阶段的产品能够满足新的需求。

2.5.5 行为驱动开发

行为驱动开发（Behavior-driven development，缩写为 BDD）是一种敏捷软件开发的技术，它鼓励软件项目中的开发者、QA 和非技术人员或商业参与者之间的协作。

行为驱动开发的根基是一种“通用语言”。这种通用语言同时被客户和开发者用来定义系统的行为。由于客户和开发者使用同一种“语言”来描述同一个系统，可以最大程度避免表达不一致带来的问题。表达不一致是软件开发中最常见的问题，由此造成的结果就是开发人员最终做出来的东西就不是客户期望的。使用通用语言，客户和开发者可以一起定义出系统的行为，从而做出符合客户需求的设计。但如果光有设计，而没有验证的手段，就无法检验我们的实现是不是符合设计。所以 BDD 还是要和测试结合在一起，用系统行为的定义来验证实现代码。

行为书写格式：
故事标题 （描述故事的单行文字） As a [角色] I want to [功能] So that [利益] （用一系列的场景来定义验证标准） 场景标题 （描述场景的单行文字） Given [前提条件] And [更多的条件]... When [事件] Then [结果] And [其他结果]...
行为实例：
故事：帐户持有人提取现金 As a [帐户持有人] I want to [从 ATM 提取现金] So that [可以在银行关门后取到钱] 场景 1：帐户有足够的资金 Given [帐户余额为 $100] And [有效的银行卡] And [提款机有足够现金] When [帐户持有人要求取款 $20] Then [提款机应该分发 $20] And [帐户余额应该为 $80] And [应该退还银行卡]

BDD 的做法包括：

- 确立不同利益相关者要实现的远景目标；
- 使用特性注入方法绘制出达到这些目标所需要的特性；

- 通过由外及内的软件开发方法，把涉及到的利益相关者融入到实现的过程中；
- 使用例子来描述应用程序的行为或代码的每个单元；
- 通过自动运行这些例子，提供快速反馈，进行回归测试；
- 使用“应当(should)”来描述软件的行为，以帮助阐明代码的职责，以及回答对该软件的功能性的质疑；
- 使用“确保(ensure)”来描述软件的职责，以把代码本身的效用与其他单元(element)代码带来的边际效用中区分出来；
- 使用 mock 作为还未编写的相关代码模块的替身。

2.5.6　功能驱动开发

功能驱动开发（Feature-Driven Development，缩写为 FDD）是由 Peter Coad、Jeff de Luca 、Eric Lefebvre 共同开发的一套针对中小型软件开发项目的开发模式。

FDD 是一个模型驱动的快速迭代开发过程，它强调的是简化、实用、 易于被开发团队接受，适用于需求经常变动的项目。简单地说，FDD“是一个以 Architecture 为中心的，采用短迭代期，Feature 驱动的开发过程。它首先对整个项目建立起一个全局的模型轮廓，然后通过两周一次“design by feature-功能设计，build by feature-功能实现”的迭代完成项目开发。此处的“功能”是指“用户眼中最小的有用的功能”，它是可理解的、可度量的，并且可以在有限的时间内（两周）实现。由于在 FDD 中采用了短周期的迭代，最小化的功能划分法，所以可以对项目的开发进程进行精确及时的监控。

在 FDD 中，将开发过程划分为如下四个阶段，如图 2-10 所示。

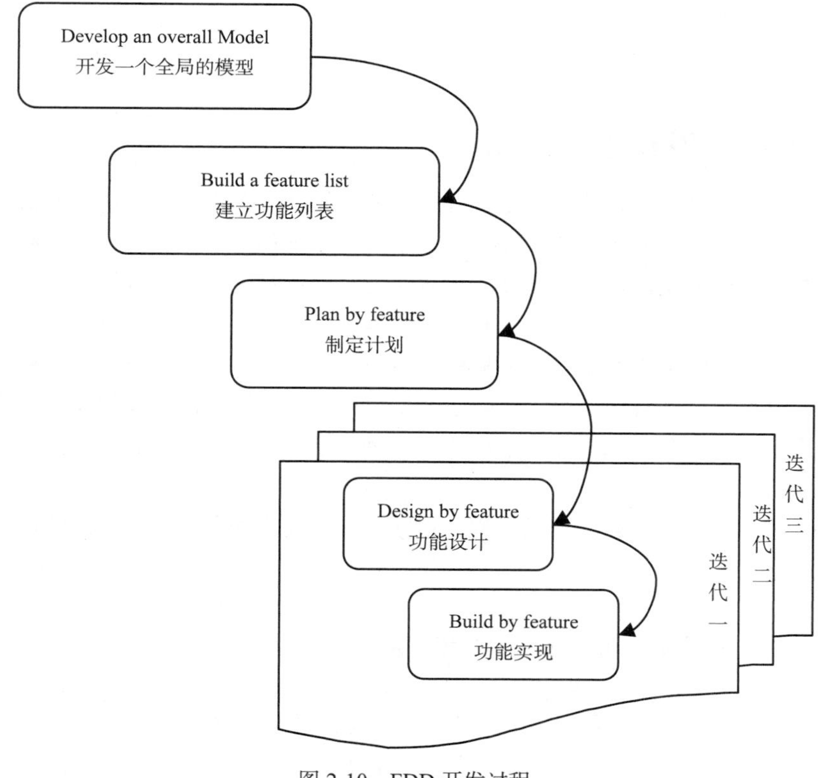

图 2-10　FDD 开发过程

1. 开发一个全局的模型

在一个有经验的组件/对象建模专家（首席架构师）指导下，业务领域需求人员与开发人员一起协调工作，业务领域人员提供一个初始的、具有一定高度的、可以覆盖整个系统和业务场景的介绍，领域人员和开发人员会依此产生初始的模型，然后再结成单独小组，进入详细继续讨论阶段，将模型轮廓描绘出来，然后丰富之前产生的初始模型。

2. 建立功能列表（Feature List）

当初始模型产生以后，就开始构建（feature list)功能列表，体现为下面形式：

```
<action> the <result> <by | for | of | to> a(n) <object>
```

就是动作、主体、结果的关系，每个动作行为发生都是围绕一个对象为主体的。建立功能列表就是将这些功能进行分类、合并和整理，例如功能需求中有：用户注册、用户修改注册资料和用户登录等功能，那么输入到功能列表中以后就可能是：围绕对象模型用户（User）的新增、修改和删除以及查询等功能。

3. 依据功能制定计划(Plan By Feature)

这步工作就是将这些功能进行排序和计划，然后分配给相应的程序员组。

4. 依据功能进行设计和实现(Design By Feature / Build By Feature)

程序员组针对自己的功能列表按迭代进行设计和实现。

每次迭代的内容包括：

- 工作包的启动会议：详细描述被包括的特征；
- 设计：创建必须的类、方法以及相关文档；
- 设计评审：对提供的设计进行评审，或者接受，或者拒绝；
- 开发：实现并进行单元测试；
- 代码评审会议：执行代码同级评审；
- 发布会议：将已实现的特征进行集成。

2.5.7 敏捷开发模型 Scrum

在敏捷开发模型中现在比较盛行的是 Scrum，作为压轴戏留到最后讲解。Scrum (原意：英式橄榄球争球队)，将软件开发团队比拟成橄榄球队，有明确的最高目标，熟悉开发流程中所需具备的最佳典范与技术，具有高度自主权，高度自我管理意识，紧密地沟通合作，以高度弹性解决各种挑战，确保每天、每个阶段都朝向目标有明确的推进。

Scrum 开发流程通常以 2 周到 4 周(或者更短的一段时间)为一个阶段，由客户提供新产品的需求规格开始，开发团队与客户于每一个阶段开始时按优先级挑选该完成的规格部分，开发团队必须尽力于这个阶段后交付成果，团队每天用 15 分钟开会检查每个成员的进度与计划，了解所遭遇的困难并设法排除。

Scrum 是一种迭代式增量软件开发过程，包括了一系列实践和预定义角色的过程骨架。其流程如图 2-11 所示。

1. 五大价值观

① 承诺（Commitment）：鼓励承诺，并授予承诺者完成承诺的权力。

② 关注（Focus）：集中精力做好工作，关注并完成承诺。

③ 公开（Openness）：Scrum 提倡公开、透明，不管是计划会议，平时工作，每日站会还是最后的总结回顾，都需要大家公开信息，以确保大家及时了解工作进度，如有问题及时采取行动

来解决。

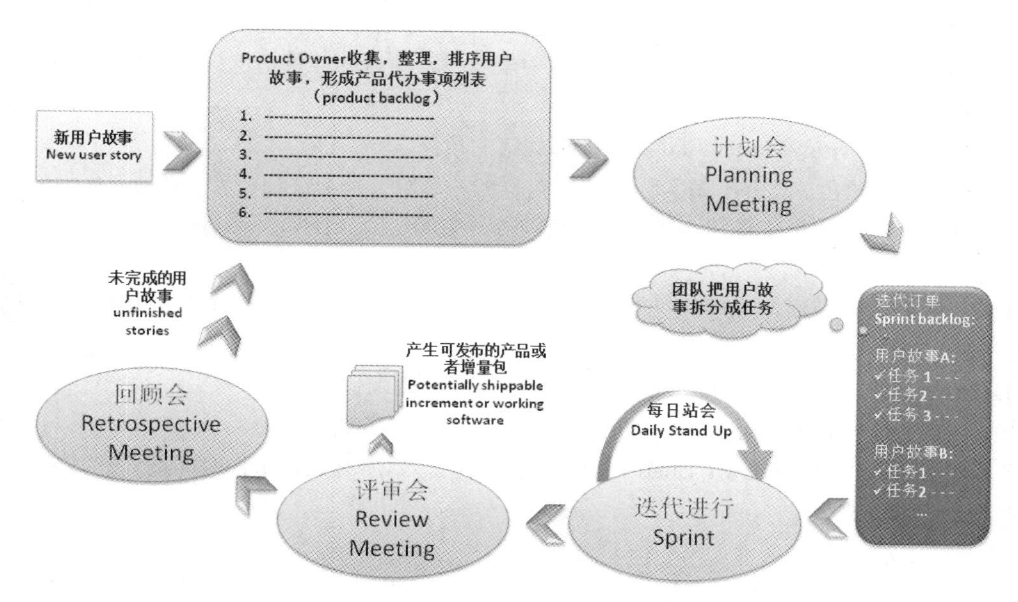

图 2-11　Scrum 开发流程

④ 尊重（Respect）：团队是由不同个体组成，成员间相互尊重是很必要的。

⑤ 勇气（Courage）：有勇气承诺任务，采取行动完成任务。

2. 三种角色

① 产品负责人（Product Owner）：负责维护产品需求的人，代表利益相关者的利益。

② Scrum Master：为 Scrum 过程负责的人，确保 Scrum 的正确使用并使得 Scrum 的收益最大化，负责扫除一些阻碍项目进展的问题。

③ 开发团队（Team）：自我管理开发产品的人组成的跨职能团队，建议一个 Scrum 团队 5-9 人。大于 9 人的，可以运用 SOS（Scrum of scrums）模式来管理。详见第 5 章 7 小节第 2 部分。

按照对开发过程的参与情况，Scrum 还定义了其他一些角色。这些角色被分为两组，即猪组和鸡组。这个分组方法的由来是一个关于猪和鸡合伙开餐馆的笑话，如图 2-12 所示。

图 2-12　猪和鸡合伙开餐馆的笑话

一天，一头猪和一只鸡在路上散步。鸡对猪说："嗨，我们合伙开一家餐馆怎么样？"猪回头看了一下鸡说："好主意，那你准备给餐馆起什么名字呢？"鸡想了想说："叫'火腿和鸡蛋'怎么样？""那可不行"，猪说："我把自己全搭进去了，而你只是参与而已。"

① "猪"组的角色。猪是在 Scrum 过程中全身投入项目的各种角色，他们在项目中承担实际工作。他们有些像这个笑话里的猪。

产品负责人、Scrum Master 和开发团队都是猪的角色。

②"鸡"组的角色。鸡并不是实际 Scrum 过程的一部分，是利益相关者，必须考虑他们。敏捷方法的一个重要方面是使得利益相关者参与到过程中的实践。比如，参与迭代的评审和计划，并提供反馈。

用户、客户、供应商、经理等对项目有影响的，但又不实际参与项目的角色都是鸡组成员。

3. 三个工件

① 产品订单（Product Backlog）：按照优先级排序的需求代办事项。

② 迭代订单（Sprint Backlog）：要在迭代中完成的任务的清单。

③ 迭代燃尽图（Burndown Chart）：在迭代长度上显示所有剩余工作时间逐日递减的图，因整体上总是递减而得名。

4. 五个活动

① 计划会（Sprint Planning Meeting）：在每个冲刺之初，由产品负责人讲解需求，并由开发团队进行估算的计划会议。

② 每日立会（Daily Standup Meeting）：团队每天进行沟通的内部短会，因一般只有 15 分钟且站立进行而得名。

③ 评审会（Review Meeting）：在冲刺结束前给产品负责人演示并接受评价的会议。

④ 回顾会（Retrospective Meeting）：在冲刺结束后召开的关于自我持续改进的会议。

⑤ 迭代（Sprint）：一个时间周期（通常在 2 周到 1 个月之间），开发团队会在此期间内完成所承诺的一组需求项的开发。

Scrum 模型的一个显著特点就是响应变化，它能够尽快地响应变化。所以随着软件复杂度增加，项目成功可能性相比传统模型要高一些，图 2-13 所示为 Scrum 模型和传统模型的对比。

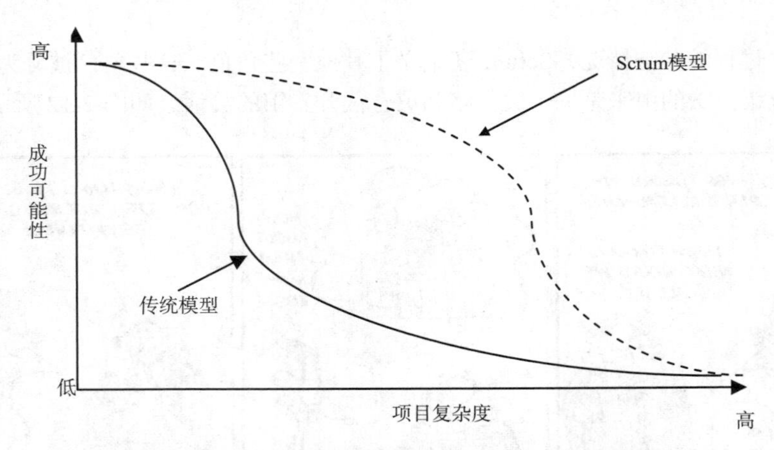

图 2-13　Scrum 模型和传统模型的项目复杂度/成功可能性对比

Scrum 使我们能在最短时间内关注最高的商业价值。它使我们能迅速及不断地检验可用软件，以此来确定是否立即进行发布还是通过下一个迭代来完善。

2.6　软件项目组织结构和人员角色

在本节开始之前，我们先来看一个耐人寻味的幽默故事。

故　事

有两个划船队 J 队和 M 队要进行划船比赛。两队经过长时间的训练后，进行了正式比赛，结果 M 队落后 J 队 1km，输给了 J 队。M 队领导很不服气，决心总结教训，在第 2 年比赛时，一定要把第 1 名夺回来。通过反复讨论分析，他们发现 J 队是 8 人划桨，1 人掌舵；而 M 队是 8 人掌舵，1 人划桨。不过，M 队领导并没有看重这点区别，而是认为他们的主要教训是 8 人掌舵，没有中心，缺少层次，这是失败的主要原因。

于是，M 队重新组建了船队的领导班子。新班子结构如下：4 名掌舵经理，3 名区域掌舵经理，1 名划船员，还专设 1 名勤务员，为船队领导班子指挥工作服务，并具体观察、督促划船员的工作。这一年比赛的结果是 J 队领先 2km。M 队领导班子感到脸上无光，讨论决定由于划船员表现太差，予以辞退；勤务员监督工作不力，应予处分，但考虑到他为领导班子指挥工作的服务做得较好，将功补过，其错误不予追究；领导班子成员每人发给一个红包，以奖励他们共同发现了划船员工作不力的问题。

仔细分析起来，这个故事说明了 3 个密切相关的问题。

（1）凡做一件事，如参加划船比赛，必须有一个组织。

（2）这些组织的内部成员应有不同的分工，如上面的两个划船队里的成员都有不同的分工，由此形成其内部的一定结构，即组织结构。

（3）作为一个组织，内部结构不同，行为效果也会不同，例如，上面例子中的 M 队 2 次都输给了 J 队。

据统计，在软件开发项目中，项目失败很主要的原因就是项目组织结构设计不合理，责任分工不明确，组织运作效率不高等。

在《人月神话》中，也通过外科手术的例子强调了组织结构和分工的问题，如图 2-14 所示。

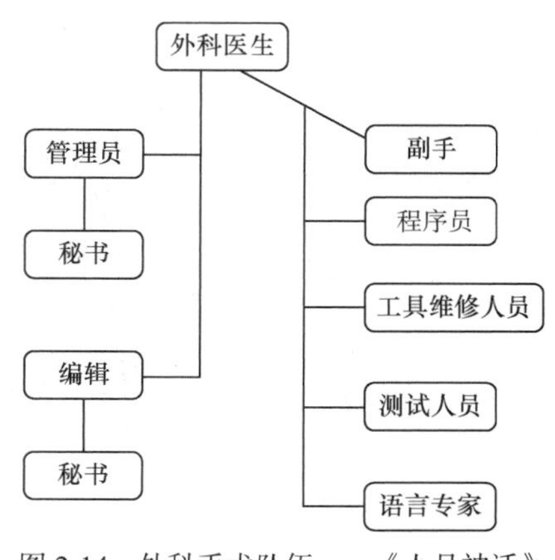

图 2-14　外科手术队伍——《人月神话》

Mills 的建议：程序员如同外科手术的队伍要进行专业化分工，使程序员从书记的杂事中解放出来，同时还可以对那些杂事进行系统整理，确保了它们的质量，并强化了团队最有价值的财富——工作产品。

在这一节中，我们先简单介绍一下项目组织结构的几种主要类型，重点讨论软件项目的组织结构设计。

2.6.1 项目的组织结构

项目的组织结构有 3 种主要的类型：职能型、纯项目型和矩阵型。

1. 职能型（Functional type）

该结构呈金字塔形，图 2-15 所示为一个典型的职能型组织结构图。高层位于金字塔的顶部，中层和底层则沿着塔身向下分布。公司的经营活动按照职能划分成部门（如设计部门、生产部门和检测部门等）。在职能型组织里，一般没有项目经理，项目功能都是在本职能部门内部实现再递交到下一个部门。如果实施期间涉及其他职能部门的问题，只能报告给本职能部门经理，由各职能部门经理进行协调和沟通。这种类型的组织结构适合传统产品的生产项目，一个部门的工作结束，下一个部门工作开始。所以职能型的组织结构不适合软件开发项目。

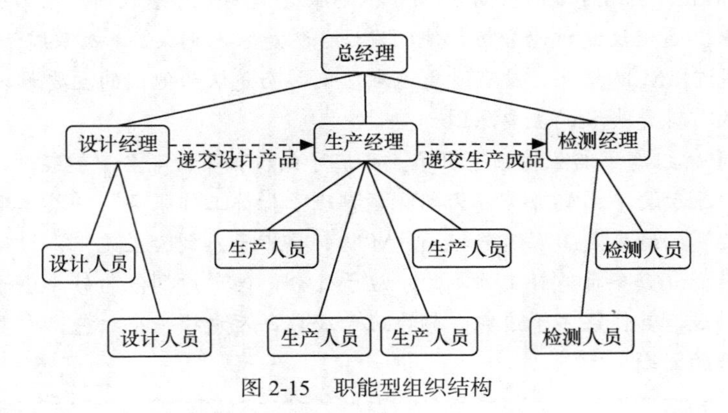

图 2-15 职能型组织结构

2. 纯项目型（Projectized type）

在这种组织形式中，以项目经理为核心构造一个完整的项目组，包括各工种人员，如图 2-16 所示。项目经理拥有领导权，项目内所有成员直接向项目经理汇报。每个项目就是一个独立自主单位。它就如同一个子公司那样运作，拥有完整的人员配备，包括技术人员、行政人员和财务人员等。

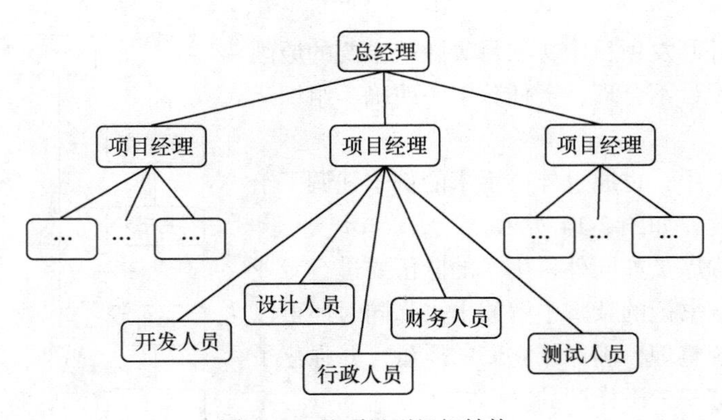

图 2-16 纯项目型组织结构

3. 矩阵型（Matrix）

由于职能型和纯项目型是两个极端的代表，为了综合它们各自的优势，矩阵型应运而生。它是职能型和纯项目型的结合体，项目内的成员受项目经理和职能经理双重领导。如图 2-17 所示，项目 A 和项目 B 的成员是由不同职能部门的人员组成的，这些人员由项目经理进行协调组织工作，同时他们还要受其职能部门经理的领导。

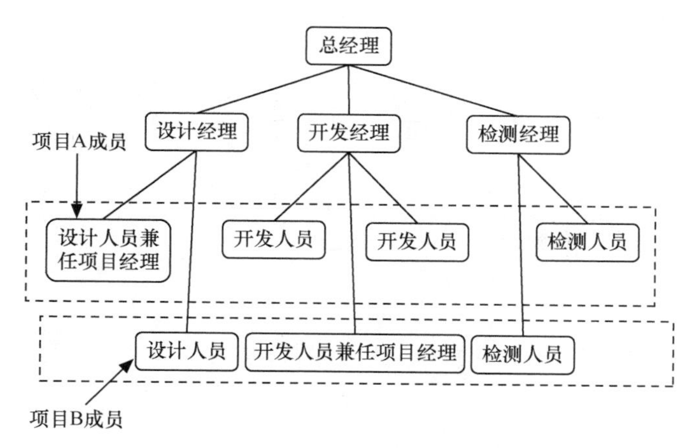

图 2-17　矩阵组织结构

通过前面的介绍，大家可以看出，每一种组织结构形式都有其优点和缺点。对不同的项目，应根据项目具体目标、任务条件、项目环境等因素进行分析、比较，设计或选择最合适的组织结构形式。通常来说，职能式的组织结构适用于项目规模小、专业面单一、以技术为重点的项目，如某种设计原型的研究；对于大型的、重要的、复杂的项目，应采用纯项目式的组织结构；而对于项目周期短又需要多个职能部门参与时，就应选择矩阵式组织结构。当然，这 3 种组织结构是最基本的类型，在项目实战中，还有很多其他的演变类型，如弱矩阵、强矩阵和混合型等。项目管理者必须针对具体的项目特点和实施要求，选择合适的组织结构。软件项目基于自身的特点（需求多变、技术复杂、多方快速交流等），一般都会采用偏项目型的组织结构。

2.6.2　软件项目的组织架构

选定组织结构类型只是软件项目组织架构的第一步，我们还要清晰地设计出组织架构中各种角色及其相互关系和其岗位职责，以便每个团队成员都能在其岗尽其才，并高效地发挥团队潜能和积极性，最终实现项目的目标。

软件项目的组织架构是以项目经理为核心领导，由各个分工不同的任务组所构成的。图 2-18 所示为一个典型的项目内部组织结构图。首先由项目总监对项目立项，其下设有项目经理和各个项目组。

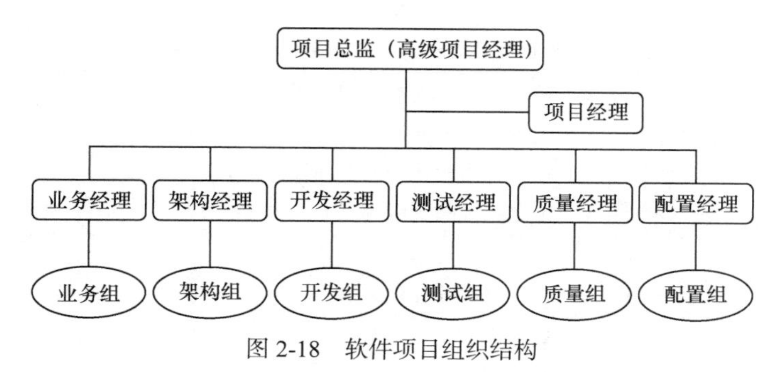

图 2-18　软件项目组织结构

图 2-18 反映了软件项目的任务组构成以及不同工种之间的平行关系。有时，人们还关心项目

组是如何运行的，即从形成决策到执行的不同层次之间的关系。图 2-19 展示了这 3 层——项目决策层、项目管理层和项目执行层之间的关系和主要的工作内容，而表 2-5 则详细地描述了软件项目中的主要角色及其职责。

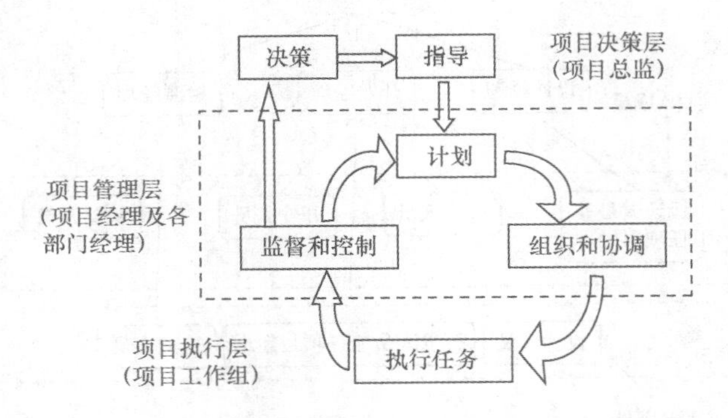

图 2-19　项目决策层、项目管理层和项目执行层之间的关系

表 2-5　　软件项目主要角色和职责描述

角　色	角 色 描 述	主 要 责 任
项目总监（高级项目经理）	项目管理最高决策人，对项目的总体方向进行决策和跟踪	● 对项目立项、撤销进行决策 ● 任命项目经理 ● 审批项目实施计划 ● 负责项目实施过程中的重大事件的决策 ● 根据项目过程中的进度、质量、技术、资源、风险等实行宏观监控
项目经理	项目经理直接报告给项目总监，负责完成项目的具体管理，是项目综合管理的焦点，是客户、高层和部门沟通的中心	● 在一定的时间、成本、品质、技术要求下，交付产出的成果 ● 负责管理预算、工作计划及所有项目程序（范围、风险和难题等） ● 根据项目进展及工作要求整合工作计划，并监督实施，控制进度 ● 建立团队鼓舞士气 ● 协调项目组内人员的分工合作，资源分配 ● 为项目成员设定合理、有挑战性的目标 ● 向项目总监汇报项目状况，提出建议及改进措施 ● 与用户进行有效的沟通协调，并争取关键用户的支持
业务组	完成软件项目的需求任务小组	● 负责项目原始需求的收集 ● 参与需求评审和需求变更控制 ● 负责系统确认测试的实施和完成（即产品交付之前的客户模拟测试，因为这个小组是最清楚客户需求的）
架构组	负责建立和设计系统的总体架构	● 负责用户需求汇总和分析 ● 负责系统总体设计 ● 指导程序设计师的详细设计 ● 配合系统的集成测试
开发组	负责完成系统的详细设计和编码任务	● 负责完成系统详细设计 ● 负责完成软件代码编写 ● 负责完成软件的单元测试和集成测试 ● 发送完成软件包给测试人员 ● 修复代码中的错误

续表

角　　色	角 色 描 述	主 要 责 任
测试组	负责计划和实施对软件的测试，以确定软件产品满足其需求	● 负责计划、设计和编写测试用例 ● 负责实施测试用例，并对软件完成功能测试、系统测试和接收测试 ● 提交软件错误（bug）给程序人员，并跟踪直到错误解决 ● 提交测试结果和完整的测试报告
质量组	负责计划和实施项目的质量保证活动	● 负责质量计划的编制、实施、监督和控制 ● 提交质量计划和实际结果的差异报告，提出差异原因和改进方法 ● 不定期召开质量会议讨论质量提高方案
配置组	负责计划、协调、实施和维护项目的正规配置管理活动	● 负责软硬件配置项的定义 ● 负责基线建立和维护 ● 负责版本控制、变更控制等 ● 负责软硬件的分配 ● 负责开发测试环境的搭建和维护

前面所描述的都是软件项目中典型的角色划分，我们还可以根据具体项目来定义某些特别的角色。角色和项目组成员是两个不同的概念，一个成员可以兼多个角色，而一个角色可以由多个人承担，如在大型项目中，有多个项目经理，几百个开发人员和测试人员；而在小型的软件项目组织中，部分角色可以兼任，即一个人可以兼任多个角色，但是开发组和测试组应尽量保持独立运行。

对软件开发组来说，他们负责的是软件实现的具体细节问题，甚至具体到程序中的每一行代码所完成的功能；对软件测试组来说，他们的职责是制定测试计划，设计和执行测试用例，并尽可能多地找出软件中存在的缺陷。

软件开发和软件测试这两种角色，在软件项目开发过程中对整个软件质量的好坏起着关键性的作用，而它们之间的相互联系也是十分密切的。很多人在软件开发过程中，经常忽视这两种角色的不同职责和作用的重要性。这种现象在规模较小的软件企业中比较多见，一个开发人员经常身兼多职，既要承担设计、编写代码等工作，又要充当测试人员，同时可能还要兼顾保证项目质量。这样做的后果是显而易见的，一心多用，缺乏专注；做事片面，不能从多个角度考虑问题；人为因素增加，制度规范约束力降低，缺乏有效的制约和监督，这对保证软件质量是极为不利的。

但近年来盛行的敏捷 Scrum，倡导多角多能（Cross Functional-多面手），每个人都可以胜任项目中的任何模块的开发和测试工作。这个理念非常好，但是实际情况是我们的人员素质很难达到这个要求，我们要逐步往这个方向努力。可以通过培训，结对工作，知识讨论共享等方式来逐步改进。

图 2-20 所示为微软公司开发产品的基本组织机构图，其中程序经理基本上分为 3 类：项目经理、设计经理和其他辅助经理（如业务部门、市场部门等协作部门经理，以及用户培训经理等）。程序经理的使命就是和客户保持沟通，协助项目组按时提供高质量的软件产品。

在 Chandler 项目中，组织结构开始有点乱，分不清谁是主要负责人和决策人。有时候在一个设计问题上各有各的说法，观点难以统一，而且也没有人来做最后的定夺，导致浪费了不少的时间。后期虽然米奇指定了相关负责人，但是很多分歧和争议还是要由米奇来定夺。在 Chandler 项目中，缺乏项目管理的工作，也是项目失败原因之一。

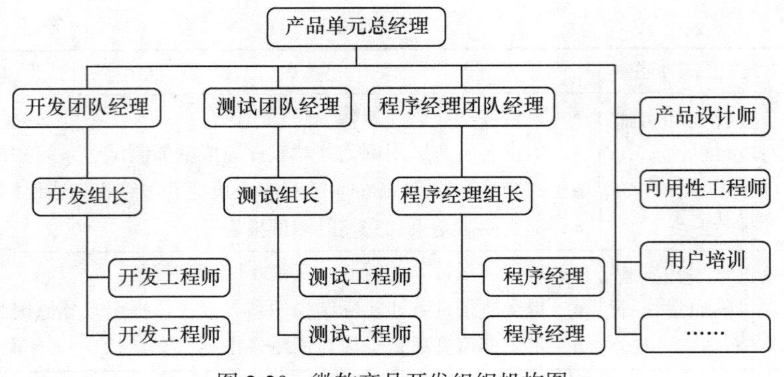

图2-20　微软产品开发组织机构图

2.6.3　软件项目经理

一位牧师正在考虑明天如何布道，他6岁的儿子总是来捣乱。情急之下，他将一本杂志内的世界地图夹页撕碎，递给儿子说："来，我们做一个有趣的拼图游戏。你回房里去，把这张世界地图还原。"

谁知没过几分钟，儿子又来敲门，并说图已经拼好。父亲大惊失色，急忙到儿子房间去看，果然那张撕碎的世界地图完完整整地摆在地板上。

"怎么会这么快？！"他吃惊地望着儿子，不解地问。

"是这样的，世界地图的背面有一个人头像，人对了，世界就对了。"

牧师爱抚着儿子的小脑袋若有所悟地说："说得好啊，人对了，世界就对了！"

在第1章我们已经阐述了软件项目管理是"以人为本"的，在此过程中需要充分地集成技术方法、工具、过程、资源（人力、资金、时间等）等要素，谁来领导这个集成（综合性）的工作呢？自然是软件项目经理。软件项目经理是整个软件项目的核心和灵魂。

《三国演义》中的诸葛亮就是一名很好的项目经理。他的军事才能和领导管理才能都是毋庸置疑的。如果没有诸葛亮对刘备的团队进行规划、组织、指导和协调，也就没有三分天下的蜀国。

在软件开发过程中，如果能选对人，放对位置，做对事情，那么做出的软件也就对了，成功的几率可能会大大地增加。由此可见，项目经理是何等的重要，选择了合格的项目经理也就是选择了有效的项目管理。

一个合格的项目经理必须具备以下良好的自身素质和较强的管理、技术能力。

1. 自身素养

项目经理在整个软件项目开发过程中要和很多形形色色的人交流，包括高层、客户、项目成员等。项目经理是整个沟通链的灵魂人物，必须能够有效地理解其他人的需求和动机，并具有良好的沟通能力。项目经理的能力首先体现在个人素质方面，如热情、专注、执著和勤奋等；其次体现在团队合作方面，具有良好的素质。

- 亲和力——领导团队走向成功的基础。
- 号召力、感染力——调动下属工作积极性的能力。
- 威信力——公私分明、信守承诺。
- 沟通表达力——理解他人行为的能力，有效表达自己的意见，最后达到双赢的目的。
- 应变能力——灵活、知识面广。

● 分析处理能力——及时有效解决问题和冲突等。

2. **管理能力**

在第 1 章，我们提到了有效的项目管理集中在对 3P 因素的管理上。现在我们也从 3P 角度来分析项目经理应具有的管理能力。从项目流程的角度看，项目经理要具备计划、组织、控制和指导项目的能力；从人员的角度看，项目经理又必须对现有的人力资源进行合理的选择、分配和调整；从处理问题的角度看，项目经理必须先分析出问题的根本原因，再找出问题涉及的项目各部分之间的相互联系和制约关系，最后和项目成员一起讨论出彻底的解决方案。

3. **技术能力**

软件项目对项目经理的要求是懂技术，不要求精通，但要全面。因为项目经理要处理项目组之间的内外协调工作，就必须有足够广博的专业知识，而技术的细节问题则是由项目的开发组长、测试组长或其他工程师来处理。

2.6.4 QA 与 QC

近些年来，QA（Quality Assurance）和 QC（Quality Control)两种角色经常被大家提及。他们虽然都属于项目质量保证的范畴，但是在实际的项目管理中，他们的关系比较容易混淆。下面对他们的关系进行说明。

- QC——质量控制者，检验产品的质量，保证产品符合客户的需求，是产品质量检查者。在软件开发过程中，QC 其实就是测试组成员。QC 所关注的是产品，而非质量体系或组织流程，这是他与 QA 的主要区别。
- QA——质量保证者，通过建立和维持质量管理体系来确保产品质量没有问题，是过程质量审计者。在软件开发过程中，QA 就是质量组成员。QA 所关注的是软件产品质量保证体系。

表 2-6 所示为 QA 与 QC 在项目各个不同阶段工作内容的比较。

表 2-6　QA 与 QC 各个阶段工作内容对照表

阶段	QA 工作内容	QC 工作内容
项目启动	定义产品质量指标	
	参与项目规划的评审	
项目计划	编制 QA 计划	测试计划管理
	过程审计	参加评审
需求分析	阶段交付物审计	分析测试需求
	过程审计	参加评审
设　　计	阶段交付物审计	设计测试用例
	过程审计	参加评审
		可能的话参与部分设计
编　　码	阶段交付物审计	单元测试
	过程审计	集成测试
		参加评审
测　　试	阶段交付物审计	集成测试
	过程审计	系统测试

续表

阶段	QA 工作内容	QC 工作内容
测　试		性能测试
		回归测试
		测试管理工作
		用户手册验证
实　施	产品质量状态评估	内部接收测试
	过程审计	验收测试
	项目交付审计	

QA 和 QC 各司其职，相辅相成。拿一部汽车来作比喻，质量控制者（QC）就是所有那些显示汽车当前各种状态（速度、发动机转速等）的仪器仪表；质量保证者（QA）包括各类标准，是写有所有部件操作方法的用户手册。QA 和 QC 的工作内容虽然不同，但工作性质是不冲突的，所以这两种角色可以单独存在，也可以由同一角色担任。

在微软公司中，QA 和 QC 就是由同一角色担任的，统称为 Quality Assure，就是测试与评估软件项目品质的人员。

在印度的知名公司（如 TCS、Infosys 和 Wipro）中 QA 和 QC 是由不同的角色担任的。在一个项目中会有 1 到 2 个 QA 人员负责监督和确保项目的进展遵循各项流程和模板，并且收集项目中发现的一些问题和解决方法以优化流程。

2.7　软件项目干系人

先说一个身边的小故事，同事计划搬新家（刚刚装修好的），搬家公司都联系好了，就在搬家的前晚，同事把事情告诉了婆婆。婆婆说了一句话“你们的新房环境指标合格吗？”同事还真的忘记测试环境指标了，结果导致这次搬家计划失败。我们可以把搬家当作一个项目来看，这次项目失败的原因就是没有考虑到婆婆这个干系人。

软件项目干系人（stakeholder），也称软件项目的相关利益人，PMBOK 是这样定义的，是指积极参与项目或其利益在项目执行中或成功后受到积极或消极影响的组织和个人。干系人也可能对项目及其可交付成果和项目团队成员施加影响。图 2-21（引用 PMBOK）所示为项目、项目团队和其他常见干系人之间的关系。

在软件项目的开发过程中，项目相关利益人分析管理不足是造成项目负面影响的一个重要因素。例如：在一个矩阵型的组织中，高层决定启动一个新的项目，要求几个部门在限定的时间内联合完成。但是有个别部门站在自己的角度，认为新项目会“冲击”部门利益，导致部门的重要性降低、权力变小等，因而对于项目的实施不配合，这就对项目的整体影响很大。

在 Chandler 项目中，还有个致命的缺点，就是那些技术让人们忽略了“使用者”这个利益相关人。有网友说：“做技术的人，尤其是对技术痴迷的人，遇到一个问题首先想到的不是用户的体验，而是自己在技术上的快感，好像不用点什么新鲜的技术就对不起客户似的，其实这些都不是用户关心的。用户关心的是什么？用户关心的只是实现！只要能实现客户的业务需求，那用什么技术用什么方式真的有很大关系吗？”所以米奇最初的想法其实是不对的。他不想用 server 来实现信息传递，但是用 P2P 最后也没有能够实现，还是绕了回来用 server。其实大可不必这样做，可以先满足需求，之后再来研究别的途径是不是更好。

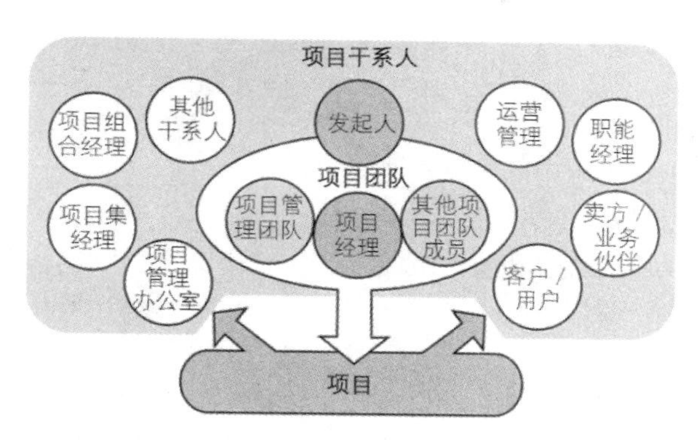

图 2-21　项目、项目团队和项目干系人的关系

所以对软件项目中涉及的各种干系人的利益和影响进行分析并加以有效引导是非常必要的，尤其是在软件项目之初。为了明确项目的要求和所有相关方的期望，项目管理团队必须在项目进行过程中识别所有的内部和外部干系人。为了确保项目成功，项目管理团队还必须针对项目要求来管理各种干系人对项目的影响。一个项目团队必须明确地识别项目干系人，分析每个干系人对项目的要求或需求，并且管理好这些要求和需求，满足不同的干系人，从而确保项目的成功。如在一个软件项目开发中，某个核心程序员因为感情问题而心情不好，项目经理就需要关注他/她最近的日常举动、言语，给予支持、鼓励或多谈谈心，适当地减少他/她的工作量，让其尽快调整重新加入到项目中来，避免项目进度延期等情况发生。如何有效识别、分析和管理干系人，请详见第 8 章第 6 小节。

2.8　软件项目启动动员会

万事俱备，只欠东风了。前面几节介绍的都是项目正式开始前的准备工作，一旦准备工作完成，就可以召开项目启动动员会（Kick off meeting）了。启动动员会的召开就是项目正式开工的标志。“Kick off”原意是足球比赛“中线开球”的意思，在项目管理中引申为项目启动动员会。下面，就详细介绍召开高效项目启动会议的注意事项。

1. 会议目的

项目启动动员会的目的是给团队鼓舞士气，确立项目统一的目标。万事开头难，有了一个确定的奋斗目标，大家就不再是一只只孤帆，而是一支舰队，向着目标前进。

2. 会前准备

和其他会议一样，要想会议进行得高效，准备工作必须充分，包括会议时间、会议地点和会议议程等，如图 2-22 所示。会议议程是准备工作的重点，其内容大致可以包括以下几个方面。

- 项目背景、价值、目标。
- 项目进度、质量、资源的要求。
- 项目交付标准要求。

- 项目组织机构及主要成员职责介绍。
- 项目开发模型。
- 项目初步计划、风险分析和制约关系分析。
- 项目管理制度。
- 相关问题的讨论和解决。

参会人员应该包括项目组织内部人员和项目相关利益人员，如项目总监、项目经理、出资方代表、客户代表、供应商代表和项目组成员等。

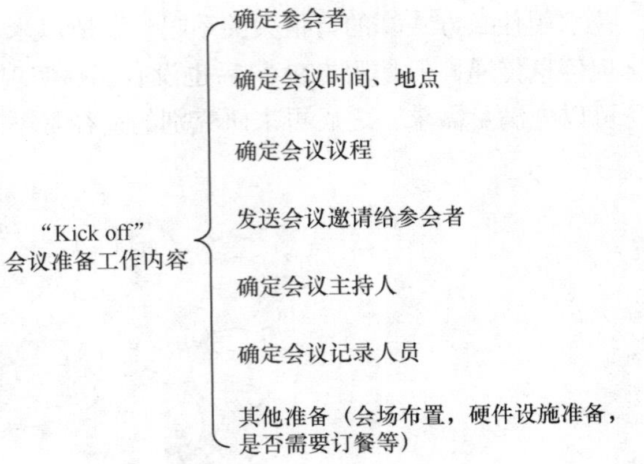

“Kick off”会议准备工作内容：
- 确定参会者
- 确定会议时间、地点
- 确定会议议程
- 发送会议邀请给参会者
- 确定会议主持人
- 确定会议记录人员
- 其他准备（会场布置，硬件设施准备，是否需要订餐等）

图 2-22 “Kick off”会议准备工作内容

3. 会议进行

会议开始后，可以按照事先安排的会议议程，按顺序阐述、讨论，并根据情况设定相关的后续行动计划（action item）。其中值得注意的就是在讨论环节的控制问题。如果各个部门对讨论的问题或解决方法有较大分歧时，项目经理应予以引导，必要时做出决定，如决定不了可在会后进行一对一的讨论，给出几种解决方案请相应高层做出决定。

4. 会议结束

会议结束后，项目经理需整理会议记录给与会人员，并抄送给相关高层人员。项目经理要及时跟踪和报告相关的后续行动计划（action item）的进度和状态。

小　结

本章讲述了软件项目启动之前的一系列标准的准备工作，包括从软件项目的立项、可行性分析、合同签署、软件开发模型、确立组织结构直到软件项目的正式启动。本章还介绍了在项目准备工作中几种常用的方法，如可行性分析的 NPV、决策树方法，还有项目利益相关人员分析的影响力/利益矩阵和 SWOT 分析方法等。

本章重点阐述了软件项目可行性要素分析，选择适合的软件开发模型，软件项目的内部组织结构和角色划分，以及软件项目相关利益人分析等过程，使读者从中掌握项目准备和启动过程中一些关键环节所需的方法和技术。

习　题

1. 软件项目的可行性分析包括哪些方面？影响决策的关键因素又是什么？
2. 项目的组织结构主要分哪几类？软件项目的组织结构通常采用哪一类？
3. 软件开发模型有哪些？各自的特点是什么？针对你的项目会选择哪个模型？
4. 针对 XP 和 Scrum 两种开发模式进行比较，了解它们有什么不同和各自的优势。
5. 针对 BDD 和 FDD 两种开发模式进行比较，了解它们有什么不同和各自的优势。
6. 用一句话概括软件项目经理的作用是什么，软件项目经理应具备哪些能力和素质？
7. 什么是软件项目相关利益人？如何对他们进行分析和管理？

8. 一个软件企业现在面对两个项目的抉择，他们经过分析得出这样的结论：如果做 A 项目，盈利的概率是 20%，可以盈利 30 万元，但是同时亏损的概率是 80%，亏损 4 万元；如果做 B 项目，盈利的概率是 70%，盈利 6 万元，同时有两种亏损的可能：其一是 10%的概率亏损 2 万元，其二是 20%的概率亏损 5 万元。请用决策树的方法计算出两个项目的预期收益，并判断哪个项目是比较有利的选择？

实验 1：软件开发梦想秀

（共 2 个学时）

1. 实验目的

① 开拓思路，提高创造性。

② 训练演讲能力。

2. 实验内容

软件开发梦想秀,活动要求在六十分钟的时间里讨论一个软件项目在理想状态下开发的过程，然后用绘画的形式画出 5 ~ 15 幅梦想蓝图。

3. 实验环境

五个人一组，白纸，画笔若干。

4. 实验过程

① 每个小组充分发挥自己团队的力量，在 1 小时内创造绘画出自己团队的作品。

② 选出小组组长，代表小组展示成果。

③ 每位组长 3 分钟演讲时间，总结概括梦想蓝图。1 分钟问答时间，其他组成员可针对话题来提问，本组人做出相应回答。

④ 最后投票选出优秀作品。

5. 交付成果

写一个报告，总结所学到的经验和教训，并谈谈如何缩小软件开发现实和理想的差距。

实验 2：编写用户故事及其验收测试标准

（约 1.5~2 个学时）

1. 实验目的

① 掌握编写用户故事的方法和实践。

② 加深理解用户故事需要遵循的 INVEST 规则。

2. 实验内容

基于某个项目（某个软件新版本的开发），选定 2-3 个需求，练习编写用户故事。

3. 实验环境

四个人一组，准备若干用户故事卡片。

4. 实验过程

① 老师先介绍用户故事模板、INVEST 原则和一些经验，假定一个迭代两个星期。

② 接下来学生开始练习编写用户故事。

③ 先选择其中一个需求，一起分析讨论，根据 INVEST 原则进行拆分编写用户故事。

④ 编写每个用户故事的同时，编写验收测试用例。

⑤ 再重复步骤 3）步骤到 4），直到把需求的用户故事编写完毕。

5. 交付成果

① 用户故事清单，包括验收测试用例。

② 写一个报告，总结所学到的经验和教训。

****

对于敏捷开发来说，用户故事是开发的基础，它不同于传统的瀑布式开发方式，而是把原本需求拆成最小粒度的用户故事，以方便拆分任务，估计开发时间。

用户故事模板可以遵循以下模板：

As a <User Type> I want to <achieve goal> So that I can <get some value>

作为一个<某种类型的用户>，我要<达成某些目的>，我这么做的原因是<开发的价值>。

用户故事应遵循 INVEST 规则

① Independent 独立性，避免与其他用户故事的依赖性。

② Negotiable 可谈判性，用户故事不是签订的商业合同，它是由客户或者 PO 同开发小组的成员共同协商制定的。

③ Valueable 有价值性， 需要体现出对于用户的价值。

④ Estimable 可估计性，应可以拆分任务并估算开发时间。

⑤ Sized Right 合理的尺寸，应该尽量小，并且使得团队尽量在 1 个迭代中完成。

⑥ Testable 可测试性， User Story 应该是可以测试的，最好有界面可以测试和自动化测试。而且必须在定义了验收测试通过的标准后才能认为故事编写完毕。

一些经验：

① 永远不要在 User Story 中使用 And 和 Or，因为这是些分支词就表示分支任务，把它们拆成两个 Story；

② User Story 的颗粒度不可大于 1 个 sprint；

③ User Story 用于描述用户故事，不要包括任何的技术、框架等内容。Task 可以包括框架，技术等内容。

第3章 项目计划

电影《肖申克的救赎》的故事发生在1947年，银行家安迪因为妻子有婚外情，误被指控用枪杀死了她和她的情人，被判无期徒刑，这意味着他将在肖申克监狱中渡过余生。

安迪入狱一个月后，请瑞德帮他弄到一把石锤，其解释是他想雕刻一些小东西以消磨时光，并说他自己会有办法逃过狱方的例行检查。不久，瑞德果真玩上了安迪刻的国际象棋。之后，安迪又搞了一幅巨幅海报贴在了牢房的墙上。由于安迪是银行家，精通财务制度方面的知识，他开始为越来越多的狱警处理税务问题，甚至为肖申克监狱长诺顿洗黑钱，因此他也摆脱了狱中繁重的体力劳动。时间就这样慢慢地熬过，有一天，他对瑞德说："如果有一天，你可以获得假释，一定要到某个地方替我完成一个心愿。那是我向我妻子求婚的地方，在那里一棵大橡树下有一个盒子是我送给你的东西。"当天夜里，风雨交加、雷声大作，已得到灵魂救赎的安迪越狱成功。

将近20年，他每天都在用那把小石锤挖洞，然后用海报将洞口遮住。同时，他在为监狱长洗黑钱时，将这些黑钱一笔笔转到一个名叫斯蒂文的人名下。其实这个斯蒂文是安迪虚构出来的人物，安迪为斯蒂文做了驾驶证、身份证等各种证明，可谓天衣无缝。安迪越狱后，以斯蒂文的身份领走了部分监狱长存的黑钱，过上了不错的生活。并且告发了监狱长贪污受贿的真相。监狱长在自己存小账本的保险柜里见到安迪留下的一本圣经，扉页上写着："监狱长，您说得对，救赎就在里面。"当看到里边挖空的部分正好可以放下小石锤时，监狱长领悟到其实安迪一直都没有屈服过，而这时，警方正向监狱赶来逮捕监狱长，最后监狱长饮弹自尽。

瑞德获释了，他在橡树下找到了一盒现金和安迪留给他的一封信，最后两个老朋友终于在墨西哥阳光明媚的海滨重逢了。

这个故事告诉我们，安迪通过将近20年的周密计划，才最终逃出监狱。如果没有计划，仅有好的想法是不能获得成功的。没有好的计划，即使勤勤恳恳地工作，也不能获得成功。项目管理就是制定计划、执行计划和监控计划的过程，计划成了项目管理的主线。项目管理泰斗哈罗德·科兹纳（Harold Kerzner）博士更是一针见血地指出：不做计划的好处，就是不用成天煎熬地监控计划的执行情况，直接面临突如其来的失败与痛苦。

3.1　什么是项目计划

《礼记·中庸》中说："凡事预则立，不预则废。"这告诉我们，不论做什么事，事先有准备，就能获得成功，不然就会失败。这里强调了做事之前先制定一个切实可行的计划的重要性。《宋史》在岳飞传中，谈到岳家军为何百战不殆，其中一个主要原因就是"欲有所举，尽召诸统制与谋，谋定而后战，故有胜无败"。这里的"谋"，就是谋划、策划，也就是针对作战项目，先周密计划，然后再打，才会打胜仗。这些都说明计划的重要性。

简单地说，计划就是一种事先策划，在做事之前要有准备、事先有一个安排。这种策划可以看作：

- 先在头脑中思考一番，形成行动纲领，指导将来的实际行动；
- 将各种可能遇到的问题、风险过滤一遍，找出对策，将来执行时遇到类似的问题就不会手忙脚乱；
- 将需要的人力、物力资源做一个评估，以便提前准备。

如果要更准确地描述"什么是计划"，我们可以这样解释——计划是事先确定项目的目标和实现目标所需要的原则、方法、步骤和手段等完整方案的管理活动。这里更多的是将"计划（planning）"看成是一个持续的管理活动，是一个过程。有时，这种持续的管理活动转化为文档，也被看做"计划（plan）"，它应该更恰当地被称为"项目计划书"。

- 计划作为管理活动，体现了一种管理职能，而且这项管理职能在各项管理职能中占有领先地位，即必须在设计、执行之前就开始了。计划决定了组织、指挥、协调的目标，也规定了控制和监督的标准，对项目将来的实施具有很大影响。
- 计划（书）作为文档则是指导、监控项目执行的文件，其主要内容包括项目概览，如何组织项目的描述，用于项目的管理和技术过程，所要完成的工作，进度信息和预算信息等。

软件项目计划（Software Project Planning）的目的是制定一套软件项目实施及管理的解决方案，其主要工作包括确定详细的项目实施范围、定义递交的工作成果、评估实施过程中的主要风险、制定项目实施的（时间）进度计划、成本和预算计划、人力资源计划等。

制定项目计划是软件项目管理过程中一项关键的活动，是在软件项目实施之前必须完成的一项工作。项目计划的目标是为项目负责人提供一个框架，使之能合理地估算软件项目开发所需的资源、经费和开发进度，并控制软件项目开发过程按此计划进行。在做计划时，应就需要的人力、项目持续时间及成本等作出估算。这种估算大多是参考积累的经验和历史数据等作出的。软件项目计划包括 2 个任务：研究和估算，即通过研究该软件项目的主要功能、性能和系统界面，对工作量、时间、成本和风险等作出评估，然后根据评估结果进行安排。概括起来，软件项目计划的主要作用有以下几方面。

- **指导软件项目实施**，包括采用正确的策略、合适的方法和工具等。
- **得到项目相关利益人的承诺**，这是项目顺利实施的前提。
- **获得资源的承诺**，事先在设备、软件和人员上进行安排和准备，保证项目各项工作可以按时开展。
- **明确项目人员的分工和工作责任**，提高项目的工作效率。
- **及早了解项目存在的问题和风险**，从而在问题发生前制定好对策，使项目能够顺利实施，不会严重影响项目的进度，保证项目的质量。
- **获得组织在项目预算上的承诺**，从而保证项目能够顺利实施，不会半途而废。

- **是软件项目实施结果评估的依据**，为项目管理的改进提供参考标准（基线）。
- **软件项目实施过程的文档化**，使之成为组织的知识财富。

3.2 项目计划的内容

多娜·迪普罗丝在《项目管理》一书中将项目计划归纳为如下几个问题：为什么做？做什么？怎么做？什么时候做？谁来做？通常，在项目可行性分析报告或项目说明书里已经阐述了前面的2个问题，因此在项目计划阶段需要解决的就是后面的3个问题。

（1）**怎么做？**项目计划必须描述如何去完成项目目标，这通常包括取得最终结果之前的所有交付，以及完成每个交付所需要付出的工作量。项目中往往包含了各种潜在的风险，项目计划要预测哪里有可能会出现问题，并提供应对措施。

（2）**什么时候做？**把项目工作排序，估计每项工作需要多少时间完成，确定出阶段交付日期，并最终制定一个详细的项目日程表。

（3）**谁来做？**所有的任务都需要人来做。根据技术和能力将人员分配到具体的任务上。

3.2.1 项目计划内容

软件项目计划涉及的内容广泛，不仅包括非工程类计划，如项目质量计划、进度计划、资源计划、风险管理计划和配置计划等，而且包括工程类计划，如项目需求工程计划、开发计划、测试计划和部署计划等。由于本书讨论的是软件项目管理，其计划也是围绕项目管理来讨论，主要集中在非工程类计划上，而工程技术计划的内容可以参考软件工程相关的技术图书。软件项目管理是建立在软件技术和软件工程知识基础之上的管理活动，在本书中所讨论的软件项目计划，其实就是软件项目管理计划，包括任务范围、风险、进度、资源、质量、变更控制等的管理，这些内容与软件工程研发或技术有着密切联系。

软件项目计划，不仅要描述软件的目标、功能特性、资源和进度安排等，而且要进行风险分析和评估、质量计划、软件配置计划等。对于小型项目，一份计划书可能囊括了所有项目管理的计划内容，而对于大型项目，需要分别完成各个部分的计划。软件项目计划的具体内容可以参考附录C，而根据PMBOK，项目管理计划内容共分为20项，如图3-1所示，图中还表明了它们之间的过程顺序关系。一般的项目计划，包括下列内容。

- **目标**：在特定的时期内所要达到的期望结果。
- **策略**：为了达到或超过目标所采取的方法和措施，包括如何做出决策和组织行为的总体指导。
- **流程**：执行政策的具体方法和步骤，包括里程碑设置、沟通渠道、问题报告机制等。
- **标准**：项目过程和产品所要遵守的规定、规范和要求，以及对个人或团体绩效所定义的、可接受的标准。
- **质量**：对软件项目输出成果的要求，包括阶段性产品和最终产品的质量需求。
- **进度安排**：事先安排的个人或团体活动、任务或事件的开始时间和结束时间。
- **预算**：为了达到或超过目标所需要的开支，为将来的成本控制建立依据。
- **资源**：组织结构、人员数量和角色的确认，包括各个角色的责任和义务，人员之间工作配合的要求。
- **风险**：对项目成功构成的威胁或负面影响因素，影响大小或损失，以及相对应的风险防范和处理措施。

- **配置管理**：包括软硬件配置项的定义、基线建立、版本控制和变更控制等工作内容。

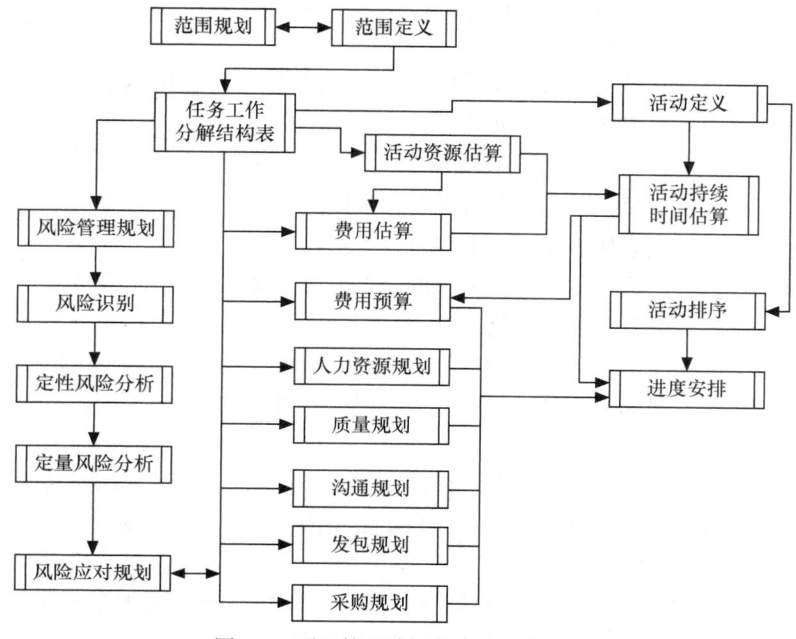

图 3-1　项目管理计划的内容及其关系

1. 目标与范围

在进行项目管理计划时，首先要确定项目的目标与范围，需要对软件项目有一个总体的认识，定义或确定待实现的功能特性以及相应的工作任务，清楚了解该项目是否受到某些约束或存在哪些限制条件等。这一部分的主要内容包括范围规划、范围定义及任务工作结构分解，也可能包括下列一些项目。

- 项目背景
- 项目目标
- 主要功能特性
- 产品交付内容（清单）
- 验收标准
- 依赖性或条件限制
- 专业术语
- 参考文档

2. 项目估算

可根据软件需求，结合历史数据，采用恰当的评估技术，估算软件规模，从而进一步估算工作量、开发时间等。项目估算包括资源估算、活动持续时间估算以及费用估算。一般来说，首先是对项目活动进行分解和定义，进行项目规模估算，然后进行资源估算，最后才是费用估算。

3. 风险

在项目计划中，需要识别风险，对风险进行评估，以便采取相应的措施来降低或缓解风险。这就需要制定风险管理计划，包括风险预防、风险监控和风险处理计划等。软件项目风险可以分为一般性风险和特定产品的风险。

- 一般性风险对每一个软件项目而言都是一个潜在的威胁，如需求经常变化、项目人员流失等。
- 特定产品的风险是当前项目所存在的特殊风险，如当前项目的特定业务、采用的特定技术及特殊环境等引起的风险。

一般性风险和特定产品的风险都应该被系统化地标识出来。识别风险的一个方法是建立风险条目检查表，该检查表可以用来识别下列的一些风险。

- 产品规模，软件项目越大，风险越大。
- 商业影响，市场或竞争对手影响所带来的相关风险。
- 客户特性，如客户的素质、文化和地理位置等影响。
- 过程定义，如过程的成熟度、过程采用的模型或过程文化所带来的风险。
- 开发环境，如软件开发与测试工具、办公环境、网络等影响。
- 构造的技术，如采用的技术成熟度、复杂度及其技术使用能力所带来的风险。
- 人员，包括是否有足够人员，人员的能力和经验等带来的相关风险。

4. 资源

软件项目的完成需要资源，没有资源，任何事都干不了。这些资源包括人员、硬件、软件等需求和安排，还包括硬件分配、网络结构、项目组成员的角色、责任和具体分配的任务。

5. 进度安排

进度安排的好坏往往会影响整个项目的完成时间，因此这一环节也是非常关键的。制定软件进度与其他工程没有很大的区别，包括任务排序、里程碑设置等，其方法主要有工程网络图、甘特图（Gantt chart）、任务资源表、成本估算和培训计划等。进度安排受到资源限制，而且还受到质量规划、采购规划等影响。

6. 跟踪和控制机制计划

项目进行过程中的监控、如何使项目处在正常发展的轨道上，都需要事先建立合适的流程或机制来保证，这些机制包括质量保证、变更控制、项目成员报告等。

3.2.2 输出文档

项目计划书是正式批准的、用于管理和控制项目实施的文件，它明确了在管理沟通中需要界定的内容，如项目目标、项目管理方法或策略、工作范围和细目、所需的资源和项目预算、进度安排、绩效考核标准和办法等。项目计划中可能还包括项目计划开发期间产生的附加信息和文件（如制约因素、事先假定等）、相关的技术性文件和标准文件等。

项目计划过程中可能会输出很多文档，特别是大型软件项目。如果是中小型项目，许多文档可能会被合并。下面这个清单基本反映了项目计划书的全貌。

（1）总体计划

（2）项目范围说明书

- 范围基准
- 项目范围管理计划
- 范围变更（内容或流程）
- 工作分解结构表
- 活动清单

（3）项目进度计划

- 里程碑清单
- 项目进度网络图
- 项目进度表
- 项目日历
- 项目进度基准

（4）项目成本计划

- 活动费用估算
- 活动费用估算支持数据
- 费用基准
- 项目资金要求

（5）质量管理计划

- 质量度量标准
- 质量核对表
- 质量基准
- 项目自定义流程
- 过程改进计划

（6）项目资源计划

- 项目组织图或组织管理图
- 角色和责任
- 人员配备管理计划
- 沟通管理计划

（7）项目风险计划

- 风险登记册（风险列表）
- 风险防范措施
- 风险处理措施

（8）采购管理计划

- 合同工作说明书
- 采购文件
- 自制或外购决策
- 评价标准

（9）配置管理计划

（10）产品集成管理计划

3.3　项目计划的方法

由于软件规模估算或工作量估算往往和实际情况有较大的距离，这就决定软件项目在资源分配、进度安排上有较大的困难，难以做到很精确。所以，软件项目采用弹性的计划方法比较合适，使计划具有较好的预见性和适应性，能够有效地预防软件项目的风险，适应软件需求的变化，提高计划的应变能力。适合软件项目的弹性计划方法主要有滚动计划法、分层计划法和网络计划法。

另外一种常用的计划方法是工作分解结构方法（Work Breakdown Structure，WBS），这种计划方法和分层计划法有些类似。

3.3.1　滚动计划方法

在软件计划中，经常强调计划的过程。计划是一个持续的过程，也就是说，初步计划完成后需要根据执行情况进行必要的相应调整，计划的过程是一个调整的过程。在进行项目计划时，一开始也很难确定整个项目的详细进度，因为软件规模和工作量预算都比较粗糙，特别是大型的软件项目，项目估算的难度更大。项目开始时，也很难将所有的问题、所有的风险都想到或考虑清楚，而且在项目过程中，软件范围、环境、资源等因素都有可能发生变化。所以，采用滚动计划（rolling plan）方法来编制软件项目计划是一种明智的选择。

滚动计划方法是一种动态编制计划的方法，它是按照“近细远粗”的原则制定一定时期内的计划，然后按照计划的执行情况和环境变化，调整和修订未来的计划，并逐期向后移动，把短期计划和中期计划结合起来的一种计划方法。滚动计划方法是为了提高计划的连续性、适应性和灵活性而采用的一种新的计划编制方法，是动态平衡原理在计划工作中的应用。

滚动计划方法的一个典型例子就是国家发展计划，它以一个中长期的发展计划为框架，在框架下制定 5 年计划，而在 5 年计划内又逐年细化各个年度的发展计划。这样既可以将长期目标和短期目标很好地结合起来，又能良好地保证计划的可实施性。滚动计划方法也可以看作是一种迭代的方法，它具有以下特点。

- **分而治之**（divide and conquer），一般将整个软件开发生命周期分为多个阶段，针对不同的阶段制定不同的计划。越接近的阶段，计划越详细；越远的阶段，计划越粗糙。

- **逐步求精**（scalability in granularity），最近的一期计划为实施计划，后面的各期计划为预测计划，随着时间的推移，预测计划逐步变成实施计划。
- **动态规划**（dynamic programming），以计划的“变（调整）”来主动适应用户需求和软件开发环境的变化，即“以变应变”。
- **和谐过渡**（harmonious transition），可以使项目中短期计划随时间的推移不断更新；可以解决生产的连续性与计划的阶段性之间的矛盾。

在计划变动的过程中寻找稳定因素，尽量保留稳定因素，以计划的相对稳定来实现软件开发过程的相对稳定。这样，计划既具有灵活、适应性强的特点，又具有稳定性和可操作性，从而达到动态平衡，更好地发挥计划在指导软件开发实施中的作用。这种方法使组织始终有一个较为切合实际的长期计划作指导，并使长期计划能够始终与短期计划紧密地衔接在一起，但缺点是降低了计划的严肃性。

1. 具体应用

在已编制出计划的基础上，每经过一段固定的时期（即滚动期，如一个季度或一个月）便根据开发环境条件和计划的实际执行情况，从确保实现计划目标出发对原计划进行调整。每次调整时，保持原计划期限不变，而将计划期顺序向前推进一个滚动期。

滚动计划方法不会等一项计划全部执行完了之后再重新编制下一时期的计划，而是在每次编制或调整计划时，均将计划按时间顺序向前推进一个计划期，即向前滚动一次，按照制订的项目计划实施。以 5 年计划为例，首先完成 5 年的整体计划和第 1 年的计划，在第 1 年计划执行的后期，开始制定第 2 年的计划。照此方法，直到第 5 年的具体计划制定，期间可能会对 5 年计划进行调整，如图 3-2 所示。

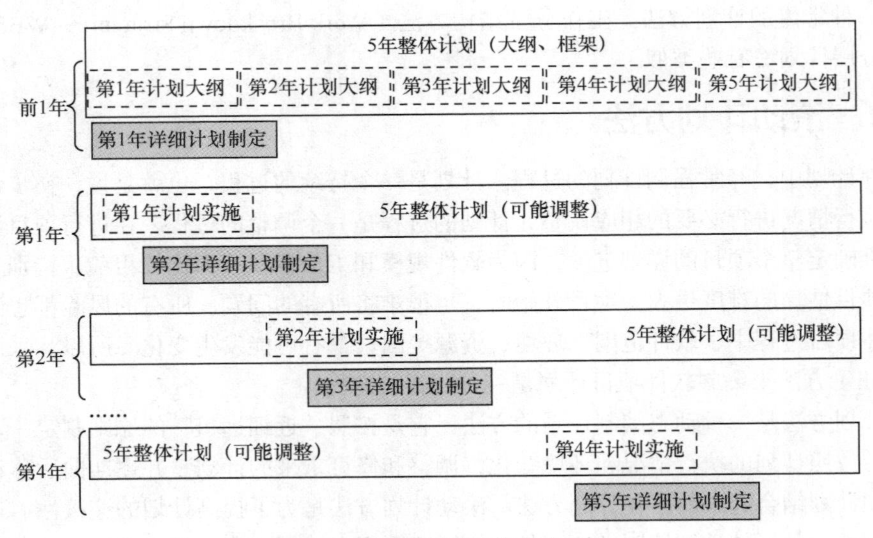

图 3-2　滚动计划的具体应用示例

2. 流程

刚开始可以将软件开发生命周期自然地分为几个阶段，如需求分析、设计、编程、测试执行和部署等，然后制定一个总体的计划，并为每个阶段制定相应的计划，其中最近的阶段——需求分析计划是详细的，包括具体时间安排、每周做哪些事、每周检查哪些成果等，而设计、编程和测试等计划就比较粗糙。因为设计还没开始，还不需要为部署制定计划。

软件项目开发生命周期总体计划				
详细计划	较粗的计划			没有计划
需求分析	设计	编程	测试	部署

完成上述计划后，应根据获得的信息和项目实际状态，定期（每周、每两周或每月）完善、修改计划。需求分析即将完成之前，设计任务变得很清楚了，计划可以往前推进一大步。这时，细化设计计划并开始做部署的初步计划。

软件项目开发生命周期总体计划				
结束	详细	较粗		初步计划
需求分析	设计	编程	测试	部署

3.3.2　软件研发中滚动计划

这里以敏捷开发 Scrum 模式为背景，介绍在软件研发中如何应用滚动计划方法的。在敏捷开发 Scrum 模式中，研发计划可以分为五个层次，如图 3-3 所示，由高往低、由粗往细逐步往前推进，做到分阶段逐步计划，最终达到产品的愿景。

① 产品愿景（Vision），相当于产品最终要实现的目标，是一个长期努力的目标，可以理解为商业战略上的目标。例如，《梦断代码》中研发产品“Chandler”的愿景是“改变世界”，说得具体一些，Chandler 的愿景就是成为一种功能强大的“个人信息管理器”，取代微软的 Exchange/Outlook 和 IBM Lotus Domino/Notes，成为人们日常使用的、旨在提高工作效率的个人信息管理工具。这个愿景的实现，可能需要 10-20 年。

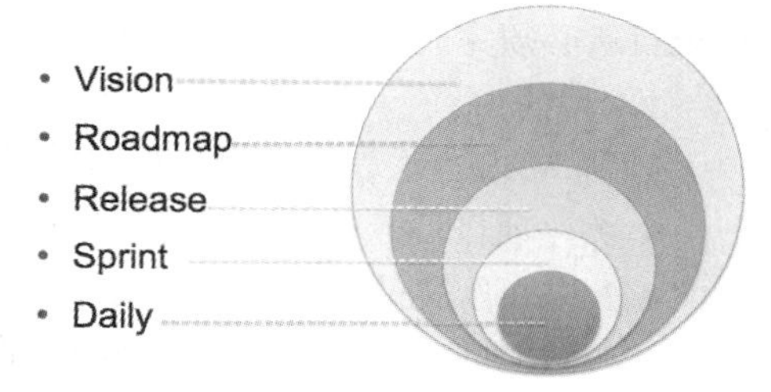

图 3-3　Scrum 中五个层次的计划

② 产品路线图（Roadmap）：是一个中长期的产品规划，产品路线图可以考虑最近 3-5 年。通过这个路线图，分阶段来实现上述的产品愿景。例如，以“Chandler”为例，它的路线图可能是： 第一年发布具备基本功能、稳定的 Windows 客户端版本，第 2 年内除了发布功能完善的、稳定的 Windows 客户端版本之外，还有发布功能接近的 Mac 客户端版本，第三年发布 Linux 版本，之后两年发布 Web 版本和智能手机版本（包括 iOS、Android）。

③ 发布计划（Release Planning）：短期（如一年）产品发布计划，根据产品路线图，通过发布计划实现其第一个关键的里程碑。例如，第一个 Chandler 发布计划就是要实现“具备基本功能、稳定的 Windows 客户端版本”，例如，通过 4 个发布来实现，每个季度发布一个版本，分别能管理 To-do 列表、管理和共享日历、邮件管理和其他信息管理。

④ 迭代计划（Sprint Planning）：根据发布计划，来规划当前迭代要完成的目标和任务，包括具体的人员和进度安排。迭代周期一般为一周到四周，一个发布计划可能涵盖十几个迭代，体现在完整的产品需求列表（product backlog）中，而迭代计划就是要完成具体的任务以实现有限的用户故事，体现在迭代任务列表（sprint backlog）中。

⑤ 每日计划（Daily Planning）：就是第 2 章介绍的 Scrum 站立会，每个人向团队汇报三个问题，其中一个问题就是：今天要做什么？回答这个问题，就是给出今天的工作计划。

但在项目管理中，大家更关心的是发布计划和迭代计划，这是项目能够顺利开展的基础。迭代计划可以看作是对发布计划的进一步细化。虽然每个迭代都有版本的发布，但在迭代之前，先要规划迭代的节奏/周期以及每个迭代要完成的用户故事（需求）。我们可以将每一个迭代看成一个项目，如果从这意义看，在Scrum模式下，项目计划就等同于迭代计划。迭代计划的输入有：

① 团队能力、拥有的技术；

② 产品需求列表（product backlog）；

③ 当前版本的产品（已实现的功能特性和质量水平等）；

④ 业务条件或约束。

其输出就是迭代要实现的目标和迭代任务列表（sprint backlog）。迭代计划中包括已分解的任务、任务安排或认领情况、风险分析和防范等。

3.3.3 WBS方法

WBS（Work Breakdown Structure，工作分解结构）方法是一种将复杂的问题分解为简单的问题，然后再根据分解的结果进行计划的方法。WBS方法以可交付成果为导向，对项目要素或整个工作范围进行分解、逐层推进，每向下分解一层就能对项目工作有更详细的了解和定义，从而掌握项目的全部细节，有利于做出相对准确的计划。WBS方法还可以看作结构化的设计工具，以描述项目所必须完成的各项工作以及这些工作之间的相互联系。

1. 目的

借助WBS方法，可以帮助我们达到下列目的：

- 关注项目目标和澄清职责，并防止遗漏项目的可交付成果。
- 建立可视化的项目可交付成果，以便估算工作量和分配工作。
- 改进时间、成本和资源估计的准确度。
- 为绩效测量和项目控制定义一个基准，容易获得项目人员的认可。
- 辅助分析项目的最初风险、明确工作责任。
- 为其他项目计划的制定建立框架或依据。

2. 原则和要求

WBS最低层次的项目可交付成果称为工作包（Work Package），工作包的定义应考虑80小时法则或两周法则，即任何工作包的完成时间应当不超过80小时，即不超过两周。这样，每两周对所有工作包进行一次检查，只报告该工作包是否完成。通过这种定期检查的方法，可以控制项目的变化。将项目分解到工作包的过程或结果应尽量做到以下几点。

- 某项具体的任务应该在一个工作包，且只能在一个工作包中出现。
- WBS中某项任务的内容是其下所有WBS项的总和。
- 一个工作包只能由一个人负责，虽然可以有多个人参与，但责任人只能是一个，这样责任清楚，不会相互推卸。
- 任务的分解，尽量与实际执行方式保持一致。
- WBS不仅要合理，维护项目工作内容的稳定性，而且要具有一定的适应性，能够应付无法避免的需求变更。
- 鼓励项目团队成员积极参与创建WBS，提高WBS的合理性和有效性。
- 所有成果需要文档化。

3. 创建 WBS 的步骤

创建 WBS 是指将复杂的项目分解为一系列明确定义的项目工作，并作为随后计划活动的指导存档。WBS 的分解可以采用多种方式进行，例如：

- 按产品的功能模块分解；
- 按照软件开发过程的不同阶段分解；
- 按照项目的地域分布或部门分解；
- 按照项目目标或职能分解。

制订 WBS 计划主要有以下 3 个步骤。

（1）**分解工作任务**。根据项目的特点，选择一种合适的方式，将项目总体工作范围逐步分解为合适的粒度。分解过程也是需求分析和定义的过程，项目计划往往和需求分析、定义同步进行。

（2）**定义各项活动/任务之间的依赖关系**。活动之间的依赖关系决定了活动的优先级（执行顺序），也确定了每一项活动所需的输入、输出关系，是将来完成项目关键路径的必要条件。

（3）**安排进度和资源**。根据所分解的工作任务以及它们之间的依赖关系，就比较容易确定和安排各项任务所需的时间和资源。一项工作任务是否能够完成，时间和资源是两个关键的因素。它们是相互制约的，资源多会缩短工作时间，相反，资源不足时所需时间会延长。

4. 创建 WBS 的方法

创建 WBS 可以用自上而下、自下而上、类比、归纳等方法，而最常用的是自上而下的方法。它是从项目的目标开始，逐级分解项目工作，直到参与者满意地认为项目工作已经充分地得到定义，即可以将项目工作定义在足够的，或适当的细节水平，从而可以准确地估算项目的工期、成本和资源需求。例如，当需要开发一个新项目时，可以列出如下需要完成的主要任务。

（1）需求分析和定义。

（2）系统设计。

（3）详细设计和编码。

（4）系统测试。

（5）部署。

然后再对每个任务，从上到下进一步细分。例如，针对“系统测试”任务，应当进一步划分为如下更多的子任务。

（1）阅读和分析产品规格说明书。

（2）设计测试用例。

（3）开发和调试测试脚本。

（4）执行测试并报告缺陷。

（5）缺陷分析和跟踪。

这些子任务还可以细分，如设计测试用例可以分为功能测试用例和非功能测试用例，而功能测试用例设计还可以按功能模块再进行划分，直至不能划分为止。列出需要完成的所有任务之后，可以根据任务的层次给任务进行编号，最后形成完整的工作分解结构表，如图 3-4 所示。除了用表格方式，WBS 还可以采用结构图的方式表达，而且更直观、更方便，图 3-5 所示为工作分解结构图的一个简单示例。

1 需求分析和定义
 1.1 确定项目范围
  1.1.1……
  ……
2 系统设计
 2.1 系统逻辑结构
 ……
3 详细设计和编码
 ……
4 系统测试
 4.1 阅读和分析产品规格说明书
 4.2 设计测试用例
  4.2.1 功能测试用例设计
   4.2.1.1 登录和注册功能的测试用例
   4.2.1.2 查询功能的测试用例
   ……
  4.2.2 非功能测试用例的设计
   4.2.2.1 性能测试用例
   4.2.2.2 安全性测试用例
 4.3 开发和调试测试脚本
 4.4 执行测试并报告缺陷
 4.5 缺陷分析和跟踪
 ……
5 缺陷分析和跟踪
 ……

图 3-4 工作分解结构表

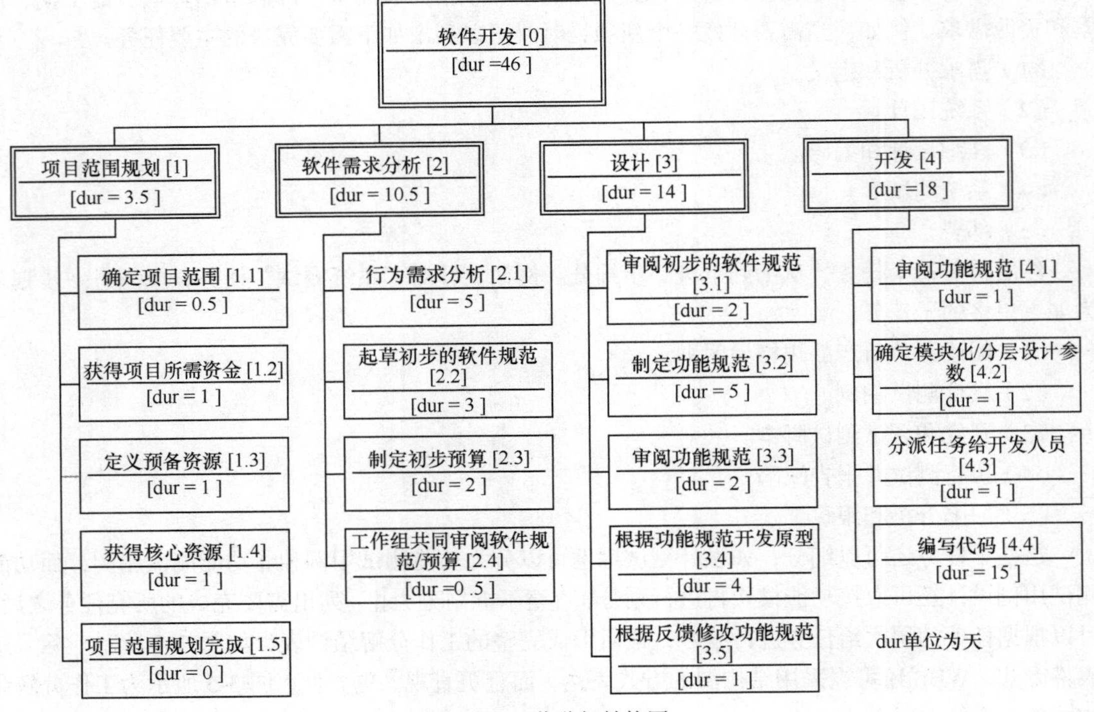

图 3-5 工作分解结构图

3.3.4　网络计划技术

网络计划方法是一种应用网络模型直观地表示软件开发众多工作（工序）之间的逻辑关系与时间关系，对完成软件工程项目所需时间、费用、资源进行求解和优化的计划方法，其基本类型是关键路线法\计划评审技术（CPM/PERT）。网络计划方法一般是建立在 WBS 方法之上，先分解，才能优化。

网络计划技术是 20 世纪 50 年代末发展起来的。1956 年，美国杜邦公司在制定企业不同业务部门的系统规划时，制定了第 1 套网络计划。这种计划借助于网络图形来描述各项工作及其所需的时间，各项工作之间的相互关系。由于这种方法通过网络分析，研究工程费用与工期的相互关系，并找出在编制计划及计划执行过程中的关键路线，所以这种方法后来被称为关键路线法（Critical Path Method，CPM）。1958 年美国海军武器部在制定"北极星导弹研制"计划时，也应用了网络分析与计划方法，但注重于对各项工作安排的评价和审查，这种计划方法又发展为计划评审法（Program Evaluation and Review Technique，PERT）。鉴于这两种方法的差别，CPM 主要应用于以往在类似工程中已取得一定经验的承包工程，PERT 则更多地应用于研究与开发项目。

在 CPM/PERT 中，组成网络的工作任务及其关系是肯定的，也就是"先做什么、后做什么"是清楚的，工作任务的执行顺序是明确的。如果某两项任务有依赖关系，其中前面工作没完成，后面的工作可能无法开始；前面工作延误了，后面的工作可能都会受影响，整个项目就会受影响。所以，针对关键性的任务，一方面要控制得更紧些，另一方面，计划时要留有余地。

第 5 章将详细地讨论网络计划方法，特别是 CPM 方法，而第 7 章将讨论在其之上发展起来的关键链技术和风险评审技术等。

3.4　如何有效地完成项目计划

在软件项目管理中，计划编制是最复杂的阶段，却经常不受重视。例如，在《梦断代码》中 Chandler 产品开发失败，其中一个原因就是没有认真对待计划，计划经常做，但经常改变，而且计划不切实际、过于乐观，这样失败是必然的。如果不认真对待计划，很难做出一个有用的计划书，而只是在形式上完成一个文档，结果束之高阁，并没有发挥计划指导项目实施的作用。

计划是为了实施服务的，不要为了计划做计划。项目计划的主要目的就是能够指导项目的具体实施，尽量降低项目实施的风险，确保项目达到预期的目标。为了能够指导项目的具体实施，计划必须具有现实性和有效性，这也就要求在计划编制过程中，不仅要投入大量的时间和精力，获得足够的信息，综合考虑，而且应该根据软件项目的特点，定义一套行之有效的项目计划流程和原则，并付诸于项目计划过程中。

3.4.1　软件项目特点

在进行软件项目计划前，充分了解软件项目的特点是必要的。软件是复杂的、抽象的，需求不完整，技术变化很快，技术领域涉及广泛，这些都给软件项目管理带来了很大的挑战。软件项目的特点比较鲜明。

- 软件开发是在不断探索、研究中进行的，软件开发部门经常被称为研发部门，软件开发过程中伴随着研究。

- 最佳实践方法还不够成熟，软件工程的历史还比较短，只有 40 年左右，许多实践方法还在实验、探索之中，没有成熟的、完整的方法体系。
- 软件重复性工作可以自动进行，包括自动化回归测试、软件包自动化构造等。在软件开发过程中，会使用很多工具来完成不同的工作，软件开发对工具的依赖性也非常突出。
- 软件构造过程实际是一个设计过程，每一个软件产品都是不同的。在构造软件时，都需要进行整体或局部设计，而软件的纯制造过程几乎不存在。如果将软件拷贝的过程看做是制造的过程，它在软件构造过程中所占的比重也非常低。
- 由于软件是设计过程，自动化程度比较低。虽然采用了大量的软件和测试工具，但从需求分析、设计到编程、测试的整个过程中，手工劳动还是主要的，自动化所占的比重还不够高，加上软件的复杂性，使得软件的开发和维护容易出错，所以软件产品质量一直是一个比较大的问题。
- 人们常常认为软件的变化容易实现，至少从许多人的感觉上看，硬件生产出来，要想改变就比较困难，而软件可以随时修改，只要修改一下代码或数据，不会受到什么损失。但在实际工作中，修改的过程中又可能产生更多的新问题。
- 软件的变化是不可避免的。软件是无形的产品，它把思想、概念、算法、流程等融合在一起，因此，用户最初容易提不出确切的要求，不能确定自己真正需要哪些功能。由于需求不完整，需求变化是不可避免的，从而导致了项目范围的变化。
- 软件的变化，会进一步引起相关文档的频繁修改。文档编制的工作量在整个项目实施过程中占有很大的比重，而开发人员往往对文档编制不感兴趣，认为是不得不做的苦差事，不愿认真地去做，会直接影响软件的质量。

针对软件的上述特点，软件项目管理的风险计划是非常重要的，如留有足够的后备资源（resource buffer）来应付需求的变化、开发过程中的某些不确定性等。同时，对各个阶段的进入、退出的标准要清楚地定义，在计划中要认真规划好开发工具和测试工具的引入和应用对策。

除此之外，人们在进行软件项目管理时，经常碰到下列一些问题，或者说，在软件项目管理中，这些问题比较突出，需要得到我们的格外关注。

（1）**时间紧迫性**。IT 领域技术及其应用发展很快，技术不断推陈出新，使得软件企业之间的竞争也更为激烈。激烈的竞争驱动着软件开发，软件项目的生命周期越来越短，时间甚至成为项目成功的决定性因素，因此往往不能给软件开发以足够的时间，导致软件项目的进度偏紧，有时甚至明知不可为而为之。时间紧迫，进度规划就是一个挑战，但应该保持实事求是的态度，不要过于乐观，也不要太悲观。

（2）**项目独特性**。每一个项目都是独一无二的，几乎没有完全一样的两个项目。项目的独特性在软件项目管理中更为明显。即使总体的解决方案已经有了，对一个新项目，这个解决方案是可用的，但每个项目都有细节的差别，不同的客户有不同的需求。所以，项目计划过程中，要和客户进行充分沟通以获得客户的真正需求，和技术人员交流以获得技术特点，从而抓住项目的特征，具体问题具体对待。

（3）**软件项目的不确定性**。目前没有十分可靠的、有效的方法来估算软件项目的规模或工作量，估算的结果往往和实际执行情况会有较大的差异。

（4）**软件项目管理可视性差**。软件开发过程是智力的、知识再创造的过程，软件开发的过程及其成果难以度量。例如，不同模块的难度是不一样的，不可能规定每个人每天必须完成 200 行以上的代码，而且即使规定了，代码的质量可能有很大的差别，即质量差的 100 行代码，经过优化后，可能会精炼成只有 10 行的代码。

（5）**软件项目生产力的提高依赖于对软件开发人员潜力的发掘**。正如上面所说，软件度量的困难性大，软件项目管理可视性差，为了及时地、高质量地完成软件项目，必须充分发掘软件开发人员的潜力、激发软件开发人员的工作激情，这要求有良好的工作环境、企业文化和有效的绩效考核办法。

3.4.2 项目计划的错误倾向

《梦断代码》中 Chandler 项目的计划错误

Chandler 这个项目的失败不是因为没有规划，而最大的失败可能是因为规划太多，计划总是变得太快，令人无所适从，没有确定的路子，没有确定的方法，没有确定的结论。具体表现在以下几个方面：

- 不是缺乏计划就是计划不切实际；
- 分不清轻重缓急，一上来战线拉得过长；
- 不知道自己到底要做什么，所有人员都陷入迷惘；
- 项目计划从后向前推，而且每个人都过于乐观，这样的计划肯定是不现实的；
- 所谓的事前计划，到了最后，也变成了废纸一堆。

在软件项目计划中，常常会出现一些错误的倾向，导致项目计划的失败，最终导致项目的延期、超出预算等。在项目计划中，人们容易犯的错误比较多，如目标定义不清楚、忽视了某些任务、甚至在压力中放弃计划中正确的东西等，而最常见的错误是对计划不够重视、过于乐观、期望不现实、计划不够全面、计划过于粗糙等。

1. 对计划不重视

在软件项目管理中，对计划不重视的现象是比较普遍的。有一部分人认为，公司的流程比较成熟，就按流程一步一步来做，先做需求分析，然后做设计、编程和测试等，最多大家一起商量一下，决定项目组有哪些人参加，谁负责哪一个模块以及由谁统一负责项目等。似乎项目的执行，会水到渠成。实际结果则不是那么一回事，项目执行过程比较混乱，人员之间的协调比较频繁，经常开会讨论新出现的问题，因为人力资源不够而临时去抓人来干活，效率非常低，可以说是事倍功半。

还有一种观点是认为计划没价值，工作是干成的，而且计划赶不上变化，做好了计划没有用，只是给别人看的，后面实施起来，可能是另外一套。造成这种情况的主要原因，可能有以下 2 点。

（1）**原来计划就没做好**，对项目实施的指导作用比较小。从感觉上看，计划没有作用，实际上是计划没做好，从而造成不好的影响，导致恶性循环。久而久之，逐渐形成“计划无用论”。

（2）**需求定义没做好**。在需求分析上投入时间、精力不够，或是方法不对，需求定义不到位，或偏离用户的需求；在实施时，需求变化频繁，又没有“变更控制”流程，需求随时发生变化，事先定义的计划的确越来越难以发挥作用。

2. 计划片面

没有收集到足够信息，就开始计划，容易形成片面的计划。而更常见的一种现象是，项目计划变成项目经理一个人的事，似乎是“闭门造车”，而没有让具体参与项目实施的人参与计划，这样的计划一定不够全面，比较片面。

3. 计划没考虑风险

多数技术人员在进行项目计划时，都过于乐观，假定所有的工作都按照自己的设想进行，根本没有考虑潜在的各种风险，所做的计划不够可靠。在执行过程中，出现某些意外，或者遇上某些技术困难，大家就手忙脚乱，不知所措，因为计划没有谈到这些问题，事先没有制定对策。项目计划没有考虑风险，往往导致项目超预算、延期，甚至彻底失败——不得不取消或终止项目。

4. 计划过于粗糙

即使知道应该做计划，而且确实做了计划，但计划过于粗糙，其指导作用也会大大降低。例如，在人力资源计划中，只给出人数，并没有明确每个人的责任，也没有明确每个人的具体任务，计划只完成了一半，到实施时，知道安排几个人参与项目，但不清楚安排什么工作，不得不重新讨论每个人的工作，结果可能发现其中几个人无论从能力还是技术水平都不适合这个项目，必须重新找人，导致项目受到严重的影响。

3.4.3 项目计划的原则

项目计划决定了项目的范围、资源和进度，同时也是在范围、资源和进度之间寻求平衡，在项目过程中防范各种问题的出现。计划对项目能否成功实施有着重要的影响，所以项目计划需要得到足够的重视，应科学地、客观地制定计划，不能感情用事，必须遵守必要的原则。这些原则是根据软件项目管理的特点和项目失败的教训总结出来的，概括起来，主要有以下几点。

- **目标性原则**。计划必须以目标为导向，服务于目标。制定计划前，一定要清楚目标；计划制定过程中，一定要围绕目标进行，不要脱离目标。
- **预防性原则**。风险控制是软件项目计划的核心工作，所有计划工作始终要考虑如何降低项目风险。风险控制最有效、代价最小的办法就是风险预防。质量管理计划虽然要规划一系列质量控制措施和质量反馈机制，但更重要的是要进行缺陷预防，从源头预防缺陷的产生，这样，产品的质量才真正有保证，项目进度和成本才更有保障。
- **客观性原则**。知己知彼，收集各方面的信息，充分和客户、相关利益人、项目组人员等进行沟通，了解事实和真相，制定切实可行的计划。
- **系统性原则**。各个子计划不是孤立存在的，而是彼此之间紧密相关的。在制定计划时，要把握各个因素、产品各个组件、各个项目任务之间的关系，特别是确定它们之间的依赖关系，才能使计划具有系统性，从而彻底、有效地解决问题。
- **适应性原则**。计划是一个过程，而不只是一个文档，根据情况发生的变化，对计划进行调整也是必要的。

制定项目计划时，还要考虑经济性，即以最小的代价获得项目的成功。在考虑成本时，还要考虑项目的风险，即不能增加太大的风险，另外，也不能损失项目成果的质量。这些原则使项目计划具有明确的目的性、相关性、层次性、适应性和整体性等基本特征，从而形成有机的整体。

1. 以目标为导向

要做到以目标为导向，首先要清楚软件项目的目标，即要了解项目的背景、应用领域和服务的对象等，例如：

- 软件产品的客户是谁，有哪些不同类型的客户；
- 项目所涉及的业务有哪些，业务的流程有什么特点；
- 如何更好地满足用户的需求；
- 项目最终交付的成果是什么。

如果一开始对项目的目标没有理解清楚，项目计划就会出现偏离，而项目实施时偏离就会更大。任何项目都是为了达到所期望的目标而完成的一系列任务，在弄清项目目标之后，就比较容易确定项目任务。项目计划的制定应该围绕项目目标进行，并寻找最有效的方法来完成这些任务。

2. 重视与客户的沟通

制定计划期间要保持和客户的良好沟通，这一点是很重要的。如果是公司内部的研发项目，公司的领导和产品/市场部门可以被看做项目的客户，应该经常和他们沟通。有时候，客户提出的要求不合理，这就需要准备足够的数据去说服他们，最终让他们改变主意，从而可以制定一个合理的计划。

和客户保持沟通，也能使客户积极参与到项目中来。项目计划的一些条款（如进度表、质量要求等）需要他们的认可，如果事先充分和他们进行了沟通，不仅能清楚地了解他们的真正需求，而且会使项目计划更容易得到他们的支持和认可。项目能否通过验收或结束，完全取决于客户，所以在项目计划期间保持良好的沟通，也能为最后的项目验收打下良好的基础。

3. 收集足够的信息

制定项目计划时应认真阅读、分析项目相关文档，并充分地、有效地与项目组成员和用户进行沟通，在有限的时间内尽可能全面地收集项目信息。沟通的方式比较多，包括电子邮件、即时消息、面对面沟通和会议等，可以根据需要灵活地运用这些沟通方式。虽然大家已习惯于使用电子邮件，但仅仅通过邮件方式来沟通是不够的。例如，有一个需求定义文档要征求大家的意见，如果只通过电子邮件来沟通，我们很难判断每个人是否认真看了、真正理解了。某个人回复说“没有意见”，实际上他/她可能没仔细阅读这个文档，或者他/她的理解和大家有差异。我们可以先通过电子邮件发给大家看一下，然后召集大家开会，针对需求定义一条一条来解释，逐条确认大家的理解是否一致。对于重要的需求点，最好和每个人都确认。有时候，也可以先让与会人员谈谈他/她个人的理解，从而发现项目组成员中的错误认识。

4. 客观实用地制定计划

项目计划要现实有用。计划要为指导项目而努力，所完成的计划也应该确实能够指导项目，对项目的实施有很大的帮助。要做到这一点，项目计划要客观实用。制定计划时，应从实际情况出发，摒弃一切浮夸作风，分析要到位，客观地进行项目估算，确定项目所需的资源和时间。计划绝不能脱离实际，应避免资源估算过度浪费或者资源估算严重不足。

只有“知己知彼”才能做出合理的、客观的项目计划，而不是拍脑袋或根据上面指示来做计划。“知己”是指掌握项目组有多少可用资源，包括软硬件和人力资源。例如，可分配到该项目的开发和测试人员有多少，其中是否有资深人员来负责开发组或测试组。而“知彼”是了解项目的规模、工作范围和难度等。这样才能判断当前可用的项目资源，在规定的时间内能否完成项目任务。或者说，在知己知彼的基础上，可以客观地确定投入多少人力、物力去做这个项目。

5. 构建一个完整的循环过程

项目计划是一个系统的整体，构成这个整体的各个子项都要得到足够的分析。如果分析不够，将来项目计划实施时，必然会产生较多的问题，从而影响到项目计划的整体实施。为了解决项目计划的系统性问题，我们可以先从下至上计划，然后再从上至下计划，构成一个完整的循环过程。

从下至上计划就是要听取项目真正实施的人员（产品经理、开发和测试人员等）所提供的反馈，他们的经验才是最宝贵的。从下至上计划可以收集足够的信息，更能反映项目的实际情况，使计划趋于合理。而从上至下计划，可以掌控全局，理清各个部分之间的关系，进行同类项合并、相似项归纳，从而达到优化项目计划的目的，如图 3-6 所示。

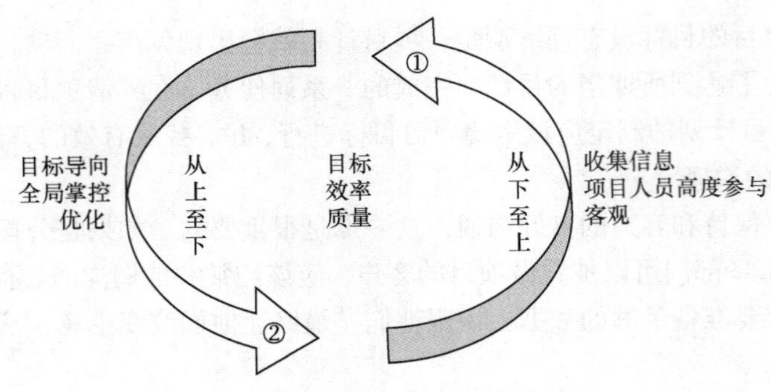

图 3-6　项目计划的完整循环过程

6. 关注计划过程

软件项目最大特点之一就是需求容易发生变化，需求的变化会影响到软件设计和开发，从而造成实施偏离原先的计划。因此，项目计划要具有良好的适应性，其中很关键的一点，就是关注计划的过程。计划是一个过程，应随着需求、环境和条件等的变化，随机应变，因势利导，不断调整和修改计划，以保证完成项目的目标。

制定计划的过程就是一个对项目逐渐了解、掌握的过程。在项目启动时，可以先制定一个“颗粒度”相对比较粗的项目计划，确定项目目标、高层活动和里程碑。然后，根据项目需求分析和定义、系统架构设计等所获得的信息进行丰富和调整。制定计划过程中，项目组可以逐渐掌握计划中的各项要素，并经过不断的评审、修订等工作，不断完善项目计划。

7. 计划有层次性

项目计划的层次性是指将计划分为主计划、子计划。主计划是项目的总体计划，而子计划既可以是项目的阶段性计划，如需求阶段计划、设计阶段计划等；也可以是单项任务或单项目标的计划，如质量计划、风险管理计划和资源计划等。

一个大的软件项目会分为多个子项目，这会涉及到项目集成，而项目计划过程中也增加了“项目计划集成”这项工作。例如，主计划初步完成之后，子计划要在主计划的框架下完成，同时又由于子计划和主计划之间可能产生冲突，需要在两者之间协调，从而使主、从计划吻合。如果子计划（如分包商计划）与主计划不匹配，整个软件项目实施就无法顺畅，项目的进度和质量必然会受到影响。

在项目计划中，多个子计划之间也需要协调，如成本计划、资源计划和进度计划之间关系密切，其中某个计划调整，都会对另外两个计划有较大影响，使之需要做相应的调整。例如，增加了资源，可能意味着成本增大；如果成本不变，增加了资源，意味着要缩短项目周期，改变进度计划。

对于大规模软件，如果制定一个完整的项目计划比较困难，也可以按阶段进行，即分别为需求分析、设计、编程和测试、部署和维护等不同阶段制定计划。阶段性计划方法类似于滚动计划方法，有利于计划的准确性和客观性。例如，需求分析进入到中间阶段，就可以开始进行设计阶段的计划，这时候项目的范围更清晰，有利于做出准确的设计工作计划。这种方法的缺点是资源准备、项目预算制定等都比较困难，所以将长期计划和短期计划结合起来，对项目的实施会更有利，即还是要做一个项目的整体计划，只不过整体计划是一个框架，确定主要内容，而项目细节内容的确定则留给阶段性计划。

3.4.4 计划的输入

项目计划过程中不断沟通，力求做到知己知彼，其中很重要的目的就是获得计划的全面、客观的输入信息。而许多项目计划没做好，其中一个重要原因就是项目的输入有问题，例如：

- 上级领导主观臆断，给出了不现实的期限，计划就按照不合理的进度表展开，资源就存在很大问题，项目存在很大的风险；
- 没有弄清楚客户的需求，就开始做计划；
- 对项目的规模与难度的低估导致投入的人力和物力严重不足；
- 技术不成熟，没有预见到项目实施过程中会遇到难以克服的技术障碍。

要完成一个客观、行之有效的软件项目计划，一定要弄清楚项目计划的输入，包括以下几个方面。

- **项目的目标和需求**。必须清晰定义项目的目标和需求，并得到项目所有相关人员的认可，包括客户代表、市场人员、产品设计人员、开发人员和测试人员等。
- **项目可用的资源**，包括人力资源、硬件、软件等。
- **项目干系人，即项目的相关利益人**（stakeholder）。他们可能是客户、用户，也可能是投资方、关联方或合作方。项目计划过程中，要和他们交流，项目所确定的各项事项，要得到他们同意（buy-in）。
- **项目涉及的相关技术**，哪些技术是成熟的，哪些技术是不够成熟的，技术带来的风险在哪里。
- **质量政策和标准**。项目的资源、进度安排都会受到质量要求或质量标准的约束，质量要求越高，可能需要越多的资源或时间。
- **组织流程**，清楚本组织的软件开发流程，这些流程是否适合当前项目，如何针对当前项目进行剪裁。
- **制约因素**，是限制项目管理团队运行的因素。例如：事先确定的项目预算被认为是影响项目团队对范围、人数和日程表选择的极其重要的因素。当一个项目按照合同执行时，合同条款通常受法律保护，而对项目有制约作用。
- **假设**，通常包含着一定程度的风险，项目计划对所有的假设都应该标明出来，然后逐个分析，并清楚地认识到每个假设因素必须有科学性、真实性和肯定性。例如，如果不能确定 UI 设计师加入项目的日期，而假定某个时间开始项目设计，缺乏真实性，这个假定就具有很大的不确定性，可能不能成立。
- **历史数据**。项目计划往往参照项目的历史数据（如工作量估算、代码质量等）来进行，获得足够的、有用的项目历史数据是必要的。

在项目计划过程中，各种相关人员都会参与项目的计划，也就是项目干系人会根据自己得到的信息和积累的经验，提供有关项目的想法、建议等。在项目计划过程中需要关注这些想法和建议，进行综合，从而形成项目计划书的相关内容，这样，项目计划书也容易得到大家的认可、获得公司管理层的批准。表 3-1 就很好地描述了内部或外部项目干系人在项目计划过程中所起的作用。可以看出：

- 绝大多数情况下，项目经理在项目计划过程中起着主导作用，负责各项计划内容的编制；
- 内部干系人（项目组实施人员）主要参与项目范围定义、工作量估算、风险识别、数据管理等计划工作；

- 外部干系人，包括软件工程过程组（Software Engineering Process Group）、SQA（软件质量保证人员）、IT、HR（人力资源）等，都和项目相关，不仅项目执行需要得到他们的支持，而且他们确实能给出一些建议，包括质量计划、流程、成本核算等；
- 项目干系人参与计划的主要工作有讨论、审查、修改草案和在最终文档上签字等。

表 3-1　　项目干系人在项目计划中所起的作用

	内部干系人																		外部干系人								
倡导组织	项目管理		架构		开发					发布操作	产品管理				测试		用户体验		项目外部干系人								
涉及类型 必需的(R) 有责任的(A) 需商议的(C) 涉及的(I)	项目经理	IPM负责人	基础结构架构师	解决方案架构师	开发工程师	开发经理	构建工程师	首席开发工程师	发布经理	审查人员	产品经理	业务分析员	主题专家（SME）	发起人	测试经理	项目经理	用户体验架构师	用户教育专员	SEPG	管理层	IT	HR	消费者	SQA	培训	其他干系人	…
项目规划																											
估算项目的范围	A			A	R							R				R	R	R	C	I	C	C	C	I	I		
估算项目属性	A				R							R				R	R	R	C	I	C	C	C	I	I		
定义项目生存周期阶段	A																		C	I	C	C	C	I	I		
估算工作量和成本	R			C	A	C						C				R	R	R	C	I	C	C	C	I	I		
编制预算和进度	A											R							C	I	C	C	C	I	I		
识别项目风险	A	C		C		C			C		R	R	C	C	C		C		C	I	C	C	C	I	I		
项目数据的管理计划	A	R		C	I	R	C		R	R		C			R	I	I	I	C	I	C	C	C	I	I		
规划项目资源	A	C		I	I	C			A						C		I	I	C	I	C	C	C	I	I		
知识和技能的计划	A	C							A			R							C	I	C	C	C	I	I		
项目干系人的介入计划	A	C							A										C	I	C	C	C	I	I		
制定项目计划	A	C							A										C	I	C	C	C	I	I		
获得对计划的承诺	A	C																	C	I	C	C	C	I	I		
审查从属计划	A	A																	C	I	C	C	C	I	I		
协调工作与资源配置	A	A																	C	I	C	C	C	I	I		
获得计划承诺	A	A																	C	I	C	C	C	I	I		

3.4.5　计划的流程

在确定了软件项目计划的原则、输入之后，就可以开始计划了。软件项目计划会经过一个什么样的流程？项目计划实际就要为下列问题找到答案。

- 项目目标是什么？

- 做什么？
- 有哪些任务？
- 谁来做？需要哪些资源？
- 什么时候做？时间表是如何安排的？
- 如何做？有什么好的方法？
- 执行中会碰到什么问题？

PMBOK 将计划的过程分为 2 个部分——核心过程和辅助过程，核心过程包括范围确定、时间计划、成本计划、风险计划等，而辅助过程包括质量计划、沟通计划、采购计划、风险计划等，如图 3-7 所示。在核心过程中，先要确定项目范围，然后可定义活动；根据所定义的活动，再进行活动排序、活动工期安排、制定时间表等；而成本是从资源规划开始，再进行成本估算、成本预算。核心过程围绕时间、成本进行计划，也包括项目风险管理。项目风险管理依赖于辅助过程中的风险识别和定性、定量、应对分析。对于软件项目计划，风险的识别、分析和管理是非常重要的，可以归入核心过程。

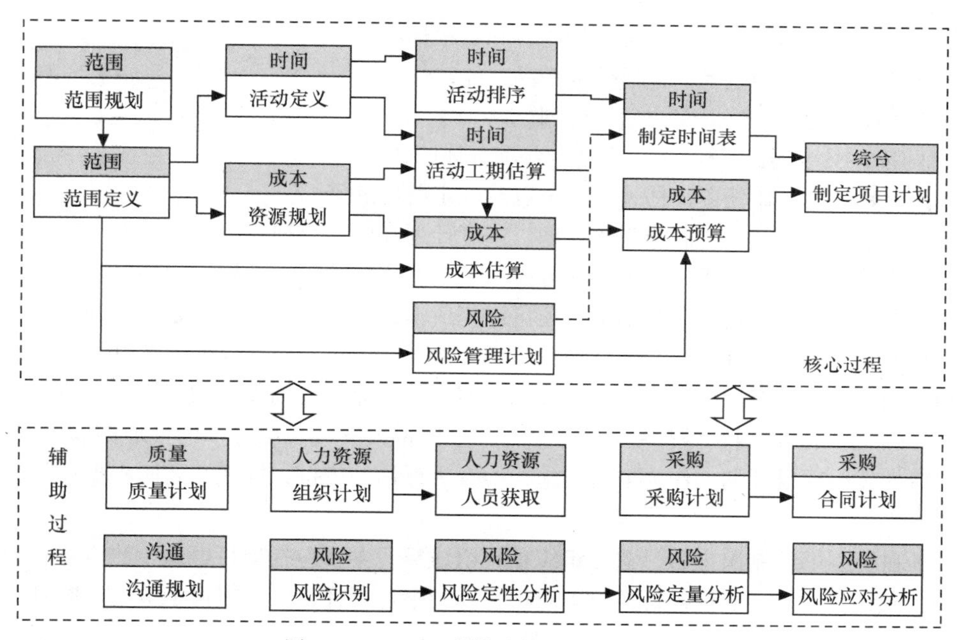

图 3-7　PMBOK 所描述的项目计划流程

软件项目的计划过程和其他行业的计划过程没有本质区别，而在具体操作时有比较大的区别，如软件项目的工作量估算比较困难。为了解决工作量估算，在软件项目中经常采用迭代开发方法，尽量每一次使项目范围能够得到控制。例如，采用敏捷开发方法，软件发布的频率有很大提高，大大缩短了软件新版本的开发周期，甚至能缩短为一周、两周的时间，这样，软件开发的范围就很清晰，工作量估算也就不困难了。许多软件项目是受客户所委托，要交付的成果（功能特性）等一般由客户决定，而不能由软件开发商决定，这时就难以采用敏捷方法。所以，对于不同类型的软件项目，规模和质量目标都是不同的，其计划流程存在一定的差异。一般来说，软件项目计划经过下列过程，如图 3-8 所示。

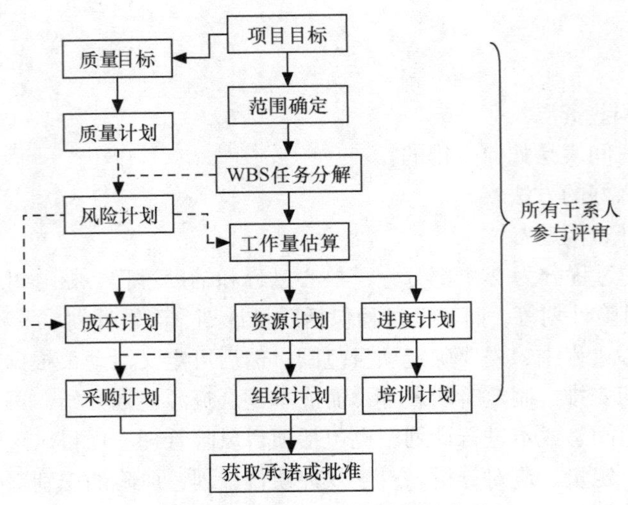

图 3-8　软件项目计划的常见流程

（1）确定项目目标，包括最终交付的内容和质量标准。

（2）确定项目的工作范围，包括软件产品功能特性。

（3）根据质量目标，可以制定质量计划。

（4）采用 WBS 方法，分解工作，确定各项具体的任务。

（5）针对具体的工作任务，估算工作量以及确定所需的资源。

（6）在上述工作基础上，制定资源计划、进度计划和成本计划。

（7）在上述过程中，完成风险识别和分析，最终完成风险管理计划，包括风险应对计划。

（8）在资源计划和进度计划基础上，还可以完成辅助计划，如采购计划、培训计划等。

（9）在上述过程中，都需要和软件项目干系人沟通、评审，以达成一致意见。这一步也是非常重要的，相关方面没有确认，将来项目计划的实施就可能会遇到很大的阻碍。

（10）最后，项目计划获得有关方面（管理层、产品发布委员会等）的批准。

批准后的软件项目计划书作为项目实施、检查和评估的依据，并在必要时根据项目进展情况实施计划变更。

软件项目计划书编制出来后，首先组织项目组成员（主要包括项目经理、测试组长、系统分析负责人、设计负责人、质量监督员等）对项目计划书进行评审。评审可采取电子邮件和会议结合的方式，要求所有相关人员在收到软件项目计划书后的一个约定时间内反馈对计划书的意见。项目经理确保与所有人员就项目计划书中所列内容达成一致。这种一致性是要求所有项目团队成员对项目计划的内容进行承诺。如果无法承诺，一般需要进一步的沟通，力求达成一致，否则有必要修改项目计划，重新经过这样一个过程。

3.5　计划各项内容的制定

清楚了软件项目计划的内容、方法和过程之后，就可以开始制定项目计划的各项内容了。在项目计划的具体内容制定过程中，要遵守上述的原则，弄清楚项目计划的输入，按照计划的流程开始工作。

从 3.2.2 小节，我们知道项目计划的具体内容繁多，如项目配置管理计划、采购计划等。我们在这里不可能一一道来，而是简要地讨论项目计划中的一些关键环节，如项目范围的确定、策略的制定、工作量估算、风险评估等。我们将在后面的几章，针对项目的工作任务分解、质量管理、进度管理、资源管理等进行更为详细、具体的讨论，其中所讨论的内容对本节的计划制定会有很大帮助。

3.5.1　确定项目范围

微软公司 Outlook 97（给企业客户用，付费版本）发布之后，网上对这个版本有很多意见，其中很多用户在新闻组 BBS 上强烈建议，要求 Outlook 支持"直接阅读新闻组 BBS 的内容"，当时只有 Outlook Express（简化版，随操作系统发行）有这个功能。Outlook 的开发成员一度认为用户的要求很强烈，如果 Outlook 不实现这个功能，Outlook 的下一个版本就可能不受欢迎。但是，经过项目组全体成员认真讨论、分析后发现，在 BBS 上强烈发言的，也就是那么几个人。而这些人经常使用 BBS，因此有很强的需求，但多数企业用户就很少使用 BBS，也没什么机会表达自己的意见，所以少数用户的反馈容易给人一种错觉，如果不认真分析，可能会做出错误决定。最后，Outlook 项目组还是决定不支持"直接阅读新闻组 BBS 的内容"，一直到现在。

软件项目范围（project scope），简单地说就是项目做什么，它有 2 个方面的涵义。

- 软件产品规范，即一个软件产品应该包含哪些功能特性，这就是产品需求文档（Product requirement document，PRD）所描述的。更具体的要求就是功能规格说明书（Functional Specification），但这是在计划过程中或之后产生的。一般在确定 PRD 的过程中，就开始进行项目计划。
- 项目工作范围，即为了交付具有上述功能特性的产品所必须要做的工作。工作范围在一定程度上是产生项目计划的基础。

项目的产品规范和工作范围应高度一致，以保证项目最终能够交付满足特定要求的产品。工作范围以产品范围为基础，工作范围的确定是一个由一般到具体、层层深入的过程。例如，某项目是为顾客开发一个 Web IP 电话系统，首先就要确定这个新的电话系统应具备哪些功能，如是否包括通讯录管理、通讯录导入等功能。如果支持通讯录导入功能，进一步分析是否要支持流行客户端软件 Outlook/Notes、网络社区 Linkedin/Facebook 等不同应用的通讯录导入，然后再逐步明确通过哪些开发工作才能实现这些具体功能。

确定项目范围后，其结果需要编写成正式的项目范围说明书（Project Scope Statement，PSS），并以此作为项目计划的基础。一般来说，范围说明书包括 3 个方面的内容——项目的合理性说明、项目目标和项目可交付成果。有些项目管理著作把项目目标与确定项目范围结合起来形成一个文件，叫做项目参考条款（Term of Reference，TOR）。TOR 和 PSS 没有什么本质的区别。

项目范围说明书帮助我们了解项目所涉及的内容，形成项目的基本框架，使我们（项目管理人员或计划人员）能够系统地、逻辑地分析项目关键问题，根据项目范围来确定项目的工作任务，从而提高项目成本、时间和资源估算的准确性。通过项目范围说明书的编写，项目干系人在项目开始实施前，能够就项目的基本内容和结构达成一致。项目范围说明书可以作为项目评估的依据，在项目终止以后或项目最终报告完成以前对项目进行评估，以此作为评价项目成败的依据。项目范围说明书还可以作为项目计划、整个生命周期监控和考核项目实施情况的基础。

范围计划的核心工作之一就是编写正式的项目范围说明书和范围管理计划。准确地定义项目范围对项目成功非常重要，其方法主要有前面所述的 WBS 方法。如果项目范围定义不够细致，含糊不清或有错，会导致项目内容的经常变更，从而造成多次返工、项目开发周期延误，最终导致项目成本增大、项目不能及时完成。

3.5.2 策略制定

制定软件项目计划既要切实可行，又不能过度计划。过度计划就是将项目中非常微小的事情都考虑清楚才动手实施，制定“详细的计划”的目的是试图精确地预测未来，但有时这也是不切实际的，在执行过程中经常会出现计划与实际的差异越来越大，而不得不频繁地进行计划调整的情况。因此，在软件项目计划过程中也需要讲究策略，掌握整体过程和关键要素，该细的要细，该粗的要粗，如人员计划一定要细，该到位的人必须准时到位，因为在软件项目中，人是决定的因素。

在项目计划中，需要制定项目管理的策略。在项目计划中明确项目管理策略，有助于项目管理的沟通，加快项目的实施，避免项目的风险，降低项目的成本。项目管理的策略可以包括以下内容。

- 选用什么样的软件开发过程模型，采用敏捷模型还是 IBM 统一过程模型。
- 选用什么样的技术，是成熟的技术还是新兴的技术，引进新的技术还是采用团队熟悉的技术。一般会采用团队熟悉的且成熟的技术。
- 项目合同管理策略，如合同的最重要条款是哪些，如何利用合同中的某些条款和如何避免带来严重风险的条款等。
- 成本管理策略，如按作业层直接成本费用、项目部间接费用、上级管理费用等进行分层测评，然后根据各任务的较低指标确定目标成本，来确定成本预算。
- 项目的控制策略，是放手让团队去做还是加强控制。如果团队不够成熟，应加强控制，多设置控制点。
- 项目的例会制度，是每周开一次还是每个月开一次。当然，如果项目周期短，可能每天一次例会。有时，也会每两周一次例会，因为一周过于频繁，而一个月又太长了。例会制度也可以分为项目组内部例会和外部协调例会。
- 信息汇报及发布制度，如要求项目组成员每天或每周必须报告自己所做的工作，当前工作状态，并对工作进行总结。
- 项目问题处理及上报制度，如要求遇到问题自己设法解决，如果 3 天解决不了，必须向项目经理提出来；如果一周解决不了，项目经理要向上一级经理提出来。
- 对于项目控制策略，图 3-9 可以说明，控制点越多，项目偏离目标的可能性越小，而且返工的工作量也会越小，能够降低风险和成本。

在软件项目管理中，范围、时间和成本这 3 者之间的平衡处理也体现了策略。在项目的计划过程中，如何正确地把握它们之间的关系，也是关系到项目能否取得成功的重要因素。 在一个项目中，一般说某项是确定的，其他 2 项是可变的。这样，在计划时，设法确定哪一项是不变的，是时间不能变还是项目范围不能变，然后以这个固定项为基础，在另外 2 项内容之间进行调整，最终达到平衡。例如，市场决定产品，时间受到严格限制，这时，如果要保证产品的功能得到完整的实现，就必须投入足够的资源（成本不计）。如果成本受到限制，就不得不缩小项目范围，减少功能，只实现产品的主要功能。

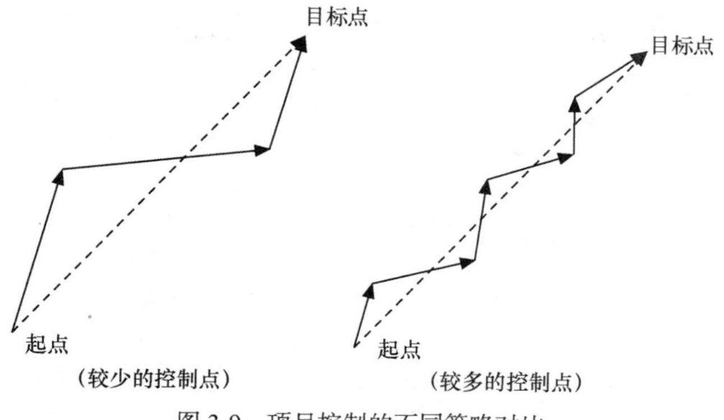

图 3-9　项目控制的不同策略对比

后来也有一些项目管理专家扩充了这一三角关系。例如，Max Wideman（见参考文献[22]）引入“质量”，形成 4 因素的制约关系，将原来的铁三角关系改造成四角星的关系，如图 3-10 所示。时间、资源等因素体现了在该项目上投入的精力；质量和范围决定了项目的性能；而范围和资源决定了项目的寿命。项目功能比较完整，项目的寿命就会相对长久。后来，Max 公司将平面的四角星描述转换为立体的四面体，如图 3-11 所示。在这种新型关系中，增加了“价值”“需求”和“竞争力”等目标的考量，质量和资源的组合影响项目的价值；质量和时间的组合影响项目的竞争力，而范围和时间的组合更多体现了需求。

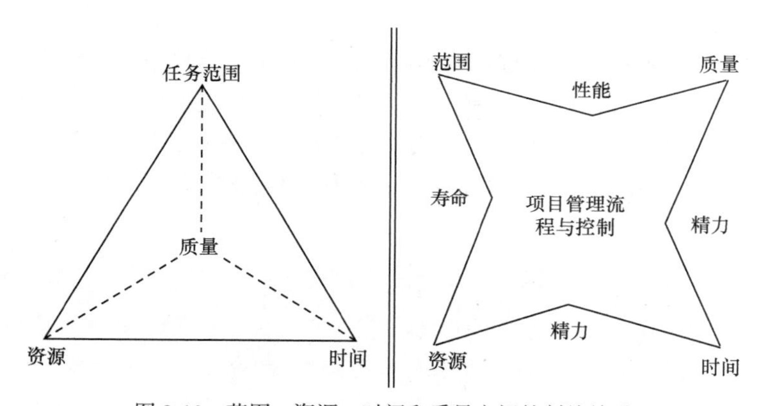

图 3-10　范围、资源、时间和质量之间的制约关系

上面考虑了项目的 4 大要素——范围、资源、时间和质量。

- 范围——做哪些事情。
- 质量——会做到如何出色。
- 时间——项目需要做多长时间，或者说什么时候可以完成。
- 资源——项目要多少开销。

但这还忽视了项目的风险，而软件项目风险的影响是显著的。如果将“风险”因素考虑进去，即项目成功的概率多大，那么风险越小，项目成功的概率就越大，而项目成功的概率越大，项目管理体现出的价值就越大，这就像是金字塔的体积，在同样的面积下，即相同的范围、资源、时间和质量因素作用下，要获得最大的项目成功概率，就要最大限度地降低项目的风险，如图 3-12 所示。

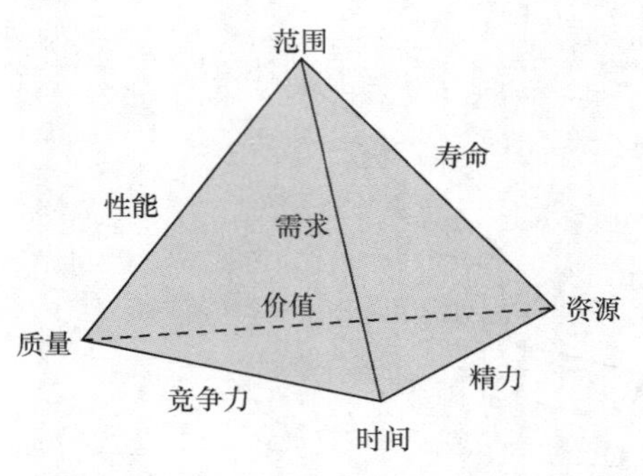

图3-11　范围、资源、时间和质量之间关系的四面体描述法

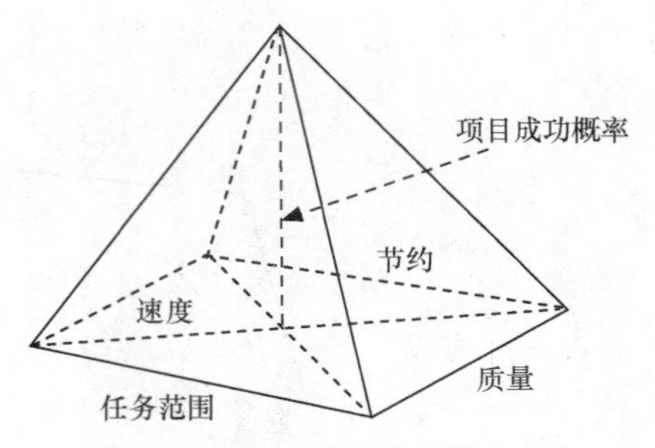

图3-12　项目要素的金字塔表示法

3.5.3　资源计划

软件项目资源可分为3类——人力、可复用的软构件或组件、软硬件环境。对于软件项目来说，人力资源是最重要的资源，因为软件开发是智力活动和知识管理，软件产品设计人员、开发人员和测试人员等决定了项目的成败。

- 人肯定是最有价值的资源，项目管理和实施的过程都是由人来完成的。项目计划，首先要建立项目组，并按所需的角色进行分工，如确定项目经理、开发组长和测试组长等。
- 可复用的软构件是软件组织的宝贵财富，可以加快软件的开发进程，提高软件的质量与生产率。
- 软硬件环境是支持软件开发的必要条件，软硬件环境也直接影响到软件开发的效率。

项目资源计划，是指通过分析和识别项目的资源需求，确定出项目需要投入的资源。资源计划包括人力资源计划、软硬件资源计划。人力资源计划主要基于工作量估算和进度安排来制定，通过简单的计算就可以根据工作量和项目给定的时间，获得所需要的人员数。从软件工程的角度看，人员和进度之间是需要平衡的。

例如，一个软件项目总共有5个模块（这里为使问题简单一些，就只讨论开发的工作量），其开发的工作量是50个人月，并已考虑了开发风险，增加了适当的缓冲时间。如果希望项目在10个月内完成，那么需要5个开发人员，每个人正好负责一个模块，工作效率会比较高；如果希望项目5个月完成，就需要10个人，两个人负责一个模块，沟通成本增大了，基本还是可以接受的。但是，如果安排50个人，一个月是不可能做完的，这里沟通、协调的成本很大，任务安排也很难，效率会非常低，也许2~3个月才能完成，就会比计划多出50~100个人月。这样的项目，如果安排1个人做，50个月做下来，估计这个人会麻木，缺乏激情，结果也不会好。这就是人们经常讲的，资源安排要遵守“人员—进度权衡定律”，这不是纯粹的数学问题，还有技术、工程和管理的问题。

人员—进度权衡定律，就是由著名学者Putnam给出的软件开发工作量公式所体现的。

$$E = L^3/(C_k \times T_d^4)$$

其中E表示工作量，L表示源代码行数，C_k表示技术状态常数，T_d表示开发时间。从公式中可知，软件开发项目的工作量（E）与交付时间（T_d）的4次方成反比，而不是线性关系。而《人月神话》的作者F.Brooks根据大量的软件开发实践经验，给出一个结论：“向一个已经拖延的项目追加开发人员，可能使它完成得更晚。”这也说明“时间与人员不能线性互换”，资源的分配或安排需要综合考虑各种因素，包括任务的多少、人员沟通成本等。当开发人员以算术级数增长时，人员之间的沟通成本将以几何级数增长，所以，在有些时候，加入更多的人数，反而降低生产力，得不偿失。

软硬件计划则需要根据项目的系统设计、采用的软件技术和工具等来决定，例如选择“Java”或“Net”等不同的开发平台，其相应的软件工具是不一样的。

项目资源计划重点在人力资源计划，我们要采用有效的方法进行人力资源计划。例如，采用 WBS 方法，对项目的任务进行分解，将工序进行归类，从而了解资源的需求，确定项目的组织结构、主要人员分工和责任。这项工作可以借助责任分配矩阵（Responsibility Assignment Matrix，RAM）来描述，可以更直观、准确地明确项目组成员的角色与职责，清晰地描述每个成员计划做什么以及他们的责任，或者说，任何一项任务由谁来负责、谁来执行，都一目了然。人力资源计划编制的依据有以下几点。

- 项目范围说明书，根据项目目标分析所获得的项目范围定义。
- 项目工作分解结构，根据 WBS 确定人力资源的数量、质量和要求。
- 历史项目的数据，历史上类似项目的数据对资源估算有很好的参考作用。
- 项目组织的管理政策，如资源成本核算制度。
- 活动工期估算，软件结束时间或进度的要求。
- 其他制约因素，如是否能够及时获得所需要的人力资源等。

人力资源计划是比较复杂的，除了考虑进度和资源的平衡，还需要考虑项目所需的技能、项目人员之间的性格互补等多种因素，从而选择合适的人员加入项目组。例如，如果将脾气火爆的两个人放在一个项目组里，他们的合作可能会有问题，甚至经常吵架。再比如，每个人的能力差别较大，开发人员的能力很难用人月/人日等来衡量，资深开发工程师的软件开发能力可能是一名新人的四五倍。特别是项目规模不大的情况下，统计概念上的平均能力水平就失去了意义。因此，人力资源的安排要具体问题具体分析，可以让开发人员对工作任务的资源安排提出建议，然后一起讨论约定，安排会更合理。开发人员有了参与权，将来工作也会更加投入。

人力的投入是随着时间的变化而变化的，而不是固定的。刚开始投入的人数少，如一开始项目经理介入到工作，然后逐渐增加人数，业务分析人员、系统架构师、开发/测试人员等介入到项目中来，进行项目计划和设计。执行阶段项目人数最多，随着有些人去接受新的项目，人数可能会逐渐减少。如果固定人数，反而造成人力资源的浪费。在人力资源计划中，可以采用人力分配经验模型，如图 3-13 所示。

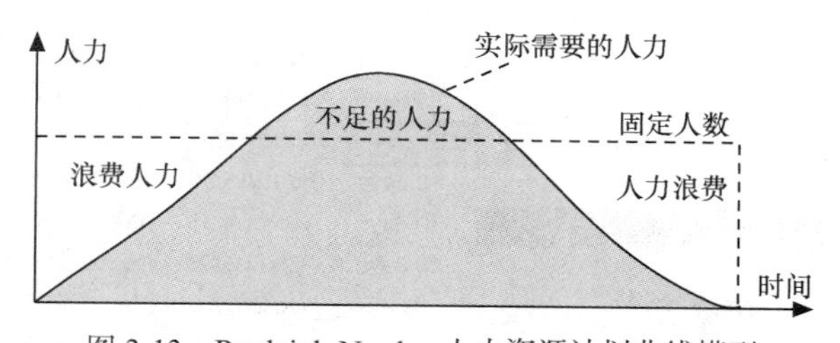

图 3-13 Rayleigh-Norden 人力资源计划曲线模型

软件项目的人力资源分配大致符合图 3-13 所示的曲线分布，当然，具体的形状应该根据项目的历史统计数据来绘制，不同类型的项目，具体表现也有所不同。在制定人力资源计划时，基本上可以按照上述曲线配备人力，同时，尽量使每个阶段的人力稳定，并确保整个项目期人员的波动不要太大，所以，真正的人力资源计划安排，也许像图 3-14 所描述的那样。

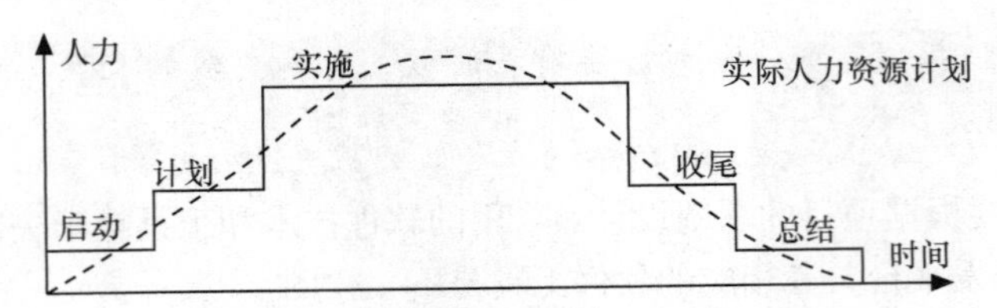

图 3-14　实际的人力资源计划模型

人力资源计划的工具很多，包括微软公司的 Excel、Project，如图 3-15 和图 3-16 所示。

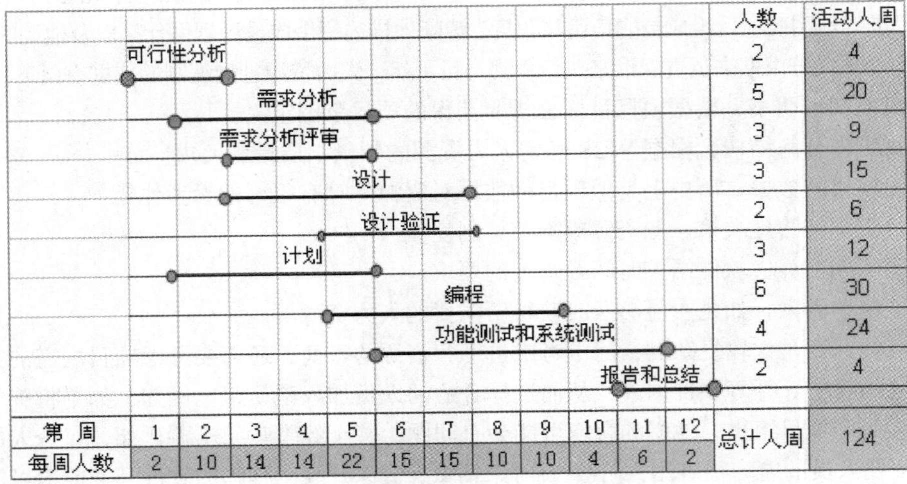

图 3-15　使用 Excel 进行人力资源安排

	Task Name	Duration	Start	Finish	Jan '06 (18 25 1 8 15)
1	+ **Business Case**	**12 days**	**Wed 11/2/05**	**Thu 11/17/05**	
6	⊟ **Design**	**20 days**	**Fri 11/18/05**	**Thu 12/15/05**	0%
7	Initial Design	10 days	Fri 11/18/05	Thu 12/1/05	an Haas
8	Design Review	0 days	Thu 12/1/05	Thu 12/1/05	
9	Update Design	10 days	Fri 12/2/05	Thu 12/15/05	Johathan Haas
10	Final Design Review	0 days	Thu 12/15/05	Thu 12/15/05	12/15
11	⊟ **Development**	**65 days**	**Thu 11/24/05**	**Wed 2/22/06**	
12	Develop Prototype	15 days	Thu 11/24/05	Wed 12/14/05	Shu Ito
13	Graphical Display	10 days	Thu 12/15/05	Wed 12/28/05	Pilar Pinilla
14	Core Analysis	3 days	Thu 12/29/05	Mon 1/2/06	Hao Che
15	Menu and Dialogue UI	15 days	Thu 12/15/05	Wed 1/4/06	Shu Ito
16	Printing	10 days	Thu 12/15/05	Wed 12/28/05	Hao Chen
17	Code Complete	0 days	Wed 1/4/06	Wed 1/4/06	1/4
18	Bug Fixes	35 days	Thu 1/5/06	Wed 2/22/06	
19	Zero Bugs	0 days	Wed 2/22/06	Wed 2/22/06	
20	⊟ **Documentation**	**55 days**	**Fri 12/16/05**	**Thu 3/2/06**	
21	Documentation Plan	5 days	Fri 12/16/05	Thu 12/22/05	Anders Riis
22	Draft Documentation	20 days	Fri 12/23/05	Thu 1/19/06	
23	Review Draft Documentation	5 days	Fri 1/20/06	Thu 1/26/06	
24	Final Documentation	20 days	Fri 1/27/06	Thu 2/23/06	

图 3-16　使用 Project Professional 2007 进行人力资源安排

3.5.4　进度计划

每天上班，从家里出发到公司，这是一项简单的活动。当我们问你，每天早上上班，自己开车去公司需要多少时间，你会说，一般情况下，需要 40 分钟；一路顺利，可能只要半个小时；碰上堵车，就不好说了，可能需要 1 个小时，最惨的一次，将近一个半小时才到公司。如果公司要求员工 9:00 到岗，你什么时候从家中动身比较好，是 7:30、8:00、8:20 还是 8:30?

- 8:30 动身，多数情况下会迟到，你不会选择；
- 8:20 动身，一般情况下会按时到公司，但不保险；
- 8:00 动身，基本可以保证按时到公司，即使碰上堵车，也没什么问题；
- 7:30 动身，一般你也不会选择，最惨的那种情况发生的可能性很小。

所以，要将堵车的风险考虑进去，留有余地，在 8:00 之前要动身。如果星期一特别容易堵车，或者星期二早上你有一个 9:00 的会议要主持，这时你可能就要考虑最坏的情况，7:30 就要动身。

上面这个例子，其实已经告诉我们制定进度计划的基本原则是：以目标为导向，考虑进度的影响因素，留有余地，一般按不利的情况来决定，而不要过于乐观，导致项目计划的失败。根据理想的情况，即资源足够充分完成进度计划的制定，是不现实的。现实条件中，人力资源是不可忽视的约束条件，正如前面所说，资源和进度相互制约，制定计划时要在它们之间权衡。理想情况下的进度计划，带给项目的只是风险。

进度计划是说明项目中各项工作的执行顺序、开始时间、完成时间及相互依赖衔接关系的计划。进度计划的编制能使项目实施形成一个有机的整体。进度计划是进度控制和管理的依据，可以分为项目进度控制计划和项目状态报告计划。进度计划的编制，不仅仅是工作或任务时间表的编制，还包括进度控制计划的编制。在进度控制计划中，要确定应该监督哪些工作、何时进行监督、监督负责人是谁，用什么样的方法收集和处理项目进度信息，如何定期地检查工作进展，以及采取什么调整措施来处理进度延误问题，并要把这些控制工作所需的时间和人员、技术、资源等列入项目总计划中。

进度计划容易受领导主观意愿的影响，如果不能处理好领导的愿望和现实情况之间的关系，项目管理就会显得被动，结果可能会事与愿违。举个例子，当客人在饭店吃饭时点了一个菜，希望厨师尽快做好，想早一点品尝美味。如果客人催得紧，菜的火候未到，就被端上来了，味道反而不好。如果客人催得特别急，也许会端上一盘半生不熟的菜肴。急性子吃不了热豆腐，许多菜的烹饪就是需要那么长时间，急也不行。软件项目也一样，完成一个项目的时间需要客观确定，决不能主观臆断。我们曾经见到过一个项目，进度定得非常紧，根本不可能完成任务，结果团队天天加班，最后，质量还是没有达到要求，产品就匆匆发布了。产品发布后，不到半年时间里，出了多达十几个补丁包。这就叫欲速则不达、得不偿失。

- 时间对每一个人都是公平的，对每一个软件项目也是这样。
- 每个软件项目的参与者，在开始寻求工作终点时都必然会遇到“何时结束”这样现实的问题，而每个团队都会学到同样痛苦的一课：世上没有能够告知项目何时结束、是否达到目标的简单可靠的规程。
- 正如 Alan Cooper 在其凌厉之作《精神病人管理精神病院》中写到：软件开发缺少一个关键元素——理解什么是“完成”。

软件任务的进度安排留给计划本身的时间就不够，许多项目组的成员总是急于设计、编程，最终以失败告终。根据大家多年积累的经验，在制定进度计划时可以用一半时间设计和开发，一半时间测试和修正缺陷的框架。或者可根据如下比例分得更细些。

- 1/3　计划与设计。
- 1/6　编码。
- 1/4　组件/构件测试和早期系统测试。
- 1/4　系统测试，所有的构件可用。

如果分配给计划的时间相对比较多，计划会完成得比较好，这期间包括需求分析和定义。在做计划时，不要陷入“先有鸡还是先有蛋”的怪圈，也就是计划不能做，因为需求、设计不清楚；而需求、设计没有做，是因为计划还没有制定好。这样哪项都出不来。制定进度计划，一般会遵守下列原则。

- 项目的实际参与人员制定进度，他们最了解自己要做的工作，由下而上完成进度的汇总。进度表要经过项目组的充分讨论，得到大多数人的支持后才能确定。
- 尽可能地先安排难度高的任务，后安排难度低的事。进度前面紧，后面松比较好。
- 项目进度中都会设置若干个里程碑。项目越大，设置的里程碑越多；项目越难，风险越大，实施时控制要更严，所以设置的里程碑也应该越多。里程碑可以分为多个层次，大里程碑之前，有若干个子（小）里程碑。
- 进度表中必须留有缓冲时间，因为需求总是会有变化的，还会有一些不确定的事情发生，如机器该到的时候没到、某个工程师有事请假等。
- 如果发现项目应交付的期限非常不合理，就要跟领导或跟客户据理力争，请求放宽期限、调整进度。
- 当需求发生变化时，就要重新评估进度表，从而决定是否需要进行相应的修正。不要觉得修改进度表麻烦，不修改才会产生真正的麻烦。

里程碑计划（Milestone Plan）是一个目标计划，它表明为了达到特定的里程碑，要去完成一系列活动。里程碑计划通过建立里程碑和检验各个里程碑的到达情况，来控制项目工作的进展，保证实现总目标。里程碑计划一般分为管理级和活动级，具有以下特点。

- 与公司整体目标体系和经营计划一致。
- 计划本身含有控制的结果，有利于监督、控制和交接。
- 变化多发生在活动级上，计划稳定性较好。
- 在管理级和活动级之间有良好的沟通。
- 明确规定了项目工作范围和项目各方的责任与义务。
- 计划报告简明、易懂、实用。

3.5.5　成本计划

软件成本计划是一项制定项目成本控制标准的项目管理工作，也称为成本预算，就是将各个活动或工作包的估算成本汇总成总预算，再根据具体情况将费用计划分配到各个活动或工作包上去，从而确立测量项目绩效的总体成本基准。成本计划是建立在资源计划和进度计划基础之上的，或者说，资源计划和进度计划确定之后，成本估算基本就确定了，而在成本计划中，还需要考虑与成本有直接关系的供应商选择、费用控制等问题。

在进行成本计划之前，一定要清楚软件项目成本的构成。一般说来，软件项目成本可以分为以下几类。

（1）**人力资源成本**：与项目人员相关的成本开销，包括项目成员工薪和红利、外包合同人员和临时雇员薪金、加班工资等。

（2）**资产类成本**：资产购置成本，指产生或形成项目交付物所用到的有形资产，包括计算机硬件、软件、外部设备、网络设施、电信设备、安装工具等。

（3）**管理费用**：用于项目环境维护，确保项目完工所支出的成本，包括办公用品供应、房屋租赁（租金，设备）、物业服务等。

（4）**项目特别费用**：在项目实施以及完工过程中的一些特别的成本支出，包括差旅费、餐费、会议费、资料费用等。

因为资产类成本、管理费用和特别费用都属于常规财务管理的范围，这些无非是买来、折旧、维持或者报销之类，成本是比较容易计算的。而相对来说人力资源成本要考虑软件工程师的不同能力和技术等问题，是最不好控制的。实际的软件项目开发着重考虑人力资源成本的估算、计划和控制。我们也可以将软件项目成本分为直接成本和间接成本。

（1）**直接成本**是项目本身的任务所引起的成本，包括为该项目购买的设备和软件工具、参与该项目工作的人员工资等。直接成本估算的基础是项目范围的准确定义、工作/任务的完整分解。根据所需的资源和时间，比较容易估算出直接成本。

（2）**间接成本**是许多项目共享的成本，如办公楼的租金、水电费用、公司管理费用、网络环境和邮件服务等。这部分成本的估算比较复杂，也可以采用简单的摊派方法。

上述人力资源成本、项目特别费用一般属于直接成本，管理费用属于间接成本，而资产类成本一部分属于直接成本，另一部分属于间接成本，主要看它实际的应用，如果只为一个项目服务，那就是直接成本，否则就是间接成本。

成本计划一般会分为 3 部分——成本估算、费用预算和费用控制。成本估算可以进一步分为直接成本估算和间接成本估算。成本估算将在下一章的 4.8 节中详细介绍。

（1）**费用预算**是在成本估算基础之上，针对各项成本来估算可能产生的其他费用，从而确定费用预算。费用预算自然受财务政策的影响，如果财务政策比较宽松，就会多给些预算，即在估算的基础上，乘以比 1 大的系数（如 1.1、1.15 等）。如果赶上经济危机或企业效益不够好时，公司支出控制很紧的情况下，会在估算基础上降低预算，乘以小于 1 的系数（如 0.85、0.9 等），这会给费用控制带来更大的挑战。

（2）**费用控制**是为了保证实际发生的费用低于预算而采取的措施。费用控制一般会采用阶段性控制和单项费用控制相结合的方法。对于软件项目的成本控制，关键是需求变更控制和质量控制，需求变化越小，资源和时间浪费会越少，费用就会越低；质量越高，返工会越少，费用就会越低。

在了解了成本计划的内容之后，就可以开始制定成本计划了，可以简单地将成本计划制定分为 3 个步骤。

（1）借助 WBS 对成本估算结果进行初步调整，以增补遗漏的成本，删除不必要的成本估算。

（2）依据项目所处的实际环境，对成本估算结果进行综合调整和汇总。因为即使最好的项目经理采用最优的成本估算方法，也不可能使预算和实际成本完全一致。因此，在做项目成本预算的时候应该预留总成本的 5%～10%作为不可预见的成本，用于应对突发事件成本和超支成本。

（3）当项目预算看上去已经合理可行了，就要将其写进项目计划提交审议，直到最后审议通过并确定成本基准计划。

在许多软件公司中，成本计划是比较薄弱的环节，甚至有些软件企业，不惜成本，只要按时开发出产品，就算项目获得成功。对于软件外包企业，成本控制是一个关键的管理活动，通过极大地降低成本，才能获得利润。例如，某个软件外包企业，事先将项目估算的工作量（多少个人日）输入系统，然后在实施时，每个工程师在下班前输入今天的工作时间，系统会自动扣掉大家每天产生的工作成本（人日数），然后显示剩余的工作量。这种倒计时的方法，对成本的控制很有效。在成本计划中，就可以描述如何使用这种方法。

3.5.6 风险计划

风险计划，更准确地说是风险对策计划。风险对策计划是为了降低项目风险的损害而分析风险、制定风险应对策略方案的过程，包括识别风险、评估风险或量化风险、编制风险应对策略方案等过程。

（1）制定风险计划，要经过 3 个阶段——风险识别、风险评估和风险对策计划。要制定风险计划，首先要了解风险来自于哪里、有哪些风险，这就是风险识别。可以通过列举通常的软件项目风险因素以使风险识别更加明晰，使用风险检查表也是识别风险的好办法。在风险检查表中，列出所有与每一个可能的风险因素有关的提问，这样就不会忽视任何风险，也可以集中地识别常见的各种风险，如需求变更风险、依赖性风险、人员风险和技术风险等。

（2）风险识别出来之后，就要对风险产生的可能性和危害进行评估。风险是潜在的危害，不是必然要发生的。对于风险可能性的评估有助于对那些高可能性的风险投入更大的关注。一旦风险发生，其危害程度是不一样的，风险的评估也有助于关注危害性大的风险。风险的综合危害度可以看作是风险发生可能性和危害程度的乘积。

（3）编制风险应对策略，可以分为两个部分。一是采取预防措施以阻止风险的发生，也就是预防风险，避免风险产生的对策，二是针对风险一旦发生的情况，制定需要采取怎样的措施，将风险造成的损失降到最低，即缓解风险。一旦风险发生，不管如何降低风险，总会带来损失。所以，风险应对策略应把预防风险放在首位，这是减少风险最彻底的方法。

对于风险发生后的应对策略，需要争取一定的提前时间以启动各项必要的工作，设立触发标志是为设立一个判别标识，当该触发标志所标明的条件具备时，说明风险已经越来越可能成为现实了。所以，在风险计划中，设计或确定触发标志是一项重要的工作。同时，在风险计划中，要针对不同类型的风险，指定风险责任人，即对识别出来的风险都要指定监控、预防和处理的人员，特别是对严重的风险，一定要明确责任人。

风险计划并不是在资源计划、进度计划和成本计划之后制定的，而是和这些计划同时进行的，因为软件项目的风险会来自于各个方面，包括人力资源风险、进度风险和成本风险等，而且如何应对风险或针对风险采取相应的对策，对资源计划、进度计划都有影响。例如，当软件开发团队不够稳定时，人力资源的风险就比较大，这就需要在资源估算的基础上增加较多的资源。假如在一般情况下，会考虑增加 10%～15%的富余资源，而在这种情况下，就要增加 20%～30%的富余资源。

3.5.7 质量计划

质量计划是说明项目组如何具体执行组织的质量方针，确定哪些质量标准适合该项目，并决定如何达到这些标准的过程，即通过策划各种质量相关活动来保证项目达到预期的质量目标，而质量目标是由用户需求和商业目标来决定的。项目质量计划包括质量控制、质量保证和质量管理的计划。

在项目计划中，质量计划应该成为计划的主导力量，并与成本计划、风险计划、进度计划和资源计划等同时进行，综合考虑各种因素对质量的影响。例如，对质量要求水平的提高可能影响成本或进度计划，也可能影响风险管理计划，一般会增加成本或适当延长开发的周期，以及在风险控制上更为严格。

在制定质量计划时，常常需要考虑下列因素（输入）。

- 质量目标，它是最重要的因素，如满足什么样的质量标准，国内标准还是国际标准。质量目标一般会根据组织的质量方针来制定，质量方针属于组织的战略层次，而质量目标属于项目的战术层次。
- 软件产品的具体功能特性要求，这也是用户需求的描述，质量目标在软件产品功能特性上会有具体体现。软件产品的具体功能特性要求对项目质量计划制定是具体的。
- 标准和规范。任何适用于该项目（包括所在的业务领域）的标准和规范，这些也是对产品质量的要求或对产品功能的限制。
- 资源条件，资源是否足够，项目成员的能力水平等。
- 时间限制，例如在进度安排上是否有很大的压力。
- 公司的基本制度，包括绩效考核制度、培训体系等。

质量计划要以预防为主，以缺陷预防为主，从而降低软件开发过程中的缺陷，减少返工，降低劣质成本。通过效益/成本分析，更好地了解质量管理所带来的效益，使整个组织/项目组重视质量管理，形成一种良好的质量文化氛围，也是质量计划力求达到的目标之一。在质量计划中，建议使用一些方法和工具，如数理统计、因果图分析、正交试验设计等。

质量管理计划为整个项目计划提供了输入资源，并兼顾项目的质量控制、质量保证和质量提高，包括制定软件开发各项成果的质量要求和评审流程，以及明确项目各项工作的操作程序和规范，至少要监督这些操作程序和规范按照有关标准建立起来。概括起来，质量计划的内容包括以下几点。

- 项目的质量目标，包括软件产品的功能特性和非功能性特性的质量要求。
- 质量目标分解，将项目的总体质量目标分解到各个阶段或各项任务。
- 相关标准和规范，即与项目相关领域的国家、行业标准、规范以及政府规定等。
- 组织保证机制，包括确定相关质量目标的责任人、质量保证人或管理人员。
- 质量属性满足的优先级和成本效益分析，包括质量管理的相关费用和成本。
- 项目的质量控制策略，包括员工上岗认证、测试覆盖率、代码评审的频率等。
- 软件产品质量特性的相互依赖关系的分析，确定质量特性的优先级。
- 潜在的质量问题分析，并找出应对策略，如测试驱动开发、加强代码评审和性能测试等。
- 流程评审、测试计划和测试用例评审等方面的具体要求。
- 其他质量保证或控制措施、质量相关活动。

3.6　项目计划工具

说起项目计划工具，自然会想起微软的桌面软件 Project 2003 或 Project 2007，它可以帮助我们有效地进行资源、进度等的计划，形成直观的图表，如著名的甘特图。微软的 Project 支持个人应用，其企业版支持团队协作，但它是商业软件。在开源软件中，Open Workbench（www.openworkbench.org）是一个不错的项目计划安排和项目管理的桌面软件，它包含资源和进度安排、WBS 定义、任务之间依赖关系设置等功能，并能绘制甘特图、CPM 网络图等。Open Workbench 基本可以代替微软的 Project，但它仅限于项目经理在单机环境下使用，而不能像微软的 Project 那样提供支持分布式网络结构下团队协作的项目管理模式。

比微软 Project 更专业的项目计划工具是 Oracle Primavera Project Planner (P3)。P3 代表着工程项目计划管理软件的最高水平，被广泛应用。该软件比较切合工程的实际，功能完备，长期以来被认为是一种项目计划管理的标准，在进度计划编制、优化以及跟踪反馈、分析、控制方面，一直起着方法论的作用。P3 依据网络计划技术进行进度计划管理（见图 3-17），而依据进度计划和资源投入的曲线分布原理，进行资源计划和成本计划管理。它提供了多种组织、筛选、比较和分析工程数据的方法，并可以制作符合工程管理要求的多种类型的数据图形和报表。

在介绍项目计划工具时，还有一个可运行于 Windows、Linux 和 Mac OS 等多个平台之上的工具不得不介绍，这就是 GanttProject（www.ganttproject.biz）。它具有强大的甘特图创建和修改功能，将项目的各项任务分层次排列，并与相应的资源和时间安排关联起来，包括为每个项目组成员分配任务、设定任务的优先级和完成期限。GanttProject 不仅可以将数据保存为 PDF、CSV 等数据格式，还可以 HTML 格式直接发布到 Web 网站上，供项目组成员随时浏览。

除了 GanttProject，还有 LiquidPlanner，它是一款 All-in-One 在线项目管理软件，可以在一个中心平台上，提供任务管理、项目计划与团队协作服务，任务描述信息非常丰富，也可以提供在线干特图预览。

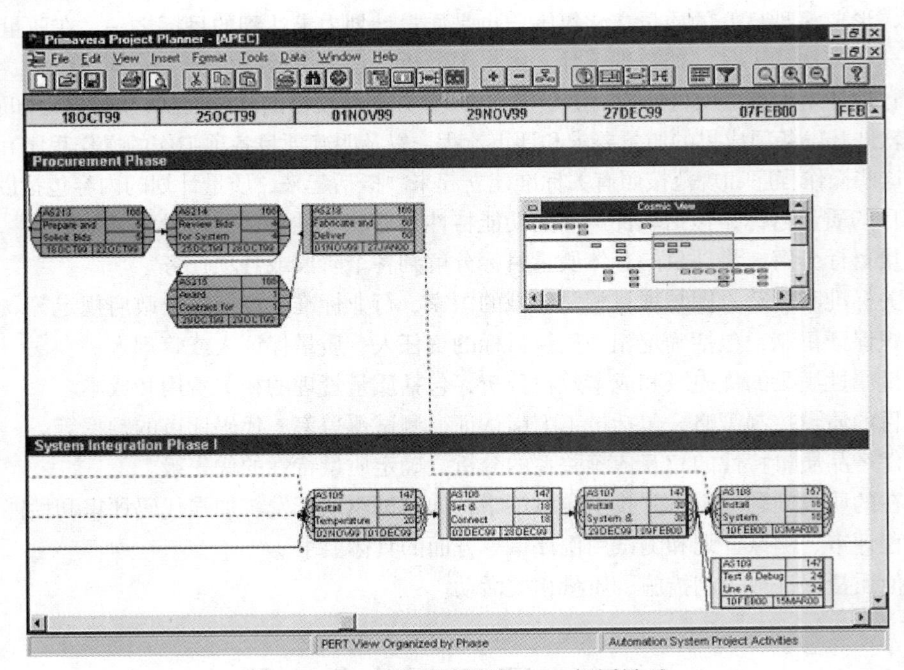

图 3-17　P3 按阶段组织的 PERT 视图界面

现在，人们越来越喜欢使用 Web 服务，这类工具有 Teamwork、GoPlan、Project Desk、DotProject 和 Foldera 等。其中，Teamwork（http://www.twproject.com）以一个全新的方式将文档管理、团队协作和项目管理结合起来，而 DotProject（http://www.dotproject.net）是基于 LAMP 的开源项目

管理软件，功能全面、强大，并能很好地支持中文，如图 3-18 所示。

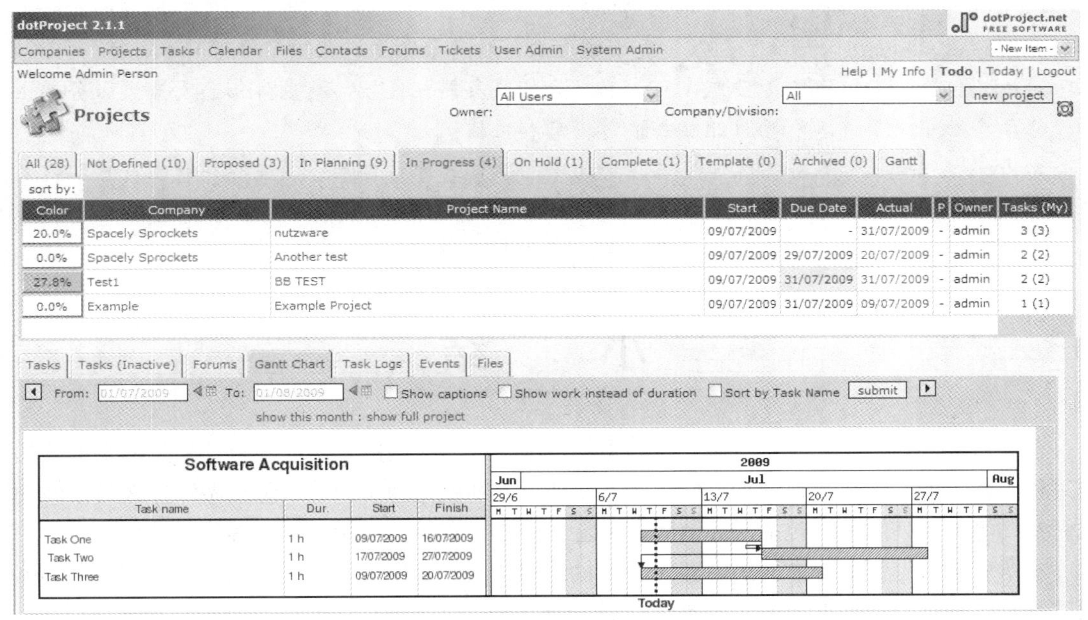

图 3-18　DotProject 项目管理和任务管理界面

如果项目采用的是极限编程（eXtreme Programming，XP）方法，那么可以选择 Xplanner（http://www.xplanner.org/），它支持 XP 开发流程，并解决利用 XP 思想来开发项目所碰到的问题，包括虚拟笔记卡（Virtual note cards）、迭代、用例与工作记录的追踪、未完成用例自动迭代、团队效率生成和个人工时报表等。如果是在 Apple Mac OS 平台上，可以选择 OmniPlan。

微软 Project 软件介绍

微软 Project 是一个功能强、广泛使用的项目计划和管理的工具，它可以帮助我们获取项目计划所需的信息，估算和控制项目的工时、日程、资源和财务。它还可以设置对项目工作组、管理和客户的现实期望，以制定日程、分配资源和管理预算。它能够通过各种功能了解日程，这些功能包括用于追溯问题根源的“任务驱动因素”、用于测试方案的“多级撤销”以及用于自动为受更改影响的任务添加底纹的“可视化单元格突出显示”等。

- 项目向导是一种逐步交互式计划辅助工具，可以根据不同的用途进行自定义，能够引导我们完成创建项目、分配任务和资源、跟踪和分析数据以及报告结果等操作。
- “可视报表”引擎可以基于 Project 数据生成 Visio 图表和 Excel 图表的模板，可以使用该引擎通过专业的报表和图表来分析和报告 Project 数据，还可以与其他用户共享所创建的模板，也可以从可自定义的现成报表模板列表中进行选择。
- 可以与其他 MS Office 系列产品结合，进行协同工作、用户权限管理、任务关联等。
- 可以根据需要以各种格式显示信息，包括导出 Word、Excel 等格式的图表或电子表格。
- 轻松地为任务分配资源，还可以调整资源的分配情况以解决分配冲突。通过为项目和计划分配预算，可控制财务状况。通过“成本资源”，可改进成本估算。
- 可以使用一组丰富的预定义或自定义衡量标准来帮助您跟踪所需的相关数据（完成百分比、预算与实际成本、盈余分析等）。您可以通过在基准（最多 11 个）中保存项目快照来跟踪项目进行期间的项目性能情况。

Project 产品可以分为以下几个不同的版本。

- Project Standard：标准版，只能用于桌面端，适用于独立进行项目管理的 PM。
- Project Professional：专业版，可以和后台的服务器相连接，将项目信息发布到服务器上，供企业中的负责人和项目组相关成员查看和协作。
- Project Server：服务器版，安装在企业中的项目管理后台服务器上，存储项目管理信息，实现用户账户和权限的管理，是微软企业项目管理解决方案的基础和核心组件，需要 Windows SharePoint Service 和 SQL Server 做底层支持。

小　　结

在项目管理中，计划先行，做好计划是软件项目成功实施的基础。项目计划是一个持续的策划过程，而不能局限在项目计划书的形式上。项目计划就是为了回答“怎么做？什么时候做？谁来做？”等一系列问题，包括任务范围、风险、进度、资源、质量、配置等管理计划。

本章着重讨论了 3 个方面的内容，即项目计划方法、如何有效地完成项目计划和各项具体计划的制定。在项目计划方法中，主要介绍了 3 个方法。

（1）滚动计划方法，它能够改善计划的连续性、适应性和灵活性，其迭代特性使之适合软件项目的特点，可以采取总体计划和分阶段计划相结合的办法，先制定总体计划，然后由粗到细、由近到远，不断向前推进，完成各个阶段的计划。

（2）WBS 方法，它在软件项目中应用广泛，能使复杂的问题变得简单，将项目分解到非常具体的任务，从而比较容易做出估算，最后累加各项内容，获得总体的估算。

（3）网络计划方法，它借助计算机很强的计算功能，考虑任务之间的各种约束或关联关系，制定更加优化的计划。

为了有效地制定项目计划，首先要抓住软件项目的特点，避免一些错误的倾向和认识，坚持正确的原则，然后清楚计划的各项输入，充分和项目干系人沟通，获得足够的信息，按照计划制定的流程来编制计划书。

最后，本章详细介绍了各项计划的制定过程和方法，包括资源计划、进度计划、成本计划、风险计划和质量计划等。

习　　题

1. 为什么说项目计划不是一个文档，而是一个持续的策划过程？
2. 深刻理解本章中所介绍的计划方法，然后讨论每种方法的优点和缺点。
3. 在第 2 章《某私立中学小型信息管理系统可行性研究报告》基础之上，制定该项目的一个总体计划，包括资源、进度、风险和质量等管理计划。
4. 熟悉一个项目计划工具，然后将上述计划输入到系统内，实现计划的信息系统管理。

实验 3：项目计划会议

（共 1.5 个学时）

1. **实验目的**

① 掌握如何召开项目计划会议。

② 理解项目的短期（迭代）和长期（项目发布）目标。

2. **实验前提**

① 基于之前实验的用户故事清单。

② 按优先权排序用户故事。

③ 选定一个简单的用户故事作为 1 个单元的故事点。

④ 项目开发周期为 4 个迭代，每 2 个星期一个迭代。

⑤ 假定每个人都是 100%在这个项目上。

3. **实验内容**

根据优先级用户故事清单，进行项目范围计划。

4. **实验环境**

① 5～9 个人一组，准备若干大白纸，或者可以用电子文档展示。

② 讨论时间为一个学时。

5. **实验过程**

① 组内选择一位负责人来组织、管理会议。

② 大家共同查看用户故事，进行商讨定出项目的开发范围，即计划实现哪些用户故事，并评估出每个用户故事大小（用故事点来表示）。优先级可以在商讨过程中重新排列，但要给出相应理由。

③ 针对选定的用户故事，共同商讨确定每个迭代要完成的用户故事，期间要考虑到兼容性和一致性。

④ 详细讨论第一个迭代要做的用户故事，责任到人，拆分任务，分配任务。

⑤ 讨论时间结束后，每组负责人分别解说和展示自己团队的计划报告。

6. **交付成果**

① 项目计划报告，包括项目范围计划和第一个迭代的用户故事和任务的分配情况。

② 写一个报告，总结所学到的经验和教训。

第4章 项目估算

Brooks 博士在其《人月神话》中写道："第二个谬误的思考方式是在估计和进度安排中使用的工作量单位——人月。成本的确随着产品开发的人数和时间的不同，有着很大的变化，进度却不是如此……所以，我认为用人月来衡量一项工作的规模是一个危险和带有欺骗性的神话。人月暗示着人员数量和时间是可以相互替换的。"

注：本图取自《Head First PMP》作者 Andraw Stellman 和 Jennifer Greene 的个人网站（www stellman-greene.com）

无论哪个母亲，孕育一个生命都需要 10 个月。

然而，工作量估算方法还必须用"人月"来作为计算的单位，即使不用人月，也会用"人日"或"人年"。因为，我们必须用一个单位来反映软件规模或软件开发工作量。当然，我们在资源、进度安排或进度控制时，需要不断地用 Brooks 法则来提醒自己，"向进度落后的项目增加人手，只会使进度更加落后"。

工作量的估算是软件项目计划的关键环节，也是项目后期能够顺利实施、按预先计划的进度前进的关键影响因素之一。然而，工作量估算一直又是困扰软件工程、软件项目管理的一大难题，至今没有"特效药"，虽然有了一些勉强能够应用的解决办法。因为工作量估算很关键，所以再难我们也要面对，也要设法找到有效的方法完成相对准确的工作量估算。

项目经理在制定项目计划时，通常需要给每一个任务、活动、阶段，直至整个项目进行工作量（Effort）、工期（Duration）和成本（Cost）的估算，这就是本章要讨论的主要内容。

4.1 项目估算的挑战

软件成本及工作量估算永远不会是一门精确的科学。太多的变化——人员、技术、环境、策略——影响了软件的最终成本及开发所需的工作量。无论何时进行估算，我们都是在预测未来，都会有某种程度的不确定性。虽然估算是一门科学，但它更像一门艺术。所以，当我们在选择一个项目经理时，我们会思考：什么能力对项目经理是最重要的？专家给出的答案是：在问题发生之前就能预测问题的一种能力。对于有很大不确定性的软件项目，仅有预测未来的能力是不够的，项目经理还需要有预测的勇气，在项目还是一团迷雾的时候就开始估算工作。

在软件项目开始时，事情总是有某种程度的模糊不清。估算一个软件开发工作的资源、成本及进度需要经验，需要了解历史数据，同时，也需要一种勇气去面对估算所带来的风险。估算伴随着与生俱来的风险，这种风险可能来源于项目的复杂性和不确定性。

- **复杂性和不确定性是相对过去经验而言的**。在同样领域工作过很长时间，这种复杂性和不确定性就会降到很低，而对于一个陌生的领域，这种复杂性和不确定性会被放大。
- **复杂性和不确定性来源于软件规模**。软件规模越大，复杂性越高、不确定性就越大。因为随着规模的增长，软件中各个元素之间的相互依赖性也迅速增加，接口关系变得错综复杂。规模越大，估算的误差就会越大，会带来更大的不确定性。

需求的不确定性也会对估算的风险产生影响，所以，在项目管理中，对需求变更的控制和管理是重中之重。这种需求主要指产品的质量需求和用户需求，包括产品的功能性需求和非功能性需求。

历史数据是否得到很好的积累，对软件项目的估算也有很大影响。也就是说，历史数据的可用程度高，会有助于项目的估算，而如果没有历史数据，则会给项目估算带来很大的风险。通过回顾过去，我们不仅能够效仿以前成功使用的做法、使用经过实践证明的方法，而且可以吸取教训，避免犯同样的错误。基于已经完成的类似的项目进行估算，一般会获得比较好的结果。如果当前项目与以前的工作非常相似，且其他的项目影响因素（如用户的特性、商业条件、项目人员的素质及交付期限等）也相同，那么估算就能足够准确。不幸的是，通常很难找到非常相似的历史项目，当前的项目可能在许多方面都发生了很大的变化，从而给估算带来较大的挑战。

对当前项目的理解程度，包括项目范围、产品功能和质量需求等，也会影响估算；对当前组织政策、团队成员、绩效考核制度和培训体制等构成的软件开发环境的理解程度，也同样会影响估算。理解越深，估算越准确。但是，在项目的初期，对项目的理解的程度有限，但我们又不得不开始估算。

2300 多年前，亚里士多德曾说过，“应该满足于事物的本性所能容许的精确度，当只能近似于真理时，不要去寻求绝对的准确……”。项目管理者不应该被估算所困扰，应该勇于面对软件项目估算的挑战，克服其中的困难，做出一个相对的有价值的估算。

4.2　项目估算的基本内容

项目估算是针对软件开发项目的规模、工作量、成本、进度等进行估算，这些估算是发生在项目实施之前，即在计划过程中完成。项目估算是基于历史数据、经验和一定的方法来完成的，由项目的目标、工作范围、产品规模、业务逻辑和采用的技术等决定。

（1）**规模估算**（size estimation）：以代码行数、功能点数、对象点或特征点数等来对软件项目所开发的产品进行估算。软件规模估算是工作量估算、进度估算的基础，也有助于编制合理的成本预算、人力资源计划。

（2）**工作量估算**（workload estimation）：将任务分解并结合人力资源水平来估算，合理地分配研发资源和人力，获得最高的效率比。工作量估算是在软件规模估算和生产率估算的基础上进行的。

（3）**进度估算**（schedule estimation）：通过任务分解、工作量估算和有效资源分配等对项目可能实施的进度给出正确的评估。

（4）**风险估算**（risk estimation）：一般通过两个参数——“风险发生的概率”和“风险发生后所带来的损失”来评估风险。

（5）**其他估算**：如需求稳定性或需求稳定因子（RSI,Requirement Stability Index）、资源利用效率（Resource Utilization）、文档复审水平（Review level）、问题解决能力（Issue-resolving ability）、代码动态增长等。

在项目估算中，我们首先会考虑软件规模估算的问题。因为规模是软件项目量化的结果，或者说，软件规模在很大程度上代表了项目范围的大小，所以，项目估算的好坏取决于项目工作规模的估算，规模估算是项目计划者面临的第一个挑战。其次，需要设法将规模估算转换成工作量，这种转换没有现成的公式，依赖于历史数据、工程环境和项目组人员的能力，需要不断积累数据和经验，逐渐形成可靠的估算公式。最后，需要基于工作量，结合开发周期、人力成本和现有的各种条件，制定合适的风险策略，从而完成进度估算、成本估算等。项目估算的内容及其关系如图 4-1 所示。

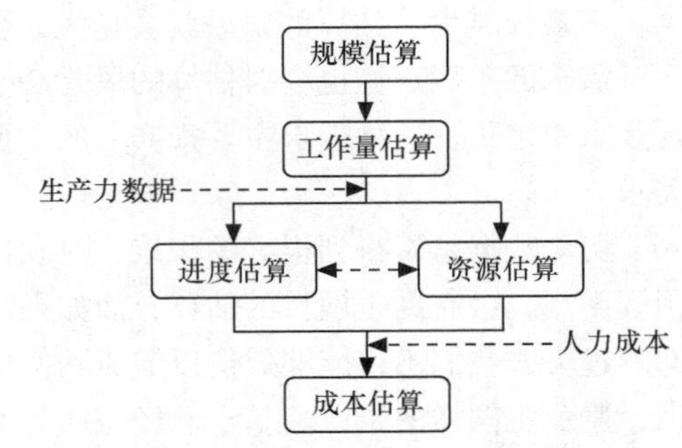

图 4-1　软件项目估算的基本内容及其关系

4.3　基本估算方法

软件估算方法有很多种，可以分为直接方法和间接方法，如软件规模估算的直接方法有代码行（lines of code，LOC）估算法，而间接方法有功能点方法等。由于事先缺乏足够的数据来准确预估代码行，所以人们往往会采用间接的方法。软件规模估算方法，也可以分为以下几类。

（1）分解方法，采用“分而治之”的策略，对软件项目进行分解，将复杂问题转化为简单的问题，将整个项目分解成若干主要的功能及相关的软件工程活动，然后针对简单项（单个功能或单个活动）采用逐步求精的方式进行估算，最后通过累加获得整体的估算结果。

（2）算术模型（Algorithmic Models）法，通过估算模型（即带有多个变量的函数）来估算，如 COCOMO 模型、功能点分析（Function Points Analysis，FPA）、特征点（Feature Point）、对象点（Object Point）、Bang 估算（DeMarco's Bang Metric）、模糊逻辑（Fuzzy Logic）、标准构件法（Standard Component）以及 IBM 定量影响因子（Quantitative Influencing Factors，QIF）估算模型等。

（3）专家判断（Expert judgment）或经验法，如德尔菲法（Delphi technique）。估算的人应有专门知识和丰富的经验，据此提出一个近似的数字。但这种方法的可靠性和准确度都比较低，适合于快速拿出一个初步估算，而不适合进行详细的估算。

（4）比例法是比较科学的一种传统估算方法，是基于类比的估算技术，根据过去类似的项目，直接进行类比获得当前项目的估算结果。

软件项目估算，常常采用分解技术，有时会根据历史数据所获得的经验模型来进行估算，但很难用一个公式、一步就能获得项目的估算结果，所以经验模型可用于补充分解技术，并提供一种潜在有价值的估算方法。理想情况下，使用这两种技术对项目进行估算，可以进行相互验证和平衡。例如，通过不同的方法可以获得估算的乐观值、悲观值和平均值，然后基于这 3 个值获得最后的估算值。

估算值 = (乐观值+4 × 平均值+悲观值)/6

自动估算工具可以实现一种或多种分解技术或经验模型，而且可以让专家或项目经理参与这个估算过程，和自动估算系统实现交互式处理，以获得更准确的结果。但许多估算都依赖历史数据，没有历史数据存在，规模、成本等各种估算难以实施。

在分解技术中，WBS 方法是最常用的方法，而且 WBS 方法不局限于软件产品的功能分解，也可以扩展到非功能特性以及其他软件任务的分解上，从而满足所有的功能和非功能性需求。一个典型的项目由子项目或多个阶段（Phase）组成（如需求分析阶段、架构设计阶段等），每一个阶段由多个相互关联的活动（Activity）构成，而每个活动又可能细分为多个任务（Task）。功能分解的目的并不是为系统定型，而是为了更好地理解和沟通系统，即完成软件项目工作范围的详细说明。

为了详细地估算出项目 WBS 每一层级元素（即项目、阶段、活动和任务）的工作量，实际有两个模式可以应用，即自顶向下估算模式（Top-down Estimating）和自底向上估算模式（Bottom-up Estimating）。

- **自顶向下估算模式**，首先估算出项目一级的工作量，然后层层往下分摊，把上一层工作量分摊到下一层的阶段、活动或任务。通常使用 FPA 方法或 COCOMO II 来估算项目一级的工作量。
- **自底向上估算模式**，要求先估算出底层任务一级（如果没有任务，则为活动）的工作量，然后层层向上汇总到活动、阶段和项目级。通常使用 QIF 估算方法或专家判断来估算项目低层 WBS 元素的工作量。

WBS 方法的使用，是建立在对项目范围掌控的基础之上的，而 WBS 方法的应用结果又能使我们对项目范围的理解更透彻。WBS 方法和项目范围掌控之间是相辅相成的关系，两者不断推进的结果就是清楚定义项目范围。所以，在采用 WBS 方法之前，需要和用户进行充分的沟通，获得足够的信息以了解项目范围。

与用户沟通的常用方法有书面调查、电子问卷、会议或访谈等。书面调查和电子问卷方法简单，投入成本低。使用匿名调查方式，容易获得用户更真实的想法。但书面调查和电子问卷方法不容易挖掘深层次的信息，也不能获得及时反馈，信息量也不够。会议或访谈方法则能弥补书面调查和电子问卷方法的不足，获得准确/足够多的信息。

4.4　软件规模估算

工作量估算和软件规模估算息息相关，或者说，工作量估算是建立在软件规模估算的基础之上的。在软件估算过程中，还包括人力资源估算、进度估算等，完成这些估算，是软件计划的最重要工作内容之一。一旦良好地完成这些估算，就能为后期软件项目的实施打下坚实的基础。

4.4.1　德尔菲法

德尔菲法（Delphi technique）是一种专家评估技术，适用于在没有或没有足够历史数据的情况下，来评定软件采用不同的技术或新技术所带来的差异，但专家的水平及对项目的理解程度是工作中的关键点。单独采用德尔菲法完成软件规模的估算有一定的困难，但对决定其他模型的输入（包括加权因子）时特别有用，所以在实际应用中，一般将德尔菲法和其他方法结合起来使用。德尔菲法鼓励参加者就问题进行相互的、充分的讨论，其操作的步骤如下。

（1）协调人向各专家提供项目规格和估算表格。

（2）协调人召集小组会和各专家讨论与规模相关的因素。

（3）各专家匿名填写迭代表格。

（4）协调人整理出一个估算总结，以迭代表的形式返回给专家。

（5）协调人召集小组会，讨论较大的估算差异。

（6）专家复查估算总结并在迭代表上提交另一个匿名估算。

（7）重复步骤（4）～步骤（6），直到最低估算和最高估算一致。

一个典型的估算模型是通过对以前的软件项目中收集到的数据进行回归分析而导出的。这种模型的总体结构具有下列形式。

$$E = A + B \times (ev)C$$

式中，A、B 和 C 是由回归拟合导出的常数，E 是以人月为单位的工作量，而 ev 则是估算变量（LOC 或 FP），例如，Walston-Felix 模型。

$$E= 5.2\times(\mathrm{KLOC})^{0.91}$$

4.4.2 代码行估算方法

代码行（LOC）估算法是最基本、最简单的软件规模估算方法，应用较普遍。LOC 指所有可执行的源代码行数，包括可交付的工作控制语言（Job Control Language，JCL）语句、数据定义、数据类型声明、等价声明、输入/输出格式声明等。代码行常用于源代码的规模估算，一代码行的价值和人月均代码行数可以体现一个软件组织的生产能力，根据对历史项目的审计来核算组织的单行代码价值。但同时，优秀的编程技巧、高效的设计能够降低实现产品同样功能的代价，并减少 LOC 的数目，而且 LOC 数据不能反映编程之外的工作，如需求的产生、测试用例的设计、文档的编写和复审等。在生产效率的研究中，LOC 又具有一定的误导性。如果把 LOC 和缺陷率等结合起来看，会更完整些。

指令（或称代码逻辑行数）之间的差异以及不同语言之间的差异造成了计算 LOC 时的复杂化，即使对于同一种语言，不同的计数工具使用的不同方法和算法也会造成最终结果的显著不同。常使用的单位有：SLOC（Single Line of Code）、KLOC（Thousand Lines of Code）、LLOC（Logical Line of Code）、PLOC（Physical Line of Code）、NCLOC （Non-Commented Line of Code）、DSI（Delivered Source Instruction）。IBM Rochester 研究中心也计算了源指令行数（即 LLOC）方法，包括可执行行、数据定义，但不包括注释和程序开始部分。用实际行数（PLOC）与 LLOC 计算之间的差别导致的程序大小的差异是很难估算的，甚至很难预测哪种方法会得到较大的行数。如 BASIC、PASCAL、C 语言中，几个指令语句可以位于同一行；而有的时候，指令语句和数据声明可能会跨越好几个实际行，特别是追求完美的编程风格。Jones（软件工程方法著名专家，《应用软件度量（Applied Software Measurement）》一书作者）（1992）指出，PLOC 与 LLOC 之间的差异可能达到 500%，通常情况下这种差异是 200%，一般 LLOC>PLOC；而对于 COBOL，这种差异正好相反，LLOC<PLOC。用 LLOC 和 PLOC 来进行计算各有优缺点，一般情况下，对于质量数据来说，用 LLOC 来计算是比较合理的选择。当表示程序产品的规模和质量时应该说明计算 LOC 的方法。

有些公司会直接使用 LOC 数作为计算缺陷率的分母，也有一些公司会使用归一化（基于某些转换率的编译器级的 LOC）的数据作为分母。因此工业界的标准应当包括从高级语言到编译器的转换率，其最著名的是 Jones（1986）提出的转换率数据。如果直接使用 LOC 的数据，编程语言之间规模和缺陷率之间的比较通常是无效的。所以，当比较两个软件的缺陷率时，如果 LOC、缺陷和时间间隔的操作定义不同则要特别地小心。

当开发软件产品第一个版本时，因为所有代码都是新写的，使用 LOC 方法可以比较容易地说明产品的质量级别（预期的或实际的质量级别）。然而，当后期版本出现时情况就变得复杂了，这时候既需要测量整个产品的质量，还要测量新的部分的质量，后者是真正的开发质量——新的以及已修改代码的缺陷率。为了计算新增和修改部分代码的缺陷率必须得到以下数据。

- LOC 数。产品的代码行数以及新增和修改部分的代码数都必须可得。
- 缺陷追踪。缺陷必须可以追溯到源版本，包括缺陷的代码部分以及加入、修改和增强这个部分的版本。在计算整个产品的缺陷率时所有的缺陷都要考虑；当计算新增及修改部分的缺陷率时，只考虑这一部分代码引起的缺陷。

这些任务可以通过像 CVS 这样的软件版本控制系统/工具来实现，当进行程序代码修改时，加上标签，系统会自动对新增及已修改代码使用特殊的 ID 及注释来标记。这样，新增以及修改部分的 LOC 就很容易被计算出来。

4.4.3　功能点分析方法

功能点分析法（FPA）是在需求分析阶段基于系统功能的一种规模估算方法，是基于应用软件的外部、内部特性以及软件性能的一种间接的规模测量，近几年已经在应用领域被认为是主要的软件规模估算方法之一。FPA 法由 IBM 公司的工程师艾伦·艾尔布策（Alain Albrech）于 20 世纪 70 年代提出，随后被国际功能点用户组（The International Function Point Users' Group，IFPUG）提出的 IFPUG 方法所继承。它从系统的复杂性和系统的特性这两个角度来估算系统的规模，其特征是："在外部式样确定的情况下可以估算系统的规模""可以对从用户角度把握的系统规模进行估算"。功能点分析方法可以用于需求文档、设计文档、源代码、测试用例等的估算。根据具体方法和编程语言的不同，功能点可以转换为代码行。已经有多种功能点估算方法经由 ISO 组织规定成为国际标准，例如下面介绍的几项：

- 加拿大人艾伦 · 艾布恩（Alain Abran）等人提出的全面功能点法；
- 英国软件估算协会（United Kingdom Software Metrics Association，UKSMA）提出的 IFPUG 功能点法；
- 英国软件估算协会提出的 Mark II FPA 功能点法；
- 荷兰功能点用户协会(Netherlands Function Point Users Group，NEFPUG)提出的 NESMA 功能点法；
- 软件估算共同协会（the COmmon Software Metrics Consortium，COSMIC）提出的 COSMIC-FFP 方法。

除以上方法外还有特征点（feature point）、Bang 估算、3D 功能点（3D function point）方法等，所有这些方法都属于 Albrech 功能点方法的发展和细化，但由于随后的 IFPUG 有更好的市场和更大的团体支持，其他方法应用得较少。

功能点分析的计数就是依据标准计算出的系统中所含每一种元素的数目。

- 外部输入数（External Input，EI）：计算每个用户输入，它们向软件提供面向应用的数据。

输入应该与查询区分开来，分别计算。

- 外部输出数（External Output，EO）：计算每个用户输出（报表、屏幕、出错信息等），它们向软件提供面向应用的信息。一个报表中的单个数据项不单独计算。
- 内部逻辑文件（Internal Logice File，ILF）：计算每个逻辑的主文件，如数据的一个逻辑组合，它可能是某个大型数据库的一部分或是一个独立的文件。
- 外部接口文件（External Interface File ，EIF）：计算所有机器可读的接口，如磁带或磁盘上的数据文件，利用这些接口可以将信息从一个系统传送到另一个系统。
- 外部查询数（External Query，EQ）：一个查询被定义为一次联机输入，它导致软件以联机输出的方式产生实时的响应。每一个不同的查询都要计算。

每个部分复杂度的分类是基于一套标准的，这套标准根据目标定义了复杂度。例如，对于外部输出部分，假如数据类型数为 20 或更多，访问文件类型数为 2 或更多，复杂度就比较高；假如数据种类为 5 或更少，文件种类为 2 或 3，复杂度就比较低。

功能点计算的第 1 步是计算基于下面公式的功能数（FC）。

$$FC = \Sigma \Sigma w_{ij} \times X_{ij}$$

w_{ij} 是根据不同的复杂度而定的 5 个部分的加权因子，如表 4-1 所示，X_{ij} 是应用中每个部分的数量。

表 4-1　5 类基本计算元素的加权因子

加权因子	EI	EO	ILF	EIF	EQ
平均复杂度	4	5	10	7	4
低复杂度	3	4	7	5	3
高复杂度	6	7	15	10	6

第 2 步是用一个已设计的评分标准和方案来评价 14 种系统特性对应用可能产生的影响。这 14 种特性如下。

（1）数据通信	（8）在线更新
（2）分布式功能	（9）复杂数据处理
（3）性能	（10）复用性
（4）频繁使用的配置	（11）安装简易程度
（5）备份和恢复	（12）操作简易程度
（6）在线数据入口	（13）多重站点
（7）界面友好性	（14）修改的简易性

对于以上的每一个影响因子，FPA 将其影响程度定义为以下的 6 个等级：

0　毫无影响

1　偶然影响

2　偏小影响

3　一般影响

4　重大影响

5　强烈影响

每个特征因子都有定义详细的识别规则，可参考 CPM（Counting Practices Manual，计算实践手册）。然后将这些特性的分数（从 0 到 1）根据以下公式相加以得到修正值因子（VAF）。

$$VAF = 0.65 + 0.01\ \Sigma C_i$$

C_i 是系统特性的分数。最后，功能点数可以通过功能数和修正因子的乘积得到。

$$FP = FC \times VAF$$

这只是功能点计算的简单公式，如果要了解详细的计算方法，请参考国际功能点用户组（IFPUG，International Function Point Users Group）发布的文档，如功能点实用手册（Function Point Counting Practices Manual Release 4.3.1, 2010）。

功能点估算工具示例

SPR KnowledgePLAN（http://www.spr.com/spr-knowledgeplanr.html）是一款易用的软件项目估算工具，它以功能点驱动的分析模型为估算基础，并参考项目数据的历史知识库，从而有效地估算项目的工作量、资源、进度等。

- 分析模型使用一个功能度量库，通过给定的大量已知的（或假设的）参数提取得到预测性的、可分析的生产率数据。
- 历史知识库是从 SPR 收集和研究过的 13 000 多个软件项目中提取出来的，具有很好的代表性，可以成为估算的基线。

KnowledgePLAN 提供了功能点计算工具的接口，并能从微软 Project 或其他项目管理软件工具中导入项目计划或导出项目计划。KnowledgePLAN 也可以帮助我们从大量的行业标准方法中进行选择，从而借助估算自动创建项目计划。

4.4.4　标准构件法

软件由若干不同的“标准构件”组成，这些构件对于一个特定的应用领域而言是通用的。例如，一个信息系统的标准构件是子系统、模块、屏幕、报表、交互程序、批程序、文件、代码行以及对象级的指令。项目计划者估算每一个标准构件的出现次数，然后使用历史项目数据来确定每个标准构件交付时的大小。为了说明这点，我们以一个信息系统为例。计划者估算将产生 10 个报表，历史数据表明每一个报表需要 600 行代码。这使得计划者估算出报表构件需要 6 000 行代码。对于其他标准构件也可以进行类似的估算及计算，将它们合起来就得到最终的规模值，最后可以根据数理统计方法，对结果进行调整。

4.4.5　综合讨论

从估算方法来看，软件规模估算主要采用分解、对比和经验等各类方法，但更多的时候是将这些方法结合起来使用。分解的方法包括纵向分解和横向分解。

- 纵向分解是在时间轴上对项目进行分解，也就是将整个项目过程分解为子过程（阶段），然后再分解为更小的活动或任务。纵向分解方法是基于过程的估算方法。
- 横向分解是针对软件产品（或系统）来进行分解，将产品进行模块、组件或功能方面的分解，包括 WBS 方法、功能点方法和代码行方法等。

一般在项目层次上，项目与项目之间缺少可比性，但在模块或组件层次上、阶段性任务上具有可比性，可以基于历史数据来进行比较获得数据。所以，在实际估算工作中，一般先采用分解的方法，将项目分解到某个层次上，然后再采用对比分析方法和经验方法。

许多估算方法的基本出发点是一致的，例如 LOC 方法和 FPA 方法是两种不同的估算技术，但两者之间有共同之处。项目计划者从界定的软件范围说明开始，将软件分解为可以被单独估算的部分（功能、模块或活动等），然后，将基线生产率估算用于变量估算中，从而导出每个部分的成本及工作量。将所有单项的估算合并起来，即可以得到整个项目的总体估算。但是，LOC 和 FPA 估算技术在分解所要求的详细程度上及划分的目标上有所差别。当 LOC 被用作估算变量时，分解是绝对必要的，而且常常需要分解到非常精细的程度。分解的程度越高，就越有可能建立合理的、准确的估算。而对于 FPA 估算，分解则是不同的，它的焦点并不在具体功能上，而是要估算每一个信息域特性——输入、输出、数据文件、外部查询、外部接口以及 14 个复杂度调整值等。

对于一个软件组织而言，其生产率估算常常也是多样化的。一般情况下，平均每人每月代码行数（LOC/pm）应该按项目特性加以区分，然后才可以使用。项目特性，如项目规模、应用领域、采用的平台和编程语言、复杂性等，需要进行归类，为各个类别建立相应的生产率平均值，这可能是多维矩阵，需要建立多张表来描述，表 4-2 是其中的一维表的例子。当估算一个新项目时，首先将其对应到某个最接近的领域上，然后，再使用该领域的平均值进行估算。

表 4-2　中等规模的软件生产率平均值（LOC/pm）

技 术 平 台	单机版本	C/S 信息系统	B/S 信息系统	分布式实时系统
Java 技术和平台	1 400	1 120	1 260	980
.Net 技术和平台	1 500	1 200	1 350	1 050
PHP 5 技术	1 600	—	1 440	—

4.5　工作量估算

工作量估算的方法比较多，一般可以根据历史数据和软件规模估算的结果进行估算。例如，可以采用经验估算法、对比分析法和 WBS 法等进行估算。在采用这些方法时，也要小心对待。例如，在采用对比分析法时，如果新项目的预计代码行数是某相似的历史项目的 2 倍，则假设新项目的工作量也是上一个项目的 2 倍。但实际上，这样按比例计算也不准确，一是代码行数翻一倍，因为复杂性增强，工作量可能是 3 倍或 4 倍，不一定是 2 倍；二是项目虽然相似，但还是存在差异，这种差异没有在方法中体现出来。因此根据比例法得出的估算结果，还需要根据开发人员的经验进行调整。

软件项目估算永远不会是一门精确的科学，但将良好的历史数据与系统化的技术结合起来能够提高估算的精确度。

4.5.1　COCOMO 方法

构造性成本模型（Constructive Cost Model，COCOMO）方法是一种精确、易于使用的基于模型的成本估算方法，最早由勃姆（Boehm）于 1981 年提出。该模型按其详细程度分为 3 级。

（1）基本 COCOMO，是一个静态单变量模型，它用一个以已估算出来的源代码行数（LOC）为自变量的函数来计算软件开发工作量。

（2）中间 COCOMO，在用 LOC 为自变量的函数计算软件开发工作量的基础上，再用涉及产品、硬件、人员、项目等方面属性的影响因素来调整工作量的估算。

（3）详细 COCOMO，包括中间 COCOMO 的所有特性，但用上述各种影响因素调整工作量估算时，还要考虑对软件工程过程中分析、设计等各步骤的影响。

COCOMO 方法具有估算精确、易于使用的特点，在该模型中使用的基本量有以下几个。

- 源指令条数（DSI），定义为代码行数，包括除注释行以外的全部代码。若一行有两个语句，则算做一条指令。KDSI 即为千代码行数。
- MM（估算单位为人月）表示开发工作量。
- TDEV（估算单位为月）表示开发进度，由工作量决定。

COCOMO 方法重点考虑 15 种影响软件工作量的因素，并通过定义乘法因子，准确、合理地估算软件的工作量，这些因素主要分为以下 4 类。

（1）产品因素，包括软件可靠性、数据库规模、产品复杂性。

（2）硬件因素，包括执行时间限制、存储限制、虚拟机易变性、环境周转时间。

（3）人的因素，包括分析员能力、应用领域实际经验、程序员能力、虚拟机使用经验、程序语言使用经验。

（4）项目因素，包括现代程序设计技术、软件工具的使用、开发进度限制。

根据其影响的大小，这些因素从低到高，在 6 个级别上取值。根据取值级别，可以从 Boehm 提供的表中来确定工作量乘数，且所有工作量乘数的乘积就是工作量调整因子（Effort Adjustment Factor，EAF），其中 EAF 的典型值从 0.9 到 1.4 之间，表 4-3 给出了具体的值。

表 4-3　各种影响因素 EAF 的值

成本驱动因素	级别					
	很低	低	正常	高	很高	极高
产品因素						
软件可靠性	0.75	0.88	1.00	1.15	1.40	
数据库规模		0.94	1.00	1.08	1.16	
产品复杂性	0.70	0.85	1.00	1.15	1.30	1.65
硬件因素						
执行时间限制			1.00	1.11	1.30	1.66
存储限制			1.00	1.06	1.21	1.56
虚拟机易变性		0.87	1.00	1.15	1.30	
环境周转时间		0.87	1.00	1.07	1.15	
人的因素						
分析员能力	1.46	1.19	1.00	0.86	0.71	
应用领域实际经验	1.29	1.13	1.00	0.91	0.82	
程序员能力	1.42	1.17	1.00	0.86	0.70	
虚拟机使用经验	1.21	1.10	1.00	0.90		
程序语言使用经验	1.14	1.07	1.00	0.95		
项目因素						
现代程序设计技术	1.24	1.10	1.00	0.91	0.82	
软件工具的使用	1.24	1.10	1.00	0.91	0.83	
开发进度限制	1.23	1.08	1.00	1.04	1.10	

这样，COCOMO 工作量估算模型可以表示为以下公式。

$$E_a = a_i(\text{KDSI})\, b_i \times \text{EAF} \quad （人月）$$

需要的开发时间（T_d）和工作量密切相关。$T_d = c_i(E_a)\, d_i$　（月）

其中，E_a 是以人月为单位的工作量（Effort Applied），KDSI 是估算的项目源指令条数（以千代码行数为单位）。系数 a_i、b_i、c_i 和 d_i 由表 4-4 给出。像这样的模型，其估算误差可能在 20% 左右。

表 4-4　不同类型项目的系数 a_i、b_i、c_i 和 d_i

项目类型	a_i	b_i	c_i	d_i
组织型	3.2	1.05	2.5	0.38
半独立型	3.0	1.12	2.5	0.35
嵌入型	2.8	1.20	2.5	0.32

4.5.2　多变量模型

1978 年 Putnam 提出的模型是一种动态多变量模型，它假设了在软件开发项目的整个生命周期中的一个特定的工作量分布，如符合 Rayleigh-Norden 曲线的分布特征，如图 4-2 所示。

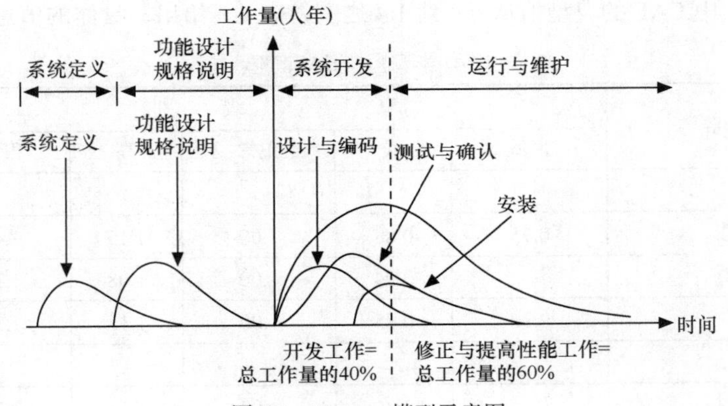

图 4-2　Putnam 模型示意图

该模型是根据 4 000 多个软件项目的历史数据统计推导出来的。Putnam 模型可以导出一个“软件方程”，把已交付的源代码行数与工作量和开发时间联系起来。基于这些数据，估算模型具有以下形式。

$$B^{1/3} \times L_{OC} / P = E_a^{\ 1/3} \times t_d^{\ 4/3}$$

其中，t_d 是以月或年表示的项目持续时间，E_a 是软件生命周期所花费的工作量（以人月或人年计），L_{OC} 是源代码行数（规模），B 为特殊技术因子，反映了软件开发的技术影响程度，它随着对软件各种技术需求的增长而增大，如规模小的程序（KLOC = 5～15），B=0.16，而对规模大的程序（KLOC > 39），B = 0.39。P 为生产力参数，可以通过所积累的项目历史数据来推导，它受下列因素影响。

- 组织过程的成熟度及过程管理水平。
- 软件工程最佳实践被采用的程度。
- 程序设计语言的影响。

● 软件开发环境的状态。
● 软件项目组的技术及经验。
● 项目应用系统的复杂性。

这个公式可以转化为工作量的估算公式。

$$E_a = [L_{OC} / (P \times t_d^{4/3})]^3 \times B$$

为了简化估算过程，并将该模型表示成更为通用的形式，Putnam 和 Myers 又提出了一组方程式，它们均从上述估算模型导出。最小开发时间定义如下。

$t_m = 8.14\ (LOC/PB)^{0.43}$，对于 $t_m > 6$ 个月的情况，其中 t_m 以月表示。

$E = 180\ Bt_y^3$，以人月表示，对于 $E \geqslant 20$ 的情况，其中 t_y 是以年表示。

4.5.3　基于用例的工作量估计

用例在 UML 中被定义为“一个系统可以执行的动作序列的说明”，其中这些动作与系统参与者进行交互。用例图由参与者（Actor）、用例（Use Case）、系统边界和箭头组成，用画图的方法来完成，如图 4-3 所示。用例描述则具体说明用例图中的每个用例，用文本文档来描述用例图中用箭头所表示的各种关系，包括泛化、包含和扩展等。

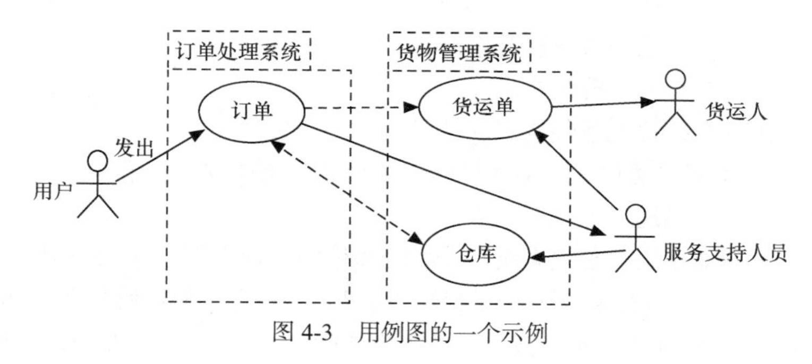

图 4-3　用例图的一个示例

业务规则也应该纳入到用例中以便约束参与者的行为。例如，在一个在线订单处理系统中，可能会设定一条规则——订单金额超过 100 元，即可免运费。而用例还可以分为外部用例和内部用例。例如，系统由子系统组成，那么描述系统及其参与者的用例，相对子系统来说，是外部用例；而描述子系统的用例，相对于系统来说则是内部用例。下面是图 4-3 对应的用例描述。

用例名称：订单处理

用例标识号：101

参与者：服务支持人员、用户、货运人

简要说明：在用户提交订单之后进行处理，并告知用户订单处理的结果。

前置条件：用户已提交订单，而且服务支持人员已登录系统。

基本事件流：

（1）服务支持人员得到提示，被告知有一个订单已提交；

（2）单击提示上的链接，查看订单详情；

（3）对订单上各项内容进行配货；

（4）如果没有相应的货物，及时通知仓库，要求进货；

（5）货物配齐后，发给货运人；

（6）用例结束。

其他事件流：

如果仓库告知，某种货物暂时难以进货，就需要更新商品清单，并和订单人联系，要求更新订单。

异常事件流：

（1）如果出现超时，需要重新登录，再继续处理；

（2）订单出现数据问题，应与技术支持人员联系。

后置条件：订单的状态发生改变，向用户发出邮件，确认已接受该订单。

通过用例来描述系统的需求更清楚，不仅知道哪些任务要完成，而且任务之间的关系也比较明确。可能的话，可以在功能点和用例之间建立良好的映射关系，项目的估算会更准确。

在某个层次上使用数百个用例来描述行为是没有必要的，少量的外部用例或场景就能够恰当地覆盖所描述对象的行为。在 IBM Rational 中，一般认为用例的数量在 10～50 个范围内比较合适，而每个用例可以带有几十个相关场景。如果有大量的用例，则需要进行功能分解。较多的用例数量，至少使用例在层次上更全面些。同时，在使用用例来描述项目范围时，也可以分为多个层次，如可分为以下 5 个层次。

（1）集成系统，由多个系统构成综合系统。

（2）独立系统，由多个子系统组成。

（3）子系统，由多个模块或组件构成。

（4）模块/组件，由多个类组成，例如可假定平均 8 个类构成一个组件。

（5）类，无需用例来描述。

在上面 4 层——集成系统、独立系统、子系统和模块组件上都会存在用例。还可以假定，一个组件平均有 10 个用例，如表 4-5 所示。这样，可以算出每个类的代码行数为 700 SLOC，而每个组件的代码行数约为 5 600 SLOC，按人月 1 200 SLOC 计算，5 个人月可以完成一个组件。一个组件为 10 个用例，每个用例的工作量是 0.5 个人月，即约 90 个小时。当然，不同的应用系统，可能会有较大差异，一般会在 70%～200%（即 63～180 个小时）之间。

表 4-5　　系统各个层次的规模假定

操 作 规 模	70 SLOC
每个类的操作数量	10 个
每个组件或模块的类的数量	8 个
每个子系统所具有的组件或模块的数量	8 个
每个系统所具有的子系统数量	8 个
每个集成系统所具有的系统数量	8 个
外部用例的数量（针对系统、子系统等）	10 个
每个用例的场景数量	30 个
每个用例描述的页数	2～5 页

基于用例的估算，最好还是和 WBS 方法结合起来使用，而且应该设法更好地理解问题的领域、系统构架和所选用的技术平台等的影响。第 1 次粗略的估计可以根据专家的观点或采用更正式的德尔菲法。有了软件规模的初步估算，就可以对号入座，将项目放在某个层次上——集成系

统、系统、子系统或组件，再结合架构知识和对业务领域的理解，参照表 4-5 设定更合适的值。

实际考虑总的工作量规模时，需要对个别用例的小时数做进一步调整——工作量估算值只适合于相应规模系统的上下文所描述的特定层次。因此，当构建一个 5 600 SLOC、并不复杂的子系统时，采用每个用例 55 小时来进行估算。但是，如果构建 40 000 SLOC 规模的子系统时，则每个用例的工作量可能要调整为 60.5 小时。

4.5.4　IBM RMC 估算方法

RMC（Rational Method Composer）的工作量估算功能采用的是定量影响因子（Quantitative Influencing Factor，QIF）估算方法和自底向上估算模式，让项目经理或者过程工程师对项目的任务、活动、阶段、子项目、项目等进行自底向上的层层估算。

在 RMC 中，我们可以定义多个估算模型（Estimation Models），每种估算模型代表着一种不同的估算方法。每个估算模型可以定义任意数量的估算因子（Estimating Factors），估算因子用来表示某个因素对完成一个任务或活动所需工作量的影响程度，如以下两个估算模型。

- **用例估算模型**（Use Case Estimating）：使用用例的数量和复杂度来估算工作量。它包含的估算因子可能有复杂用例、简单用例等。
- **多因素估算模型**（Multi-Factor Estimating）：使用一个项目的多个方面来估算工作量。它包含的估算因子可能有业务领域、平台、类、用例等。

每个估算因子都会关联估算公式（Estimating Formula），使用估算公式来计算该估算因子对应的工作量，估算公式如下。

$$\text{工作量估算值} = Q_c \times f(L_r / M_l / H_r) \times M_p + A_d$$

- Q_c：计数，即估算因子的数量，如用例的数量。
- L_r：下限，即每个估算因子所需工作量的最低估算。
- M_l：最可能接近的估算。
- H_r：上限，即最高估算。
- M_p：放大或缩小的比例因子（乘数），如当工作交给初级工程师来做时，工作量会变大，M_p 取大于 1 的值，如 110%。
- A_d：额外的工作量，如一项工作由初级工程师来做，可能需要额外的 2 个工作日参加培训和学习。
- 函数 f 表示的是工作量估算值 L_r、M_l 和 H_r 之间的关系。

因为函数 f 可以有不同的形式，常见的估算公式可以有多种情况，如：

- $f = M_l$；
- $f = (L_r + H_r)/2$；
- $f = (L_r + 4M_l + H_r)/6$。

在 RMC 中，定义和使用估算模型来计算某个项目工作量，可分为以下 3 个步骤。

（1）创建估算模型，定义相关的估算因子。

（2）把估算模型的估算因子应用到 WBS 底层元素上，计算出它们的工作量。

（3）层层向上汇总，计算出项目 WBS 上层元素（包括项目本身）的工作量。

1. 创建估算模型和估算因子

在 RMC 中，估算模型是方法库（Method Library）的组成部分，而在一个方法库中可以创建一个或多个估算模型。因此，在创建估算模型之前，需要确认创建并打开一个方法库。创建过程非常简单，首先使用“文件→新建→估算模型”菜单命令新建一个空白的估算模型，接下来在该估算模型中添加一个或多个估算因子，如图 4-4 所示。

在下面的例子中，我们新建了一个依据用例（Use Cases）来估算任务工作量的估算模型。该模型包含 3 个估算因子，它们根据不同复杂度（复杂、中等复杂、简单）用例的数量，分别计算每一种复杂度用例需要的工作量。

在定义每一个估算因子时，需要输入计数、估算的下限、上限和最可能的估算等。例如，对于中等复杂用例，计数为 5、下限是 3 小时、上限是 15 小时、最可能的估算是 10 小时。这里只是提供参数的缺省值，在具体应用时，它们可能会被自定义值所覆盖。

定义好了估算模型，就可以把它应用到项目 WBS 的底层元素上，计算出这些底层元素的工作量；然后，通过自底向上的估算模式，就可以得到项目 WBS 上层元素的工作量。

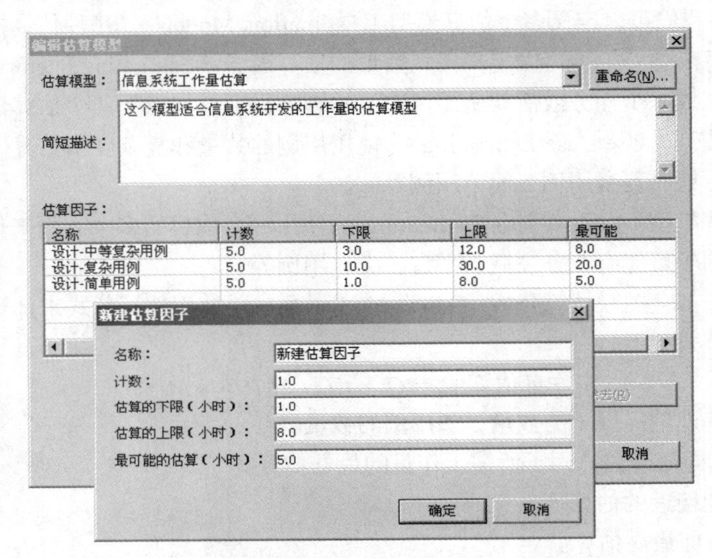

图 4-4 RMC 中创建估算模型和包含的估算因子

2. 应用估算模型计算 WBS 底层元素的工作量

在 RMC 的流程视图（Process View）中包含了一个估算子视图（Estimation Tab），如图 4-5 所示，在估算视图中可以完成所有相关的工作量估算工作。

- 视图顶部的左边是一个下拉列表，显示当前所选择的估算模型。
- 视图中部显示了 WBS 层次结构、元素名称和类型以及估算结果。
- 视图下部则显示了当前选择的某 WBS 元素的详细属性。

RMC 对于项目 WBS 的每一个底层元素，逐个显示其估算属性，如图 4-6 所示，并按照以下操作步骤估算工作量。

（1）设置“默认估算（小时）”，如果不应用估算模型中的估算因子，该值就会作为当前任务的工作量估算值。

（2）在估算子视图的上部选择使用哪一个估算模型。

（3）通过“添加”按钮，从当前选择的估算模型中挑选一个或多个估算因子，应用到当前任务。

（4）根据当前任务的实际情况，调整每一个估算因子相关参数的缺省值，包括计数、下限、上限、最可能的估算等。

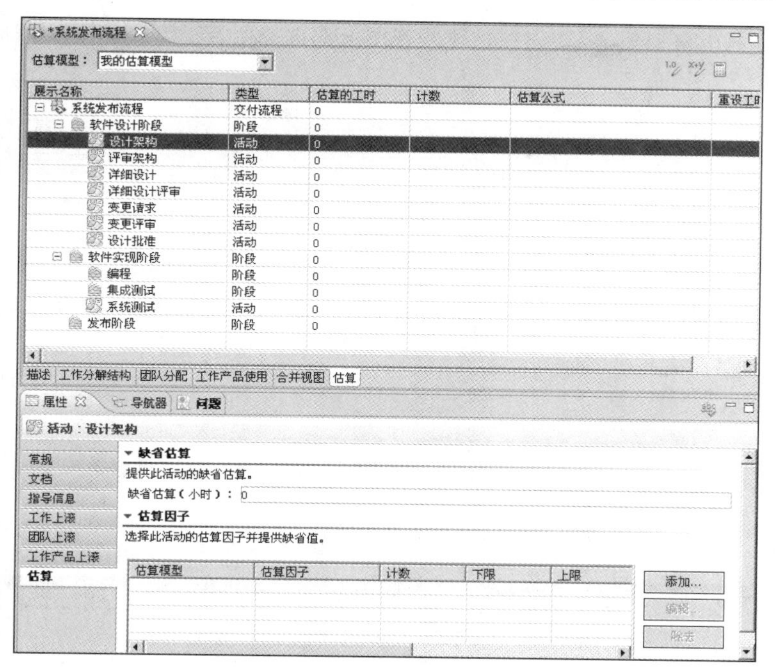

图 4-5　工作量估算的工作界面（估算子视图）

（5）为每一个估算因子选择合适的估算公式。

（6）最后，系统基于每一个估算因子自动计算出一个估算值。

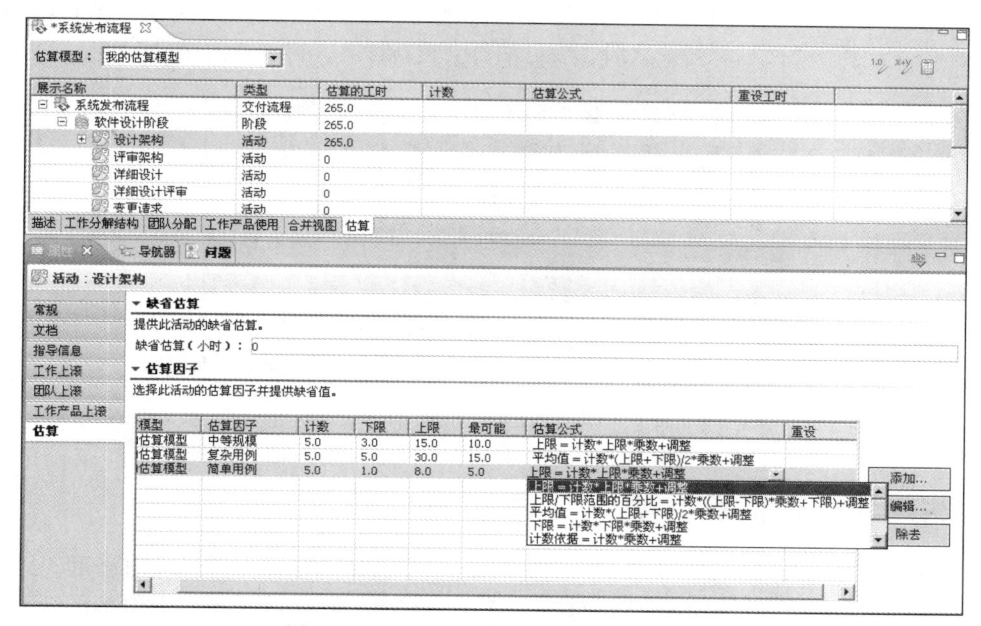

图 4-6　对 WBS 底层元素进行工作量估算

3. 层层向上汇总，计算出项目 WBS 上层元素的工作量

当我们估算出 WBS 所有底层元素的工作量之后，利用 RMC 提供的自底向上工作量自动汇总的功能，自动计算出所有 WBS 上层元素的工作量，最终得到完成整个项目所需的工作量。要查

看这些计算结果的详细信息，需要先在估算子视图上部选择估算模型，如图 4-7 所示。

*系统发布流程

估算模型：我的估算模型

展示名称	类型	估算的工时	计数	估算公式	重设工时
系统发布流程	交付流程	1,147.5			
软件设计阶段	阶段	582.5			
设计架构	活动	162.5			
中等规模		75.0	5.0	5.0 * 15.0 * 1.0 + 0	
复杂用例		87.5	5.0	5.0 * (30.0 + 5.0) / 2 * 1.0 + 0	
评审架构	活动	40.0			
简单用例		40.0	5.0	5.0 * 8.0 * 1.0 + 0	
详细设计	活动	150.0			
复杂用例		150.0	5.0	5.0 * 30.0 * 1.0 + 0	
详细设计评审	活动	75.0			
中等规模		75.0	5.0	5.0 * 15.0 * 1.0 + 0	
变更请求	活动	75.0			
中等规模		75.0	5.0	5.0 * 15.0 * 1.0 + 0	
变更评审	活动	40.0			
简单用例		40.0	5.0	5.0 * 8.0 * 1.0 + 0	
设计批准	活动	40.0			
软件实现阶段	阶段	525.0			
编程	阶段	225.0			
集成测试	阶段	150.0			
系统测试	活动	150.0			
发布阶段	阶段	40.0			

图 4-7　查看整个项目 WBS 的工作量估算结果

我们可以同时使用两个或多个估算模型对同一个项目 WBS 进行工作量估算，通过选择不同的估算模型，可以查看不同的估算结果进行对比。

为了保持应用估算模型的一致性，RMC 提供了“修改估算公式”的功能，如图 4-8 所示，可以给任一层级 WBS 元素统一设置估算公式、乘数和调整值，更改将应用于选定的 WBS 元素和它包含的所有子元素。修改估算公式之后，项目估算会重新计算，得到新的结果。

修改估算公式

修改估算公式、乘数和/或调整。单击"确定"后，更改将应用于选定的工作分解元素。

估算公式：平均值 = 计数*(上限+下限)/2*乘数+调整

乘数：1.1

调整：2

☑ 将更改应用于所有子工作分解元素(A)

确定　取消

图 4-8　使用修改估算公式统一设置估算因子的参数值

4.5.5　扑克牌估算方法

扑克牌故事方法来自于敏捷实践中，基本的做法就是团队中三、四个人坐在一起，针对某个任务进行估算，将估算的结果通过特制的扑克牌表示出来，即选出代表自己估算值的纸牌，然后根据所出牌的数字（个人估算结果）进行比对，差异最大的两个人需要说明估算的理由、依据等，其它成员也可以补充发言。然后，再出牌，再沟通，直到这几个估算结果基本一致为止，这个一致的结果就是该任务工作量的估算结果。在实际工作中，可能很难达到完全一致，所以只要到了比较接近时（如最大差值不超过 5 个点）或进行了 4 轮出牌（估算），就可以终止该条目的估算，取大家估算值的平均值就可以了。

这种特质的扑克牌也有四种花色，但每张牌上的数字不是普通扑克牌上的 A、2、3、4、…、10、J、Q、K 连续的 13 个数字，而是 0、1/2、1、2、3、5、8、13、20、40 或 50、100 等，设置还有无穷大或问号（见图 4-9）。扑克牌上的数字代表估算值——工作量点数。这种点数可以代表人时（man-hour）、人天（man-day）等。如果是“无穷大”，可能说明任务太大，需要分解成更小的任务。如果出问号，说明需求不够清楚，或由于其他原因无法估算，需要产品负责人（product owner）解释，或和团队讨论，解决这样的问题。

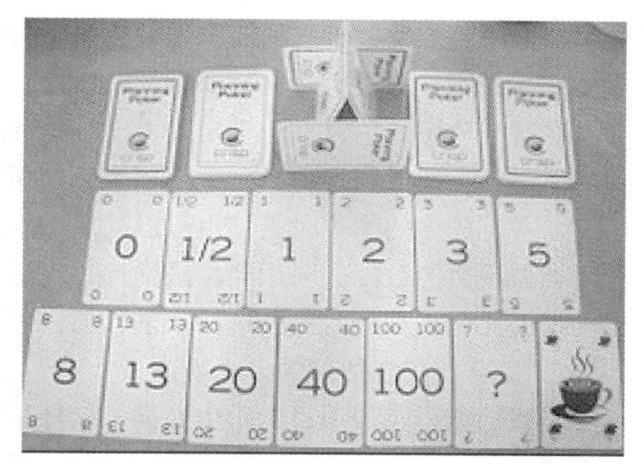

图 4-9　用于估算的扑克牌

扑克牌估算方法，一方面吸收了专家估算方法（Delphi 法）的部分实践，例如，多人估算比一个人估算会更客观、准确，可以根据多人的估算结果来获得某些开发任务的估算结果，但又不同于专家故事方法。在敏捷开发思想中，团队更了解自己要做的事，团队做出的估算可能比专家的估算更准确，由团队自己来估算，其估算结果会更好，也有利于团队做出承诺。另一方面，敏捷强调沟通，所以在每次出牌后，需要阐述是如何做出估算的。但考虑工作效率，不需要每个人做出说明，而是让估算差异最大的两个人来说明，而且差异最大的两个人也确实能带来更多或更有价值的信息，如估算时间最少的人可能采用了最有效的编程方法或测试方法，而估算时间最多的人可能是最保守，更可能是考虑得更全面，考虑了更多的场景、条件。

为了做好估算，在大家出牌前，可以由产品负责人为大家讲解待估算的条目（product backlog 中的项），使团队成员对该条目有完全的了解、无任何重大疑问。在估算过程中，为避免干扰估算结果，团队成员之间不可以互相商讨，出牌时也不可立即亮牌，而是等所有人出完牌，再亮出来。估算时，如果单张牌不能代表估算值，可以用两张牌组合起来，例如出 2、8 两张牌来代表 10。出牌时，最关键的是建立好参照系，即将大家熟悉、最简单的一个条目的工作量作为参考值，如它的估算值是“3”，这个 3 代表多大的工作量，其他条目的估算就是以这个条目作为基准来进行估算，确保各个条目的估算客观、合理，消除每个人的主观性。

4.5.6　不同场景的估算法

在实际项目管理过程中，经常会有估算的需求，即在不同的阶段进行估算。正如前面所说，时间越早，估算越粗糙。随着时间推移，获得信息越多，估算越准确。在不同的阶段或不同的场合，估算的方法和技巧有些区别，甚至有比较大的区别。例如，有时做一个全新的项目，没有历史数据，这时，详细了解项目的需求就显得非常重要。在需求分析清楚之后，可以将 WBS 方法和功能点方法结合起来，进行项目的估算。

在前面的方法中，较多地讨论了以源代码行为基础来进行工作量的估算。这类估算方法，贴近程序，使软件技术人员比较容易接受。但它也要以软件技术人员的生产力数据为估算基础，如每个开发人员平均每天完成 60～90 行代码，包括调试、单元测试和缺陷修正等工作。而估算代码行的基础还得归于用例的估计、功能的详细分解，如将任务分解到一个人或者一个很小的团队可以执行的程度（颗粒度）。

1. 合同签订之前

合同未签订时，了解的需求比较有限，只能了解到项目的总体需求，如开发什么样的系统、大概有多少用户等。通过估算项目的工作量，可以了解开发的成本，从而给出合理的报价。

在这个阶段，估算方法主要是类比分析和经验判断。寻找类似的历史项目，然后根据历史项目的工作量，通过项目的类比分析和经验判断，获得初步的工作量估算。如果较好地掌握了项目信息，并有较多的估算时间，也可以采用 WBS 方法，力所能及地将整个项目的任务进行分解，参考类似项目的数据，采用经验法估计每类活动的工作量，最后汇总获得整个项目的工作量。如果获得类比分析和经验判断这两个估算值，可以取两者的平均值。

2. 基于 WBS 估算的多维验证

当我们获得类似项目的历史数据、软件生命周期的生产率数据（含管理工作量）和详细需求时，就可以从不同的路径来估算工作量，获得多个结果，这些结果可以互相印证，以发现估算过程中的不合理之处，使估算更准确，具体估算步骤如下。

（1）产品分解，将系统分为子系统，子系统分解为模块，直至最小单元。

（2）估计产品单元的规模，可以采用代码行法或功能点法。

（3）累计计算单元规模，从而获得产品的总规模，并估计其整体的复杂度、复用率等。

（4）根据类似项目的软件开发生命周期的生产率数据和产品的总规模、复杂度、复用率等采用模型法计算总的开发工作量。

（5）根据历史项目的工作量分布数据及第 4 步估算的项目总工作量，算出每个阶段的工作量和每个工种的工作量。

（6）WBS 分解，将任务分解到一个人或者一个小团队可以执行的颗粒度。WBS 分解时要识别出所有的交付物、项目管理活动、工程活动等。

（7）根据历史类似项目的数据及估算人的经验估计所有活动的工作量，可以采用经验法。

（8）汇总得到每个阶段的工作量、每个工种的工作量以及项目的总工作量。

（9）与第 4、5 步得出的工作量进行比较印证，如果偏差不大，则以第 8 步的结果为准，如果偏差比较大，要仔细分析原因，可能的原因举例如下。

- 类似项目的生产率数据不适合本项目。
- WBS 分解的颗粒度不够详细。
- 估算专家的经验不适合本项目。
- 具体任务的估计不合理。

针对原因，对估算的结果进行调整，使其趋向合理。

3. 需求变更的工作量估计

软件需求经常发生变化，而在需求变更控制时，也要提交需求变更所带来的工作量，也就是要求为需求变更进行工作量估算。这种情景也经常碰到，有必要在这里进行讨论。需求变更常常发生在设计、编码阶段，这里以编码阶段发生需求变化的情景为例来完成工作量的估算，估算步骤如下。

（1）进行需求变更的波及范围分析。

（2）进行本次变更的 WBS 分解。

（3）对于变更引起的代码变化进行规模、复杂度等其他属性的估计。

（4）根据本项目的编码生产率及估计的规模采用模型法估计工作量。

（5）对于 WBS 分解中其他活动进行经验估计。

（6）汇总所有的工作量得到本次变更的工作量估计。

4.6 资源估算

项目中的每项活动都需要耗费或占用一定的时间和资源。项目资源估算，是指通过分析和识别项目各项活动的资源需求，确定出项目活动需要投入的资源种类（包括人力、设备、场地、材料、资金等）以及资源投入的数量和资源投入的时间，从而制定出活动资源需求列表。常用的活动资源估算方法，也包括专家（经验）估算法、基于历史数据的类比法等。资源估算一般采用自下而上模式，即项目工作范围得到彻底的分解之后，由底层开始估算，然后再逐层汇总得到资源估算结果。

有时，人数是一定的，暂时没有资金招到新人或在短时间内很难招到合适的人员，这时，人员的估算就没有必要，所有的人都进入项目。在这种情形下，工作量的估算是最重要的，然后根据工作量和人数，来决定（估算）项目的进度。当然，多数情况下，假定有足够的资源，应根据项目的工作量估算、工作范围或项目周期来估算资源。所以，资源估算一般有以下两种情形。

（1）根据工作范围（WBS 的分解结果），而不是工作量来进行资源估算，先分析多少人数是最合适或最有效的，然后确定所需资源。这种方法假定软件开发产品发布时间的限制较小，即软件开发组织在软件发布时间上自主性很强，从而强调开发效率（生产力）。

（2）根据工作量和软件产品发布时间的限制，估算需要的人数。在市场压力比较大的情况下，人们往往不得不采用这种方法。

1. 根据 WBS 进行估算

根据 WBS 的分解结果来估算资源，主要是一些独立的工作应该由独立的人员去完成，而减少人员沟通成本，减少人员之间的依赖性，并使人员的经验和特长得到发挥，力求达到最高的工作效率，下面举一个例子来说明。

一个软件系统由 5 个小模块构成，这时候，最好一个开发人员负责一个模块，再加上一个总体负责的人—即开发组长，开发人员为 6 个人，然后确定测试人员。如果测试比较复杂，也可以考虑需要 6 个测试人员，其中一个为测试组长；如果测试特别复杂，一个模块需要两个测试人员，测试人员的需求为 11 人；如果测试比较简单，一个测试人员负责两个模块，另外，测试组长负责一个模块，并负责测试的计划、协调和管理等，这样测试人员的需求为 3 人。开发、测试人员确定之后，再决定文档人员、UI 设计人员、软件配置管理人员等。

2. 由工作量和开发周期来估算

由工作量和开发周期来估算所需的人力资源，简单的估算公式如下：

人员数量(人) = 工作量估算(人日)/工期估算(日)

项目在不同的阶段所需要的人力资源是不同的，一般来说前期和后期所需的人力资源会少些，而在项目中期需要的人力资源最多，如图 4-10 所示，项目工作量是随时间变化的。当然，这是总体情况的规律，但对不同的角色，工作量的时间分布会有比较大的差别。例如，在前期要求有较多的设计和编程人员，而在后期要求有较多的测试人员。

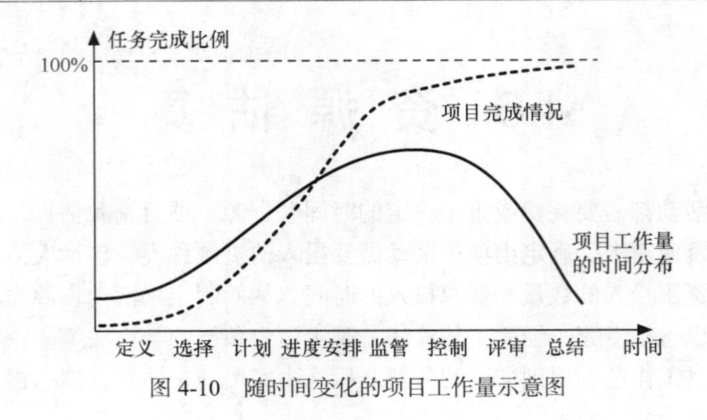

图 4-10　随时间变化的项目工作量示意图

3. 资源特征描述

每一类资源都可以用 4 个特征来描述：资源描述、可用性说明、需要该资源的时间及该资源被使用的持续时间。资源的可用性必须在开发的最初期就建立起来，包括人力资源、软硬件和可复用的构件资源等。针对人力资源，需要描述其具体的能力和经验，以及在该项目的开始时间和持续工作时间；而对软硬件资源，需要考虑是否购买、租借等情形。如果需要购买，要清楚描述供应商、谈判时间、购买周期和安装完毕的期限等内容。针对可复用的构件，需要考虑下列几种情况。

- 如果可直接使用的构件能够满足项目的需求，就采用它。一般情况下，集成可直接使用的构件所花的成本总是低于开发同样的构件所花的成本，风险也相对小得多。
- 如果具有完全经验的构件可以使用，一般情况下，修改和集成的风险是可以接受的。项目计划中应该反映出这些构件的使用。
- 如果具有部分经验的构件可以使用，则必须详细分析它们在当前项目中的使用成本和风险。如果这些构件在集成之前需要做大量修改，就必须谨慎对待。修改具有部分经验的构件所需的成本有时可能会超过开发新构件的成本。

4. 将资源分配给任务

通过对项目网络中所有活动资源分析，可以建立资源需求列表。下一步就是将资源分配给各个任务。在进行资源分配的时候，要对资源的可支配时间进行充分的考虑。根据可支配时间的不同，资源一般可分为以下几类。

- 完全可分配资源，一般是指项目组内成员，他们的时间全部可以由项目经理来支配，但是要注意不能过度分配。
- 外部资源，指项目外非直接可支配的资源，如外租借设备，可支配时间就是租赁期。
- 多项目资源，即多个项目共享的资源，如两个不同的项目组共享一个服务器进行测试，这样就要协商分配好各个项目组的使用时间。
- 特殊技能资源，如聘请的外部专家的可支配时间就是聘用期，同时还要去掉他们节假日的时间。
- 备用资源。如开发和测试的备份环境，这类资源要考虑的就是定期维护的问题。

5. 项目角色

根据项目的目标可以确定项目管理所需要的工作特征和技能，从而确定角色及其责任，明确各角色之间的从属关系，进行项目人力资源的预估。整个角色定义的步骤如下。

（1）列出完成项目所需要的、主要的软件工程任务。

（2）把适合于同一角色的任务集合到一起。

（3）对工作量、所使用的工具以及每个角色的重要性进行评估。

（4）确定每个角色所需要的个人技能。

主要的项目任务一般包括需求获取、系统设计、原型制作、代码编写、代码评审、测试等，根据这些任务可以简单定义项目所需的角色及其工作职责。在软件项目中，常见的角色及其职责如表 4-6 所示。

表 4-6　项目角色和职能

角　色	职　能
项目经理	项目的整体计划、组织和控制
需求人员	在整个项目中负责获取、阐述以及维护产品需求及书写文档
设计人员	在整个项目中负责评价、选择、阐述以及维护产品设计以及书写文档
编码人员	根据设计完成代码编写任务并修正代码中的错误
测试人员	负责设计和编写测试用例，以及完成最后的测试执行、递交测试报告
质量保证人员	负责对开发流程进行评审和监控，指导流程的执行，参加各种内容的评审，保证项目组成员遵守已定义的标准和规范
环境维护人员	负责开发和测试环境的部署和维护
其他人员	如文档规范人员、硬件工程师等

6. 人员分配

项目管理人员常常认为应该根据每个人的技能，而不是是否空闲来分配工作，这在理论上是对的。但是，这经常是不现实的，除非资源非常多。因此，在进行人员分配时，最好考虑如下几个问题。

- 谁最有能力来完成这项任务。
- 谁愿意来完成这项任务。
- 谁有时间来完成这项任务。

综合考虑上面的几个问题，然后挑选出最适合的人选来完成任务。当所有的人选都确定之后，可以得到一个任务分配矩阵，如表 4-7 所示。在任务分配矩阵中，任务在左侧，人员在最上面，矩阵中间是每个人需要完成的任务。在稍微复杂一点的项目中都存在不同的角色，因此项目人员在项目中的参与度也有所区别。从表 4-7 中也可以看到，任务分配有 P 和 A 两种类型。一般项目中的任务分配可以有负责、参与、检查和批准 4 个类别，分别用 A、P、R 和 S 来表示。有了任务分配矩阵之后，项目管理组就可以非常清楚地知道每个人分配在什么任务上，在这个任务中扮演什么样的角色。

表 4-7　任务分配矩阵示例

任　务		管理人员	项目经理	分析人员
项目范围规划	1.1 确定项目范围	A		
	1.2 获得项目所需资金	A		
	1.3 定义预备资源		A	
	1.4 获得核心资源		A	

续表

任务		管理人员	项目经理	分析人员
分析/软件需求	2.1 行为需求分析			A
	2.2 起草初步的软件规范			A
	2.3 制定初步预算		A	
	2.4 工作组共同审阅软件规范和预算		A	P
	2.5 根据反馈修改软件规范			A
	2.6 确定交付期限		A	
	2.7 获得开展后续工作的批准	A	P	
	2.8 获得所需资源		A	

7. 人月神话

如果某个项目的估算结果是项目大概需要30人月来完成，看似结果很明确，但是，对这个结果的理解可以有很多种，例如：

- 1个人做30个月
- 3个人做10个月
- 10个人做3个月
- 30个人做1个月

看起来，上述工作量是等同的，怎样安排都可以，都是30人月。实际上，这个项目的真正解决方案可能是“5个人做6个月”，这样效率高，任务好安排，责任明确，项目按时完成的把握很大，顺利的话，可以提前完成项目；然而，“3个人做10个月”或“10个人做3个月”就不是很好的安排，任务安排稍微有点难度，周期也稍长一些或沟通成本增大，但基本可以接受；而“30个人做1个月”肯定不行，需求调研不是由我们决定的，受用户制约太大，肯定来不及，设计、测试等时间也很难保证，任务协调、人员沟通成本太大，资源浪费，项目至少需要2个月；“1个人做30个月”，周期太长，客户肯定不能接受，而且也找不到一个全才，能把所有的事情搞定。所以人与月之间是不能等同换算的。《人月神话》一书中特别强调，用人月作为衡量一项工作的规模是一个危险和带有欺骗性的神话。因为人之间是有差异的，所以在确定人力资源的时候不仅要根据项目的缓急轻重来合理安排人力资源，而且要根据项目规模、独立工作任务的多少来安排合适的人（数），避免带来不必要冲突和浪费。同时人力资源也是最活跃、最灵活的部分，人员不像设备、材料只是被动地被调用，人有主观能动性。所以在分配人员的时候，要考虑更多的因素：技术、经验、沟通、协作和激励等。详细的内容将在第8章项目人力资源管理中阐述。

4.7 工期估算和安排

为了制定项目进度计划，必须将项目各项活动分布在时间表上，形成进度表。项目进度表的制作需要计划项目每一个活动的开始时间和结束时间，即项目活动的历时也叫工期。进度表通过活动的相关资源和工期估算来构建，工期估算直接关系到各项活动、各个模块网络时间的计算和完成整个项目任务所需要的总时间。进度表是任务进度跟踪的基线，基线不对，就谈不上跟踪、监督和控制，整个进度计划就如同纸上谈兵，不具有任何价值。

理想情况下，可以根据项目工作分解表来安排合适的资源，即获得最高效率的人员配备，然后再决定项目日程，即先人力后日程。但在实际工作中，也常常存在相反的过程，即先日程后人力。由于市场决定业务，业务决定研发，所以一个新产品的上市时间往往由市场决定，需要从上市时间来反推出软件项目的各个日程。确定了日程之后，再根据工作量来决定所需要的人力资源。

4.7.1　工期估算方法

项目活动工期估算常用方法也是专家（经验）估算法和基于历史数据的类比法。当项目获得足够信息时，采用类比法比较好，而当项目获得的信息有限，难以采用类比方法时，可以采用专家估算法。

当我们面临有高度不确定性的任务时，我们可以采用三点估算法来进行工期估算。三点估算法就是对每项工作的工期给出3种预估值——最可能时间、最乐观时间和最悲观时间，然后加权平均计算出其计划时间。

- 最可能时间——$T_{可能}$：根据以往的直接经验和间接经验，这项工作最有可能用多少时间完成。
- 最乐观时间——$T_{乐观}$：当一切条件都顺利时该项工作所需时间。
- 最悲观时间——$T_{悲观}$：在最不利条件（各项不利因素都发生）下，该项工作需要的时间。

则计划时间的计算公式如下：

$$计划时间=(T_{乐观}+4\times T_{可能}+T_{悲观})/6$$

在常规的软件项目中，一般都使用类比和专家评定结合的方法，这样估算比较准确和可靠。如果有更好的新方法，我们可以尝试在项目中使用，也可以用其他办法实施。但是，绝不能拍脑袋估算——基本不加分析，看了任务/活动就凭感觉来估算。工期估算中还要预留一定的比例作为冗余时间以应付项目风险。随着项目进展，冗余时间可以逐步减少。

在分析标识项目活动的时候，活动资源和历时的分析其实是同时进行的。当一开始分析项目活动的时候，很难对于需要的所有资源和活动的工期有一个全面准确的估计，这就需要对资源和工期的估算进行反复的细化和调整。即使在项目实施中，也要结合实际情况对项目资源和工期进行适当的调整。

4.7.2　特殊场景

> 无论多少个母亲，孕育一个生命都需要10个月。
>
> 用人月作为衡量一项工作的规模是一个危险和带有欺骗性的神话。它暗示着人员数量和时间是可以相互替换的。
>
> ——Brooks的《人月神话》

有时，市场决定了软件发布日期，进度无需估算。也有的时候，对于发布服务包（Service Pack，SP）或补丁包，周期是确定的，如每个月发布一次SP、每两周发布一次补丁包。当软件开发的时间已确定时，无需估算周期，主要任务是确定人力资源或要做的事情（开发任务）。

多数情况下，可能会由工作量和进度来估算人力资源，但还是会有根据工作量和人力资源来估算进度的时候。当我们有了工作量估算之后，可以简单地利用下面的公式获得工期估算。

$$工期估算(日)=工作量估算(人日)/人员数量(人)$$

这是最简单的算法，同时也隐藏着很大的风险，因为它包含了以下两个假定。

- 认为每个人的能力比较接近，实际上，每个人的能力相差比较大。

- 认为人员足够多，项目周期就可以足够短。

所以要对每个人的能力进行分析，确定他们自己的等价关系，这样，“人员数量”不是人员的自然数量，而是更客观反映人力的等价数量。

在 COCOMO 模型中，先估算出工作量（E_a），而需要的开发时间（T_d）和工作量密切相关，$T_d = C_i(E_a)d_i$。这说明，不是往项目中加足够人力资源，就可以将开发周期缩短到我们所期望的时间，开发周期是受到限制的，不能无限地缩短，正如 4.6 节中所阐述的，合适的人员数量，工作效率才是最好的。如果人员过多，反而会降低效率，开发周期不能缩短，反而加长。

往往按照历史数据来估算开发周期的准确度是可以接受的，特别是在同样的产品线上，新版本开发周期的估算完全可以参考上几个版本的结果。有时，可以按照一般规律来估算项目周期，如测试周期需要完成 3 轮测试，根据测试用例数量，完成 1 轮测试的时间是 1 个月，那么测试周期就是 3 个月。这种方法虽然不能达到最准确的估算，但简单有效。我们还可以按照上一章提到的方法来估算项目周期，即：

- 1/3　计划与设计；
- 1/6　编码；
- 1/4　组件/构件测试和早期系统测试；
- 1/4　系统测试，所有的构件可用。

在实际使用历史数据估算法时，组织应建立一个历史项目数据库，包含以前所有项目的开发周期、项目规模、开发人员状况、客户状况等详细数据。同时，基于该数据库，提供强大的数据查询、统计功能。这样，不仅容易搜索到最类似的历史项目，而且容易比较两个项目的不同和相同之处，做出更准确的估算。有了统计功能，也可以计算出某类项目或某类构件的参数平均值，为估算提供更可靠的参考数据。

4.8 成本估算

软件项目的成本估算大约开始于 20 世纪 50 年代的第一个大型程序设计项目，60 年代，估算往往过于乐观，结果费用大大超支，70 年代以后，费用估算才引起人们的普遍重视。

精确的成本预算是项目控制的生命线，也是衡量项目是否获得成功的重要依据之一。为了完成项目的预算和成本控制，首先就需要完成成本估算，也就是对项目可能发生的费用进行估算。在上一章 3.5.5 小节中，我们已讨论了直接成本和间接成本的组成，这里主要是讨论直接成本的估算，主要是人力成本的估算。人力成本可以用下列简单公式进行计算。

人力成本估算(元) = 工作量估算(人日) × 单位平均成本(元/人日)

为了有效地控制风险，除了给出成本的估算值之外，还可以适当给出成本的浮动范围。例如，由于引入了新的技术可以提高工作效率，从而成本可能比经验数据少 10%，但新的技术也带来了新的风险，如果不能很好地控制风险，则成本可能增加 10%。如果根据经验得出项目的成本预算为 10 万元，则浮动范围可以设定为 9 万元～11 万元。这样，项目经理就可以更好地控制项目预算和风险。

4.8.1 成本估算方法

在成本估算中，同样可以使用专家评估法、经验法、比例法和 WBS 方法等。分解方式可以根据项目情况来定义，常见的有基于模块估算、基于功能点估算、基于过程估算、基于用例估算和基于代码行估算等。WBS 成本估算分为自上而下、自下而上和差别估计法等估算方法。

（1）自上而下的估算是高层和中层管理人员根据以往的经验和个人的判断，估算出整体的项目以及各个分项目的成本。然后，这些成本估算被传达给下一级的管理人员，并由他们继续将预算细分下去，为分项目的每一项任务和工作包估算成本。自上而下进行估算的一个优点就是整体的成本预算可以得到较好的控制，然而该方法过多地依赖于高层经理的个人经验和判断。

（2）自下而上估算是将项目任务分解到最小单位工作包，对项目工作包进行详细的成本估算，然后通过各个成本汇总将结果累加起来，得出项目总成本。这种估算方法最大的优点是在具体任务方面的估算更加精确，因为第一线的工作人员往往会对具体任务有着更为准确的认识。但是在对单个任务的成本进行估算时，可能会忽视其他任务的影响。

（3）差别估计法。这种方法综合了上述两种方法的优点，其主要思想是把待开发的软件项目与过去已完成的软件项目进行类比，从其开发的各个子任务中区分出类似的部分和不同的部分。类似的部分按实际量进行计算，不同的部分则采用相应方法进行估算。

其实在评估软件成本的时候，往往是多种方法混合应用。因为软件项目的类型和开发环境各不相同，单一的评估方法是不能解决实际问题的。在评估成本的过程中，还要注意着重考虑下面几个方面，这些都是经验的总结，值得借鉴。

- 在做成本估算的过程中，要紧密结合项目进度计划。
- 避免过于乐观或者过于保守的估算。过于乐观的估算会导致项目先松后紧，不利于项目的成本控制，可能会带来成本超支。过于保守的估算可能导致管理层会压缩开支，对项目的开展不利。这两种估算都比较极端，要折中考虑才行。
- 在费时较长的大型项目中，还应考虑到今后的职工工资结构是否会发生变化，设备费用以及管理费用在整个项目寿命周期内会不会变化等问题。
- 在有新员工的项目中，还应考虑其培训成本。
- 受软件开发行业特殊性的影响，人力资源成本是随着团队开发速率的变化而变化的。如果长期跟踪过一个团队的开发速率，就会发现一些规律。在新团队开发开始工作的时候，团队开发速率很低，但会慢慢地成长。到达一定时间后，就会稳定在一个固定值附近。有时候有新的成员加入团队，团队的开发速率会出人意料地降低一段时间再慢慢回升。

4.8.2　学习曲线

在软件开发项目中，谈到估算成本问题就不得不提及学习曲线（Learning Curve）。学习曲线（Learning Curve）是表示单位产品生产时间与所生产的产品总数量之间关系的一条曲线。它通常被应用于成本估算。不同的项目有不同的学习曲线。通常情况下，软件项目组在接到类似的软件项目后，第 2 次会比第 1 次节省 15%～20% 的时间。如果项目组接到一个新项目，软件工程师在以前项目中积累的知识经验常常就会无法延续，而导致项目人员进入这个新项目常常要经历很长的学习时间。对于新加入项目的成员，也或多或少要经历一段时间的学习。

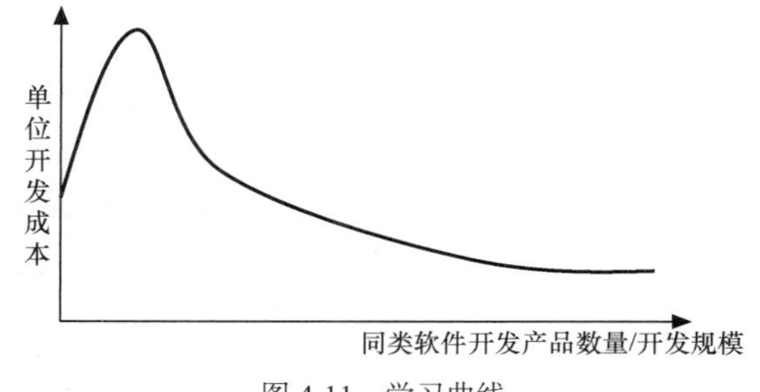

图 4-11　学习曲线

图 4-11 是某一软件产品的学习曲线。在刚

接触新的软件产品开发时，由于没有经验和储备的技术不足，导致开始开发产品时其单位成本呈现上升的趋势，随着开发产品数量或者产品规模的增大，经验和技术也相对积累成熟，单位开发成本就呈现逐步下降的趋势。当然，也不能指望单位成本无限降低下去，那是不现实的。实际上当单位开发成本下降到一定程度后，就会稳定下来，不再继续变化，除非有特殊情况，如新技术的应用、产品功能的改进等。

软件行业是一个技术更新很快的知识产业，夸张点形容，可以称得上是日新月异。所以，开发软件产品的学习曲线也是不断变化的。了解学习曲线的原理，尽可能地缩短学习曲线的不稳定期，降低软件产品的成本。可以通过知识分享，参考前人经验，来缩短学习曲线的不稳定期。缩短学习曲线的不稳定期没有什么特效的方法，重要的还是靠自己的学习、思考、积累和总结。在学习过程中，要不断地把理论和实践相融合，“知其然更知其所以然”，这样才能提高得更快。

近几年，在进行软件成本估算时，学习曲线开始越来越受重视。在进入一个新项目时，软件开发人员需要用一定的时间去掌握有关的知识和技能，而每次完成同一性质的工作后，下次完成该性质的工作或生产单位产品的时间将减少，这就是学习曲线的主要内涵。随着对项目的逐渐熟悉，项目人员的绩效将得到改善，从而项目成本也将降低。

引用概念

学习曲线的概念首先是科蒂斯在 20 世纪 30 年代在飞机的制造过程中提出的。科蒂斯所观察到的现象是：每当生产的零件的总数增加一倍的时候，直接劳动时间就以一定的百分比在减少。例如，随着员工熟练程度的提高，第 2 架飞机的装配时间只有第 1 架飞机的装配时间的 80%；如果飞机的装配数量再多一倍，也就是到第 4 架飞机时，应该是第 2 架飞机的装配时间的 80%，就是第 1 架飞机的装配时间的 64%；更进一步说，如果飞机的装配数量再多一倍，也就是到第 8 架飞机时，应该是第 4 架飞机的装配时间的 80%，即第 1 架飞机的装配时间的 51.2%……依此类推，随累积产量增加而呈下降趋势的平均成本曲线，通常被称为学习曲线（Learning Curve）。

小　结

软件项目计划者在项目开始之前必须先估算 3 件事：需要多长时间、需要多少工作量以及需要多少人员。此外，计划者还必须预测所需要的资源（硬件及软件）和包含的风险。

范围说明能够帮助计划者使用一种或多种技术进行估算，这些技术主要分为两大类：分解和经验建模。分解技术需要划分出主要的软件功能，接着估算实现每一个功能所需的程序规模或人月数。经验技术使用根据经验导出的公式来预测工作量和时间。可以使用自动工具实现某一特定的经验模型。

精确的项目估算一般至少会用到上述 3 种技术中的 2 种。通过比较和调和使用不同技术导出的估算值，计划者更有可能得到精确的估算。软件项目估算永远不会是一门精确的科学，但将良好的历史数据与系统化的技术结合起来能够提高估算的精确度。

习　　题

1. 针对学校教学管理系统，进行功能分解。以 LOC 估算每个功能的规模。假设你所在的公司平均生产率是 450LOC/pm，且平均劳动力价格是每人月 7000 美元，使用基于 LOC 的估算技术来估算构建该软件所需的工作量及成本。

2. 使用 COCOMO 模型估算学校教学管理系统开发项目的工作量，并采用其他方法进行估算，然后使用三点估算法导出该项目的单一估算值。

3. 成本和进度估算是在软件项目计划期间——详细的软件需求分析或设计进行之前完成的。你认为为什么会这样？是否存在不需要这样做的情况？

实验 4：扑克牌估算工作量

（共 1.5 ~ 2 个学时）

1. 实验目的

1）掌握某个任务工作量的扑克牌估算方法和实践。

2）加深理解敏捷开发方法所提倡的面对面沟通。

2. 实验内容

基于某个项目（某个软件新版本的开发），选定 2-3 个具体的任务，按扑克牌估算方法来完成其工作量的估算。

3. 实验环境

四个人一组，有估算扑克，也可以采用相应的手机 app 应用程序，或者自制卡片，各张卡片能够分别显示 1、2、3、5、8、13、20、50、100 等。

4. 实验过程

1）先选择其中一个任务，其中熟悉此任务的人向大家做一些说明。如果不清楚，可以提问，相互快速交流。

2）每个人根据自己经验估算任务，给出一个值，出暗牌。

3）大家出牌完毕，再翻牌。

4）差异最大的两个人发言，阐述估算的依据或理由。

5）再重复步骤 2）到步骤 4），直到四个人出牌接近或共 4 轮出牌。

6）根据四个人最后出牌结果，得出一个合理的估算值。

7）再取一个任务，重复步骤 1）到步骤 6），直到完成所指定的任务。

5. 交付成果

写一个估算报告，描述估算过程，对发言的要点进行记录和分析，并总结所学到的经验和教训。

第 5 章 项目进度和成本管理

从软件项目管理概念的提出（20 世纪 70 年代中期）到现在，“按时、按预算完成项目”一直是管理者们面临的最大挑战。

在 20 世纪 90 年代中期，据美国软件工程实施现状的调查，软件研发的情况很糟糕，大约只有 10% 的项目能够在预定的费用和进度内交付。

麦肯锡公司几年前的一项调查表明，全球软件开发项目中只有 16%能按计划完成。在国内，软件项目按计划、按预算完成率也只有 20%。

而经过研究发现，软件项目的进度和成本管理问题是导致项目管理混乱的主要原因，也直接影响到项目不能按计划、按预算完成。项目进度、成本控制管理是软件项目管理过程中最重要的部分之一。其主要工作包括项目活动的标识、活动的排序、活动的资源估算、活动的成本估算、活动的工期估算、资源合理分配、制定项目完整的进度和成本计划、监控和控制项目进度及成本等相关的内容。

第 3 章里已经对项目的范围、计划做了详细的介绍。但是要想将项目的计划转换成一个可以运作的时间表，就必须对项目中所有的活动进行标识和评估，然后再根据资源和条件的限制编写一个完整可行的进度表。

5.1 标识项目活动

标识项目活动就是把项目的工作量分解为易管理的具体任务，而每一项任务都要有明确的时间和资源的限制，它是项目进度表编制的基础。例如，在软件编码阶段，阶段目标是完成全部编码工作，成果是软件源代码、模块的单元测试和集成测试的结果等。那么，该阶段包括基础类库设计编码、公共控件提炼、软件框架搭建、各模块编码、各模块单元测试等项目活动。

那么如何能全面、清晰、详细地定义出所有项目活动呢？可以从下列两条主线来考虑。

（1）**软件开发生命周期：**这条主线就是以软件开发周期为框架，在分解项目活动的时候，可以按照软件开发周期模型的各个阶段对项目进行阶段性的划分，再结合软件项目的需求详细地考虑每个阶段的活动。

（2）**软件开发功能点：**这条主线与软件开发周期模式相反。它是以软件项目的需求分析为主线，对软件需求进行分析和整理使其形成各个功能点模块。然后结合软件开发周期对各个功能点模块进行细分。

在Chandler项目中，一开始米奇的项目组只有一个目标——想建立一个跨平台的个人信息和时间管理软件。而要完成这个目标米奇只知道3个要素。

- 应当是开源。
- 应当挠到Exchange的痒处。
- 应当继承Agenda之精髓。

但是他们没有对这个目标需求做详细的分析，没有设计出详细的功能说明书，纵使他们能确定技术和方向，也没有办法确定项目中各个具体的活动，那么合理的时间计划表也就成为了泡影。几乎项目组的每个成员都有各种各样美好的愿景，即使他们是高手云集，也一样要面临失败。

Exchange之痒

在2000年和2001年，小型组织的日程管理没有其他方案可选。Exchange太过强大，功能远超小机构所需。Exchange也很昂贵，得置办一台服务器、购买Windows许可、购买Exchange软件许可，如果没有全职技术人员，还得雇个咨询师，请他每月来几个小时做系统调整。在如梦方醒之前，你已经为保持日历同步花费了上千美金。

Agenda之魂

莲花公司于1988年发布了Agenda软件。这是个简单的列表管理软件。它的独门秘笈就是可以让用户随意输入。用户不关心软件的储存结构，只管输入数据就好；用户应该能够容易地扩展和修改数据结构、添加新分类，且不会导致数据丢失；用户应该能够用自己创建的新方式查看数据，也可以在自己创建的视图中操作和修改数据。看看20年后的今天，我们使用的软件中也只有少数能做到上述几点。这也就是Agenda当时引入的一种管理数据新手段，它介于传统计算机数据库的严格结构和字处理软件的自由格式之间。

——节选自《梦断代码》

这里以一个酒店管理系统为例来说明活动的标识。一套综合管理酒店的计算机系统，应包括前台业务、客房服务、餐饮娱乐和行政后勤等多个子系统。

先以软件开发生命周期为主线来划分，项目可以分为需求分析、系统设计、编码实现、系统测试、部署交付5个阶段。这里只对系统设计中的程序界面设计活动进行标识，如图5-1所示。

也可以根据软件开发功能点来划分项目活动，对软件需求说明书的内容进行分析和划分，列出软件系统的各个模块，并对“登记接待”模块的系统程序界面设计活动进行标识，如图5-2所示。可以看出，这个模块界面的设计活动有3个，而其他设计活动都分布在各个模块中了。用这条主线进行活动标识的时候，一定要注意各个模块之间交叉部分的连接和统一设计的问题。如图5-2所示，编辑和查询界面的设计是很多模块都要用到的，所以在这两个界面设计之前，各个模块需要统一规划。

在标识软件项目活动的时候，应该注意最后分解的项目活动应该是明确的、可管理的和可定量检查的。正如PMP中介绍的4种常用方法。

（1）**逐层分解：**对于小项目而言，可以用头脑风暴法对其进行活动的分解。对于大中型项目而言，就要运用WBS分解方法对活动进行分解。WBS方法在前面第3章中已详细介绍。

（2）**使用模板：**如果项目组织内之前做过一些类似的项目，那么就可以利用比较成功的项目模板来对当前的项目工作进行分解。这种方法省时省力，但前提是有类似的项目模板可做参考。

（3）**专家评定：**邀请经验丰富的软件项目进度制定和管理的专家来进行评判或者给出建议。

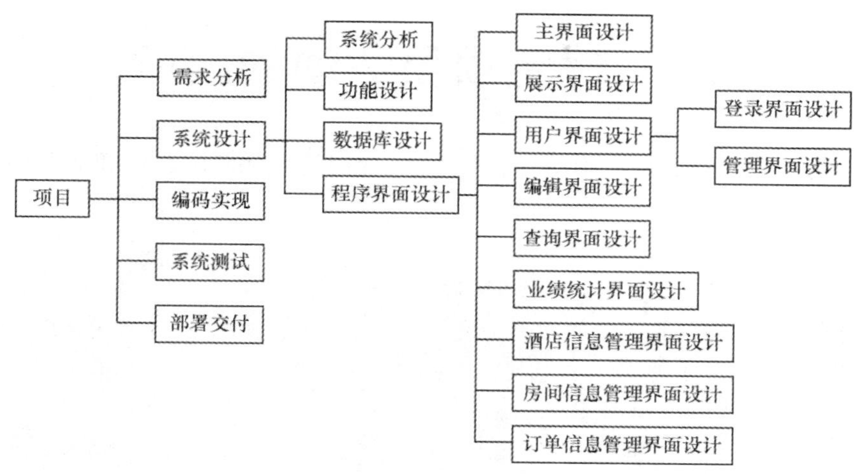

图 5-1　以开发周期为主线的酒店系统程序界面设计活动

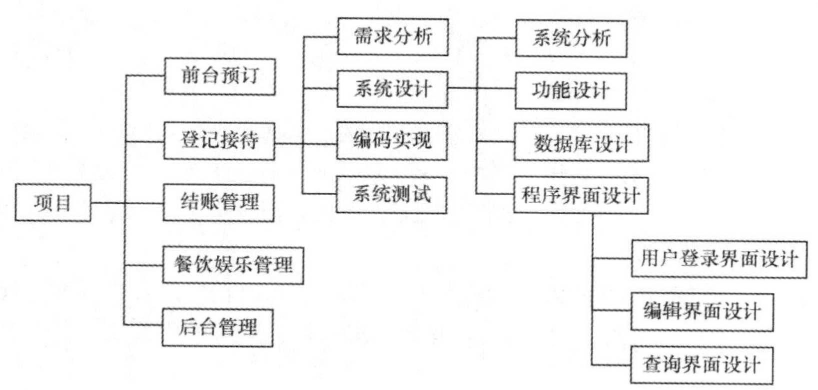

图 5-2　以功能点为主线的酒店系统程序界面设计活动

（4）**滚动式规划：**这是一种逐步完善的规划方式，对近期完成的工作进行细致规划，而对远期完成的工作进行初步（比较粗糙）的规划，是将计划期不断向前延伸，连续编制计划的方法。这种方法在第 3 章也已介绍，即滚动计划方法。

在项目活动标识的过程中，不仅是要把所有的活动都定义出来，还要分析出活动的两种类型：前导活动和后续活动，即各活动之间的相互依赖关系，以便确定活动在项目进度中的位置。

（1）前导活动是在下一个活动之前必须出现的活动，例如，如果要开发产品，必须先获取需求。获取需求就是开发产品的前导活动。

（2）后续活动是在前导活动之后必须出现的活动，例如，代码完成的软件包必须经过测试，验证通过后才能提交给客户。软件包测试就是产品开发的后续活动。

在所有活动标识结束后，应该形成一个明确的活动清单（包括活动的定义、类型的分析以及相互依赖关系）并发给项目成员。这可以让每一个项目成员清楚以下几点。

- 有多少工作需要处理。
- 有哪些工作可以单独完成。

- 有哪些工作需要相互协助完成。
- 有哪些工作需要提前做好一些准备工作等。

5.2 确定项目活动的次序

在对项目活动排序方法进行介绍之前，先来看一个时间管理的小故事，我们从中可以学到什么呢？

时间管理故事

在一堂时间管理的课上，教授在桌子上放了一个空的罐子，然后又从桌子下面拿出一些正好可以从罐口放进罐子里的鹅卵石。当教授把石块放完后问他的学生道："你们说这罐子是不是满的？"

"是"，所有的学生异口同声地回答说。"真的吗？"教授笑着问，然后再从桌底下拿出一袋碎石子，把碎石子从罐口倒下去，摇一摇，再加一些，再问学生："你们说，这罐子现在是不是满的？"这回他的学生不敢回答得太快。最后班上有位学生怯生生地细声回答道："也许没满。"

"很好！"教授说完后，又从桌下拿出一袋沙子，慢慢地倒进罐子里。倒完后，再问班上的学生："现在你们再告诉我，这个罐子是满的呢？还是没满？"

"没有满"，全班同学这下学乖了，大家很有信心地回答说。"好极了！"教授再一次称赞这些孺子可教的学生们。称赞完了，教授从桌底下拿出一大瓶水，把水倒在看起来已经被鹅卵石、小碎石、沙子填满了的罐子里。当这些事都做完之后，教授又问他班上的同学："我们能从上面这些事情得到什么重要的启示？"

班上一阵沉默，然后一位自以为聪明的学生回答说："无论我们的工作多忙，行程排得多满，如果要逼一下的话，还是可以多做些事的。"这位学生回答完后心中很得意地想："这门课到底讲的是时间管理啊！"

教授听到这样的回答后，点了点头，微笑道："答案不错，但并不是我要告诉你们的重要信息。"说到这里，这位教授故意顿住，用眼睛向全班同学扫了一遍说："我想告诉各位最重要的信息是，如果你不先将大的鹅卵石放进罐子里去，你也许以后永远没机会把它们再放进去了。"

这个故事告诉我们：做任何事情，预先确定活动的次序是多么重要。在日常的工作中，预先对要做的事情做出轻重缓急的合理安排，这样处理起事情来就不会手忙脚乱了。这也是常说的时间管理。如果有兴趣不妨去学习和应用一下。做项目也是如此，没有合理的活动次序就没有合理的项目进度安排表。

5.2.1 项目活动之间的关系

前面已经提到做好活动排序之前一定要先确定各个活动之间的相互依赖关系。项目活动之间的依赖关系就是指活动在时间上的逻辑顺序。活动之间的依赖关系取决于实际工作的要求，不同活动之间的依赖关系决定了活动的优先顺序及其重要性。

介绍活动关系之前，先来做个假设：活动 A 是前导活动，B 是 A 的后续活动。活动框的前端是开始点，后端是结束点，如图 5-3 所示。

在整个软件项目开发中，一般有下列几种类型的活动关系，如表 5-1 所示。

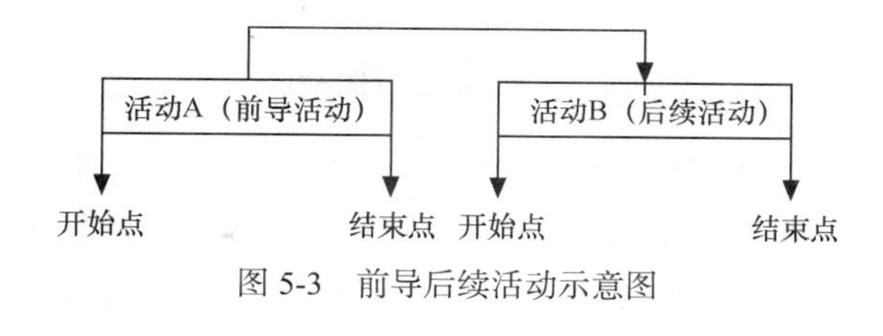

图 5-3　前导后续活动示意图

（1）结束—开始（Finish-Start），这是一类最普遍也是最常用的活动类型。项目中的大多数活动之间都是这种关系。例如，在连接网络前，必须先把网线插好。

表 5-1　　活动关系类型

关系类型	缩写	说明	图例
结束—开始（Finish-Start）	FS	活动 A 结束后，活动 B 马上开始	活动A 活动B
		活动 A 结束后，活动 B 有一段滞后时间才开始	活动A 活动B
开始—开始（Start-Start）	SS	活动 A 和活动 B 同时开始	活动A 活动B
		活动 A 开始后，活动 B 才能开始。两个活动之间可以有重叠时间，也可以有滞后时间	活动A 活动B 活动A 活动B
结束—结束（Finish-Finish）	FF	活动 A 和活动 B 同时结束	活动A 活动B
		活动 A 结束后，活动 B 才结束。两个活动之间可以有重叠时间，也可以有滞后时间	活动A 活动B 活动A 活动B

注：① 重叠时间也叫超前时间，在关系顺序上允许提前后续活动的时间。

② 滞后时间是在关系顺序上允许推迟后续活动的时间，即活动之间拖后或等待的时间。

（2）开始—开始（Start-Start），是指一个活动开始，另一个活动才能开始。这种活动类型经常表示某种并行而且具有一定依赖关系的活动。例如，软件项目的测试活动依赖于构建活动的结果，但又独立于构建活动。它们可以同时开始，但是没有要求测试活动一定要在构建活动开始后必须马上开始，但是至少不能在构建活动开始前开始。

（3）结束—结束（Finish-Finish），一个活动必须在另一个活动结束之前结束。这种活动类型经常表示某种并行，但其产出物具有一定依赖关系的活动。例如，一个模块的测试还要求在一个新的环境中完成，但是这个新的环境还没有搭建好。只有环境搭建好之后，测试任务才能完成。这里面同样没有要求测试活动一定要在环境搭建活动完成后必须马上完成，但至少不能比环境搭建活动更早地完成。

5.2.2 项目活动排序

确定活动之间的关系后，就可以对活动进行排序。项目网络图是显示活动顺序的首选方法。创建项目网络图通常有两种常用的方法：前导图法和箭线图法。

1. **前导图法**（Precedence Diagramming Method，PDM），又叫单节点网络图法（Activity on Node，AON），它用单个节点（方框）表示一项活动，用节点之间的箭线表示项目活动之间的相互依赖关系。这里以软件项目中常进行的代码评审活动为例，如图 5-4 所示。

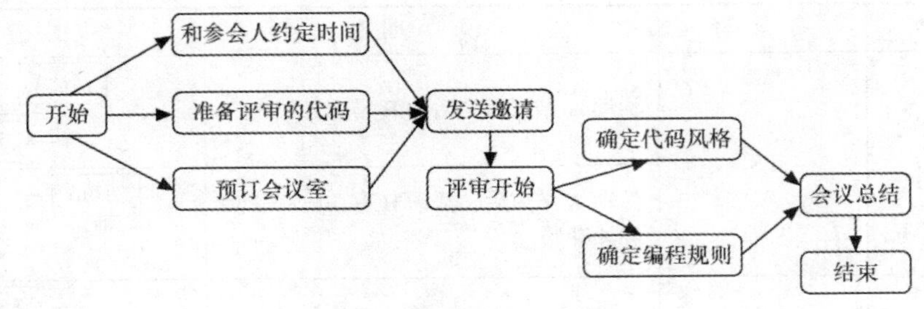

图 5-4 代码评审前导图

2. **箭线图法**（Arrow Diagram Method，ADM），又叫双代号网络图法（Activity-On-Arrow，AOA），就是用箭线表示活动，活动之间用节点（称作“事件”）连接，只能表示结束—开始关系，每个活动必须用唯一的紧前事件和唯一的紧后事件描述。同样以代码评审为例，如图 5-5 所示。

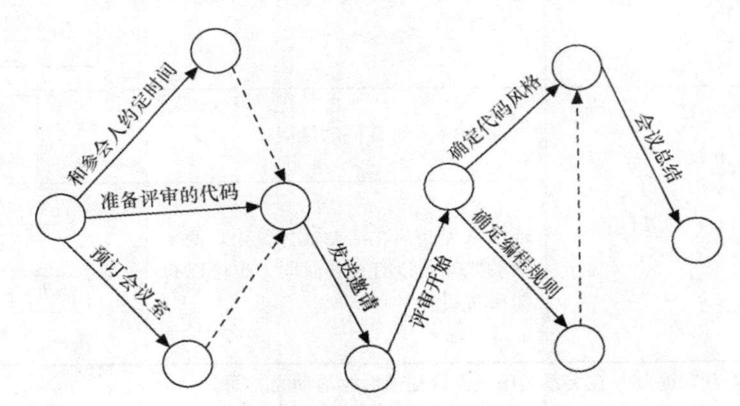

图 5-5 代码评审箭线图

在箭线图表示法中，当正常的活动箭头已不能全面或正确描述逻辑关系时，需要使用虚拟活动。虚拟活动在图形中用虚线箭头表示。也可以理解为当活动要并行发生时，就需要使用虚拟活动。

还有一个可用的方法就是使用网络参考样板，用各种标准网络模板可以加速项目网络图的编制，但注意模板必须符合实际项目，不可乱用。应用这种方法的前提就是做项目过程中不断收集和归纳各种不同的模板。在一个软件组织里，应构建模板库，并不断积累和完善，那么项目活动排序的工作就轻松了。

网络图绘制的基本原则如下。

- 正确表达项目各工作间的逻辑关系。
- 不允许出现循环回路。
- 节点之间严禁出现带双向箭头或无箭头的连线。

- 严禁出现无箭头节点或无箭尾节点的箭线。
- 网络图中，只能有一个起始节点和终止节点。
- 网络图中不允许出现中断的线路。
- 箭线应避免交叉，不能避免时，采用过桥法。
- 箭线采用直线或折线，避免采用圆弧线。
- 非时间坐标网络图，箭线的长短与所表示工作的持续时间无关。
- 箭线方向应以从左向右为趋势，顺着项目进展方向。
- 网络图要条理清楚、布局合理、结构整齐。
- 大型复杂项目网络图可分成几部分画在几张图纸上，分断处选择箭头与节点较少的位置，且要重复标出被切断处的节点标号。

网络图可手工编制也可用相应的工具实现。网络图的完成应伴有一个简洁说明以描述基本排序的原则、依据，对不平常的排序加以叙述，以便相关利益人可以清楚了解各活动安排，从而提出合理的意见。

5.2.3　实例

我们根据一个具体的项目，经过分析和估算，做出如表 5-2 所示的活动工期和资源安排表。注意，每项活动名称前已用英文字母标识出顺序，然后在“前导活动”中说明其前导活动是哪些活动，用每项活动的英文字母标识来说明。

表 5-2　　　某软件项目启动时活动历时、资源分析表

活动名称	持续周期	活动资源	前导活动
A：需求分析	10 天	需求分析师 2 人	
		每人一台基本配置电脑	
B：软件设计	10 天	系统架构分析师 2 人	A
		每人一台基本配置电脑	
C：测试案例编写	12 天	测试工程师 3 人	A
		每人一台基本配置电脑	
D：编程实现	15 天	程序员 4 人	B
		每人一台基本配置电脑	
		编程服务器一台（和其他项目组共享，冲突时间是 5 天）	
E：软件测试	15 天	测试工程师 3 人	C，D
		每人至少两台基本配置电脑	
		测试服务器和备份服务器各一台	
F：编写用户手册	5 天	文档人员 1 人	A
		一台基本配置电脑	
		运行系统服务器一台	
G：调试软件系统	3 天	系统调试师 2 人	E
		调试机器若干（客户提供）	
		运行系统服务器一台（客户提供）	

根据上述活动历时、资源分析表，可以画出活动的网络前导图，如图 5-6 所示。对于箭线图，可以作为课后练习。

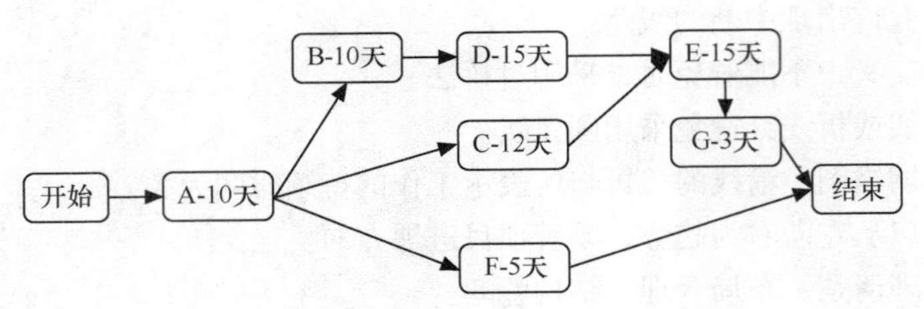

图 5-6　某软件项目启动时活动前导网络图

5.3　关键路径分析

关键路径分析是在项目进度管理中应用最为广泛的网络技术之一，它借助网络图和各活动所需时间来估算项目的总工期。通过应用关键路径法对网络图进行分析和运算，就可为进度管理工作指明方向，为项目经理提供决策依据，从而保证项目在预算范围内如期完成。

5.3.1　关键路径和关键活动的确定

在项目网络中会有若干条网络路线，对比各网络路线的累加工期，就会发现通常有一条路线的时间最长。这条路线决定着项目的工期时间，称为关键路径。位于关键路径上的活动就是关键项目活动。

以图 5-6 为例，分析一下这个网络的关键路径。路径共有 3 条。

路径 1：开始—>A—>B—>D—>E—>G—>结束

10 +10 +15 +15 +3 = 53（天）

路径 2：开始—>A—>C—>E—>G—>结束

10 +12 +15 +3 = 40（天）

路径 3：开始—>A—>F—>结束

10 + 5 = 15（天）

由此可以得出关键路径是路径 1。那么这个案例的估计工期就是 53 天，关键项目活动就是 A、B、D、E 和 G。

5.3.2　活动缓冲期的计算

一旦标识出关键路径和关键活动，下一个重要的任务就可以开始了，那就是计算出各个活动的缓冲期，即在不导致项目预估工期延迟的情况下，各个活动可以有多少时间的延迟。因为项目的预估工期是关键路径上的各个关键活动所需时间之和，任何关键活动的延迟都会导致项目工期的延期，所以关键活动的缓冲期都是 0。

那么其他非关键活动的缓冲期是如何计算的呢?

首先，找到下一条最长的网络路径。然后，用关键路径的时间减去这条路径的时间，得到的时间差就是这条线路上活动的缓冲期。接着图 5-6 的例子说明，除关键路径下一条最长的就是路径 2 了。活动的缓冲期就是 53 − 40 = 13（天）。因为在路径 2 上，A、E、G 都是关键活动，它们的缓冲期是 0 天。只剩下一个非关键活动 C，那么 C 的缓冲期就是 13 天。也就是测试人员在编写测试案例时共有 12（历时工期）+ 13（缓冲期）= 25（天）的时间。看起来测试人员在 C 活动时间很充裕，但是仔细分析一下，我们就会知道为什么是这样了。在项目实施中，测试人员要参与功能设计、系统设计的讨论和程序代码的评审。这不仅有利于项目成员在讨论中发现问题，也有利于测试用例的设计。测试人员的讨论和评审所用的时间都要包括在 25 天的时间里。

同样，以找到下一条最长路径的方法来计算其他活动的缓冲期，那就是路径 3。因为 A 的缓冲期是 0 天，那么 F 的缓冲期就是 53 − 15 = 38（天）。

5.3.3　压缩工期

提到压缩工期，一般都会从项目管理的三角关系上考虑。就是在保证质量的前提下，寻求任务、时间和成本三者之间的最佳平衡。如果要压缩时间，那么就得增加资源、加班或者减少任务（如裁掉几个功能点）。

这里要介绍的是通过优化、缩短关键路径来压缩项目工期。要使整个项目缩短工期，试图缩短非关键路径上的活动周期是没有用的。只有使关键路径的工期缩短，整个项目才可以提前结束。

压缩关键路径的工期是指在现有的资源、成本和任务不变的前提下，针对关键路径进行优化，结合资源、成本、时间和活动的可调度性等因素对整个计划进行调整，直到关键路径所用的时间不能再压缩为止，得到最佳时间进度计划。

结合上例不难发现，在编程实现的阶段，服务器资源的利用上是和其他项目组共享的，有 5 天的冲突时间。而项目的测试小组同时又有两台测试服务器闲置，测试使用要到编码结束。那么编码小组完全可以通过项目经理进行协调，把测试小组的服务器借来使用 5 天来避免和其他项目组的冲突使用。这样一来，编码的时间就可以缩短 5 天。整个项目周期就可以减少到 48 天。

5.3.4　准关键活动的标识

所谓准关键活动的标识就是要在项目计划和进展的时候，将那些可能成为关键活动的非关键活动标注出来的过程。在项目的实施中，不能只关注和监督关键路径上的活动。项目的进展是实时变化的，关键路径不是一成不变的，而是动态的变化的。当非关键路径上的活动用完缓冲期的时候，它们也就成了关键活动。那么网络中的关键路径也就随之改变了。这就要求定期重新计算网络路径的时间，以确保随时抓住关键路径保证项目如期完成。

由于在实践中，网络的路径可能很复杂，为了能及时控制那些可能成为关键活动的准关键活动，通常在计划和重新计算网络时间的时候标识出“准关键活动”。它们的标识可以根据项目的情况来定，例如以下几种情况。

- 这些活动的缓冲期小于它们自身周期的 10%，如果不加关注，这样的活动缓冲期比较容易很快用完。
- 活动的路径上只有一两个活动是非关键活动。这一两个活动延迟时间超过缓冲期的时候，它们就变成了关键活动。
- 一些有依赖关系的活动，由于其依赖关系的特殊性，没有 100%的把握保证之前的活动（前导活动）准时完成，那么这类活动也需要定期或者及时关注，以防它们变成关键活动。

以图 5-6 为例，来分析一下这个网络的准关键活动。路径共有 3 条。

路径 1：开始—>A—>B—>D—>E—>G—>结束

10 + 10 + 15 + 15 + 3 = 53（天）

路径 2：开始—>A—>C—>E—>G—>结束

10 + 12 + 15 + 3 = 40（天）

路径 3：开始—>A—>F—>结束

10 + 5 = 15（天）

在路径 2 中，因为 A、E 和 G 都是关键路径上的活动，只有 C 不是，那么 C 就成为准关键活动了。如果活动 C 延迟并超过自己的缓冲期，那么整个网络的关键路径就变成路径 2 了。所以在这个网络中关注关键活动的同时，还要及时关注活动 C 的进度。

5.4　网络模型的遍历

关键路径和活动缓冲期确实对制作项目进度非常有用，但是要想清楚所有路径上活动的自由度，就必须通过网络模型遍历计算出活动最早开始和结束的时间与最迟开始和结束的时间，再通过资源因素和一些约束条件调整活动时间，最终形成最佳活动进度表。

5.4.1　正向遍历

项目网络的正向遍历就是按照活动开始到活动结束的顺序对网络中的每个活动进行遍历。通过执行正向遍历来计算出每个活动最早开始和最早结束的时间。进行正反向遍历的时候，都要从关键路径开始计算，之后再找下一条最长的路径计算，依此类推。

- 最早开始时间（Early Start，ES）是指某项活动能够开始的最早时间。
- 最早结束时间（Early Finish，EF）是指某一活动能够完成的最早时间。
- 最早结束时间（EF）是活动的最早开始时间（ES）与活动工期的总和。

以图 5-6 作为实例来完成网络的正向遍历，获得每个活动最早开始和最早结束的时间，用图 5-7 来表示正向遍历后的网络。整个计算过程如下。

（1）先计算关键路径上的各个活动：A—>B—>D—>E—>G。

（2）活动 A 是整个网络中第 1 个开始的活动，没有任何前导活动，它可以立即开始，因此它的最早开始时间为 0。

（3）活动 A 的持续时间是 10 天，那么 A 的最早结束时间就是第 0 + 10 = 10（天），也就是最早第 10 天结束。

（4）活动 B 是紧随 A 的活动，只有 A 完成，B 才可以开始，那么 B 的最早开始时间是第 10 天，也就是最早在第 10 天结束后开始。B 的持续时间是 10 天，因此，B 的最早结束时间就是第 10 + 10 = 20（天），也就是最早第 20 天结束。

（5）类似地，计算出 D、E 和 G 的最早开始和结束时间如图 5-7 所示。

（6）关键路径活动计算完之后，开始计算下一条最长路径上的活动。

（7）活动 C 是紧随 A 的活动，那么 C 的最早开始时间就是第 10 天，最早结束时间就是第 10 + 12 = 22（天）。因为这条路径上其他活动都是关键活动，已经计算过，接下来就可以计算下一条最长路径了。

（8）类似地，计算出活动 F 的最早开始时间是第 10 天，最早结束时间是第 15 天。

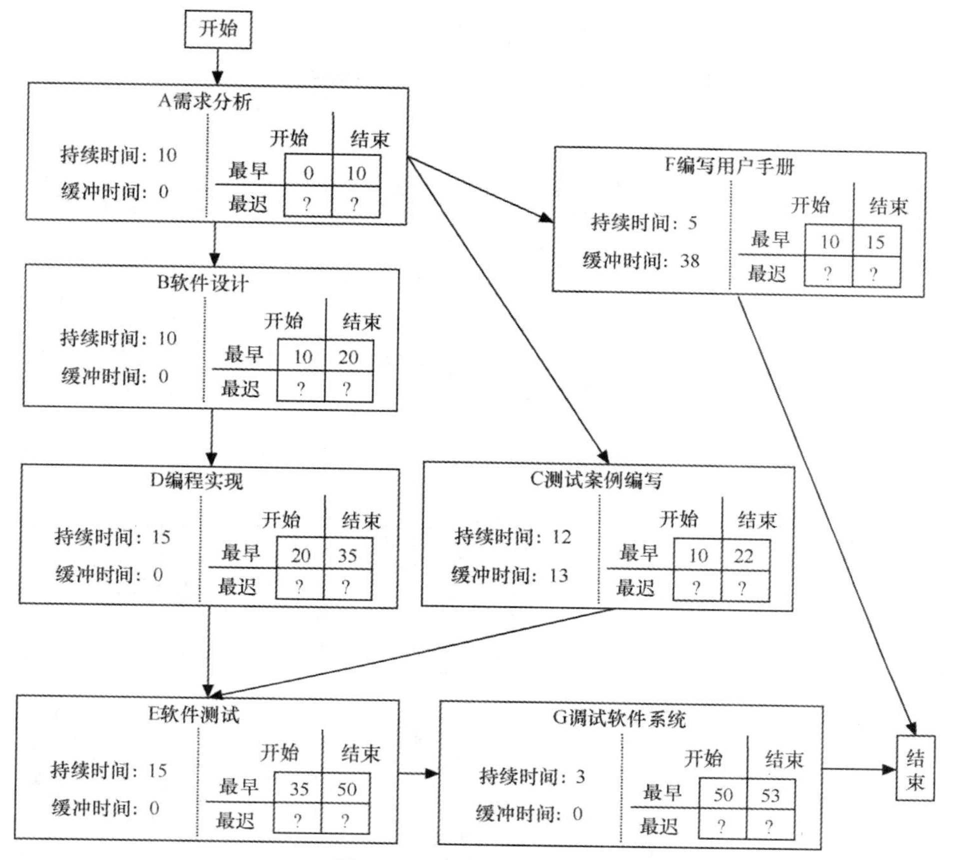

图 5-7　正向遍历后的网络图

5.4.2　反向遍历

项目网络的反向遍历和正向遍历相反，就是按照活动结束到活动开始的倒序对网络中的每个活动进行遍历。通过执行反向遍历来计算出每个活动最迟开始和最迟结束日期。

- 最迟开始时间（Late Start，LS）是指为了使整个项目在要求完工时间内完成，某项活动必须开始的最迟时间。
- 最迟结束时间（Late Finish，LF）是指为了使整个项目在要求完工时间内完成，某项活动必须完成的最迟时间。
- 最迟开始时间（LS）等于这项活动的最迟结束时间减去它的估计工期。

通过反向遍历方法，计算图 5-7 中的最迟开始和最迟结束时间，从而得出图 5-8 所示的完整的网络遍历图。反向遍历方法的计算步骤如下。

（1）从网络结束点开始倒推关键路径上各个活动：G—>E—>D—>B—>A。

（2）由于项目的工期是 53 天，那么直接连接结束点的活动 G 的最迟结束时间就是第 53 天，也就是最迟第 53 天结束。它的最迟开始时间是第 53 − 3 = 50（天），也就是 G 最迟在第 50 天结束后开始。

（3）活动 E 是活动 G 的前导活动，它的最迟结束时间就是活动 G 的最迟开始时间。因而 E 的最迟结束时间是第 50 天，E 的最迟开始时间就是 50 − 15 = 35（第 35 天）。

（4）依此类推，计算出活动 D、B 和 A 的最迟结束和开始时间，如图 5-8 所示。

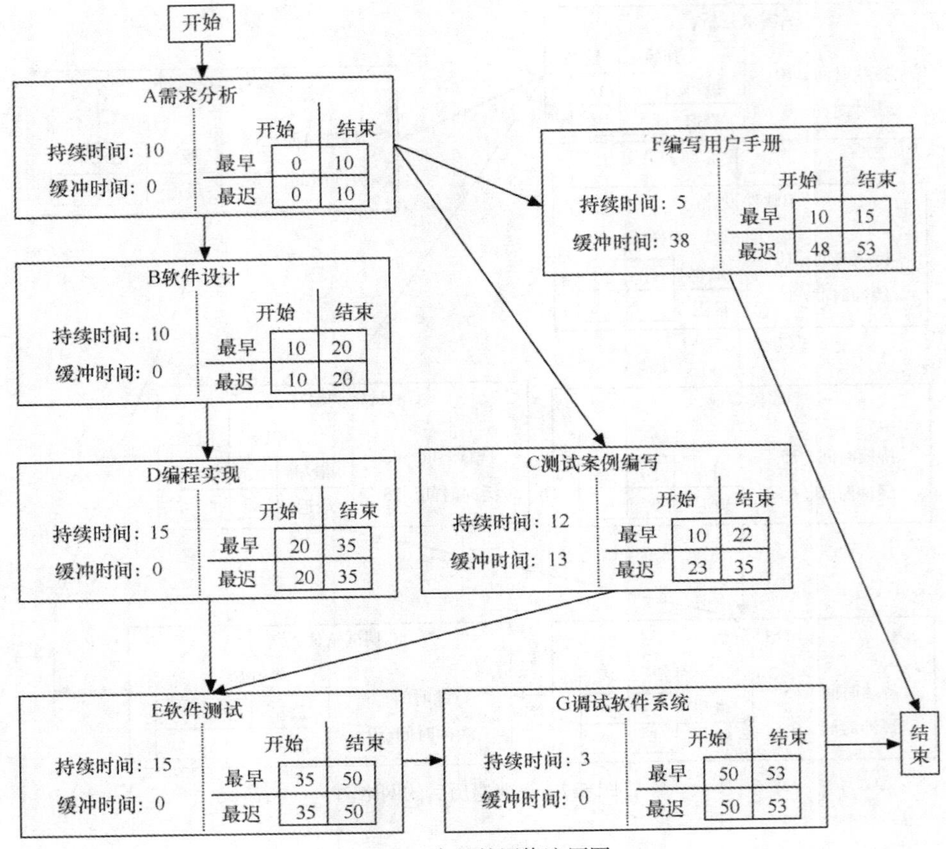

图 5-8　完整的网络遍历图

（5）关键路径活动计算完之后，开始计算下一条最长路径上的活动。

（6）活动 C 是活动 E 的前导活动，那么 C 的最迟结束时间就是活动 E 的最迟开始时间，即第 35 天，最迟开始时间就是第 35 − 12 = 23（天）。因为这条路径上其他活动都是关键活动，已经计算过，接下来就可以计算下一条最长路径了。

（7）类似地，计算出活动 F 的最迟结束时间是第 53 天，最迟开始时间是第 48 天。

从图 5-8 中，可以看出以下两点。

- 关键路径上的各个活动的最早开始时间等于最迟开始时间，最早结束时间等于最迟结束时间。原因就是关键活动是没有任何缓冲期的。一旦关键活动出现延迟，结果必然导致整个项目工期的延迟。
- 项目网络中各个活动的缓冲期也可以通过最迟结束时间减去最早结束时间或者最迟开始时间减去最早开始时间得到。

因为实际项目的活动通常要比图 5-6 复杂得多，我们是不是需要担心项目经理在负责制定项目进度计划时，将会有太多的工作要做？实际上，大可不必担心，因为经过这么多年的发展，现在项目管理有很多工具可以帮忙。只要我们确定了项目活动、历时、相关约束条件，工具就可以很快计算出关键路径和网络遍历结果，并绘制出所需的网络图等。例如，Microsoft Project，Teamwork 等比较常用的管理工具，都具有这一类的功能。

5.5 里　程　碑

项目进度百分比所带来的误区

A 公司前不久接下了一个软件项目，并且要求整个项目在 2 个日历月之内完成。合同签署之后，该公司指派了一名项目经理。该项目经理看上去也十分认真，在经过了需求调查之后，他就向公司提交了一份详细的项目计划书，而且项目完成的时间也完全与合同要求相同，整整 2 个日历月，一切看起来是那样的顺利。时间过得很快，项目似乎也进展得很顺利，项目经理也严格按照规定每周上交进度报告，项目完成的百分比也一直和项目计划保持着一致，很快到了第 8 周，项目进度指示已完成 90%。但是，第 9 周出了问题，项目无法按时交付，希望能够再延长 2 周。A 公司的市场部门急了，你不是上周就完成了 90%吗？这周出了什么问题！项目经理解释说，项目的需求一直有变化，增加了不少工作量。没办法，市场部门开始向客户解释。2 周过去后，进度报告上指示完成了 94%，希望能够再延长 2 周。这时候不仅是市场部门火了，客户也气急败坏。但是，这并没有解决问题，项目一直拖到了 4 个日历月才完成，延期交付给 A 公司带来了很大的经济与信誉损失。

这就是一个典型的进度失控的问题。那么为什么会出现这样的问题呢？从这个项目的实际情况来看，项目经理给出 90%的进度完成率是有误的，其实只有 50%左右。因为在项目中只有最后一个结果的检查点，项目经理只能根据各个小组上报的项目完成情况来获取这个进度数字。因为没有设置检查标准，各个项目组都是按照自己的估计上报完成率，那么估计的误差和各个小组之间相关联的工作就会被忽略，到项目后期误差就会越来越大，从而导致整个项目进度的失控。

5.5.1　什么是里程碑

软件是无形的产品，其开发过程的可视性比较差，控制开发过程比较困难。如果没有设置一些可检查的时间点，就如同一个第 1 次驶过这一路段的司机一样，如果不看路标就很难从“窗外的景象”来判断自己处在哪个位置。现在的司机可以借助 GPS 来定位，但是对于软件开发而言，还没有像 GPS 这样的工具来帮忙，那么只有效仿设置路标的方法来加强控制。在制定项目进度计划时，在进度时间表上设立一些重要的时间检查点，这样一来，就可以在项目执行过程中利用这些重要的时间检查点来对项目的进程进行检查和控制。这些重要的时间检查点被称作项目的里程碑（Milestone）。

里程碑一般是项目中完成阶段性工作的标志，标志着上一个阶段结束、下一个阶段开始，将一个过程性的任务用一个结论性的标志来描述，明确任务的起止点。一系列的起止点就构成了引导整个项目进展的**里程碑**。里程碑定义了当前阶段完成的标准（Exit Criteria）和下个新阶段启动的条件或前提（Entry Criteria），并具有下列特征。

- 里程碑的层次性，在一个父里程碑的下一个层次中定义子里程碑。
- 不同类型的项目，里程碑可能不同。
- 不同规模项目的里程碑数量不一样，里程碑可以合并或分解。

里程碑是一个以目标为导向的关键检查点，它表明为了达到特定的目标需要完成的一系列任务或活动。当这一系列任务或活动完成，经过质量评审（参见第 6 章项目质量管理）并且得到认可时，标志着一个里程碑的完成。

检查点是指在规定的时间间隔内对项目进行检查，比较实际进度与估算计划之间的差异，并根据差异进行调整。而时间间隔可以根据项目周期长短不同而不同。原则上是检查间隔永远不要超出可控范围。在软件开发生命周期中，需要定义一系列的里程碑，如表 5-3 和表 5-4 所示。

表 5-3　软件开发生命周期的里程碑

M1：产品需求文档完成	M11：单元测试完成
M2：开发计划书初稿完成	M12：集成测试完成
M3：产品需求文档审查通过	M13：功能测试完成
M4：产品功能规格说明书完成	M14：系统测试完成
M5：开发计划书签发	M15：安装测试完成
M6：产品功能规格说明书签发	M16：代码冻结
M7：测试用例设计完成	M17：验收测试完成
M8：测试用例审查通过	M18：质量评估报告完成
M9：测试脚本开发完成	M19：产品发布
M10：代码完成	

表 5-4　软件开发生命周期敏捷模型 Scrum 的里程碑

M1: 迭代零完成	M7: 用户故事完成
M2: 用户故事准备工作完成（Acceptance Criteria）	M8: 用户故事验收完成
M3: 用户故事优先调整结束	M9: 迭代完成
M4: 界面设计完成	M10: 迭代质量评估报告
M5: 架构设计通过	M11: 迭代版本发布
M6: 产品功能规格说明书通过	M12: 回顾总结会议完成

5.5.2　如何建立里程碑

在《梦断代码》整本书中，没有看到对 Chandler 项目定义具体的里程碑，可能是因为此书的重点只为了说明一个软件项目失败的历程。但是如果管理组能设定具体的、可行的、可衡量的里程碑的话，项目可能不至于失控那么严重。图 5-9 和图 5-10 是一个软件里程碑示意图，在各个不同的时间点上设立里程碑检查点，在项目进行中就比较容易判断项目进展。

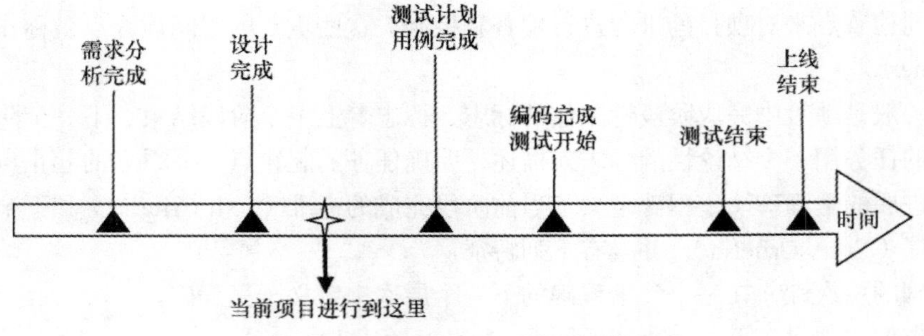

图 5-9　里程碑示意图(瀑布开发模型)

建立里程碑的方法如下。

1. 设立合理的里程碑检查点

项目的阶段划分，一般是先根据项目选择适合的生命周期模型，然后再对项目进度估算。对于小型项目，可以把阶段完成点设定为里程碑检查点；但是对于大型项目，有的阶段时间跨度可能很长，那么就有必要将这些阶段进行再次划分，分解成多个子里程碑。这里要注意，里程碑设置的时间跨度要合理，时间跨度太短，会导致检查频繁增加工作量，也会增加管理成本；时间跨度太长，可能会造成进度失控，同时也会影响团队成员的情绪，迟迟看不到目标的实现，没有干劲儿。子里程碑之间间隔时间以不超过 2 周为宜。

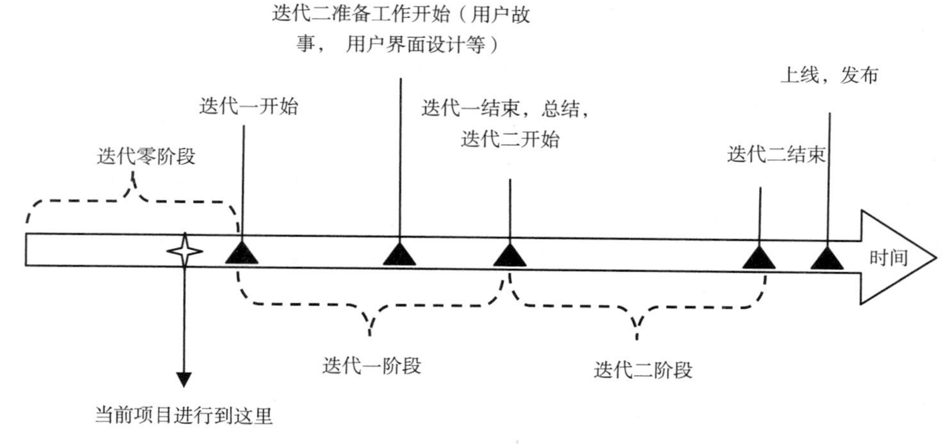

图 5-10 里程碑示意图(敏捷 Scrum 开发模型)

关键路径上一定要设立里程碑，大家都知道关键路径上的一系列活动决定项目的工期。如果没有关键检查点的设立，如何能确保它们的进度?

另外，在项目的实施中，还可以根据里程碑的完成情况，适当地调整后面里程碑的任务量和任务时间，这种方式非常有利于整个项目进度的动态调整，也利于项目质量的监督。

2. 制定里程碑的完成目标

向目标迈进是动力的源泉。每个里程碑应该有一个明确的目标或者交付物，这样，到了里程碑点，团队成员看到目标实现，会比较有成就感，有干劲儿，下个目标就比较容易实现。

有资料显示，一位美国妇女横渡海峡，第 1 次没有游过这个海峡，因为当时大雾，看不到陆地，在距离陆地 0.5km 的地方，她放弃了。但第 2 次试游，天空晴朗，她轻松游过。这说明了目标的重要性，即使实现了一个小目标，也会让人具有成就感，受到鼓舞。

3. 明确里程碑的验证标准

经常看到许多项目计划中，像模像样地设立了里程碑，但是项目经理并没有完全理解里程碑的意义。其中最大的问题在于把里程碑当成了摆设，并没有明确相应的验证标准。套用网络达人的一句话："也许是有人不小心把公路上的里程碑概念带入软件开发项目管理中的缘故吧。"在《人月神话》中也说："如果里程碑标准定义得非常明确，以至于无法自欺欺人时，程序员很少会就里程碑的进展弄虚作假。"在软件开发过程中，里程碑的作用是确认项目的完成进度，因此需要给出一个清晰的验证标准，用来验证是否达到了里程碑。例如，"已按检查清单完成规格化的软件需求说明书的检验"和"软件需求说明书通过客户签字确认"可以构成"需求分析完成"里程碑的验证标准。再如，"已拥有程序的可执行版本，实现了某某特性，并通过测试"作为编码实现阶段中的一个子里程碑的验证标准。同样，在敏捷 scrum 里也要求每个用户故事都要有 AC（Acceptance Criteria）验收标准，每个用户故事完成，迭代完成和项目发布都有 DOD（Definition of Done）完成标准。表 5-5 是一个用户故事的验收标准示例。表 5-6 和表 5-7 是迭代零和用户故事完成标准的示例。

表 5-5　用户故事验收标准示例

用户故事：作为一个用户，我可以用我的账户登录这个系统。
验收标准： 1. 当用户提供正确的账号和密码时，可以正常登录系统。 2. 当用户提供错误的账号和密码时，系统提示登录账号和密码不符信息。 3. 当用户不提供账号和密码时，系统应该提示要求输入用户信息。 4. 当用户提供账号和密码超过限定长度字符时候，系统提示相应错误信息。 5. 当用户提供不支持特殊字符的账号密码信息，系统提示相应错误信息。 6. 根据安全需求，当用户输入密码不符大于 3 次，系统需要锁住账户一个小时，并提示用户相应信息。

表 5-6　迭代零完成标准示例

迭代零完成标准：
1. 敏捷模式的项目组织结构完成 2. 项目的目标和愿景确定和审批完成 3. 敏捷 Scrum 团队组建完成 4. 项目的用户故事准备完成 5. 相关的培训完成

表 5-7　用户故事的完成标准示例

用户故事完成标准：
1. 用户界面设计完成 2. 代码完成并提交到代码库 3. 测试用例存档，测试完成并提交结果 4. 代码的静态扫描完成 - Static Analysis 　a. 没有严重的警告和错误 　b. 没有圈引用(Tangle Index) 5. 代码审查完成 6. 用户故事测试完成 　a. 单元测试完成 　b. 自动化测试完成 　c. 手工测试完成 　d. 系统测试和整合测试完成 　e. 性能测试完成 　f. 辅助功能测试和安全测试完成 (Accessibility , Security) 7. 国际化测试完成 (Internationalized) 8. 用户体验测试完成 9. 所有验收标准达标 10. 回归测试完成 11. 技术文档存档完成 12. 清理完所有用户故事的缺陷 　a. 任何不能解决的例外情况需要相关人员批准，并加到代办事项列表 (Exceptions) 13. 用户故事被产品负责人接受

4. 确认里程碑的利益相关人

在里程碑中应清楚地定义其负责人和相关联人员的责权范围，这样可以确保有专人督促项目组早日到达里程碑，而不是等到临近检查点再突击完成，有利于确保项目完成的质量。

5. 标识里程碑的进度百分比

在设定里程碑时，预估每个里程碑的完成占项目总进度的百分比，告诉团队通过这个里程碑说明项目大概完成了多少。在项目的实施中，要根据项目进度的动态变化，对未到达的里程碑的这一百分比做出相应的调整。这样就可以比较准确地掌握项目的进度。

接着前面软件项目的例子进行里程碑设定，这是个小型软件项目，因此表 5-2 各个划分的活动阶段也可以作为项目的里程碑。这里把关键路径上各个活动结束作为此项目的里程碑，在需求分析之前增加一个需求收集的里程碑检查点，如表 5-8 所示。

表 5-8　某软件项目里程碑设定表

活动名称	目　标	利益相关人	百分比	评估标准
需求收集	收集 95%以上的需求（客户可以在项目开发期间提出一些不影响整体设计的小部分需求改动）	负责人：客户经理 相关人：客户代表、项目经理、客户组	15%	完成需求说明文档及评审
需求分析	制定需求功能列表与客户达成共识	负责人：客户经理 相关人：客户代表、项目经理、客户组	25%	完成需求分析说明文档及评审
软件设计	给客户、程序组、测试组做设计展示并根据要求修改完成设计	负责人：设计经理 相关人：设计组、程序组、测试组、客户代表、项目经理	15%	完成架构设计、系统设计、数据库设计和用户界面设计及评审
编程实现	完成全部代码编写、单元测试和模块集成测试	负责人：程序经理 相关人：程序组、项目经理	20%	软件基本功能实现，没有阻碍测试工作进展的问题
系统测试	完成功能测试、系统测试、压力测试和回归测试	负责人：测试经理 相关人：测试组、项目经理	20%	软件系统测试计划全部完成并达到质量要求
调试软件系统	调试，交付软件给客户	负责人：程序、测试经理 相关人：程序组、测试组、客户代表、项目经理	5%	客户满意

在敏捷 Scrum 中，由于信息相对的透明性和燃尽图的及时更新，里程碑的进度比较容易跟踪。图 5-11 为某项目某个迭代的燃尽图。

引用概念

燃尽图

燃尽图（burn down chart）是在项目完成之前，对需要完成的工作的一种可视化表示。燃尽图有一个 Y 轴（工作）和 X 轴（时间）。理想情况下，该图表是一个向下的曲线，随着剩余工作的完成，“烧尽”至零。燃尽图向项目组成员和企业主提供工作进展的一个公共视图。这个词常常用于敏捷编程。由于燃尽图是对于剩余时间的统计，在工作人数不变的情况下，我们可以通过该图推断出目前工作的大致进度与趋势，管理层就可以通过这个图实时把握住开发的进度并作出正确的决策，而且还可以预计风险，同时随之调整计划。如果没有工具，可以手工或用 excel 来画。

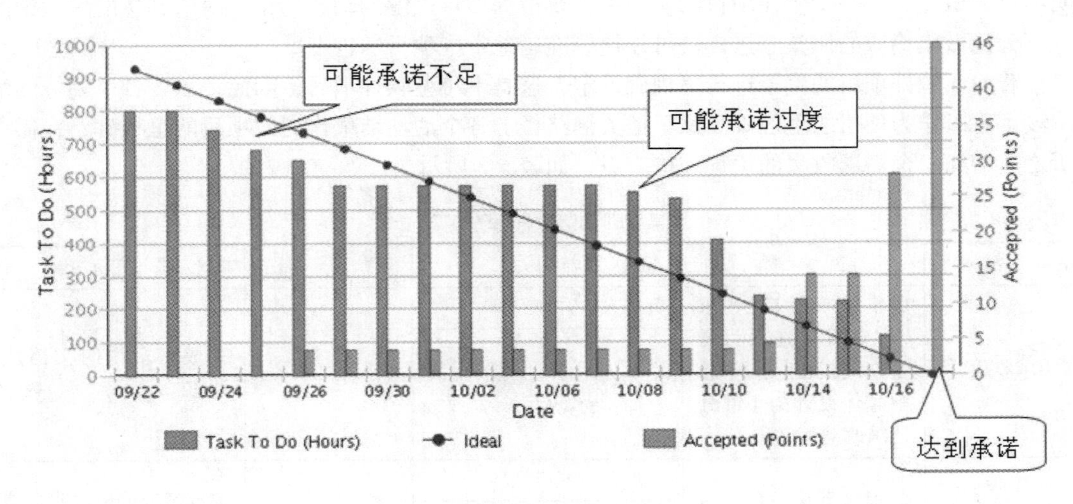

图 5-11　迭代燃尽图示例

5.5.3　管理里程碑

在实际工作中，即使正确、合理地设置了项目里程碑、目标、检查标准等，如果项目实施中里程碑管理或多或少地被忽视了，那么项目的进度也很容易失控。要想有效管理里程碑，应该注意以下几个方面。

（1）**重点关注**。里程碑管理是一个具有特定重要性的事件，通常代表项目工作中一个重要阶段的完成。所以对里程碑的管理，不仅仅是项目经理要高度关注，所有的项目干系人都应该意识到它的重要性。

（2）**提前定期检查**。在一个里程碑之内往往设有一些小的检查点，当然项目管理组不可能参与每个检查点的评审，但是可以通过其负责人的定期报告（如每日站会、每周报表、月度报表等）进行监控，以便提前发现问题，使问题及时得到解决。还有一点值得关注，里程碑的检验，一定要提前一些时间进行。如果等到里程碑的时刻检查，这时如果不能满足里程碑的要求，就太迟了。因为这时不论采取什么措施，都不能及时达到里程碑，可谓回天无力。

（3）**及时总结**。里程碑是项目进度控制中的一个极为重要的概念，但是理论终归是理论，它可以指导或者帮助我们正确地做事情，也可以为我们提供一些实践的方法与指南，但却无法保证项目成功。“银弹”并不存在，在实践中去发现问题、解决问题，总结经验、规律和方法，才是最有效的途径。每到一个里程碑结束的时候，都应该及时对前阶段工作进行小结，吸取教训，获取经验，从而改进下一阶段的工作。总结不可形式化，要做到切实有效。

在进行大型或者较复杂软件项目里程碑管理的时候，由于其自身涉及功能模块多，工作人员多，各个任务之间的相互依赖关系也复杂，只有一个总体项目的里程碑无法做到及时、准确的管理。这时就需要把项目分解成小的子项目，在总项目里程碑的框架下设置子项目的里程碑来加强管理。如果某个子里程碑失守，即没有及时达到这个里程碑的验收标准，不得不延迟，这时就需要采取一些措施，包括改进开发或测试策略、增加人员或加班等来弥补，争取按时达到下一个里程碑。如果当前里程碑延迟时间过长，下面几个里程碑都很难按时到达，就不得不重新评估，重新设置下面若干个里程碑的日期，以确保产品的质量。

里程碑的管理实际上是防范、控制项目风险的有效手段之一，它很像是一把手术刀，适时地切开项目的横截面来进行剖析，查明问题，对症下药。

引用概念

《人月神话》——银弹

在所有恐怖民间传说的妖怪中，最可怕的是人狼，因为它们可以完全出乎意料地从熟悉的面孔变成可怕的怪物。为了对付人狼，我们正在寻找可以消灭它们的银弹。

大家熟悉的软件项目具有一些人狼的特性（至少在非技术经理看来），常常看似简单明了的东西，却有可能变成一个落后进度、超出预算、存在大量缺陷的怪物。因此，我们听到了近乎绝望的寻求银弹的呼唤，寻求一种可以使软件成本像计算机硬件成本一样降低（摩尔定律）的尚方宝剑。

5.6　进度计划编制

无论应用传统瀑布模式还是现在流行的敏捷开发，进度计划都是进度控制和管理的依据。瀑布模式按整个项目来计划，敏捷模式按迭代来计划。进度计划是进度控制和管理的依据。本章前几个小节介绍的内容都是进度计划编制的先决条件，如关键路径分析、里程碑设立等。进度表的编制与确定，应根据项目网络图、估算的活动工期、资源需求、资源共享情况、活动最早和最晚时间、风险评估计划、活动约束条件等统一考虑。通过进度计划的编制，使项目的所有活动形成一个有机的整体。

5.6.1　制定进度表

制定软件项目进度计划，一般需要分为 2 个阶段进行。

（1）在软件产品需求范围确定之前的初步进度时间表。例如，有些公司会设立一个里程碑，称概念承诺（Concept commitment），设定一个大概的初步计划（或称概念性项目计划框架），获得大家的认可和接受。

（2）在软件产品需求范围确定之后的详细进度时间表。例如，有些公司会设立一个里程碑，称实施承诺（Execution commitment），设定一个详细的实施计划，获得项目组的认可和接受。

在项目开始的时候，需求的收集工作可能还在进行中。对项目后续的分析、设计、编码和测试等具体活动的标识还不能进行。为了确保项目前期工作的可控性，必须在此时尽快制定一个适合当前项目发展的项目近期的初步进度计划。这个近期进度表应该包括需求被确定之前的大多数活动和目标，并且是基本可以立即执行的。表 5-9 是一个典型的小型项目需求收集阶段的时间进度表。

表 5-9　　　　　　　　小型项目需求收集和分析进度表

<table>
<tr><th>活动名称</th><th>进度安排</th><th>与会人</th><th>时间安排</th><th>目标</th></tr>
<tr><td rowspan="5">需求收集</td><td>初步会议</td><td rowspan="5">项目客户小组、客户方负责小组、项目经理</td><td>1 天</td><td>了解客户方需求范围、质量和相关目标</td></tr>
<tr><td rowspan="3">详细讨论会议
（根据客户的质量和目标需求详细讨论需求信息）</td><td>1 天</td><td>划分需求主要模块</td></tr>
<tr><td>2 天</td><td>分别讨论各个模块细节功能需求</td></tr>
<tr><td>1 天</td><td>讨论各个模块交叉功能需求</td></tr>
<tr><td>需求评审和确定会议</td><td>2 天</td><td>确定 95%以上的需求（客户可以在项目开发期间提出一些不影响整体设计的小部分改动需求）</td></tr>
</table>

直到需求范围被确定、正式进入需求分析的时候，完整的项目进度计划的制定才算正式开始。软件项目进度安排由于人为、技术、资源和环境等因素的影响，进度是随着时间的改变而不断演化的，所以进度计划的编制和更新是一个由粗到细的求精过程。

首先应建立一个粗略的、宏观的进度安排表。该进度表要标识出主要的软件项目活动、重要的里程碑及其预估的工期。这样可以为后面的详细进度计划构建一个时间框架并打下基础，做到“心中有数”。随着项目组成员的讨论和分析，确定活动或任务、活动资源、活动成本、活动排序、活动历时、活动关系及其相互制约的条件，宏观进度表中的每个条目就都被细化成一个“详细进度表”，再根据资源分配、成本估算等相关的约束条件对各个详细的进度表整合形成一个完整详细的进度计划表。

很多项目都是在最终发布日期已经确定（而且不能更改，这是客户的要求）的情况下来制定项目计划的。这种情形下，进度计划的制定就要通过倒推法来完成。倒排进度其实也是在进度和资源紧张情况下做进度计划的一种方法，虽然这种倒推的方法不是项目管理中提倡的方法，但是客户是上帝，在协调失利的情况下，只能想办法解决问题。如果不得不以时间限制为前提，就必须要充分考虑风险和提前做好相关准备工作。不管是正推还是倒排，都要事先确定主要活动、几个关键的检查点（主里程碑），然后在各个里程碑之间，仍然采用正排的方法来细化项目进度表，最后整合成详细的进度计划。

进度计划编制的结果应包括以下几个主要方面。

- 项目具体活动及其相互依赖关系。
- 每一具体活动的计划开始日期和期望完成日期——控制具体活动的完成时间是确保项目按时完成的基础。
- 活动负责人——对每个具体的活动都定义了相关的责任人，由负责人来全权管理和掌控活动的进度。
- 资源的安排——确定每个具体活动、每个执行阶段的相关资源信息，特别是资源限制的问题。一定要提前做好相应的资源准备工作。
- 备用的进度计划——以防万一，有备无患。可以考虑在最好情况下或最坏情况下，资源可调整或不可调整情况下，有或无规定日期情况下制定备用的进度计划。
- 进度风险估计——利用风险估计和分析方法对项目进度风险做出估计和规避计划，如资源调整风险评估（详细可参考第 7 章项目风险管理）。

5.6.2　进度编制策略

在编制项目进度计划的时候，还要运用适当的策略和经验才能使进度时间表更加合理和完善。

1. 重视与客户的沟通

制定进度计划时，与客户的沟通是很重要的。项目组和客户是站在两个不同的角度来看待问题的，所以往往有不同的安排意见。只有主动、积极地和客户沟通，才能使大家的意见统一，并站在科学地分析和解决问题的立场上来安排进度，最后才能制定出符合现实、合理的项目进度计划。

2. 进度计划最好按需制定

不应该以时钟驱动来制定进度表。因为 Chandler 项目 0.1 版的进度太慢，所以管理层决定 0.2 版遵循“时钟驱动”的方案，即根据新版本发布期限（确定 2003 年 9 月发布 0.2 版）来做进度计划。但是结果很失败，0.2 版的功能比 0.1 版还要少。OSAF（Open Source Applications Foundation，资助 Chandler 开发的基金会）也从中吸取教训，决定以后每个版本要围绕实现一系列特性的目标展开，也就是按需制定项目计划。如果项目必须以时钟驱动，那么风险管理和前期准备工作一定要做好，以备不时之需。例如，一个每月或者每季度发布新功能的产品，如果计划做一个比较大的新功能，必须先提前做，并使用一个独立的版本分支来控制风险。

3. 项目组成员共同参与制定项目进度计划

当进度计划由一个人做出而由另一个人实施时，如果项目没有按时完成，会使得大家怀疑项目进度计划的可行性，也会影响项目团队的士气。可以让项目团队成员对自己职责范围内的事提出建议的时间和资源，之后再作讨论约定。这样团队成员在主观上会更加投入工作。客观上，因为每个团队成员的个人能力不同，外人对其工作量和时间很难做出衡量。例如，同样的时间周期和任务量，不可能平均分配给一名熟练的 Java 程序员和一名初学 Java 的程序员。熟练的 Java 程序员开发效率可能比初学者快上四五倍。

4. 任务分解与并行化

软件人员的组织与分工是与软件项目的任务分解分不开的。为了缩短项目总工期，在划分项目任务的时候，应尽力挖掘可以并行开展的任务，在实施时可以采用并行处理方式，从而缩短项目的开发周期。

5. 任务、人力资源、时间分配要与进度相协调

软件开发是项目团队的集体劳动。尤其在大型软件项目中，在安排项目进度的时候，一定要考虑任务、人力、时间三者之间的平衡问题，避免在项目实施中出现不必要的冲突，耽误项目的进展。人力资源部门要根据具体项目实际分配的人员情况来进行协调。项目在不同的阶段所需要的人力资源是不同的，一般来说前期和后期所需的资源会少些，而在项目中期需要的资源最多。对于任务量和时间分配，可以通过图 5-12 所示的工作量与时间关系曲线来大概判断分配得是否合理。项目工作量是随时间变化的，工作量的累计是应该随着时间的增长逐步增加，并围绕一定的斜率攀升的。如果工作量曲线存在急速攀升或者长时间平稳不变的情况，那么项目的工作量安排应该存在问题。计划人员要及时对这一阶段的工作量安排进行分析和调整。

在进度安排的时候还要特别注意的一点就是避免最后集成，网络上有人形象比喻成“宇宙大爆炸式集成”。表面上看来任何一个单独的模块都能独立地、良好地运行，但是当它们相互集成在一起的时候，越来越多的问题就显现出来了。所以项目应该做到持续集成。持续集成(continuous integration)作为敏捷编程的基石现在已经被绝大多数的开发团队所广泛采用。

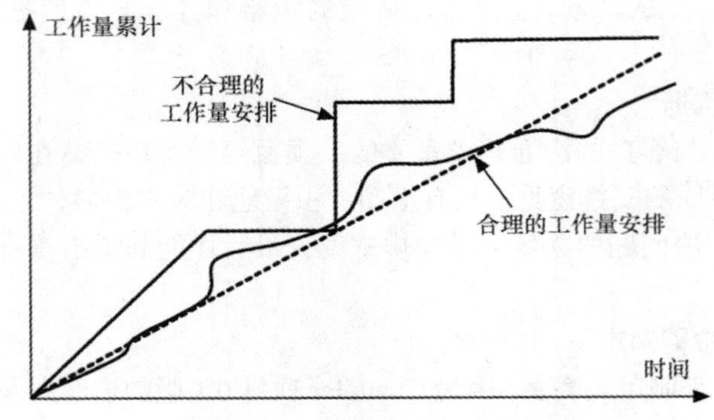

图 5-12　工作量与时间关系图

6. 项目的工作安排一定要责任到人

如果是多个人共同完成活动或任务，要指定一位主要负责人，否则人员之间会缺少协调和组织，甚至会互相推卸责任，任务的跟踪、控制比较困难，效率也会降低。

7. 工作量分布要合理

一般在软件项目中需求分析可能占总工作量的 10%～25%。如果项目的规模和复杂性大，那么花费在需求分析上面的工作量应当成比例地增加。软件设计的工作量在 20%～25%之间。软件编码的工作量一般占 15%～20%。测试及其缺陷修正的工作量会高达 30%～40%，以获得足够时间来保证软件产品的质量。测试工作对于保证软件产品质量是十分必要的。实时嵌入式系统软件的测试和调试工作量所占的比例还要大些。这些都是经验数据，具体的实际工作量如何划分，还要根据每个项目的特点来决定。

8. 充分利用一些历史数据

历史数据是非常宝贵的财富，是可重复利用的资源。在项目实施中不仅要注意积累这些数据，也要学会从中提炼出可以为我所用的数据，如进度计划的模板，进度计划和实际时间之间的差异分析等。

9. 考虑相关风险，计划意外事故缓冲时间

每个项目进度计划都应该包括一些意外事故缓冲时间，因为项目的进展并不是 100%按照我们的计划进行的，而且在进行当中，总会有一些干扰项目进度的事情发生。 例如，当执行测试计划的时候，发现一个严重的项目缺陷。这个缺陷的修改时间大大超过了预期时间，以至于测试计划的下一步执行不得不推迟。如果没有任何缓冲时间的话，项目很可能因此而推迟。根据经验，增加 10%～15%的缓冲时间是很合理的。这些时间是在制定进度表时加入的，它可以分散增加到项目各个活动（尤其是关键活动）、各个里程碑或者适当的检查点之后，也可以集中增加到项目的最后。

10. 制定和使用进度计划检查清单

在做项目计划之前，最好能根据以往的项目总结出进度计划检查清单，以便在做下一个项目计划的时候可以参照检查，以防漏掉应该注意的内容。表 5-10 是项目进度计划检查清单的一个例子。

表 5-10　　某软件项目进度计划检查清单

条　　目	说　　明
总　　体	
进度计划是否反映真实工作情况	进度计划的制定应该与实际工作范围和步骤保持一致，以便于管理任务并及时更新（计划不能成为摆设）。走捷径或是在进度压力下牺牲产品质量是不可取的行为
实际开发人员是否参与了进度计划的制定	需要多长时间完成任务应该由开发团队来确定，只有项目中的每个人承诺在计划时间内完成各自工作，计划才能被很好地执行
进度计划是否经由同行或专家评审以借鉴他人的经验	充分考虑同行或专家的建议可以使项目评估更加可靠
是否使用了专业工具制定进度计划，如 MS Project 或 dotProject	使用一款专业的项目管理工具制定进度计划可节省很多时间，因为在工具中已经预设了一些数据，如节假日，并且可以利用工具提供的假设分析功能
风　　险	
所有假设是否已明确记录在进度计划中	因为计划是在项目早期制定的，会存在很多未知因素，为制定进度需要做出各种假设。这些假设都必须作为计划的一部分被明确地记录下来，这样万一结果证实这些假设不成立，可以对计划做出适当的调整
是否已充分考虑了项目的风险	• 对于按时交付项目而言，潜在的风险是什么 • 当风险发生时，会产生多大的影响 • 每种风险的发生概率是多少 • 每种风险缓解措施是什么
是否已识别了高风险、高优先级及有依赖关系的任务并尽可能地安排在合理的时间段内确保按时完成	对于高风险、高优先级的任务都要尽早识别、尽早完成，当遇到问题时，将会有更多的时间去解决问题。而对于有依赖关系的任务就要尽可能把它们安排在合理的时间段内完成，如依赖关系任务需要两个人配合才能完成，但是一个人的时间安排上和另外一个人有冲突，那么就必须调整时间段，以确保两个人同时有时间来协作完成任务
范　　围	
任务是否有明确定义的需求文档	明确的任务范围是准确估计的基础，大部分进度计划的延迟都是由范围变更导致的
开发计划是否涵盖了任务的所有部分	一些公共函数和接口部分不能被忽视，应在计划的覆盖范围内
任务的依赖关系是否已明确定义	依赖关系可以是强制性的（依照必须完成的交付项）或自由决定的（所期望的任务顺序）。另外，依赖关系可以是内部的（与该项目的其他任务或活动相关）或外部的（与第三方相关）
进　　度	
进度计划中是否已为法定假期及计划内休假预留了时间	进度计划中应该扣除法定假期及计划内休假的时间
是否同时设定了任务的工时与工期	工期的估算用以说明任务需要多长时间完成，通常它会随资源分配的不同而变化。工时的估算用于决定需交付事务的工作总量。每个项目活动的工时与工期都需要设定
是否已为文档审核和周转预留了时间	文档的审核和认可是需要时间的，因此，需要为这些工作预留足够的时间
是否已为单元测试预留了时间	开发人员有责任去确保所完成的代码都能通过单元测试，所以也要为这些测试工作预留足够的时间

续表

条　　目	说　　明
进　　度	
是否已为集成测试和解决问题预留了时间	进度计划中需要为集成测试以及解决集成测试中发现的问题分配足够的时间
是否已为任务中的沟通与管理预留了时间	在任务开发过程中，沟通与管理是必须的，所以需为定期会议、状态报告、问题讨论等预留足够的时间
是否已为代码审查预留了时间	代码审查已证实是实现高质量模块的有效方法。早期在代码审查上投入的时间越多，后期就会节省大量的处理缺陷的时间
资　　源	
是否已为每项任务安排了资源	人员的计划和分配是进度计划的一部分。每项活动都需要有专人负责
是否在计划中考虑了人员的可用性	资源不是随时可用的，简单地把人月累加而成的进度计划是没有意义的。编制计划时，需要为每个具体任务确定资源，如指定人员什么时候有时间，他们每天能花费多少时间在这任务上
是否已对工作过量的人员进行了调整	没有特殊的原因，人员的工作安排是不允许超过 100%的。如果计划中存在人员工作安排过量，应及时调整。如果某个人员被分配了多个任务，必须通过延长其中一些任务的工期来缓和该人员的工作过量状况，或者将其部分任务交由他人完成

5.6.3　进度编制方法

常用的制定进度计划的方法有关键路径法（CPM）、计划评审技术（PERT）法、甘特图（GANNT）法和表格表示法。在 5.3 节已经详细介绍了 CPM，这里不再赘述。

1. PERT 法

计划评审技术（Program Evaluation and Review Technique，PERT）是 20 世纪 50 年代末美国海军总部开发北极星潜艇系统时为协调 3000 多个承包商和研究机构而开发的，其理论基础是假设项目持续时间以及整个项目完成时间是随机的，且服从某种概率分布。PERT 可以估计整个项目在某个时间内完成的概率，对各个项目活动的完成时间按 3 种不同情况估计。

（1）乐观时间（optimistic time）——在任何事情都顺利的情况下，完成某项工作的时间。

（2）最可能时间（most likely time）——在正常情况下，完成某项工作的时间。

（3）悲观时间（pessimistic time）——在最不利的情况下，完成某项工作的时间。

假定 3 个估计服从β分布，由此可算出每个活动的期望 t_i。

$$t_i = \frac{a_i + 4c_i + b_i}{6}$$

其中，a_i表示第 i 项活动的乐观时间，c_i表示第 i 项活动的最可能时间，b_i表示第 i 项活动的悲观时间。

方差：$\sigma_i^2 = \left(\frac{b_i - a_i}{6}\right)^2$

标准差：$\sigma_i = \sqrt{\left(\frac{b_i - a_i}{6}\right)^2} = \frac{b_i - a_i}{6}$

网络计划按规定日期完成的概率，可通过下面的公式和查函数表求得。

完成的概率：$\lambda = \dfrac{Q-M}{\sigma}$

式中：

- Q 为网络计划规定的完工日期或目标时间；
- M 为关键线路上各项工作平均持续时间的总和；
- σ 为关键线路的标准差；
- λ 为概率系数。

CPM 和 PERT 是独立发展起来的计划方法，但它们都利用网络图来描述项目中各项活动的进度和它们之间的相互关系，因此都被称为网络计划技术。

- CPM 被称为肯定型网络计划技术，它以经验数据为基础来确定各项工作的时间，并以缩短时间、提高投资效益为目的。
- PERT 被称为非肯定型网络计划技术，它把各项工作的时间作为随机变量来处理，并能指出缩短时间、节约费用的关键所在。

因此，将两者有机结合，可以获得更显著的效果。大型项目的工期估算和进度控制非常复杂，往往需要将 CPM 和 PERT 结合使用，用 CPM 求出关键路径，再对关键路径上的各个活动用 PERT 估算出期望和方差，最后得出项目在某一时间段内完成的概率。

2. 甘特图法

网络计划固然好用，但是如何把整个网络图放在日历时间表上形成一个方便跟踪和管理的进度时间表呢？于是人们又发明了把网络图转化为可跟踪和管理的表示方法，那就是甘特图（Gannt Chart）。这也是最常见的进度表示法。图 5-13 就是一个甘特图的例子。甘特图常用水平线段来描述把任务分解成子任务的过程，以及每个子任务的进度安排，该图表示方法简单易懂，一目了然。

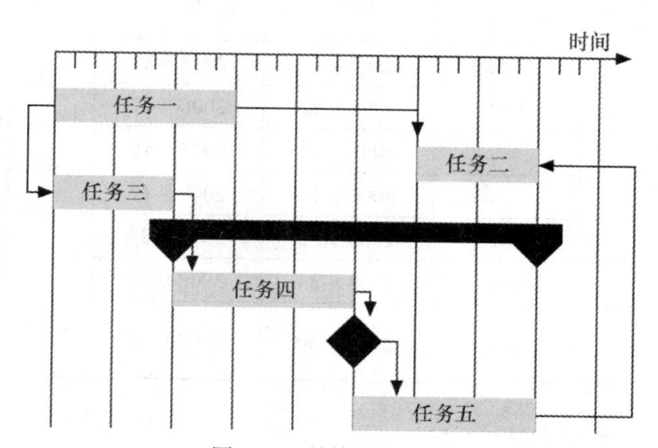

图 5-13　甘特图表示法

最上方的时间线就是日历时间，每个任务是以横线来表示起止时间的，横线的长度就是任务的历时时间，任务之间的关系用箭头来表示。可以看到图中有 SS、FS 和 FF 的关系。子任务包含在主任务当中，任务四和任务五就是一个主任务拆分的两个子任务。 而且在甘特图中，还可以用黑色菱形标志表示项目的里程碑。从图 5-13 中可以看到在任务四结束的时候，有个黑色菱形标志就表示一个里程碑。甘特图的优点是简单、明了、直观，易于跟踪和管理，如图 5-14 所示。对于甘特图的编制，可以借助很多软件管理工具，如微软的 Project，dotproject，Ganttproject 等。

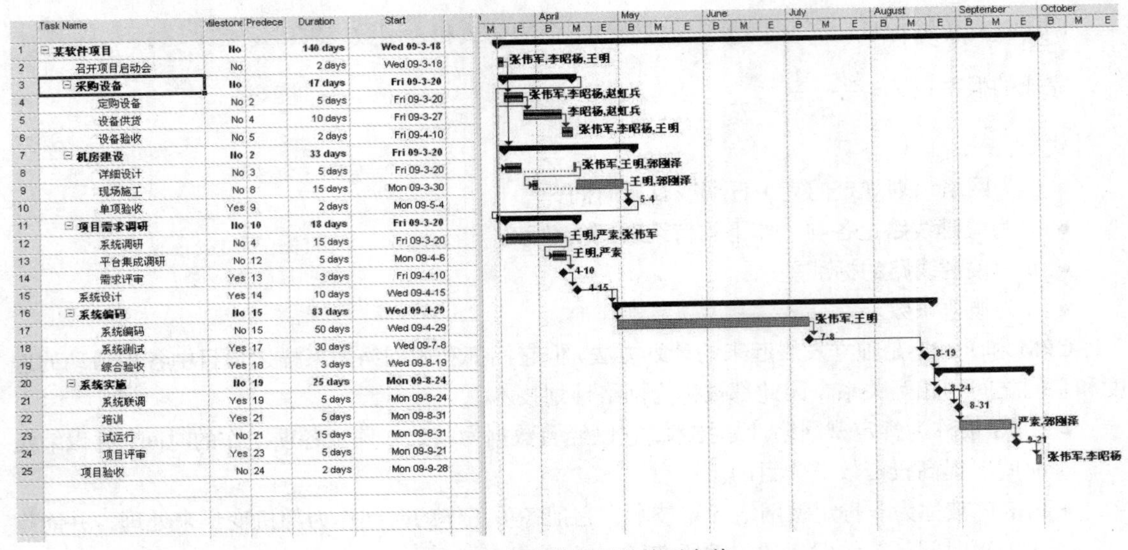

	Task Name	Milestone	Predece	Duration	Start
1	⊟ 某软件项目	No		140 days	Wed 09-3-18
2	召开项目启动会	No		2 days	Wed 09-3-18
3	⊟ 采购设备	No		17 days	Fri 09-3-20
4	定购设备	No	2	5 days	Fri 09-3-20
5	设备供货	No	4	10 days	Fri 09-3-27
6	设备验收	No	5	2 days	Fri 09-4-10
7	⊟ 机房建设	No	2	33 days	Fri 09-3-20
8	详细设计	No	3	5 days	Fri 09-3-20
9	现场施工	No	8	15 days	Mon 09-3-30
10	单项验收	Yes	9	2 days	Mon 09-5-4
11	⊟ 项目需求调研	No	10	18 days	Fri 09-3-20
12	系统调研	No	4	15 days	Fri 09-3-20
13	平台集成调研	No	12	5 days	Mon 09-4-6
14	需求评审	Yes	13	3 days	Fri 09-4-10
15	系统设计	Yes	14	10 days	Wed 09-4-15
16	⊟ 系统编码	No	15	83 days	Wed 09-4-29
17	系统编码	No	15	50 days	Wed 09-4-29
18	系统测试	Yes	17	30 days	Wed 09-7-8
19	综合验收	Yes	18	3 days	Wed 09-8-19
20	⊟ 系统实施	No	19	25 days	Mon 09-8-24
21	系统联调	Yes	19	5 days	Mon 09-8-24
22	培训	Yes	21	5 days	Mon 09-8-31
23	试运行	No	21	15 days	Mon 09-8-31
24	项目评审	Yes	23	5 days	Mon 09-9-21
25	项目验收	No	24	2 days	Mon 09-9-28

图 5-14　某软件项目甘特图全貌

3. 表格表示法

表格表示法也是比较常见的，它用表格来表示各个活动历时和相互之间的依赖关系。表格表示法比较适用于小型项目，因为项目各项活动之间的关系都要在表格中表示出来，不够直观，大型的项目有大量活动，看起来就比较混乱，不便于管理。表格的各项设计根据实际项目各不相同，表 5-11 给出表格表示法的具体示例。

表 5-11　　某软件项目原型开发项目进度安排表

任　务	持续时间	占总项目完成百分比	开始时间	结束时间	前导任务	人员安排
1 原型设计	10 天	25%	2008-8-7	2008-8-21		李浩
2 原型开发	15 天	38%	2008-8-22	2008-9-11	1	李浩
3 原型演示	2 天	5%	2008-9-12	2008-9-15	2	杨阳
4 原型修改	4 天	10%	2008-9-16	2008-9-19	3	杨阳
5 原型确认	2 天	5%	2008-9-22	2008-9-23	4	王明
6 原型修改	6 天	15%	2008-9-24	2008-9-29	5	杨阳
7 原型最后确认	1 天	2%	2008-9-30	2008-9-30	6	王明、张晓

5.6.4　审查、变更进度表

拿破仑曾经说过：“任何同意执行一个他本人都认为有缺点的计划的指挥官都应该受到指责。他必须提出自己的反对理由，坚持修改这一计划，最终甚至提出辞职而不是使自己的军队遭受惨败。”这句话掷地有声，值得软件项目管理者们深思。

通过前面的介绍，我们了解到项目进度表的制定必须经过一个复杂的计划、安排的过程，而且很多活动信息需要从每个项目成员那里获得输入，没有人能掌握项目的各个方面的知识、影响进度计划的所有因素，因此项目团队需要执行进度计划的审查，由项目计划审查小组来进行审查，吸收项目各干系人的意见，更重要的是通过发现问题、解决问题，达到完善整个进度计划的目标。

软件项目进度计划审查可以按照以下几个步骤进行。

（1）进度计划的单元模块评审。

（2）进度计划的完整评审。

（3）修改项目进度计划。

（4）批准项目进度计划。

如果项目在执行过程中，要根据项目的动态发展情况来及时调整进度时间表，那么这个更改的流程也应该经过以上几个步骤来审查和批准，即经过变更控制流程，而不能随意进行修改或变动。

经过批准的进度计划就是变更控制的基线（baseline），有了基线，就有了项目组认可的控制标准。基线就是为今后项目实施时候提供一个可以控制、追踪项目进度的依据，在软件实施过程中就以这个基准来控制和管理，使进度不偏离正常轨道。随着项目发展变化，项目进度计划会动态地被更新，项目进度计划的基线也同样要随着更新。通过变更控制流程，可以对进度计划进行修改、评审，而经过批准的计划就成为了新的基线。

正如同《人月神话》中的未雨绸缪的精髓：不变只是愿望，变化才是永恒，不断适应变化才是生存和发展的资本。敏捷开发现在盛行的原因之一就是拥抱变化。值得一提的是，要在实施中进行进度计划的变更，一定要经过项目组和相关利益人的讨论、分析和批准，严格执行变更控制流程，并使项目组所有成员及时得到信息，达成共识。

5.7　进度和成本控制

曾经有人请教著名的《人月神话》一书的作者 Fred Brooks，“软件项目的进度是如何延迟的？”他的回答既简单又深刻：“一天一次。”由此可见，如果不进行有效的进度控制，那么项目的进度很容易在不知不觉中延误。

进度和成本控制的基础还是计划，事先完成的计划是控制过程的基线。以成本控制为例，项目预算提供的成本基准计划（成本基线）是按时间分布的、用于测量和监控成本实施情况的预算。将按时段估算的成本加在一起，即可得出成本基准，通常以 S 曲线形式显示，如图 5-15 所示。成本基线是成本控制的标准。在一个项目的进行中，成本基准和进度基准一样，都不是一成不变的，而是随着用户的需求变化、项目的变更请求不断校正的。同样道理，也要做好变更管理，确保基准是大家一致认可的。

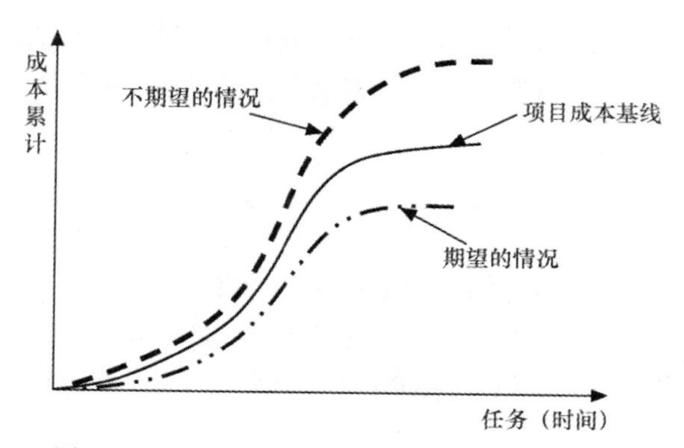

图 5-15　项目成本基线及其不同期望“S”曲线图

5.7.1 影响软件项目进度的因素

由于制定进度计划的工具主要是甘特图和网络图（包括CPM、PERT等），所以很多人一想到进度管理就是绘制甘特图或网络图，一头钻到网络图中去了，而忽视了影响项目进度的其他因素。要想有效地进行进度控制，首先必须对影响软件进度的因素进行分析，事先或及时采取必要的措施，尽量缩小计划进度与实际进度的偏差，实现对项目的主动控制。影响软件项目进度的因素，可以从不同的角度来分析，包括从进度计划本身、进度控制、团队协同工作、动态平衡等角度来分析。

1．从进度计划本身分析

（1）进度计划制定不细致。没有认真对待进度计划，计划制定时形式重于内容，没有经过项目所有干系人评审，造成计划本身有问题。进度计划对项目实施很重要，就像一把标尺来及时衡量实际的项目进度，有问题的计划会直接影响软件项目的实施。敏捷开发中，把用户故事划分到足够小，之后再拆分成任务级别，甚至要求任务的耗时要到小时的级别。这都是为了让大家把要做的工作划分细致。

（2）进度计划的约束条件和依赖环境考虑不全。对项目所涉及的资源、环境、工具和相关的依赖条件分析不够完善准确。例如，某方面的人力资源中途加入到本项目来，但可能不能及时抽身为本项目工作，或者某个关键人员身兼多个项目的工作，可能在本项目投入的精力非常有限，这必然会影响项目的进度。其他资源，如开发设备或软件没能及时到位，也会对进度造成影响。在项目进展过程中也要不断地重新考虑有没有新的情况、新的假设条件、新的约束、潜在风险会影响项目的进度。

（3）工作量评估不准确。在进度计划时，对技术难度或者相关风险认知不全，导致评估的工作量不准确。软件开发项目的高技术特点决定了其实施中会有很多技术的难题，最好的方法就是在项目实施开始之前对技术难题进行适当的调研，开发出原型，这样在做计划的时候就可以合理评估其工作量，为进度控制提供相对准确的标尺。

2．从进度控制角度考虑

（1）进度信息收集问题。软件与系统思想家温伯格说："无论你多么聪明，离开了信息，对项目进行成功的控制就是无源之水、无本之木。"要想掌握及时的、准确的、完整的项目进度信息，不仅要依靠项目经理的经验和素质，还要依靠团队成员的积极配合。某些项目团队成员报喜不报忧，或敷衍了事随意给个进度状态，这样管理层得到的信息是片面的，甚至是错误的，难以掌控项目进度。如果项目经理或者管理团队没有及时地发现这种情况，将对项目的进度造成严重的影响。如果出现这种情况，管理人员就应该从管理的角度、从制度的角度进行检讨和改进，营造良好的企业文化，确保沟通流畅、客观和全面。敏捷开发中的每日站会是个很好的实践。任何开发模式都可以借鉴。

引用概念

敏捷开发 Scrum——每日站会

SCRUM 组严格遵守 timebox 原则，每日的站立会议准时开始，每次都严格地控制在十五分钟之内，会议的进展也严格围绕 daily SCRUM 的三个主题进行。在此会议中，每个团队成员都需要回答以下三个问题：

1. 自上次站会以来我完成了哪些工作？

2. 至下次站会之前我将完成哪些工作？

3. 哪些阻碍性问题或障碍可能影响我的工作？

每日站会不是问题解决会议，如果要讨论其他问题，会后单独开会，相关人参与讨论。

（2）进度监控和管理问题。即使进度计划很完美，如果缺乏有效的监控和管理，进度还是不可控制。前面小节提到的关键检查点和里程碑的设置都是比较好的监控方法。与此同时，还需要项目经理时常与团队成员进行沟通，采用多种沟通方式，如面对面的沟通或电话沟通，而不是仅依靠邮件沟通，多提问、深究到底，及时发现和解决阻碍项目进度的问题。

（3）计划变更调整不及时。几乎没有一成不变的计划。进度计划也是一样，必须随着项目的进展而逐渐细化、调整和修正，使进度计划符合实际要求，适应项目的变化。否则就如同“刻舟求剑”，进度计划也就失去了意义。

3. 从团队协调方面考虑

项目团队成员有3种常见的心态会影响进度的控制：一是完美主义，二是自尊心，三是想当然主义。

（1）完美主义。有些程序员由于进度压力、经验等方面的原因，在设计还不成熟的时候，就匆匆忙忙开始编码，但等到编码差不多完成时，才发现设计上的大缺陷。还有的团队成员为了追求完美，总觉得要采用最好的方法、采用最新的技术，如程序员尝试新的编程技术、测试人员专注于自动化研究，结果在新技术研究上浪费了很多时间，而项目的实际进展很慢。Chandler项目中的一些程序员就很喜欢研究工具，结果浪费了很多时间。工具不是不好，但是，不能忽视项目的实际工作，应该在工具研究上投入适当的时间，寻求平衡。万事都是有自己的平衡点的，如果平衡被破坏了，事情也就没法控制了。

（2）自尊心。有些人在遇到一些自己无法解决的问题时，喜欢靠自己摸索，而不愿去问周围那些经验更为丰富的人。这样难免会走一些弯路，耽误很多时间。如果向周围的人求教，别人可能以前就碰到过这样的问题，问题解决较容易，而且节省了不必要浪费的时间。

（3）想当然主义。有些程序员或测试员在做编码设计或测试用例设计的时候，想当然地完成设计，并没有详细考虑是否符合用户需要和习惯。在发现问题的时候，也是一副无所谓的样子，想当然地随便改改。这种心态会严重影响项目进度，很多想当然的地方，到最后不得不返工。

俗话说，“一个和尚挑水喝，两个和尚抬水喝，三个和尚没水喝”“一只蚂蚁来搬米，搬来搬去搬不起；两只蚂蚁来搬米，身体晃来又晃去；三只蚂蚁来搬米，轻轻抬着进洞里。”上面这两种说法有截然不同的结果。“三个和尚”是一个团体，可是他们没水喝时是因为互相推诿、不讲协作。“三只蚂蚁来搬米”之所以能“轻轻抬着进洞里”，正是团结协作的结果。有首歌唱得好，“团结就是力量”，而且团队合作的力量是无穷尽的。有效的团队合作有助于加快项目进度。每个人都要将自己融入集体，才能充分发挥团队的作用。小溪只能泛起破碎的浪花，海纳百川才能激发惊涛骇浪。

4. 从项目管理三角关系（范围、质量、成本）考虑

进度应与项目范围、成本、质量相协调，这在第1章中已经阐述过。项目管理的本质，就是在保证质量的前提下，寻求任务、时间和成本三者之间的最佳平衡。

软件开发项目比其他任何建设项目都会有更多的需求变更，如果不能有效控制范围的变更，项目进度必然会受到影响。项目成本也会影响进度。一般来讲，追加成本，可以增加更多的资源，如设备和人力，从而使某些工作能够并行完成或者加快完成。当然，进度与成本不是线性替代关系，成本增加的速度一般都比进度缩短的速度高。《人月神话》中还有句经典的话就是："向进度落后的项目中增加人手，只会使进度更加落后。"虽然我们不能完全同意这种说法，增加人手不一定会使进度进一步推迟，但肯定会使团队的效率进一步降低。《人月神话》的作者在后记里也表示："如果一定要增加人手，越早越好。"同样地，项目质量也会影响进度。对项目的质量不够重视，或者说不具备质量管控的能力，会导致项目执行过程中不断出现质量问题，活动安排时序部分失控或者完全失控，项目进度管理计划形同虚设，最终项目进度也完全失去控制。

以上这些因素是影响项目进度的几个主要方面。除此之外，当然还有很多其他的影响因素，如软、硬件配套设施不全，用户配合不好，项目成员的技术能力不足等。尽管存在很多影响进度的因素，但是可以通过合理的分析、管理、调整，把影响程度控制到最低。比较有效的方法就是项目经理和项目团队通过分析，辨别出哪些是可以控制的，哪些是不能控制的，然后尽量扩大可控的领域，减少不可控的领域，多花一些时间把可控的工作控制好，做好防范措施，同时想办法减轻不可控因素对项目进度的影响。

5.7.2 软件项目进度控制

对软件项目进度的控制是可以通过对影响因素采取相应的措施来实现的，但是影响因素太杂、太广，而且每个项目都有其自身的状况，只能在项目计划和实施的时候及时考虑和分析处理这些因素。这些因素只能作为控制进度的辅助因素。

软件项目的进度不是等到有了详细的进度计划才开始监督和控制的，而应该从项目开始启动那一刻就开始，并贯穿整个项目生命周期，根据其各个发展阶段（启动、计划、执行、收尾等）的不同关注点来实施进度控制。例如，启动阶段要控制需求收集和总体阶段目标确立等相关的进度；计划阶段应以完成详细计划（包括进度计划自身）为主线进行进度控制。但不管项目处在哪个阶段，还是有一些通用的控制手段供我们采用，如选择适用的进度统计技术或工具。

1. 项目阶段情况汇报与计划

模块、小组和项目负责人按照预定的每个阶段结束点定期（根据项目的实际情况可以是每周、每双周、每月、每双月、每季、每个迭代等）与项目成员和其他相关人员进行充分沟通，然后向相关上级和管理部门提交一份书面的项目阶段工作汇报与计划，内容包括以下几点。

（1）上一阶段计划执行情况的描述，包括计划进度与实际进度的比较结果。

（2）项目问题及其跟踪，包括已经解决的问题和遗留的问题。

（3）下一阶段的工作计划安排，包括所采取的纠正和预防措施（如果实际进度和计划发生偏离）。

（4）下一阶段主要风险的预计和规避措施。

（5）资源申请、需要协调的事情及其人员。

（6）其他需要处理的问题等。

项目经理或者管理部门把所有的汇报汇总，可以及时发现总进度的偏离，以采取相应措施来纠正或者预防。这些汇报应该及时存档，可以作为对项目进行考核的重要材料，也可以为以后类似的项目提供参考。

2. 定期和不定期的项目进度检查

检查能否及时到达所设定的各个里程碑，就是定期检查项目进度的最有效手段。随时检查并掌握项目实际进度信息，不断地进行总结分析，逐步提高计划编制、项目管理和进度控制水平。

问题越早发现就越容易纠正，造成的影响和损失就越小。尤其对于大型、工期长的项目，一定要成立一个项目管理委员会(在敏捷 Scrum 模式中，SOS-Scrum of Scrums 就是这个委员会)，对项目的进度进行定期和不定期的检查，通过检查，分析计划提前或拖后的主要原因，及时制定实施调整与补救措施，从而保证项目目标的顺利实现。

3. 制定适当的进度控制流程

一个软件企业或者一个软件部门，如果经常开发同类产品或者使用相似的软件开发周期等，那么就可以根据经验和业务流程制定一个规范的进度控制模板，如阶段性检查列表（checklist），走查（walkthrough），在以后的项目管理中，就可以直接拿来使用。

4. 调整各种项目目标之间的平衡

如果经过评估确定项目确实已无法控制，就应当下定决心以牺牲某一项或者一些次要目标为代价，来保住项目最重要的那些目标，避免更大的损失或彻底的失败。应在各种项目目标中进行分析和考量，最终确定一个最合适的解决方案，用最小的代价赢得项目的成功。

软件开发中的进度控制是项目管理的关键，若某个分项或阶段实施的进度没有把握好，则会影响整个项目的进度，因此应当运用适当的手段尽可能地排除或减少干扰因素对进度的影响，确保项目实施的进度。

我们要时刻记住一点：项目的进度管理并不是一个静态的过程，项目的实施与项目的计划是互动的，在项目进度的管理和控制过程中，需要不断调度、协调，保证项目的均衡发展，实现项目整体的动态平衡。

引用概念

敏捷开发 SOS---Scrum of Scrums

Scrum 之间的合作称为“Scrum of Scrums”。这是 Scrum 的扩展。

Scrum 团队的规模最好控制在 5-9 个人。如果成员少于 5 人，那么相互交流就减少了，团队的生产力也会下降。更重要的是，团队在 Sprint 中可能会受到技能限制，从而导致无法交付可发布的产品模块。如果成员多于 9 人，那么成员之间就需要太多的协调沟通工作。大型团队会产生太多复杂性，不便于过程控制。对于大型项目来说，可以采用多个小的 Scrum 团队，通过 Scrum of Scrums 解决团队间的沟通协调问题。图 5-16 是 SOS 理想结构图。

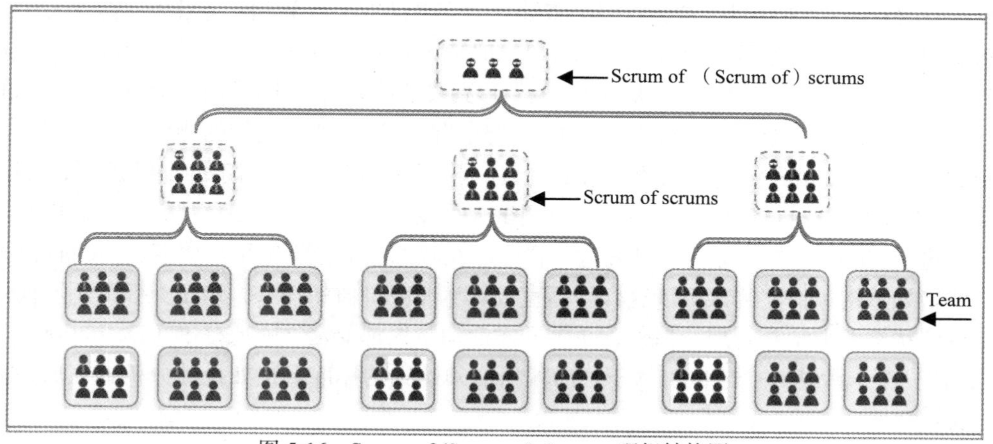

图 5-16　Scrum of (Scrum of) Scrums 理想结构图

Scrum Team：主要关注于进度状态的更新和识别存在的问题和潜在的风险

要求：所有成员都参加，时间控制在 15 分钟之内。

Scrum of (Scrum of) Scrums：主要关注于各个团队相关问题的解决。

要求： 各个 Scrum team 的代表参加， 时间根据问题和风险复杂程度而定。最好有个问题和风险的记录清单。

5.7.3 进度管理之看板

看板管理源于精益生产实践，它把工作流程形象化，把工作细分，写在卡纸上，贴在状态墙上，來显示任务在工作流程中的狀况。如图 5-17 所示。

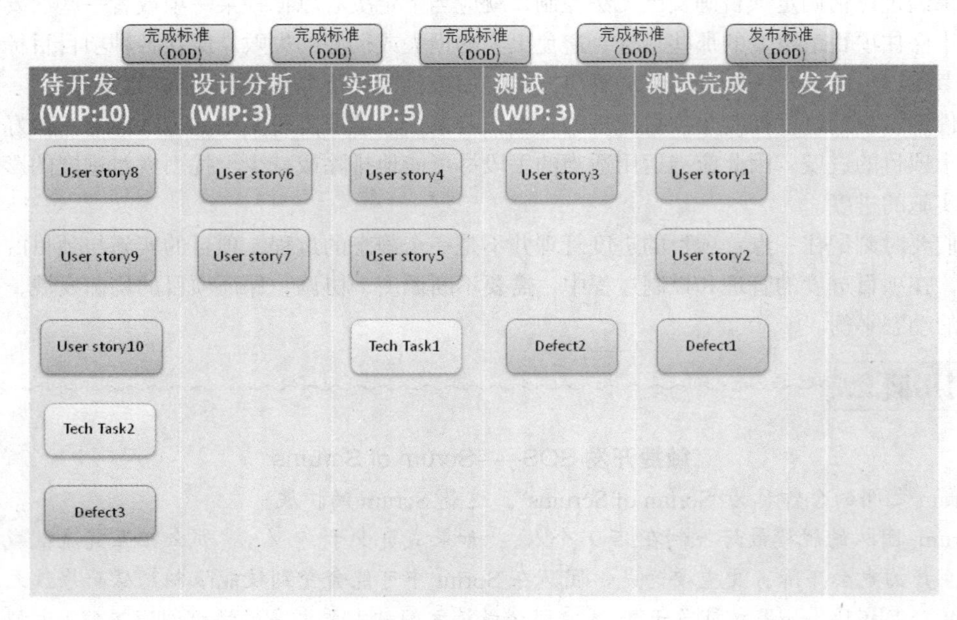

图 5-17　看板示例

状态墙上按照团队的典型开发活动分成几栏，例如“待开发”“设计分析”“实现”“测试”“测试完成”“发布”等。在项目之初，我们会将计划要完成的故事卡放到“待开发”这一栏中。可视化状态墙的一个好处就是所有团队成员都可以实时地了解到项目的计划和进展情况。开发人员领取任务时，就将他领取的故事卡片从“待开发”移到“设计分析”，同时贴上带有自己名字的小纸条。当他设计实现都完成之后，就将故事卡片移到“测试”一栏。我们的测试人员看到这一栏里有待测的故事卡时，就开始这个用户故事的测试，同时贴上带有自己名字的小纸条。测试完成后，就将故事卡移动到“测试完成”一栏。如果测试人员发现了一个 defect，那么他可以用红颜色的卡片记下这个 defect，然后放到待开发这一栏中。在状态墙上，除了用户故事、 defect 之外，还会有一些诸如重构、搭建测试环境这样的不直接产生业务价值的任务，这三类任务用不同颜色的卡片，放到状态墙上统一管理。另外，每个开发活动阶段都要定义完成标准（Definition of Don，DOD），即一个卡片从一个阶段进入下一阶段所必须达到的标准。比如设计分析的完成标准可以这样定义：

- 定义了数据存储结构

- 定义了用户接口
- 明确依赖关系事项
- 通过了相关人员（架构师，开发，测试等）的评审
- 整理、存档了相关资料信息
- 其他验收标准

看板的另一大特点，也是其核心机制，限制“在制品”（work in progress，简称 WIP）的数量 。如图 5-17 所示，列标题 WIP 数字指明了该阶段允许的在制品的最大数目。在制品数目小于这个数字时，才可以从前一阶段拉入新的工作。图 5-17 显示，分析阶段的在制品限制数目是 3，而实际在制品数目是 2，可以拉入新的工作。限制在制品数量形成一个与精益制造类似的拉动机制。一个环节有空余的能力（在制品数目未达上限）时，从上游拉入新的工作，拉动的源头是最下游的交付或客户需求。这样可以带来两大好处：

1）加速价值流动：限制在制品数量，减少了价值项在阶段间的排队等待，缩短了价值从进入系统到交付的时间，加速了端到端的价值流动。

2）暴露问题：限制在制品数量，让湖水岩石效应产生作用。它让过去被隐藏的问题，如团队协作不良、需求定义错误、开发环境低效、资源分配不均衡等得以显现。

看板开发方法的规则简单，但其有效实施依赖于对原理的理解、对原则的坚持和实践的应变。

引用概念

湖水岩石效应

这个是来自精益软件开发的一个隐喻：水位代表库存多少，岩石代表问题，水位高，岩石就会被隐藏，当水面很高时，此时即使有很大的暗礁，人们也看不到。但是当水量减少，水面降低时，一些大石块就暴露出来了。接下来随着湖水的进一步减少，中等石块和小石块也逐步被人们发现。

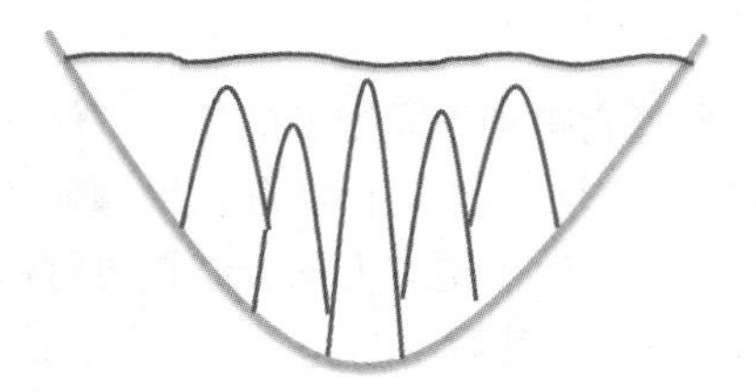

水位(库存)高时问题被隐藏

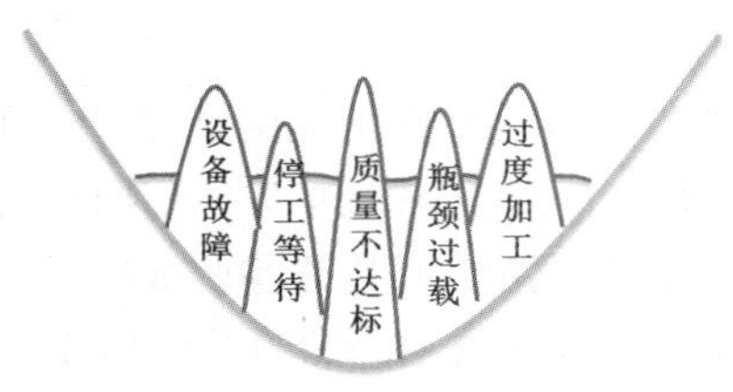

降低水位(库存)，问题浮出水面

如上图所示，生产系统中库存多时，设备不良、停工等待、质量不佳、瓶颈过载等问题都会被掩盖。库存降低后，这些问题都会显现出来。没有了临时库存的缓冲，设备运转不良或停工等待立即会凸显出来；没有了库存等待时间，上一环节输出的质量问题也能即时得到反馈。这就是所谓“水落石出”，暴露问题是解决问题的先决条件，不断暴露和解决问题，带来生产率、质量以及灵活性的提高。

这告诉我们一个什么道理呢？想想软件开发的过程吧，如果采取大批量的做法，一次性提交很多功能，就好比拥有很多水量的湖，你看不到其中隐含着的问题，甚至一些很严重的问题，都隐藏在这里面不容易被发现。如果换种做法，采取小批量的交付模式，每次只提交一小部分功能，这会发生什么呢？这就好比湖水减少了，一些隐藏的“石块”立刻就会暴露出来，这样平时遇到的各种问题，都不会被累积成为一个大包袱，能够被及时发现和解决。

快速、顺畅的价值流动是看板开发方法的目标。度量为改善价值流动提供方向参考，同时为改善的结果提供反馈。看板开发方法没有定义特定的度量方法，累积流量图是实际应用较为普遍的一种。图 5-18 是一个典型的累积流量图，上面的斜线是累积已经开始的价值项（如用户需求）数目，下面斜线是累积完成价值项的数目。两条斜线的垂直距离表示某个时刻已经开始但还没有完成的价值项数目，也就是在制品的总计数量。两条斜线的水平间距表示价值项从开始到完成的周期时间，也就是从概念到交付的响应时间，它是价值流动效率的一个重要衡量。斜线的斜率反应的是价值交付的速率，也就是每周可以交付的价值项数量。

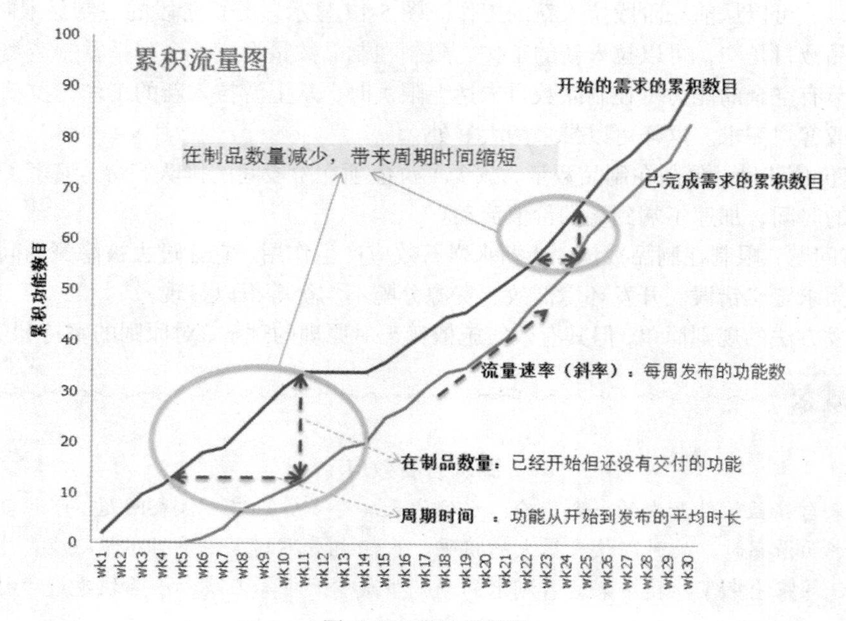

图 5-18　流量累积图

累积流量是一个综合的价值流度量方法，可以通过它得到不同维度的信息。例如，我们设想限制在制品的数目，可以缩短周期时间、而对交付速率影响有限。但实际效果如何还要通过事实来检验，通过实践和度量，可以逐步验证我们的假设，让改进更有方向，结果更可衡量。

David J. Anderson 最早在软件开发中应用了看板实践，其后不断完善，形成了看板开发方法，这是精益产品开发走向适用和普及的重要里程碑。2010 年 David 在他的著作“kanban – Successful Evolutionary Change for Your Technology Business”一书中，详细介绍了看板的价值、原则和实践。有兴趣的可以去详细阅读。

5.7.4　影响软件项目成本的因素

一般的软件公司都是以盈利为目的的，所以成本是计划中的一个重要部分。为了使开发项目能够在规定的时间内完成，而且不超过预算，成本的估算、计划、管理和控制是关键。由于影响软件成本的因素太多（如人、技术、环境以及政治因素等），就目前发展来看，成本管理是软件项目管理中一个比较薄弱的方面，许多软件项目由于成本管理不善，造成了成本的急剧上升，给公司带来很大的财务压力。《梦断代码》中的 Chandler 项目是不缺钱的，米奇慷慨解囊了 6 年多，但是没有成本估算和计划导致这 6 年里 Chandler 项目成了一只吃钱的大蛇，同时也没有完成米奇的梦想软件。

1. 项目的质量对成本的影响

保证质量是保证企业信誉的关键，但并非是质量越高越好，超过合理水平时，属于质量过剩。根据 PMBOK 的观点，质量管理的目标是满足规范要求和适用性，不要镀金膜（NOGolden），满足双方一致同意的要求即可。因此，无论质量是不足还是过剩，都会造成成本的增加，质量与成本的关系如图 5-19 所示。

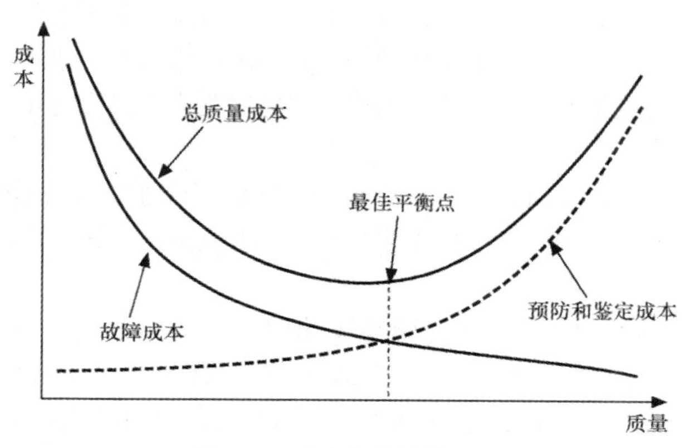

图 5-19　成本与质量关系图

一般来说，质量总成本是由故障成本和预防/鉴定成本组成的。故障成本就是弥补软件质量缺陷而发生的费用，如用在修正缺陷、回归测试等上面的人力成本。预防成本和鉴定成本是保证和提高质量而消耗的费用，如流程定义和实施、各种评审会议所引起的成本。

从图 5-19 中可看出，总质量成本曲线为故障成本和预防/鉴定成本曲线之和，其最低点即为最佳质量成本。而且故障成本和预防/鉴定成本是相互矛盾的，当质量低时，故障成本高，预防、鉴定成本低，反之亦然。所以质量成本管理的目标是找到两者之间的平衡点，使项目质量总成本达到最低值。

2. 项目管理水平对成本的影响

一个高水平的管理团队不仅可以控制好项目，还可以控制好项目成员。

控制好项目体现在预算和计划的准确性高，减少了更新计划的风险，也就减少了成本，在项目的实施和管理方面能很好地控制项目，避免了很多问题，而且一旦遇到紧急问题，可以及时有效地处理，节省了很多成本。

控制好项目成员体现在，一方面可以引导正确的项目方向，另一方面运用高水平的管理技巧使成员精神压力小、干劲十足，那么团队成员的工作效率必然提高，成本也就节约下来了。

3. 人力资源对成本的影响

在一个项目团队中不可能全部是技术水平高、经验丰富的资深人员，一个原因是资深人员的成本高，另一个原因是组织结构配置不合理。那么必然就会有一般员工或者新手，这些员工的成本虽然低，但是很多方面还不成熟，需要培训或者资深人员的指导，而且工作效率可能不高。这样既耗费了资深人员的时间成本，还要雇佣更多的员工来完成工作，成本自然也会增加。所以在一个软件项目中，能力高低的员工比例要适当，以满足项目本身要求为宗旨。

5.7.5　成本控制的挣值管理

项目管理领域中一个特有的、非常有效的成本控制工具就是挣值管理，它也同样适用于软件项目。如果只了解时间进度，而不知道成本的投入，对项目来说是一个潜在的风险，也不可能知道项目真正进行到了哪里。在詹姆斯·刘易斯的《项目计划、进度与控制》一书中，举了一个这样的例子：某项软件开发任务，原定要 40 个小时完成，休（Hugh）是做这个任务的人，她说她按时完成了任务，这表面上看来没有任何问题，项目的进展很顺利。但是实际上，休是加班加点用了 80 个小时才完成她的任务。我们不敢保证她接下来的任务是否还是用两倍的工作时间才能完成，如果是的话，那问题就有点严重了，休可能由于疲劳过度而累坏身体，同时还可能影响整个项目的进度。如果不是的话，那么接下来她的任务就要随时报告时间进度和成本、精力投入，以确保及时准确了解项目进度情况。所以说只报告项目的时间进度是远远不够的。挣值管理就可以帮助解决这样的问题。

挣值管理（Earned Value Management，EVM）是测量项目进度和成本绩效的一种方法。它通过比较计划工作量与实际工作量，实际挣得多少与实际花费成本，来确定项目成本和进度绩效是否符合原定计划。

谈到挣值管理，必须先熟悉与挣值管理密切相关的一系列概念，如完工预算（Budget At Completion，BAC）、计划成本（PV）、挣值（EV）、实际成本（AC）、进度偏差（SV）、进度指标（SPI）、成本偏差（CV）、成本指标（CPI）等，以及它们之间的相互关系。

每个项目在做计划的时候，都会事先对项目完成要用多少费用做出预算，也就是确定做这个项目，大概要花费多少成本。这个预算数值就是完工预算（BAC），它一般是通过相关分析，在项目计划中确定下来的。在项目执行的时候，一般不能超过这个预算费用。其他的相关概念都是通过下面公式得出的。

- 计划成本（Plan Value，PV）= BAC × 计划进度完成百分比。
- 挣值（Earned Value，EV）= BAC × 实际进度完成百分比。
- 实际成本（Actual Cost，AC）就是实际耗费成本。
- 进度偏差（Schedule Variance，SV）= EV−PV。
- 进度执行指标（Schedule Performance Index，SPI）= EV/PV。
- 成本偏差（Cost Variance，CV）= EV−AC。
- 成本执行指标（Cost Performance Index，CPI）= EV/AC。

挣值分析涉及计划值、实际成本和挣值 3 个基本参数以及成本偏差、进度偏差、成本执行指标和进度执行指标 4 个评价指标。它们之间的关系如图 5-20 所示。

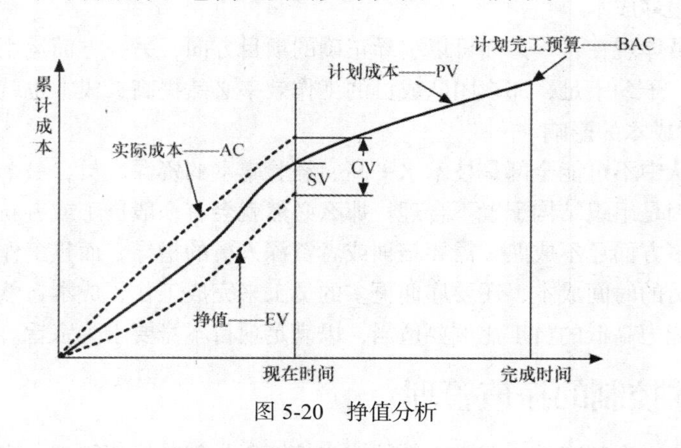

图 5-20　挣值分析

当成本偏差（CV）>0，CPI>1 时，表明成本节约；反之，当 CV<0，CPI<1 时，表明成本超

支；当 CV = 0，CPI = 1 时，表明计划预算和实际花费一致。

当进度偏差（SV）>0，SPI>1 时，表明进度超前；反之，当 SV<0，SPI<1 时，表明进度滞后；当 SV = 0，SPI = 1 时，表明计划和实际进度一致。

挣值管理其实就是偏差管理，即用来监控费用、进度计划与实际的偏差，通过分析偏差的原因来确定要采取的相应的纠正措施。用挣值法的前提是计划和实际进度百分比要估算比较准确才行。

5.7.6　软件项目进度——成本平衡

项目进入实施阶段后，项目经理几乎所有的活动都是围绕进度展开的。进度控制的目标与成本控制的目标、范围控制的目标、质量控制的目标是对立统一的关系。而进度和成本的计划和控制随着项目进展在时间上有相互对应的关系，图 5-21 为进度—成本控制平衡图。

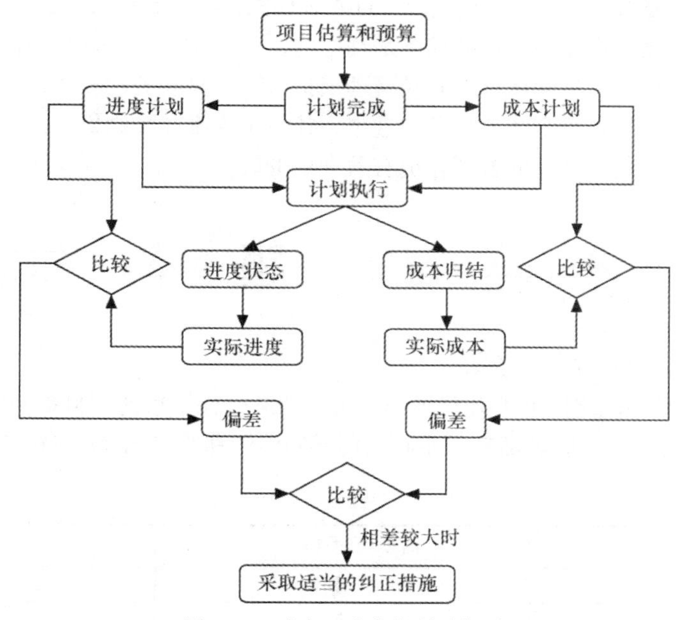

图 5-21　进度—成本控制平衡图

进度和成本控制都是按照计划来控制项目的变化的。在项目进行当中，将实际情况和计划相对比，及时纠正错误、更新计划、吸取教训直到项目完成。

还要强调的一点就是，在进行成本和进度控制的同时还必须考虑结合其他的控制过程（范围控制、质量控制、风险控制等），保证各个过程控制相协调，如不合适的费用变更会导致质量、进度方面的问题或者带来一些新的项目风险。其实项目管理就是一个平衡艺术，无论哪一方面的控制和管理，都要结合其他相关方面统一协调来进行。

小　　结

本章主要讨论了如何对软件项目的进度和成本进行计划、管理和控制。在编制计划前，要先分解项目活动、确定活动之间的关系，进行活动排序，再利用一些策略和方法对软件项目的进度和成本进行统一的规划，制定合理的详细实施计划。

本章着重介绍了一些常用的、经典的方法，包括关键路径分析法、甘特图表示法、网络遍历法、里程碑设定以及成本控制的挣值法等。虽然这些内容是分小节来叙述的，但是不要将它们隔离开来，它们之间有密切的关系，相互补充、相互影响，所以在进度和成本的计划、控制和管理中，一定要全方位考虑问题，确保相互协调，平衡统一。

进度和成本管理中，确实有比较多的网络图和概念，但是这些都不用死记硬背，可以借用工具来帮忙。现在流行的几种管理工具都不错，如 GanttProject、dotProject、Teamwork、XPlanner 以及微软的 Project 等。敏捷工具有 Rally，VersionOne，Easbacklog 等。可以通过试用或向有经验的使用者了解这些工具的特点，选择适合自己项目的管理工具。软件项目管理中强调“以人为本”的思想，所以管理工具只能起辅助作用，做好管理，还是要靠团队之间的沟通和交流，以及现场的检查。

做好进度和成本管理，首先要做好计划，即制定一个客观的、可实施的详细计划，然后以批准的计划作为控制的基线，密切关注偏离，一旦发现偏离，就要寻找偏离的根本原因，对症下药，采取有效措施纠正问题。进度和成本的控制是动态的，必要时要修正计划，但应该要经过变更控制流程，得到项目组相关人员的认可，并经管理层批准，才是有效的。做好进度和成本管理，还要依靠团队的力量，让项目组全体人员参与进来，让每个人都能控制好自己的进度和成本，将被动的控制变为主动的控制，这样的管理才更有效和更彻底。

习　题

1. 如何正确标识出软件项目活动？

2. 各个软件项目活动之间有哪几种依赖关系？请结合你身边的项目举例说明。

3. 请依据下表的活动历时和活动关系画出前导网络图和箭线图，并指出关键路径及其各个活动的缓冲时间。

活动 ID	活动历时（天）	前导活动
H1	8	
H2	5	H1
H3	10	H1、H2
H4	15	H1
H5	7	H3、H4
H6	12	H4
H7	11	H3、H6
H8	9	H7

4. 什么是里程碑？如何设定里程碑？里程碑的验收标准为什么重要？结合你生活或者工作设立一个小项目（例如旅游计划和实施），试试如何设立里程碑及验收标准。

5. 影响软件进度和成本的因素有哪些？哪些是你完成的项目中遇到过的？请结合你的项目进行分析、找到切实可行的解决办法。

6. 总结一下看板管理的特点和好处？

7. 什么是挣值管理？通过一个具体项目来应用这种方法。

第6章 项目质量管理

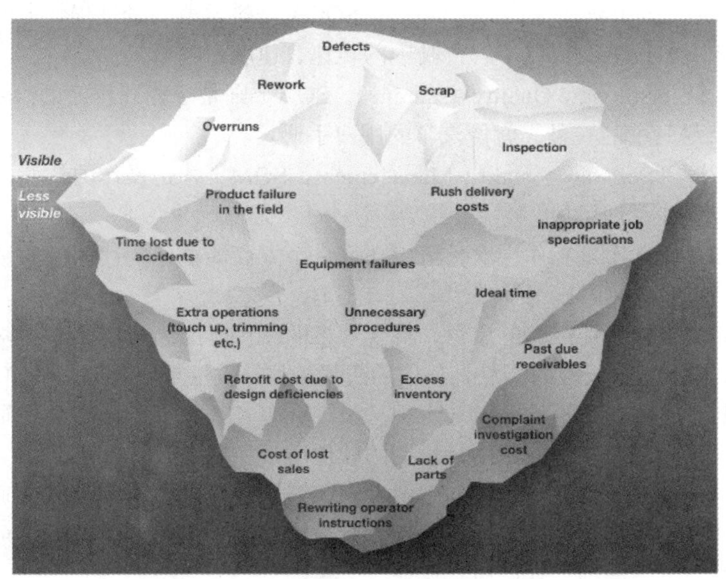

我们曾经对一个国际性的软件公司作了一个调查，选择了由质量问题引起的10项额外工作，即“开发人员修正缺陷、测试人员验证缺陷、返工、设计或代码完成后的需求变化、不清楚或无效的缺陷报告、代码完成后补充的测试用例、由于缺陷修复后所做的回归测试、测试环境设置错误、产品发布后遗漏的缺陷验证、为产品发布后遗漏的缺陷出补丁包等”，统计结果表明，由于质量问题造成的成本（劣质成本）竟高达45.86%，差不多占开发总成本的一半。所以，软件项目的质量管理，不仅有助于提高软件产品的质量，而且有助于缩短开发周期，降低企业的成本，为企业的生存奠定基础。

由于缺乏系统的质量控制和管理，软件公司常常在许多项目上投入了大量的时间和精力来发现和修正需求说明、设计和实现上的错误，也导致了项目进度不断被拖延的悲剧。关注质量，提高质量，就可以降低软件开发的返工率，生产率自然会得到提高。

软件的质量是软件开发各个阶段质量的综合反映，每个环节都可能带来产品的质量问题，因此软件的质量管理贯穿了整个软件开发周期。软件项目的质量管理，不仅确保项目最终交付的产品满足质量要求，而且要保证项目实施过程中阶段性成果的质量，也就是保证软件需求说明、设计和代码的质量，包括各种项目文档的质量。正如ISO 8402所规定和倡导的：“质量管理是指确定质量方针、目标和职责，并通过质量体系中的质量策划、质量控制、质量保证和质量改进来使其实现的所有管理职能的全部活动。”

为了更好地管理软件产品质量，首先需要制定项目的质量计划；然后，在软件开发的过程中，需要进行技术评审和软件测试，并进行缺陷跟踪；最后对整个过程进行检查，并进行有效的过程改进，以便在以后的项目中进一步提高软件质量。

6.1　质量管理概述

谈到软件质量工作时，人们经常会提及到软件质量控制、质量保证和质量管理，的确，软件质量控制、质量保证和质量管理代表了软件质量工作的不同境界。

- 软件质量控制（Software Quality Control，SQC）是科学地测量过程状态的基本的方法。就像汽车表盘上的仪器，可以了解行驶中的转速、速度、油量等。
- 软件质量保证（Software Quality Assurance，SQA）则是过程和程序的参考与指南的集合。ISO 9000 就是其中的一种，就像汽车的用户手册。
- 软件质量管理（Software Quality Management，SQM）才是操作的哲学，教你如何驾车，建立质量文化和管理思想。

为了更容易理解软件质量工作层次，可以从另一个方面简单地阐述软件质量的 4 种不同的管理水平。

（1）**检查**，通过检验保证产品的质量，符合规格的软件产品为合格品，不符合规格的产品为次品，次品不能出售。这个层次的特点是独立的质量工作，质量是质量部门的事，是检验员的事。检验产品只是判断产品质量，不检验工艺流程、设计、服务等，不能提高产品质量。这种管理水平处在初级阶段，相当于“软件测试——早期的软件质量控制”。

（2）**保证**，质量目标通过软件开发部门来实现，开始定义软件质量目标、质量计划，保证软件开发流程的合理性、流畅性和稳定性。但软件度量工作很少，软件客户服务质量还不明确，设计质量不明确。相当于初期的“软件质量保证”。

（3）**预防**，软件质量以预防为主，以过程管理为重，把质量的保证工作重点放在过程管理上，从软件产品需求分析、设计开始，就引入预防思想，面向客户特征，大大降低低质量的成本，相当于成熟的“软件质量保证”。

（4）**完美**，以客户为中心，贯穿于软件开发生存期全过程，全员参与，追求卓越，相当于“全面软件质量管理”的作用。

质量工作的更高层次是质量方针和质量文化，即在质量方针指导下和在良好的质量文化氛围里，质量管理发挥指挥和控制组织的质量活动，协调质量的各项工作，包括质量控制、质量保证和质量改进的作用。

为了开发出符合质量要求的软件产品，使项目获得成功，必须做好软件质量管理，要在各个层次上对质量管理提供支持，例如：

（1）基础设施，包括质量文化、开发环境和标准体系等；

（2）方法层次，如采用的开发模型、开发流程等；

（3）技术层次，包括开发技术的成熟度、开发工具、自动化测试水平等。

在每个层次都有一些具体的活动，例如，在技术层次上，可以通过下列一些措施来提高质量。

（1）制定编程规范，在组织内形成一个开发约定和规则，有利于整体风格统一，提高代码的可读性、可维护性和可扩展性。

（2）组织应通过制定统一的模板来规范文档，形成一些约定和规则，以统一文档内容与风格。

（3）实施覆盖生命周期的软件测试，包括单元测试、集成测试和系统测试，不仅要完成动态测试，而且要进行静态测试，即在软件开发早期对需求定义、系统设计、代码等进行评审和验证。

（4）采用统计分析的方法，主要通过对各种度量数据进行量化的数理统计分析等，揭示产品特征或开发过程特征，发现各种不一致性的问题。

从质量管理功能看，质量保证人员着重内部复审、评审等，包括监视和改善过程、确保任何经过认可的标准和步骤都被遵循，保证问题能被及时发现和处理。质量保证的工作对象是产品和其开发全过程的行为。从项目一开始，质量保证人员就介入计划、标准、流程的制定。这种参与有助于满足产品的实际需求，能对整个产品生命周期的开发过程进行有效的检查、审计，并向最高管理层提供产品及其过程的可视性。

基于软件系统及其用户的需求，包括特定应用环境的需要，可以确定每一个质量要素的各项特征的定性描述或量化指标，包括功能性、适用性、可靠性、安全性等具体要求。再根据所采用的软件开发模型和开发阶段的定义，把各个质量要素及其子特征分解到各个阶段的开发活动、阶段产品上去，并给出相应的度量和验证方法。复审或内审就是为了达到事先定义的质量标准，确保所有软件开发活动符合有关的要求、规范和约束。

- 复审（Review）：在软件生命周期每个阶段结束之前，都正式用结束标准对该阶段生产出的软件配置成分（阶段性成果）进行严格的技术审查，如需求分析人员、设计人员、开发人员和测试人员一起审查“产品设计规格说明书”“测试计划”等。
- 内审（Audit）：部门内部审查自己的工作，或由一个独立部门审查其他各部门的工作，以检查组织内部是否遵守已有的模板、规则和流程等。

6.2　项目质量的组织保证

软件项目质量管理，首先要在组织上得到保证。组织上没有保证，就不会有人去制定质量计划，质量的控制和管理也难以得到落实。软件项目质量的组织保证主要指以下几方面，如图 6-1 所示。

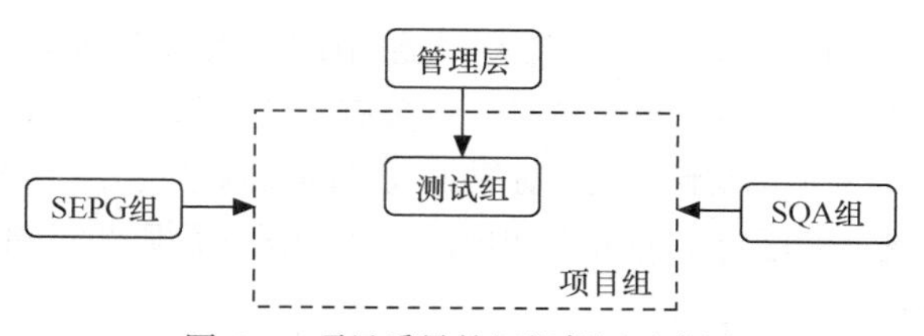

图 6-1　项目质量的组织保证示意图

- **管理层**：管理层具有很强的“质量第一”的意识，能制定有利于保证和提高质量的正确的策略和方针，在整个组织中营造良好的质量文化。整个组织的质量方针、质量文化对项目的影响是非常大的，是项目质量工作的基础。质量方针体现了组织对质量总的追求，对顾客的承诺，是该组织质量工作的指导思想和行动指南。
- **SQA 组**：软件质量保证组主要是从流程上对软件的质量进行跟踪、控制和改进，即监督项目按已定义的流程进行，并符合已定义的相关标准。例如，要求项目组在开发过程中及时建立相关的文档，以及任何需求变更都要经过变更控制流程，批准之后还要进行配置项修改等。SQA 组在职能划分上独立于项目组，但监督项目组的各项活动。

- **测试组：**软件测试组负责对软件产品进行全面的测试，包括需求评审、设计评审、功能测试、性能测试、安全性测试等，从中找出所存在的缺陷。测试组主要是面向产品，进行事后检查，从而给出软件产品的质量评估。测试组是项目组的重要组成部分，和项目经理、产品经理、产品设计人员、开发组等一起工作，直至软件成功发布。在敏捷开发模式下，项目团队是跨职能的团队，不再分为开发组和测试组，但可以有开发人员角色，而且也鼓励开发人员做更多的测试。
- **SEPG 组：**软件工程过程组通常由软件专家组成，在软件开发组织中领导和协调过程改进的小组。其主要任务是推动企业所应用的过程的定义、维护和改进。和 SQA 相比，SEPG 类似于一个“立法”机构，而 SQA 则类似于一个“监督”机构。SPEG 一般负责组织的过程定义，但也可以帮助项目进行过程剪裁，从而使项目流程更有效。

IBM 公司的经验告诉我们，在超过 8 年的时间里，SQA 发挥了至关重要的作用，并使得产品质量得到不断提高。越来越多的项目经理也感觉到由于 SQA 的介入，不管是产品质量还是成本节约都得到较大的改善。

在软件项目的质量管理中，虽然有测试组负责实施软件产品的测试工作（敏捷开发中，强调整个项目团队对测试负责），但还不够，应该让独立于项目的第三方人员——SQA 组和 SPEG 组参与，帮助项目组制定更加有效的质量计划，帮助项目组获得更合适的流程，帮助项目组更好地遵守流程，最终帮助项目组达到高质量的目标。在此过程中，项目组，包括项目经理，和 SQA 组之间的关系是合作的关系，而不是监督和被监督的关系。如果处在监督和被监督的关系，质量保证和改进的工作是被动的，成效就会大大降低，而且还会产生冲突。虽然双方有不同的责任，但一定要认识是合作的关系，具有共同的目标——提高工作质量和产品质量，对项目的及时完成也是有利的。SQA 成员帮助项目经理了解项目中过程的执行情况、过程的质量、产品的质量、产品的完成情况等，对整个开发过程进行监督和控制，以保证产品的质量。

如果双方缺乏良好的合作意识和质量文化，开发人员和测试人员往往会对 SQA 产生抵触情绪，认为 SQA 成员不参与设计、不写代码和不做测试，而总是对设计、编码和测试的过程“指手画脚”。这种抵触情绪不仅会造成 SQA 和项目技术人员之间的对立，而且会影响产品的质量。

质量是构建出来的，每个人的工作都会影响产品的质量。质量保证并不只是 SQA 和测试人员的责任，所有的人（包括开发人员）都对产品质量负有责任，从“质量是构建出来的”角度看，产品的设计人员和程序员对质量影响更大，对质量改进的贡献是主要的。SQA 主要对流程进行监督和控制，保证软件开发遵循已定义的流程和规范。而测试人员则是针对产品本身进行测试，发现缺陷并督促、协助开发人员进行修改。

6.3 质量计划

质量计划是进行项目质量管理、实现项目质量方针和目标的具体规划。它是项目管理规划的重要组成部分，也是项目质量方针和质量目标的分解和具体体现。我们在第 3 章进行了简单的介绍，这里将详细讨论。

质量计划是针对特定的项目而制定的质量措施、资源和活动顺序的文件。它通常在组织的质量方针指导下定义项目的质量目标，描述项目质量管理中所需的资源、职责分配，说明如何采用正确的流程和操作程序、质量控制方法和评审技术等来保证质量。软件质量计划需要覆盖软件开发和维护的整个生命周期，即需要针对需求定义、设计、编码、测试和部署等各项工作提出质量目标和要求，并就质量控制内容、方法和手段给出建议或指导。

6.3.1　质量计划的内容

在每个项目开始之前，SQA 人员都需要按照要求完成详细的 SQA 计划，一般来说，SQA 计划包含了如下内容。

- 计划的目的和范围。
- 该质量计划参考的文件列表。
- 质量目标，包括总体目标和分阶段或分项的质量目标。
- 质量的任务，即在项目质量计划中要完成的任务，包括组织流程说明会、流程实施指导、关键成果（需求说明、设计和代码等）的评审等。
- 参与质量管理的相关人员及其责任，如在软件开发的不同阶段，项目经理、开发小组、测试小组、QA 等负有什么样的责任。
- 为项目的一些关键文档（如程序员手册、测试计划、配置管理计划）提出要求。
- 重申适合项目的相关标准，如文档模板标准、逻辑结构标准、代码编写标准等。
- 评审的流程和标准，如明确地区分技术评审和文档评审的不同点等。
- 配置管理要求，如代码版本控制、需求变更控制等。
- 问题报告和处理系统，确保所有的软件问题都被记录、分析和解决，并被归入到特定的范畴和文档化，为将来的项目服务。
- 采用的质量控制工具、技术和方法等。

在整个 SQA 工作中，评审或审核占有十分重要的地位，因此在 SQA 计划中需要清楚地阐述哪些评审需要完成。ANSI（American National Standards Institute）曾建议了如下必不可少的评审内容。

（1）需求说明评审（Requirement Specification Review）。

（2）设计文档评审（Design Document Review）。

（3）测试计划评审（Test Plan Review）。

（4）功能性审核（Functional Audit）。

（5）物理性审核（Physical Audit）。

（6）管理评审（Management Review）。

如果在敏捷模式开发中，没有传统的需求规格说明书（Requirement Spec），而是用户故事，需要针对用户故事及其验收标准进行评审，其中验收标准的制定和评审更为重要。以下是质量计划书的一个示例。

XYZ 项目质量保证计划

质　量　目　标

XYZ 项目需要遵循由质量小组提供的并达成协议的质量目标，目标如下。

- 完成产品预定的功能实现。

- 该版本的性能要比上一个版本提高10%以上。
- 所有“严重”及其以上级别的缺陷都必须在项目结束前修正。如果确实不能修正的，必须经过公司技术总监的批准，才可以留到下一个版本处理。
- ……

质量标准

GBT 15532-2008 计算机软件测试规范

GB/T 16260.3-2006 软件工程 产品质量 第3部分：内部度量

GB/T12505 计算机软件配置管理计划规范

XYZ 公司编程规范

……

评　审

每周和每月都需要进行项目评审，并按照要求生成相应的状态报告。在项目的实施计划中，需要定义和安排同行评审，同样需要按照相关的模版记录评审情况并生成报告。在软件开发过程中，需要进行的评审包括以下几种。

- 需求说明书，包括用户界面设计文档。
- 产品功能设计规格说明书。
- 系统架构设计、数据库设计。
- 测试计划和测试用例。
- 关键性代码。
- ……

测试计划

该项目的测试计划文档为《XYZ 项目测试计划》，请参考相应文档（ID 1003）……

各个模块质量负责人安排

……

质量计划批准人

6.3.2　质量计划制定的步骤

在制定质量计划之前，要充分考虑各种因素，也就是考量质量计划的输入。只有获得正确的输入，才能获得质量计划的正确输出。在制定项目质量计划时，主要考虑的因素有以下几个。

（1）**质量方针**。质量方针是由项目决策者对项目的整个质量目标和方向所做出的一个指导性的文件，也是质量管理的行动纲领。在项目的质量策划过程中，质量方针是重要的依据之一，质量管理的具体对策和方法都是在质量方针这个框架下进行的。

（2）**项目范围陈述**。项目范围的陈述明确了项目需求方（用户或客户）的要求和目标，而质量计划的目标就是如何最大程度地满足用户或客户的需求，因此范围陈述也是项目质量计划编制的主要依据和基础，帮助我们更好地界定具体的质量目标和任务。

（3）**产品说明**。虽然产品说明可以在项目范围陈述中加以具体化，产品说明通常仍需阐明其技术要点的细节和其他可能影响质量计划的因素。

（4）**标准和规则**。项目质量计划的制定必须考虑到与项目相关的标准和规则，这些都将影响质量计划的制定。

要充分考虑影响质量计划制定的因素，需要和项目的相关利益人（干系人）进行充分的交流和讨论，在掌握了足够的信息之后，就可以全面编制项目的质量计划了。一般来说，质量计划的制定，会经过以下一系列的步骤。

1. 了解项目的基本概况，收集项目有关资料

质量管理计划编制阶段应重点了解项目的目标、用户需求和项目的实施范围。正如前面所说，要充分考虑项目计划的影响因素，包括实施规范、质量评定标准和历史上类似项目的质量计划书等，而且还要考虑如何和风险计划、资源计划、进度计划等协调，避免冲突，达成一致。

2. 确定项目的质量目标

在了解项目的基本情况并收集大量的相关资料之后，所要做的工作就是确定项目的质量目标。先根据项目总体目标和用户需求确定项目的质量总目标，然后根据项目的组成与划分来分解质量目标，建立各个具体的质量目标。

3. 确定围绕质量目标的工作任务

从质量目标出发，比较容易确定所要开展的工作，包括评审、跟踪、统计分析等，从而确定所要进行的具体活动或任务。

4. 明确项目质量管理组织机构

根据项目的规模、项目特点、项目组织、项目总进度计划和已建立的具体质量目标，配备各级质量管理人员、设备资源，并确定质量管理人员的角色和责任，建立项目的质量管理机构，绘制项目质量管理组织机构图。例如，一个普通的软件开发项目，项目各级人员所扮演的角色和承担的责任如表 6-1 所示。

表 6-1 项目质量责任表

角色	质量责任
项目经理	协助质量保证人员、测试组长等的工作，进行全程的质量跟踪，及时向质量保证人员报告质量问题，将有关质量的改进措施及时在项目组传达，并负责其实施
质量保证人员	对整个开发和测试过程进行质量控制，负责质量计划的制定和其实施的监控，组织所要求的各类评审会议等
系统分析员	负责需求评审的组织和实施，保证需求定义符合相关的规范
架构师	开发组负责人，负责设计的评审等质量保证工作
编程人员	负责详细设计、编程和单元测试
测试组组长	参与需求、设计等评审会议，制定测试计划，组织测试计划和测试用例的评审，执行测试的质量跟踪
测试人员	编写测试用例，并参与评审
文档编写人员	审查相关文档是否采用了最新的模板，是否符合文档规范的要求

5. 制定项目质量控制程序

项目的质量控制程序主要有：项目质量控制工作程序、初始的检查实验和标识程序、项目实施过程中的质量检查程序、不合格项目产品的控制程序、各类项目实施质量记录的控制程序和交验程序等。

在制定好项目的质量控制程序之后，还应该把单独编制成册的项目质量计划，根据项目总的进度计划，相应地编制成项目的质量工作计划表、质量管理人员计划表和质量管理设备计划表等，发放给项目经理、开发组长和测试组长等项目的主要人员。

6. 项目质量计划的评审

项目质量计划编制完成后，经相关部门审阅，并经项目负责人（或技术负责人）审定和项目经理批准后颁布实施。当项目的规模较大、子项目较多或某部分的质量比较关键时，也可按照子项目或关键项目，根据项目进度分阶段编制项目的质量计划。

6.3.3 如何制定有效的质量计划

质量计划的主要目的是确保项目的质量标准能够得以满意地实现，其关键是在项目的计划期内确保项目按期完成，同时要处理与其他项目计划之间的关系。质量计划是针对具体的软件开发制定的，总体过程也经历4个阶段：计划的编制、实施、检查调整和总结。

质量计划是保证组织质量体系有效运行的纽带，因为一个组织的质量体系运行的好坏，应反映在具体的产品上，通过质量计划能够把具体产品与组织质量体系连接起来。质量计划可作为评定、监控产品是否符合质量要求的依据。由于质量计划规定了专门的质量措施、资源和活动顺序，它对有关的质量活动提出了具体要求。因此，可以根据这些要求，对质量活动的执行过程和结果进行监控和评定。

编制项目的质量计划，首先必须确定项目的范围、中间产品和最终产品，然后明确关于中间产品和最终产品的规定、标准，确定可能影响产品质量的各类因素，并找出能够确保满足相关规定、标准的过程方法和相关技术。制定质量计划的主要方法有以下几种。

（1）利益/成本分析。质量计划必须综合考虑利益/成本的交换，满足质量需求的主要利益体现在减少重复性工作（避免返工），从而达到高产出、低支出以及增加投资者的满意度。满足质量要求的基本费用是辅助项目质量管理活动的付出。质量管理的基本原则是效益与成本之比尽可能的大，或达到第5章图5-15所示的质量与成本的最佳平衡点。

（2）基准。基准主要是通过与其他同类项目的质量计划制定和实施过程的比较，为改进项目实施过程提供思路和可参考的标准。

（3）流程图。流程图是一个由箭线连接若干因素的关系图，流程图在质量管理中的应用主要包括如下两个方面。

- 因果图。主要用来分析和说明各种因素和原因如何导致或者产生各种潜在的质量问题，是质量问题的根本原因分析的主要手段之一。
- 系统流程图或处理流程图。主要用来说明系统各种要素之间存在的相互关系，通过流程图可以帮助项目组提出解决所遇质量问题的相关方法。

（4）试验设计。试验设计对于分析和识别对整个项目输出结果最具影响的因素是有效的。

由于影响项目实施的因素非常多，如设计的变更、意外情况的发生、项目环境的变化，而且这些因素均能够对项目质量计划的顺利实施起到阻碍限制作用，因此在项目质量计划实施的过程中，必须不断加强对质量计划执行情况的检查，及时发现和纠正问题。例如，在项目实施的过程中，由于受主客观因素的影响，偶尔会发生某部分项目的实施质量经检验后未能达到原质量计划规定要求的情况，从而对项目质量目标带来不同程度的影响。此时在项目总体目标不变的前提下，应根据原质量计划和实际情况进行比较分析，找出问题产生的根本原因，从而制定出相应的技术保证措施，对原计划做出适当的调整，以确保项目质量总目标的圆满实现，满足顾客对项目产品或服务的质量要求。

综上所述，项目质量计划工作在项目管理，特别是项目质量管理中具有非常重要的地位和指导作用。加强项目的质量计划，可以充分体现项目质量管理的目的性，有利于克服质量管理工作中的盲目性和随意性，从而增加工作的主动性、针对性和积极性，对确保项目工期、降低项目成本、圆满实现项目质量目标将会产生积极的促进作用。

6.3.4　质量计划的实施和控制

质量计划确定后，各责任单位就必须按照设定的质量目标来安排质量工作，开展相关活动，实施有效的质量控制。质量控制贯穿项目的整个过程，它通过收集、记录和分析有关项目质量的数据信息，确保质量计划得到贯彻执行，也可以根据实际情况对计划进行调整，适应客户的新要求。

项目质量评估不仅仅是在项目完成后进行，还包括对项目实施过程中的各个关键点的质量评估。项目质量评估看起来属于事后控制，但其目的不是为了改变那些已经发生的事情，而是试图获得产生质量缺陷的根本原因，从而减少软件缺陷或避免将来犯同样的错误。

在质量计划实施过程中，应该通过设置检查点、验证点，对阶段性成果进行评审或完成质量评估，以确定项目阶段性成果是否达到所设定的质量标准。如果满足了质量标准，就可以进入软件生命周期的下一个阶段。如果不符合相关的质量标准，能使质量问题及早暴露出来，从而能够及时采取纠正措施或预防措施，以消除导致不合格或潜在不合格产品的原因，从根本上解决质量问题，避免发生更大的质量问题，还可避免最后一刻因质量问题使项目推迟。

项目收尾阶段的质量控制是一个非常重要而又容易忽视的内容，它需要检查项目文件资料的完备性，包括评审会议记录、测试报告等，同时进行项目总结。项目总结是一个把实际运行情况与项目计划进行比较以吸取教训、提炼经验的过程。通过项目质量计划和总结，项目过程中的经验和教训将得到完整的记录和升华，成为“组织财富”。

6.4　软件评审方法和过程

卡尔·威格（Karl E. Wiegers）在《同级评审》一书提到：“不管你有没有发现它们，缺陷总是存在，问题只是你最终发现它们时，需要多少纠正成本。评审的投入把质量成本从昂贵的后期返工转变为早期的缺陷发现。”

布鲁克斯则在《人月神话》中说：“不论协作与否，拥有能了解状态真相的评审机制是必要的。PERT 图以及频繁的里程碑是这种评审的基础。大型项目中，可能需要每周对某些部分进行评审，大约一个月左右进行整体评审。”

软件评审的涉及面比较广，从软件产品、软件技术到软件流程、管理等。因为评审的对象不同，其评审目的是不一样的。

- 当评审的对象是需求文档、技术设计、代码等，主要目的就是能尽早地发现产品的缺陷，以前期较少的投入来消除后期大量的返工；
- 当评审的对象是软件技术时，主要目的是判断引入新的技术是否带来很大风险？技术是否适用当前的研发环境等；
- 当评审的对象是软件流程、管理时，主要目的是发现流程、管理中存在的问题，加以改进。
- 当评审对象是项目计划、测试计划、测试用例时，主要目的也是发现问题，完善这些计划和文档。

概括起来，评审主要目的是发现问题。但是，除了发现问题之外，通过评审，也是集众人智慧来解决问题，同时也是大家相互学习的好机会。通过评审，还可以将问题记录下来，使得问题具有可追溯性。

引用概念

根据 IEEE Std 1028-1988 的定义，软件评审是对软件元素或者项目状态的一种评估手段，以确定其是否与计划的结果保持一致，并使其得到改进。评审就是检验工作产品（如需求或设计文档）是否正确地满足了以往工作产品中建立的规范，是否符合客户的需求。

6.4.1 软件评审的方法和技术

软件评审的方法很多，有正式的也有非正式的。最不正式的一种评审方法可能是临时评审，设计、开发和测试人员在工作过程中会自发地使用这种方法。其次，就是轮查——邮件分发审查方法（E-mail pass-around review），通过邮件将需要评审的内容分发下去，然后再收集大家的反馈意见。这种方法简单、方便，不是实时进行而是异步进行，参与评审的人在时间上具有很大的灵活性，这种方法用于需求阶段的评审还是可以发挥不错的效果的。但是，这种方法不能保证大家真正理解了内容，反馈的意见既不准确，也不及时。而大家比较认可的软件评审方法是互为复审或称同行评审（Peer Review）、走查（Walkthrough）和会议审查（Inspection），如图 6-2 所示。在软件开发过程中，各种评审方法都是交替使用，或根据实际情况灵活应用的。

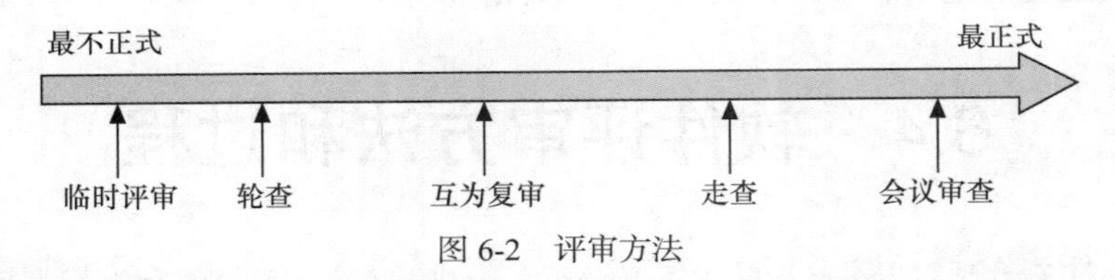

图 6-2 评审方法

1. 互为复审

在软件团队里，容易形成一对一的伙伴合作关系，从而相互审查对方的工作成果，帮助对方找出问题。这种方法，由于两个人的工作内容和技术比较接近，涉及人员很少，复审效率比较高也比较灵活。所以互为评审是一种常用的办法，如软件代码的互为评审已成为软件工程的最佳实践之一。极限编程中的成对编程，可以看作互为复审的一种特例。有兴趣的读者，可以访问 Smartbear software 官方网站以获得更多有关互为复审的资料。

2. 走查

走查主要强调对评审的对象要从头到尾检查一遍，比上面的互为复审要求更严格一些，从而保证其评审的范围全面，达到预期效果。有时，也可以将走查和互为复审结合起来使用。但这种方法在审查前缺乏计划，参与审查的人员没有做好充分的准备，所以表面问题容易被发现，一些隐藏比较深的问题不容易被发现。走查还常用在产品基本完成之后，由市场人员和产品经理来完成这一工作，以发现产品中界面、操作逻辑、用户体验等方面的问题。

3. 会议审查

会议审查是一种系统化、严密的集体评审方法。它的过程一般包含了制定计划、准备和组织会议、跟踪和分析结果等。对于最可能产生风险的工作成果，要采用这种最正式的评审方法。例如，软件需求分析报告、系统架构设计和核心模块的代码等，一般都采用这种方法，或至少有一次采用会议审查的方法。在 IEEE 中是这样描述会议审查的。

- 通过会议审查可以验证产品是否满足功能规格说明、质量特性以及用户需求等。
- 通过会议审查可以验证产品是否符合相关标准、规则、计划和过程。
- 会议审查能提供缺陷和审查工作的度量，以改进审查过程和组织的软件工程过程。

在会议评审过程中涉及到多个角色，如评审组长、作者、评审人员、列席人员和会议记录人员等。虽然评审员是一个独立的角色，但实际上，所有的参与者除了自身担任的特定角色外，在评审中都充当评审员的角色。

通常，在软件开发的过程中，各种评审方法都是交替使用的，在不同的开发阶段和不同的场合要选择适宜的评审方法。例如，需求和设计评审，一般先采用“轮查”的方法审查初稿，找出显而易见的问题，然后在最终定稿之前，采用正式“评审会议”方法，对所有关键内容再过一遍。而在代码评审中，以选用“互为评审”比较多，程序员也经常自发地采用“临时评审”方法。要找到最合适的评审方法的有效途径是在每次评审结束后，对所选择的评审方法的有效性进行分析，并最终形成适合组织的最优评审方法。

对于最有可能产生较大风险的工作成果，要采用最正式的评审方法。例如，对于需求分析报告而言，它的不准确和不完善将会给软件的后期开发带来极大的风险，因此需要采用较正式的评审方法，如走查或者会议评审。又如，核心代码的失效也会带来很严重的后果，所以也应该采用走查或者会议评审的方法。

4. 检查表

在实际的评审过程中不仅要采用合适的评审方法，还需要选择合适的评审技术。检查表（checklist）就是一种简单有效的技术。例如，需求缺陷检查表或设计需求缺陷检查表列出容易出现的典型错误，作为评审的一个重要组成部分，帮助评审员找出被评审的对象中可能的缺陷，从而使评审不会错过任何可能存在的隐患，也有助于审查者在准备期间将精力集中在可能的错误来源上，提高评审效率、节约大家的时间。

检查表（checklist）是一种常用的质量保证手段，也是正式技术评审的必要工具，评审过程往往由检查表驱动。一份精心设计的检查表，对于提高评审效率、改进评审质量具有很大帮助。检查表应具有以下特征。

- 可靠性。人们借助检查表以确认被检查对象的所有质量特征均得到满足，避免遗漏任何项目。
- 效率。检查表归纳了所有检查要点，比起冗长的文档，使用检查表具有更高的工作效率。

如何制定合适的检查表呢？概括起来有以下几点。

- 不同类型的评审对象应该编制不同的检查表。
- 根据以往积累的经验收集同类评审对象的常见缺陷，按缺陷的（子）类型进行组织，并为每一个缺陷类型指定一个标识码。
- 基于以往的软件问题报告和个人经验，按照各种缺陷对软件影响的严重性和（或）发生的可能性从大至小排列缺陷类型。
- 以简单问句的形式（回答“是”或“否”）表达每一种缺陷。检查表不宜过长。
- 根据评审对象的质量要求，对检查表中的问题做必要的增、删、修改和前后次序调整。

5. 其他技术

场景分析技术多用于需求文档评审，按照用户使用场景对产品/文档进行评审，如扮演不同的用户角色，模拟用户的行为，联想到更多的应用场景。使用这种评审技术很容易发现遗漏的需求和多余的需求。实践证明，对于需求评审，场景分析法比检查表更能发现错误和问题。

通常，不同的角色对产品/文档的理解是不一样的。例如，客户可能更多从功能需求或者易用性上考虑，设计人员可能会考虑功能的实现问题，而测试人员则更需要考虑功能的可测试性等。因此，在评审时，可以尝试从不同角色出发对产品/文档进行审核，从而发现可测性、可用性等各个方面的问题。

合理地利用工具可以极大地提高评审人员的工作效率，目前，已经有很多的工具被开发用于评审工作，NASA 开发的 ARM（Automated Requirement Measurement，自动需求度量）就是其中的一种工具，将需求文档导入之后，该工具会对文档进行分析，能够统计文档中各种词语的使用频率，从而对完整性、二义性等进行分析。分析的词语除了工具本身定义的特定词语（如完全，部分，可能等），使用者还可以自己定义词语并加入词库。

6.4.2 角色和责任

在评审过程中涉及多个角色，分别是：评审组长、作者、评审员、读者和记录者等。虽然评审员是一个独立的角色，但实际上，所有的参与者除了自身担任的特定角色外，都在评审中充当评审员的角色。有时候，由于人员的限制，一个人可能充当多个角色，如小组组长也可以是读者和记录者。不同的角色承担着不同的责任，其主要的职责分配如表 6-2 所示。在不同形式的评审中，角色也会发生一些变化，可以参见表 6-3。

表 6-2　软件评审中的角色和责任

角　色	责　任
作者	● 被评审的工作产品的创建者或维护者请求同行评审协调者分配一位评审负责人，从而发起评审过程 ● 陈述评审目标 ● 提交工作产品及其规范或以往的文档给评审负责人 ● 与评审负责人一起选择检查者，并分配角色 ● 对应问题日志和错误清单上的项目 ● 向评审负责人报告返工时间和缺陷数
小组组长	● 使用评审负责人检查表作为工作辅助 ● 计划、安排和组织评审活动 ● 与创建者一起选择检查者，并分配角色 ● 在评审会议 3 天前，将评审项目打包并发送给检查者 ● 确定会议准备是否充分。如果不充分，重新安排会议时间 ● 协调评审会议进行。纠正任何不适当的行为。随着阅读人展示工作产品的各部分，引导检查者提出问题。记录评审过程中提出的行动决议或问题 ● 领导评审小组确定工作产品的评估结果 ● 作为审核者或指派其他人承担该责任 ● 提交完成的评审总结报告给组织的同行评审协调者
读者	● 向评审小组展示工作产品的各部分，引导检查者进行评论，提出问题或疑问
记录者	● 记录并分类评审会议中提出的问题
评审员	● 在评审会议之前检查工作产品，发现其缺陷，为参加评审会议做准备。记录其评审准备时间。参加评审，识别缺陷，提出问题，给出改进建议
审核者	● 进行跟踪，确认返工工作被正确执行
协调者	● 项目评审度量数据库的拥有者。维护每次评审的评审记录及来自评审总结报告中的数据。根据评审数据形成报告，提交给管理层、过程改进组及同行评审过程的拥有者

表 6-3　　审查、评审和走查异同点比较表

角色/职责	审　查	评　审	走　查
主持者	评审组长	评审组长或作者	作者
材料陈述者	评审者	评审组长	作者
记录员	是	是	可能
专门的评审角色	是	是	否
检查表	是	是	否
问题跟踪和分析	是	可能	否
产品评估	是	是	否

6.4.3　软件评审过程

评审会议是需要事先做好策划、准备和组织的。在举行评审会议之前，首先要做好计划，包括确定被评审的对象、期望达到的评审目标和计划选用的评审方法；然后，为评审计划的实施进行准备，包括选择参加评审合适的人员，协商和安排评审的时间，以及收集和发放所需的相关资料；接着，进入关键阶段，召开会议进行集体评审，确定所存在的各种问题；最后，跟踪这些问题直至所有问题被解决。评审会议过程如图 6-3 所示。

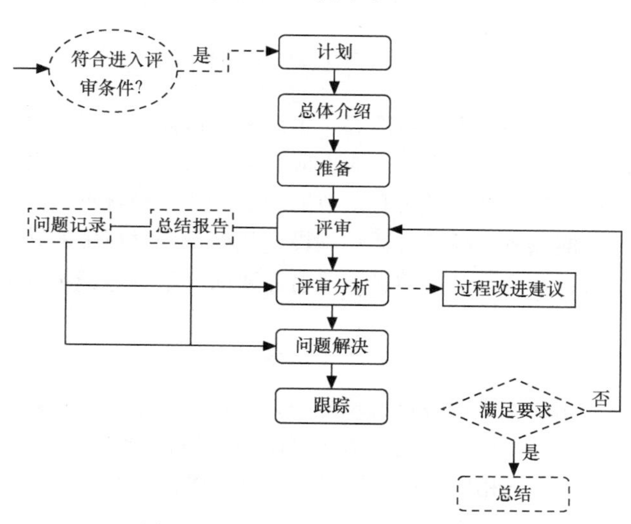

图 6-3　评审会议的标准流程示意图

1. 会议准备

在评审会议准备过程中，第 1 件事就是确定评审组长。评审组长需要和作者一起，策划和组织整个评审活动。评审组长发挥着关键的作用，有数据表明，一个优秀的评审组长所领导的评审组比其他评审组平均每千行代码多发现 20%～30%的缺陷。所以要选经验丰富、技术能力强、工作认真负责的人来担任评审组长，但为了保证评审的公平、公正，通常选派的评审组长不能和作者有密切关系，以避免评审组长不能保持客观性。接下来需要完成下列几项准备工作。

（1）选定评审材料。由于时间的限制，对所有交付的产品和文档都进行评审的可能性是不大的，因此需要确定哪些内容是必须评审的，如复杂、风险大的材料。

（2）将评审材料汇总成一个评审包，在评审会议开始前几天分发给评审小组的成员，以使小

组成员在会议之前事先阅读、理解这些材料，并记录下阅读过程中发现的问题或想在会议上询问的问题。

（3）制定相应的活动进度表，提前2～3天通知小组成员会议的时间、地点和相关事项。

2. 召开会议

评审会议是评审活动的核心，所有与会者（见图6-4）都需要仔细检查评审内容，提出可能的缺陷和问题，并记录在评审表格中。会议开始前，每一位评审人员都要做好充分的准备。如果认为某些评审员并没有为该次会议做好准备，评审组长有权也应该中止该次会议，并重新安排会议时间。

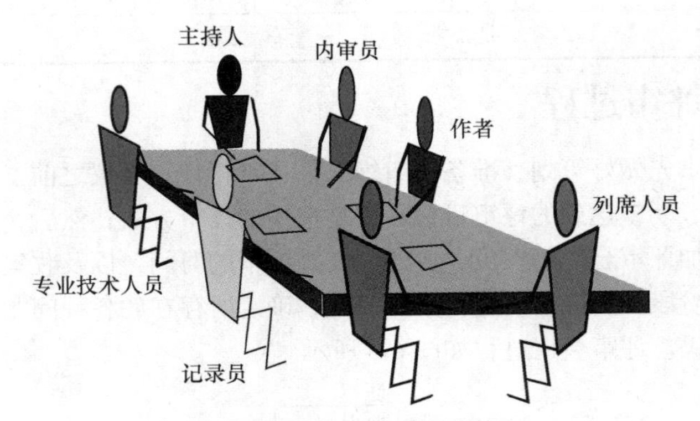

图6-4　评审会议现场示意图

会议开始时，需要简要说明待审查的内容，重申会议目标。会议的目标是发现可能存在的缺陷和问题，会议应该围绕着这个中心进行，而不应该陷入无休止的讨论之中。然后，较详细地说明评审材料，了解所有评审员对材料是否有一致的理解。如果理解不一致，就比较容易发现评审材料中存在的二义性、遗漏或者某种不合适的假设，从而发现材料中的缺陷。所有发现的缺陷和问题应被清楚地记录下来，在会议结束前，记录员需要向小组重述记录的缺陷，以保证所有问题都被正确记录下来。

3. 评审决议

在会议最后，评审小组就评审内容进行最后讨论，形成评审结论。评审结论可以是接受（通过）、有条件接受（需要修订其中的一些小缺陷后通过）、不能接受和评审未完成（继续评审）。评审会议结束之后，评审小组提交相应的评审结果，如问题列表、会议记录、评审报告或评审决议、签名表等。

4. 问题跟踪

会议结束，并不意味着评审已经结束了。因为评审会议上发现的问题，需要进行修订，评审组长或协调人员要对修订情况进行跟踪，验证作者是否恰当地解决了评审会上所列出的问题，并决定是否需要再次召开评审会议。对于评审结果是“有条件接受”的情况时，作者也需要对产品进行修改，并将修改后的产品发给所有的评审组成员，获得确认。所有问题被解决、修正工作得到确认，评审才算结束。

5. 评审注意事项

- 明确自己的角色和责任。
- 熟悉评审内容，为评审做好准备，做细做到位。
- 在评审会上关注问题，针对问题阐述观点，而不是针对个人。

- 可以分别讨论主要的问题和次要的问题。
- 在会议前或者会议后可以就存在的问题提出自己的建设性的意见。
- 提高自己的沟通能力，采取适当的、灵活的表述方式。
- 对发现的问题，要跟踪到底。

6.4.4　如何有效地组织评审

这里以需求评审为例，介绍如何有效地组织评审。对于需求评审，通常会通过一些非正式形式（临时评审、走查等）来完成需求的前期评审或功能特性改动很小的需求评审，但至少会有一次会议评审，从头到尾地对需求说明进行评审。对于比较大型的项目、需求改动较大的项目等，一次评审会议也许还不够，还要通过 2～3 次甚至更多次的评审会议才能最后达成一致。

SQA 人员组织评审，和各类项目人员交流，充分听取他们的建议，把握好流程和评审目标。而测试人员和开发人员等，都需要认真、仔细地阅读评审材料，不断思考，从中发现问题。任何发现的问题、不明白的地方都应一一记录下来，通过邮件发给文档的作者，或通过其他形式（面对面会谈、电话、远程互联网会议等）进行交流。其中重要的一点就是要善于提问，包括向自己提问题。

- 这些需求都是用户提出来的吗？有没有画蛇添足的需求？
- 有没有漏掉什么需求？有没有忽视竞争对手的产品特性？
- 需求文档中，正确地描述了需求吗？
- 我的理解和作者、产品经理的理解一致吗？

通过交流，大家达成一致的认识和理解，并修改不正确、不清楚的地方。在各种沟通形式中，面对面沟通的效率最好，但是在口头交流达成统一意见后，还应该通过文档、邮件或工作流系统等记录下来，作为备忘录。

更重要的是，要从用户的角度来进行需求评审，从用户需求出发，一切围绕用户需求进行。要确定用户是谁，理解用户的业务流程，体会用户的操作习惯，多问几个为什么，尽量挖掘各种各样的应用场景或操作模式，从而分析需求，检验需求描述是否全面、是否具备完整的用例等，真正满足用户的业务需求和操作需求。

评审方法有以下几种。

1. 分层评审方法

采用分层次评审的方法，是先总体，后细节，一开始不要陷入一些细节，而是按从高层次向低层次推进的方法来完成评审。

- **高层次评审**：主要从产品功能逻辑去分析，检查功能之间衔接是否平滑、功能之间有没有冲突；从客户的角度分析需求，检查是否符合用户的需求和体验，检查需求是否遵守已有的标准和规范，如国家信息标准、行业术语标准、企业需求定义规范等；最后还要检查需求的可扩充性、复杂性、可测试性（可验证性）等。
- **低层次评审**：可以建立一个详细的检查表逐项检查，包括是否存在一些含糊的描述，如“要求较高的性能”“多数情况下要支持用户的自定义”等。

高层次评审主要评审产品是否满足客户的需求和期望，是否具有合理的功能层次性和完备性，能满足客户各个方面的需求。而低层次评审需要逐字逐行地审查需求规格说明书的各项描述，包括文字、图形化的描述是否准确、完整和清晰。例如，设计规格说明书中不应该使用不确定性的词，如“有时、多数情况下、可能、差不多、容易、迅速”等，而应明确指出事件发生或结果出现所依赖的特定条件。对说明书中所有术语（terminology）仔细检查，看是否事先对这些术语已有清楚的定义，不能用同一个术语来描述意义不同的对象，同一个对象也不宜用两个以上术语去描述，力求保证术语的准确性，不会出现二义性。

需求规格的描述，不仅包括功能性需求，而且包括非功能性需求。系统的性能指标描述，应该清楚、明确。例如，系统能够每秒接受 50 个安全登录，在正常情况下或平均情况下（如按一定间隔采样）Web 页刷新响应时间不超过 3 秒。在定义的高峰期间，响应时间也不得超过 12 秒。年平均或每百万事务错误数须少于 3.4 个。而业务要求常用一些非技术术语来描述性能指标，如给出一个简单的描述——"每一个页面访问的响应时间不超过 3 秒"。有了更专业的、明确的性能指标，我们就有可能对一些关键的使用场景进行研究，以确定在系统层次上采用什么样的结构、技术或方式来满足要求。多数情况下，将容量测试的结果作为用户负载的条件，即研究在用户负载较大或最不利情况下，来保证系统的性能。如果在这种情况下，系统的性能有保证，在其他情况下就不会有问题。

2. 分类评审方法

需求往往由于来源不同，而属于不同的范畴，所以需求的评审也可以按照业务需求、功能需求、非功能需求、用户操作性需求等进行分类评审。例如可按以下几类需求进行评审。

- 业务目标：整个系统需要达到的业务目标，这是最基本的需求，是整个软件系统的核心，需要用户的高层代表和研发组织的资深人员参加评审，如测试经理应该参加这样的评审。
- 功能性需求：整个系统需要实现的功能和任务，是目标之下的第 2 层次需求，是用户的中层管理人员所关注的，可以邀请他们参加，而在测试组这边，可以让各个功能模块的负责人参加。
- 操作性需求：完成每个任务的具体的人机交互（UI）需求，是用户的具体操作人员所关注的。一般不需要中高层人员参加，而是让具体操作人员和测试工程师参加评审。

3. 分阶段评审方法

在需求形成的过程中，最好采用分阶段评审方法进行多次评审，而不是在需求最终形成后只进行一次评审。分阶段评审可以将原本需要进行的大规模评审拆分成各个小规模的评审，降低了需求分析返工的风险，提高了评审的质量。例如，可以在形成目标性需求时完成第 1 次评审，在形成系统功能框架时再进行一次评审。当功能细化成几个部分后，可以对每个部分分别进行评审，并对关键的非功能特性进行单独的评审。最后对整体的需求进行全面评审。

6.5 缺陷预防和跟踪分析

软件缺陷不仅仅局限于程序功能的问题，任何与用户需求不符合的地方都是缺陷，需求说明、设计文档和测试用例等文档中也同样存在着缺陷。作为衡量软件质量的重要指标，人们总是希望缺陷越少越好。然而，人总是会犯错，因此软件不可能没有缺陷，软件测试也不可能发现所有缺陷。那么，如何最大程度地避免缺陷显得尤为重要，这就是缺陷预防。

6.5.1 缺陷预防

质量大师克劳士比所提倡的"零缺陷管理"思想，在传统工业工程中深受欢迎。"零缺陷管理"告诉我们一个很简单的道理，那就是"第 1 次就把事情做正确（Do it right at first time）"。如果第

1 次就把事情做对了，就消除了劣质成本，或者说将“处理缺陷和失误造成的成本”降到最低，极大地提高了工作质量和工作效率。

如前面谈过的，软件的劣质成本占开发的总成本的 40%以上。因此，在质量管理中既要保证质量又要降低成本，其最好的结合点就是要求每一个人“第一次就把事情做好”，即每一个人在每一时刻所做的每一项任务/作业都符合工作质量的全部要求。只有这样，那些浪费在补救措施（如修正软件缺陷）上的时间和费用才可以避免，这就是“零缺陷管理”的真实含义，也就是我们这里强调的软件缺陷预防思想。缺陷预防的思想和零缺陷管理如出一辙，在思想上是一致的。如果系统分析员、架构设计师、设计人员、编程人员等所有人员在第 1 次就把事情做对，测试人员也许就不需要了。有一个例证，上千人的印度软件公司，只有 5～6 个真正的质量保证（Quality Assurance，QA）人员，而且没有独立的测试团队，软件产品质量依旧很好，这再一次验证了“质量是做出来的，不是测出来的”。

软件开发过程在很大程度上依赖于发现和纠正缺陷的过程，但一旦缺陷被发现之后，软件过程的控制并不能降低太多的成本，而且大量缺陷的存在也必将带来大量的返工，对项目进度、成本造成严重的负面影响。所以相比软件测试或质量检验的方法，更有效的方法是开展预防缺陷的活动，防止在开发过程中引入缺陷。

缺陷预防要求在开发周期的每个阶段实施根本原因分析（root cause analysis），为有效开展缺陷预防活动提供依据。通过对缺陷的深入分析可以找到缺陷产生的根本原因，确定这些缺陷产生的根源和这些根源存在的程度，从而找出对策、采取措施消除问题的根源，防止将来再次发生同类的问题。

缺陷预防也会指导我们怎么正确地做事，如何只做正确的事，了解哪些因素可能会引起缺陷，吸取教训，不断总结经验，杜绝缺陷的产生。

- 从流程上进行控制，避免缺陷的引入，也就是定义或制定规范的、行之有效的开发流程来减少缺陷。例如，加强软件的各种评审活动，包括需求规格说明书评审、设计评审、代码评审和测试用例评审等，对每一个环节都进行把关，杜绝缺陷，保证每一个环节的质量，最后就能保证整体产品的质量。
- 采用有效的工作方法和技巧来减少缺陷，即提高软件工程师的设计能力、编码能力和测试能力，使每个工程师采用有效的方法和手段进行工作，有效地提高个体和团队的工作质量，最终提高产品的质量。

补充

测试驱动开发（Test-driven Development，TDD）就是“零缺陷”质量管理思想的延伸，通过以测试为先、编程在后的方法迫使每个程序员第 1 次就将程序写对。测试驱动开发实施时，在打算添加某项新功能时，先不要急着写程序代码，而是将各种特定条件、使用场景等想清楚，为待编写的代码先写测试代码或测试脚本，利用集成开发环境或相应的测试工具来执行这段测试用例，结果自然是失败。根据反馈的错误信息，了解到代码没有通过测试用例的原因，有针对性地逐步地添加代码，直到代码符合测试脚本的要求，获得通过。TDD 从根本上改变了开发人员的编程态度，开发人员不能再像过去那样随意写代码，要求写的每行代码都是有效的代码，写完所有的代码就意味着真正完成了编码任务，代码的质量会有显著的改善。而且，编写所有产品代码的目的都是为了使失败的单元测试能够通过，这样做会强烈地激发程序员去解除各个模块间的耦合，其结果是模块的独立性好、耦合性弱。

TDD一改以往的破坏性测试的思维方式，测试在先、编码在后，更符合"缺陷预防"的思想。这样一来，编码的思维方式发生了很大的变化，编写出高质量的代码去通过这些测试，在写每一行代码时就要确保能通过测试，确保测试具有独立性，不受实现思维的影响，代码质量得到根本保证。

验收测试驱动开发（Acceptance Test-driven Development，ATDD）也是测试在先，开发在后，所不同的是，不是先写测试代码，而是先确定验收测试的标准，再开始开发（设计、编程）。TDD可以看作是代码层次的缺陷预防，ATDD可以看作是需求或业务层次的缺陷预防，把需求搞清楚，然后才开发。这也能很好预防缺陷。

6.5.2 缺陷分析

缺陷分析是将软件开发、运行过程中产生的缺陷进行必要的收集，对缺陷的信息进行分类和汇总统计。通过缺陷分析，可以发现各种类型缺陷发生的概率，掌握缺陷集中的区域，明晰缺陷的发展趋势，了解缺陷产生的主要原因。以便有针对性地提出遏制缺陷发生的措施、降低缺陷数量。

为了分析软件的缺陷，所有的缺陷都要有相应的记录，而且便于过滤出需要的数据。换言之，进行缺陷分析的必备条件是缺陷的有效收集。缺陷收集最好的方式是在软件开发的过程中使用缺陷管理系统，如MantisBT、Bugzilla、Bugfree等。

1. 缺陷趋势分析

缺陷趋势分析，就是针对缺陷数目随时间而不断变化的趋势进行分析，了解缺陷的发现或修正的过程是否符合期望的规律性，而没有出现异常现象。这需要统计每天的缺陷发现和修订情况，如表6-4所示。根据表6-4所提供的数据，可以得到如图6-5所示的缺陷发展趋势图。

表6-4　　每日缺陷跟踪表

日　期	新发现缺陷	修订的缺陷	关闭的缺陷	发现的总缺陷数	修订的总缺陷数	关闭的总缺陷数
05/09/2009	5			5	0	0
05/10/2009	11			16	0	0
05/11/2009	9	2	2	25	2	2
05/12/2009	8	19	16	33	21	18
05/13/2009				33	21	18
05/14/2009				33	21	18
05/15/2009	6	1		39	22	18
05/16/2009	2	5	2	41	27	20
05/17/2009	6	6	9	47	33	29
05/18/2009	1	10	10	48	43	39
05/19/2006	4	10	7	52	53	46
05/20/2006				52	53	46
05/22/2006				52	53	46

总的发展趋势图用来分析总的项目情况非常有效。例如，从图6-5的趋势图中发现缺陷趋势中的关闭的总缺陷数具有明显的阶梯状。那么可以设想是不是测试人员集中在每周的头两天对缺陷进行验证，或者是不是由于软件包构建的周期性造成这样的趋势？通过分析，可以发现测试或

开发过程中存在的问题，从而及时地采取措施进行调整。

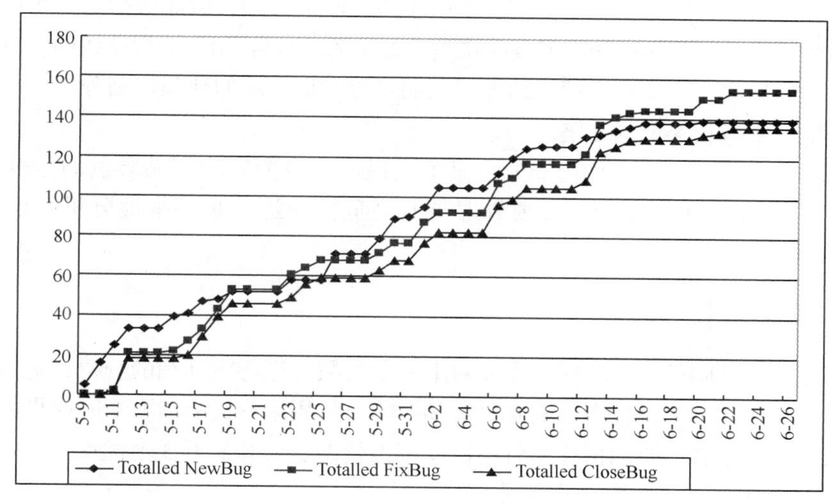

图 6-5　缺陷发展趋势图

2. 缺陷分布分析

缺陷趋势分析是从时间纵向来进行分析，而缺陷分布分析是横向分析，即针对缺陷在功能模块、缺陷类型、缺陷产生原因等不同方面的分布情况，如图 6-6 所示。缺陷分布分析可以在项目进行过程中某个时刻或在项目结束后进行。

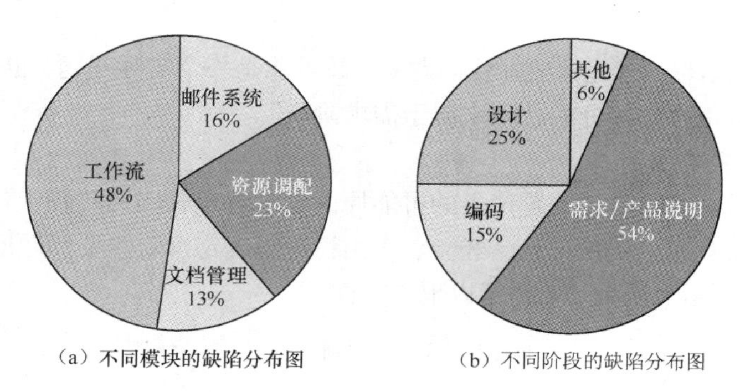

（a）不同模块的缺陷分布图　　（b）不同阶段的缺陷分布图

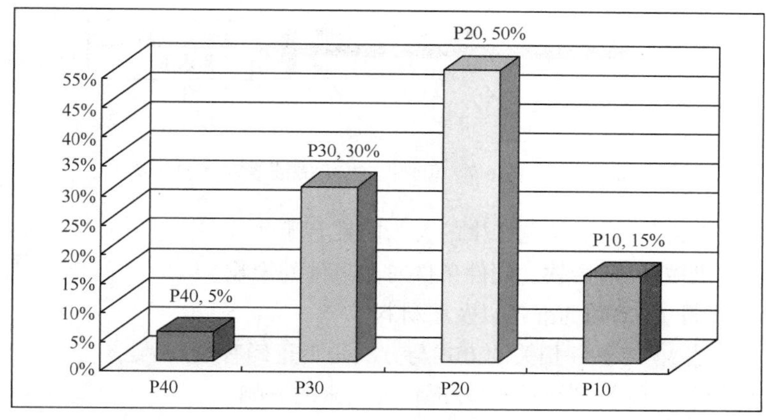

（c）不同级别的缺陷分布图

图 6-6　缺陷分布图

缺陷分布图直观地反映了缺陷在不同地方的分布密度，有利于对缺陷进行进一步的深入分析。例如，从图 6-6（a）中可以看出工作流模块集中了约 50%的缺陷，因此该模块的质量直接影响着整个项目的质量情况。而图 6-6（b）则表明缺陷主要来源于软件的需求/产品说明。通过缺陷分布图可以很容易找出缺陷主要集中在什么地方，从而可以对该区域的缺陷仔细分析，在以后的项目中采取相应的措施来避免类似的缺陷。

缺陷分布分析只是分析的第 1 步。它只不过提供了主要影响产品质量的是哪些模块，其信息不足以给出更深层次的原因。需要针对这些高危模块进一步仔细地分析，识别缺陷产生的根源。

6.5.3 鱼骨图

为了更好地分析缺陷的根本原因，需要对上一节的数据进行更详细的分析，这时经常采用鱼骨图法。鱼骨图又称为因果分析图，它是分析和影响事物质量形成的诸要素间因果关系的一种分析图，因为其形状像鱼骨，所以俗称鱼骨图。使用鱼骨图主要有如下 3 个优点。

- 可以更全面地探讨各种类别的原因。
- 鼓励通过自由讨论发挥大家的创造性。
- 提供问题与各类原因之间关系的直观表示。

鱼骨图分析法要完成从主刺到小刺的思维和分析的过程，即先找出最主要的问题，分析导致此问题的因素后，再逐层递推，分析导致各个小问题的因素，最后找出最根本的原因，采取对策，从而使主要的问题得到解决。

1. 确定问题

在绘制鱼骨图的时候，首先需要抓住问题。问题可能是一个实际问题，也可能是潜在的问题，如现在要分析的问题是“大部分的缺陷来源于需求阶段”。

2. 找出问题的主要原因

确定了问题之后，需要寻找问题产生的可能原因。沿着鱼骨图的“骨干”将它们分类作为原因的主要类别，这通常通过质量记录、经验、自由讨论等确定。对主要问题原因的分类可以运用 5M 方法，如图 6-7 所示。所谓 5M 是指以下 5 方面。

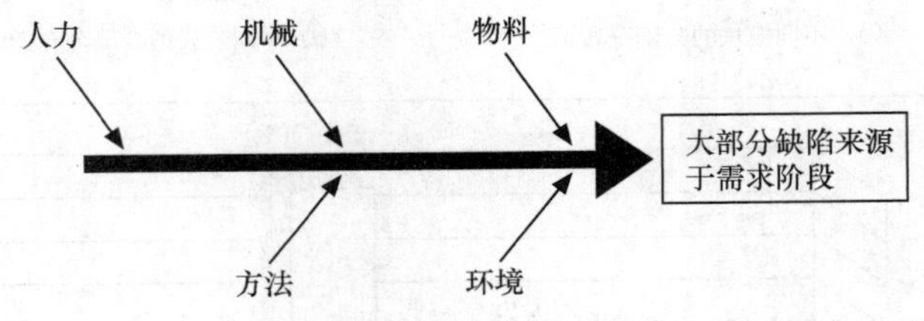

图 6-7 鱼骨图主要问题分类

- Manpower（人力），造成问题产生的人为因素有哪些。
- Machinery（机械），通指软、硬件条件对于事件的影响。
- Materials（物料），基础的准备以及原材料。
- Methods（方法），与事件相关的方式与方法是否正确有效。
- Mother-nature（环境），指的是内外部环境因素的影响。

3. 根据问题类别，确定细节原因

针对列出的每个主要问题，进一步讨论和分析，列出造成该问题的根本原因，如表 6-5 所示，则得到如图 6-8 所示的最终根本原因分析图。针对各项原因分析，根本原因可能出在沟通上，和客户沟通不够充分，项目组成员之间沟通也不流畅，导致对需求不够重视、方法不对，需求规格说明书质量不高，所以要想办法解决沟通问题。

表 6-5　　问题根本原因分析

问 题 类 别	原　　因
人力	需求评审人员不够认真，准备不够充分，没有和客户进行充分沟通
机械	沟通设备有限、交通不方便
物料	需求规格说明书质量不高
方法	没有采用正式的评审方法
环境	对需求分析没有给予足够的重视

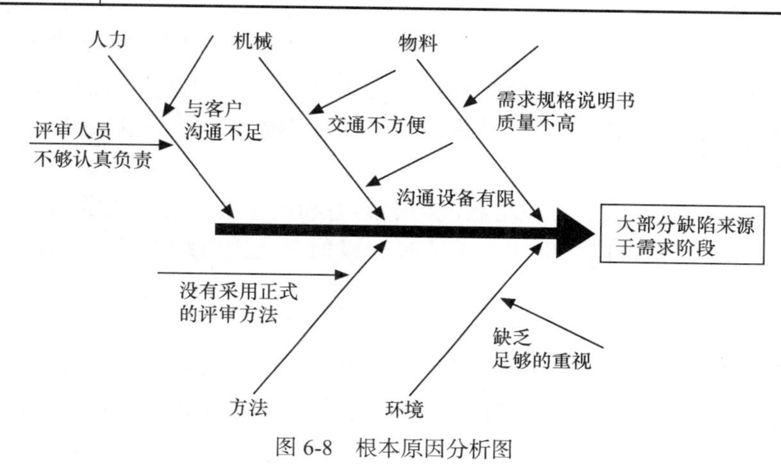

图 6-8　根本原因分析图

6.6 质 量 度 量

随着软件系统规模、复杂度等的不断增加，靠简单的直觉判断来进行管理，做出决定会变得非常困难，甚至是危险的，会被假象所迷惑，做出错误的判断。这时，需要求助于度量，对软件过程和产品实施量化管理。度量可以帮助我们更客观、更全面、更准确地了解产品状况，发现产品的潜在问题，从而进行更有效的管理。质量度量可以实现以下目标。

（1）**使沟通更有效，改进可见性**。度量支持跨越组织所有级别的人员之间的沟通，而且这种沟通清晰、明确，不容易引起混淆，使管理更加透明。

（2）**尽早地发现和更正问题**。问题发现得越晚将越难管理，并且要花费越多的成本来修复问题。使用度量，不必等待问题出现，就可以通过统计分析或趋势分析，尽早发现问题出现的征兆，防微杜渐，采取更积极的管理策略。

（3）**作出关键的权衡**。某个领域的决定常常会影响其他领域，而度量为项目进度、质量等提供了客观的历史数据、当前数据和变化趋势等，能够帮助我们客观地评定各领域之间的相互影响，权衡利弊，从而能够作出合理的决策。

（4）**跟踪特定的项目目标**。度量能够帮助我们回答特定的问题，例如，“项目是按时间计划进行的吗？”或者“质量有所改进吗？”通过跟踪项目计划的实际测量情况，我们能够针对所设定的目标评估项目的进展情况。

（5）**管理风险**。风险管理是一个被广泛接受的最佳实践，它也包括在项目周期中尽早地识别和分析风险。较晚地发现风险将使风险处理更加困难，并要花费更大的成本来处理风险。通过使用高质量的客观数据，我们能够提高对风险区域的可见性，如需求的蔓延。通过度量和监视需求的变更，我们能够确定某个风险是否被降低了。

（6）**计划未来的项目**。通过度量活动，可以记录过去大量项目的周期、进度、费用和质量的信息，这可以为未来相似的项目计划的进度、资源和成本估算等提供可靠的参考数据，制定合理的计划，有利于质量保证和管理工作。

6.6.1　度量要素

获得准确的项目进展的度量是一个永恒的挑战。通常，当我们依靠团队成员所提供的状态数据时，得到的结果往往是不一致、不准确和难以比较的。此外，不同的管理人员和客户也许会要求提供包含所选定数据的、不同格式的状态报告。绝大多数情况是，团队发现将要花费比开发方案更多的时间来产生状态的报告。

度量提供了对项目进度评估、质量状况的洞察力和用于决策的有关数据。虽然度量不能担保一个项目的成功，但是可以帮助决策者通过积极的方法来管理软件项目中与生俱来的关键问题。

软件度量主要包括3部分：项目度量、产品度量和过程度量。

- 项目度量的对象有规模、成本、工作量、进度、生产力、风险、顾客满意度等。
- 产品度量以质量度量为中心，包括对功能性、可靠性、易用性、效率、可维护性、可移植性等的度量。
- 过程度量则主要针对成熟度、管理、生命周期、生产率、缺陷植入率等进行度量。

在这一节中主要讨论的是产品—软件度量。实施软件度量，主要通过3个基本要素——数据、图表和模型来体现度量的结果。

1. 数据

数据是关于事物或事项的记录，是科学研究最重要的基础。由于数据的客观性，它被用于许多场合。研究数据就是对数据进行采集、分类、录入、储存、统计分析、统计检验等一系列活动。数据分析是在大量试验数据的基础上，也可在正交试验设计的基础上，通过数学处理和计算，揭示产品质量和性能指标与众多影响因素之间的内在关系。拥有阅读数据的能力以及在决策中尊重数据，是经营管理者的必备素质。我们应该认识到，数据是现状的最佳表达者，是项目控制的中心，是理性导向的载体。

2. 图表

仅仅拥有数据还不能直观地进行表现和沟通，而图表可以清晰地反映出复杂的逻辑关系，具有直观清晰的特点。图表的作用表现在以下几点。

（1）图表有助于培养思考的习惯。图表可以直观地弥补文字解释可能存在的缺陷。

（2）图表有助于沟通交流。项目管理者需要和顾客、企业员工和项目组成员沟通，需要阐述项目的目标、资源、限制、要求、作用、日程、问题点等，在这种沟通过程中，如果能娴熟地使用图表，将降低沟通成本，提升沟通效率。

（3）图表有助于明确清晰地说明和阐述内容。软件过程中的用例、作业流程、概要设计等经常以图表的方式加以说明和阐述，原因就在于图表一目了然。

3. 模型

模型是为了某种特定的目的而对研究对象和认识对象所作的一种简化的描述或模拟，表示对现实的一种假设，说明相关变量之间的关系，可作为分析、评估和预测的工具。数据模型通过高度抽象与概括，建立起稳定的、高档次的数据环境。相对于活生生的现实，“模型都是不准确的，但有些模型却是有用的”，“模型可以澄清元素间的相互关系，识别出关键元素，有意识地减少可能引起的混淆”。模型的作用就是使复杂的信息变得简单易懂，使我们容易洞察复杂的原始数据背后的规律，并能有效地将系统需求映射到软件结构上去，如可靠性增长模型等。

6.6.2　基于缺陷的产品质量度量

使用分解方法的软件质量度量需要花费大量的时间和精力来进行数据的收集。而实际上在很多情况下，仅仅需要对软件的总体质量有一个粗略的度量。所以，许多工程师采用一种简易的方法来度量软件质量，这就是基于缺陷的质量度量。因为在软件周期中，缺陷信息一般都是实时记录的数据，如果通过缺陷来粗略地定义质量，那么工程师只需要花费很少的时间和资源就可以粗略地度量产品质量，而且其结果是比较可靠的。可通过以下几个公式进行度量。

1. 代码质量

$$代码质量=\frac{W_{TP}+W_F}{\text{KCSI}}$$

W_{TP}是在测试过程中（正式发布产品之前）发现的缺陷的权重（Weight），它不仅包含了由测试小组发现的缺陷，还包括了由其他小组发现的缺陷；W_F 是产品发布之后发现的缺陷的权重；KCSI 表示新增加的和修改的千行代码数。这里不使用所有的代码行数，是因为很多的软件产品都是在之前的版本上进行开发，而在当前的版本中，很多的代码没有变动（被修改）。

在测试过程中，根据缺陷的重要性和严重性，测试人员会给发现的缺陷定义相应的级别。缺陷的重要性或严重性越高，那么它的权重系数就越大。例如，可以将级别分为 1～4 四个等级，从 1 到 4 软件的重要性/严重性逐渐降低。那么可以设定级别和权重系数的对应关系，如表 6-6 所示。

表 6-6　　缺陷级别和权重系数对应表

级　　别	权 重 系 数
1	10
2	6
3	3
4	1

从而，就可以获得 W_{TP} 和 W_F 的计算公式。

$$W_{TP}=(\sum B_{TPi}\times W_{li})/5$$

$$W_F=(\sum B_{Fi}\times W_{li})/5$$

其中，B_{TPi}是测试过程中发现的各种级别缺陷的数目，B_{Fi}是产品发布之后发现的各种级别缺陷的数目，而 W_{li}是表 6-6 的权重系数的值。

这个质量指标的值越低，说明发现的缺陷越少或严重性越低，同时说明开发小组完成的代码质量越高。

2. 产品质量

$$产品质量=\frac{W_F}{\mathrm{KCSI}}$$

W_F 是产品发布后发现的缺陷的权重；KCSI 是新增加的和修改的千行代码数。

这个指标说明了遗留给客户的缺陷权重和产品规模之间的关系，用于产品质量的外在度量。该指标的值越低，说明遗留给客户的缺陷越少或严重性越低，同时说明发布的产品的质量越高。

如果用于内部的质量度量，选用相对比率会更科学些，即 $W_F/(W_{TP}+W_F)$。这个比重越小，说明质量相对越高。一般希望能将此比重控制在 5%以内。

3. 测试有效性

$$测试有效性=\frac{W_T}{(W_{TP}+W_F)}\times 100\%$$

W_T 是在整个产品中由测试小组发现的所有缺陷的权重，它不仅包含了在测试阶段由测试小组发现的缺陷，同时还包含了产品发布之后由测试小组发现的缺陷；W_{TP} 是在测试过程中（正式发布产品之前）发现的缺陷的权重；W_F 是产品发布之后发现的缺陷的权重。这个指标说明了测试小组发现的缺陷和产品总缺陷的关系。该指标越高，越接近 100%，说明在产品发布之前发现的缺陷越多或越重要，同时说明测试小组的工组效率越高。作为高水平的测试团队，这个比值可以达到 90%～95%，甚至更高。

产品发布后，测试人员再发现缺陷，虽然可以亡羊补牢，但可能已给客户带来损失或导致客户开始抱怨产品中的问题。所以，采用 W_{TTP} 测试小组在测试过程中所发现的缺陷的权重做分子更为科学，即 $W_{TTP}/(W_{TP}+W_F)\times 100\%$，这样更能驱动测试团队提高测试效率。

6.7 过程质量管理

随着开发的软件系统变得越来越复杂、越来越庞大，潜在的缺陷也越来越多。实际上，大项目的软件质量依赖于项目中更小的单元的质量，所以每个软件工程师个人的工作质量与整个项目的软件质量息息相关。个体软件过程（Personal Software Process，PSP）可以指导软件工程师如何有效地跟踪和管理缺陷，从而提高软件开发效率和质量。根据 PSP，工程师必须计划、度量和跟踪产品状况，从而保证整个项目的产品质量。为了以正确的方法完成分配的任务，软件工程师应该事先按照定义的流程做好工作计划。为了衡量每个工程师的工作表现，应该有效地记录工程师每天的时间分配、缺陷产生和修正的状况等。最后，工程师还需要分析这些数据，并根据结果改进个人过程。

个体软件过程（PSP）简介

PSP 是由美国 Carnegie Mellon 大学软件工程研究所（CMU/SEI）的 Watts s. Humphrey 领导开发的，于 1995 年推出。PSP 是一种可用于控制、管理和改进个人工作方式的自我改善过程，是一个包括软件开发表格、指南和规程的结构化框架。PSP 原则实际上是质量管理实施中的一些经验和基本法则，瓦茨·汉弗莱（Watts S. Humphrey）提到的 PSP 原则如下。

- 每个人都是不同的，为了更有效地工作，工程师必须在各自的数据基础上安排各自的工作计划。
- 为了保持持续的改进，工程师必须遵守各自定义的过程。

- 为了保证产品质量，工程师必须保证各自开发部分的产品质量。
- 缺陷发现得越早，修复的花费越低。
- 避免缺陷比发现和修复缺陷更有效。
- 最正确的方法是用最快最省的方法完成任务。

PSP 首要的原则就是工程师对各自开发的程序质量负有责任，因为工程师最熟悉自己所写的代码，因此也能更有效地发现、修复和避免缺陷。PSP 提供了一系列的实践和度量方法来帮助工程师评估代码质量并指导他们如何尽可能快地修复缺陷。PSP 的质量原则就是更早地修正缺陷以及避免缺陷。有数据表明，经过 PSP 培训的工程师在代码评审阶段每小时平均发现 2.96 个缺陷，而单元测试阶段每小时仅能发现平均 2.21 个缺陷，这说明 PSP 不仅节约了开发时间，而且提高了产品质量。

6.7.1　过程质量度量

产品的质量在一定程度上依赖于过程的质量，而过程质量则依赖于工作的方法和方式。那么如何找到最好的工作方法呢？这就需要过程度量。软件过程质量的度量是对软件开发过程中各个方面质量指标进行度量，目的在于预测过程的未来性能，减少过程结果的偏差，对软件过程的行为进行目标管理，为过程控制、过程评价、持续改善建立量化管理奠定基础。软件过程质量的好坏会直接影响软件产品质量的好坏，软件过程质量度量的最终目的是提高软件产品的质量。过程质量度量一般有以下几个标准。

1．过程缺陷密度

过程缺陷密度（Density In Process Faults, DIPF）是一种度量标准，可以用来判定过程产品的质量以及检验过程的执行程度。DIPF 可以表示如下。

$$DIPF = D_n/S_p$$

其中，D_n 是指某阶段或整个项目被发现的缺陷数，S_p 是指被测试的软件产品规模（如代码行数、功能点数或对象数等）。

当 DIPF 过低时，需要从多方面考虑原因，可能是产品质量很好以致难以发现产品中的缺陷，从而使缺陷密度偏低，也可能是因为工作的方法和策略不当或能力不足，造成不能发现产品中的某部分缺陷。如果发现是工作方法的问题，就需要对流程进行仔细分析，看是否存在可以改进的地方。如果是能力问题，就要加强培训，或者让更多有经验、有能力的资深人员参加到该项目中来。

2．整体缺陷清除率

无论是从项目进展还是从产品质量看，缺陷被清除的程度能反映出项目组在质量上的工作表现，以及待发布的产品质量。开发周期里大量的严重缺陷没有被清除，完全有可能阻止测试的进行，也必然直接影响软件过程的质量和性能。我们可以引入缺陷清除率（Defect Removal Efficiency，DRE）进行度量，DRE 可以有如下定义。

$$DRE = \frac{\text{开发阶段清除的缺陷数}}{\text{产品中潜伏的缺陷数}} \times 100\%$$

为了使问题更简单，假定 F 为描述软件规模用的功能点；$D1$ 为在软件开发过程中发现的所有缺陷数；$D2$ 为软件发布后发现的缺陷数；D 为发现的总缺陷数（$D=D1+D2$）。对于一个应用软件项目，则有如下计算方程式。

- 质量 = $D2/F$。
- 缺陷注入率 = D/F。
- 整体缺陷清除率 = $D1/D$。

假如有 100 个功能点，即 F=100，而在开发过程中发现了 20 个错误，提交后又发现了 3 个错误，则 $D1 = 20$，$D2 = 3$，$D = D1+D2 = 23$。

- 质量（每功能点的缺陷数）=$D2/F$=3/100=0.03(3%)。
- 缺陷注入率=D/F=23/100=0.23(23%)。
- 整体缺陷清除率 = $D1/D$ = 20/23 = 0.8696(86.96%)。

据有关资料统计，业界平均整体缺陷清除率目前只达到大约 80%，而一些重质量的、高水平的软件公司，其主流软件产品的缺陷清除率可以达到 95%。

3. 阶段性缺陷清除率

众所周知，清除软件缺陷的难易程度在各个阶段也是不同的。需求错误、规格说明、设计问题及错误修改相对困难些，如表 6-7 所示。

表 6-7 不同缺陷源的清除效率

缺 陷 源	潜 在 缺 陷	清除效率（%）	被交付的缺陷
需求报告	1.00	77	0.23
设计	1.25	85	0.19
编码	1.75	95	0.09
文档	0.60	80	0.12
错误修改	0.40	70	0.12
合计	5.00	85	0.75

为了做好质量管理工作，跟踪开发周期所有阶段中的缺陷，有必要监控阶段性缺陷清除率。因为编程缺陷中的很大比例是同设计问题有关的，进行正式评审或功能验证以增强前期过程的缺陷清除率有助于减少缺陷的注入。基于阶段的缺陷清除模型能够反映项目的缺陷清除能力。

缺陷是在各个阶段注入到阶段性产品或者成果中去的，通过表 6-7 描述的与缺陷注入和清除相关联的活动分析，可以更好地理解缺陷清除的有效性。回归缺陷是由于修正当前缺陷而引起相关的、新的缺陷，所以即使在测试阶段，也会产生新的缺陷。

这样，阶段性的 DRE 可以定义为：

$$\frac{\text{该阶段排除的缺陷数}}{\text{该阶段入口处存在的缺陷数+该阶段开发过程中注入的缺陷数}}\times 100\%$$

清除的缺陷数等于检测到的缺陷数减去不正确修正的缺陷数。如果不正确修正的缺陷数所占的比例很低（经验数据表明，测试阶段大概为 2%），清除的缺陷数就近似于检测到的缺陷数。

4. 缺陷到达模式

产品的缺陷密度或者测试阶段的缺陷率是概括性指标，而缺陷到达模式可以提供更多的过程信息。例如，两个正在开发的软件产品，其缺陷密度是一样的，但其质量差异可能较大，原因就是缺陷到达的模式不一样，如图 6-9 所示。测试团队越成熟，峰值到达得越早（如图 6-9 模式一），有时可以在第一周末或第二周就达到峰值。这个峰值的数值取决于代码质量，测试用例的设计质量和测试执行的策略、水平等，多数情况下，可以根据基线（或历史数据）推得。从一个峰值达到一个低而稳定的水平，需要长得多的时间，至少是达到峰值所用的时间的 4～5 倍。这个时间取决于峰值、缺陷移除效率等。

在可能的情况下，缺陷到达模式还可以用于不同版本或项目之间的比较，或通过建立基线或者理想曲线，进行过程改进的跟踪和比较。缺陷到达模式不仅仅是一个重要的过程状态或过程改进的度量，还是进度预测或缺陷预测的数据源和有利工具。

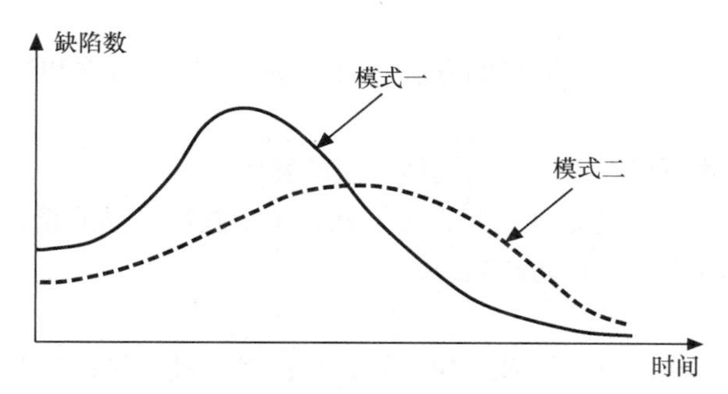

图 6-9　软件项目的缺陷到达模式示意图

为了消除不同的程序规模等其他因素的影响，即消除可能产生的错误倾向或误导，需要对缺陷到达图表进行规格化。使用缺陷到达模式，还需要遵守下列原则。

- 尽量将比较基线的数据在缺陷到达模式的同一个图表中表示出来。
- 如果不能获得比较基线，就应该为缺陷到达的关键点设置期望值。
- 时间（*X*）轴的单位为星期，如果开发周期很短或很长，也可以选天或月。*Y* 轴就是单位时间内的软件缺陷数目。

缺陷到达模式，一方面可以用于整个软件开发周期或某个特定的开发阶段（如单元测试阶段、集成测试阶段、系统测试阶段等）；另一方面，缺陷到达模式还可以扩展到修正的、关闭的缺陷，可以获取有关开发人员工作效率、缺陷修正进程、质量进程等方面的信息。

6.7.2　缺陷移除和预防

PSP 的首要质量目标就是在编译和单元测试前发现和修复缺陷，正是为了达到这样的目标，PSP 中包含了设计和代码评审步骤，工程师需要在编译和测试之前对所编写的代码进行评审。之所以需要 PSP 评审过程，是基于人总是容易犯同样的错误这个常理，而工程师也不例外。因此，创建常见错误检查表是一个很不错的方法，但需要说明的是，这里的检查表并不是通用的检查表，而是根据不同的工程师的个人习惯和缺陷数据完成的个人缺陷检查表。为了创建个人检查表，工程师需要对以前的缺陷数据进行分析和总结，找出最典型和常见的错误类型，将如何预防和发现它们的方法写入列表中。

经常查看缺陷数据并更新缺陷检查表是一个非常好的习惯。当发现什么地方做得好就保持，发现什么地方做得不好就思考如何改进并更新检查表。这样，检查表就变成了个人经验的总结。关于如何有效地创建检查表，《个体软件过程》一书中有详细的说明。

（1）根据在软件开发过程中每个阶段发现的缺陷类型和数目制作一个表（阶段可以分为设计、编码、评审、编译、测试等）。这样可以很容易地检查出是否所有的缺陷都已统计。

（2）把在编译和测试阶段发现的各种类型缺陷按类型降序排列。

（3）找出缺陷最多的那几个缺陷类型，分析是什么原因导致了这些缺陷。

（4）对于导致严重错误的缺陷，要找出如何在代码评审阶段发现它们的方法。例如，对于语法错误，可能最经常出现的问题就是少了分号或者分号位置错误。这样就可以在检查表中加入一项，如“对于源程序逐行进行分号检查”。

（5）如果检查表在发现这些最重要类型的缺陷时很有效，那么增加另一类型再继续使用它。

（6）如果检查表在发现某些类型的缺陷时无效，那么尽量修改检查表以便它能更好地找出这些缺陷。

（7）开发完每个新程序后，用同样的方法简要检查一下缺陷数据和检查表，并标识出有用的更改和增加的部分。

（8）思考有没有方法可以在以后预防类似错误的发生。

然而缺陷移除毕竟是事后的处理办法，为了从根本上提高产品质量，还需要预防缺陷。PSP 还提到了 3 种相互支持的方法来预防缺陷。

1. 数据记录和分析

工程师在发现和修订缺陷时，记录下相关的数据；然后对这些数据进行检查并找出缺陷的产生原因；最后制定相应的流程来消除这些产生缺陷的因素。通过度量这些缺陷，工程师能更明确地知道他们的错误，在以后的工作中也会更加注意，以免发生同样的错误。

2. 有效地设计

为了完成一个设计，工程师必须对产品彻底地理解。这不仅能更好地完成设计，而且能避免产生错误。

3. 彻底地设计

这实际上是第 2 种预防方法的结果。有了更完善彻底的设计，可以减少编码时间，而且还可以减少缺陷的引入。数据统计表明，工程师在设计阶段平均每天引入 1.76 个缺陷，而在编码阶段平均每天引入 4.2 个缺陷，因此设计的好坏直接影响产品的质量。

小　　结

清晰、明确的软件质量方针和计划是质量控制和管理的基础，而过程质量的提高是保证产品质量的根本。本章首先概括性地介绍了质量管理的基本内涵，然后讨论如何在组织上来支持项目的质量管理，包括以下几方面。

- **管理层**应该具有很强的“质量第一”的意识，制定有利于保证和提高质量的正确的策略和方针，在整个组织中营造良好的质量文化。
- **SQA 组**从流程上对软件的质量进行跟踪、控制和改进。
- **测试组**负责对软件产品进行全面的测试，从中找出所存在的缺陷。
- **SPEG 组**在软件开发组织中领导和协调过程改进。

然后，着重介绍了质量计划的内容，以及如何制定有效的质量计划，质量计划实施及其监控等。这个过程包括了 6 个步骤。

- 了解项目的基本概况，收集项目有关资料。
- 确定项目的质量目标。
- 确定围绕质量目标的工作任务。

- 明确项目质量管理组织机构。
- 制定项目质量控制程序。
- 项目质量计划的评审。

接下来，主要是介绍软件评审方法和过程。软件评审是项目质量管理的日常工作之一，包括对需求定义、设计、代码、测试计划、测试用例等各项阶段性成果进行评审，尽早发现问题和解决问题，以最小的代价获得高质量的回报。除了软件评审，缺陷预防和跟踪分析也是项目质量管理的日常工作之一，缺陷预防是从根本上提高软件产品的质量，可以作为软件项目管理的重要工作来抓。

最后，介绍了软件质量度量，包括软件产品质量度量和软件过程质量度量，而在度量指标的选择上，要围绕缺陷来展开，包括缺陷密度、缺陷清除率、缺陷到达模式等，可以衡量代码质量、产品质量和测试有效性等。

习　题

1. 谈谈你是如何认识软件质量的。
2. 如果某个项目是开发一个学校信息系统，如何完成该项目的质量计划？
3. 请简要说明评审的基本流程。
4. 谈谈缺陷趋势分析和分布分析有什么不同，它们对质量管理工作有什么帮助？
5. 有哪些指标可以用来测量软件过程质量？
6. 试通过鱼骨图对目前项目中的问题进行分析，找出其根本原因。

第7章 项目风险管理

《与熊共舞》给我们讲了一个故事

一位船主就要送他的移民船出海，船上满载旅客。他知道这船已经非常破旧了，并且当初就造得不怎么样，因此他担心这船能否安全地完成此次旅行。但是，经过一番挣扎后，他还是战胜了自己的顾虑，说服自己相信：再多一次航行也不会出什么大事。毕竟，这艘船也是久经风雨了，不管遇上多么恶劣的天气，它总能安全回家。那么，这一次又怎么会不行呢？于是，这艘船出发了，船主也下定决心——这是最后一次运送旅客，回来之后，一定买一艘新船。结果，悲剧发生了，船主和船再也没能回来，包括那些旅客，一起沉入了海底。

反观我们身处的软件行业，有很多类似这艘船的悲剧发生。这个行业常常要求我们进入一种状态，去相信那些随后被时间证明是不可能完成的任务，比如去相信一个根本不可能实现的任务或完全不能被接受的项目时间、预算等。很多时候，作为项目经理，在市场压力或领导的强迫下，像船长那样和项目组一起开始死亡之旅，走向失败。

风险越大，回报也越大。有时为了回报，不得不冒风险，但也不能视风险于不顾，尤其是在软件行业里。逃避风险的企业将很快被竞争对手远远抛在身后。但是，由于管理者的不审慎（他们自己更喜欢的说法是“乐观的思维”或者“‘我能做到’的态度”），软件企业常常被置于一种尴尬的两难处境：要么承担风险而失败，要么回避风险而落后。

风险管理，在许多人看来，是如此虚无缥缈的东西，人们似乎无法完整地定义风险，也无法确切地预知未来。在风险面前，除了迷惘与祈求，大多数时候如同鸵鸟一样将头埋在沙中，欺骗自己说没有看到风险。欺骗自己，显然是错误的。我们要面对现实、面对风险，以理性、客观的态度对待风险，识别风险以便回避风险、缓解风险或消除风险，坚信自己能和项目组一道克服困难，获得项目上的成功。

正如《老人与海》中的那句名言：人不是生来就被打败的。

7.1　项目风险带来的警示

警示一

大约四百年前——1628 年 8 月 10 日，瑞典有史以来耗资最多、耗时 3 年、当时世界最大的超级战舰瓦萨号，在非常隆重的下水首航仪式的欢呼声中，乘载着皇家的荣耀与全瑞典人民的期望，出港了。可是，这艘排水量高达一千多吨的瓦萨号却在出海十分钟后就在家门口沉没了。当时，并没有遭遇任何敌人，船长也没有喝醉酒，船居然沉入了离岸不到一海里的波罗的海中。

为什么如此巨大的超级战舰，航行的寿命却如此短呢？原来因为该船体设计得异常瘦高，底下的压仓物又放得太少，启航时又遇上有风……于是，船身在一阵子晃动后倾斜，海水灌入，船发生翻倒并沉入深达 36 米的海底。除此之外，国王的虚荣、主管人的急功近利、设计师的敷衍了事，使战舰设计和建造过程中，没有得到足够的论证，也缺乏实验和试航，到处布满了风险，从而酿成悲剧，也宣告“瓦萨号战舰建造”项目的彻底失败。

图 7-1　在博物馆中展出的瓦萨号战舰

警示二

早在 1939 年，喷气式飞机就诞生了。那么，喷气式发动机能否用于民航客机呢？喷气式发动机的故乡英国给出了答案。10 年后，1949 年 7 月 27 日，由英国德·哈维兰公司研制的世界上第一架中程喷气式客机“彗星”号首航，将民航客运的平均速度由 400km/h 提高到 800km/h，飞行高度也突破了 10000m。“彗星”号首航成功证明了喷气式发动机不仅可以用于客机，而且还能带来民航业的革命性变化——航程更远、载客量更大。由此，“彗星”飞机成为第二次世界大战后欧洲航空工业第一颗闪亮的明星。

正当英国准备用“彗星”号大展宏图之际，噩梦却开始了。该机自投入使用后，接连出现了几次重大的空难事故。自 1952 年加入航线以后，短短的 1 年时间内，交付的 9 架“彗星”1 号客机就有 4 架坠毁，其中 3 架又是在空中解体的，这不能不令全世界为之震惊，而且也彻底毁掉了德・哈维兰公司。英国政府曾下令，不惜一切代价，搞清飞机爆炸的原因。一个庞大的专家组展开了历史上少有的详尽调查。

经过大量的调查、实验和分析，专家组终于找到了飞机爆炸的原因，原来是飞机机体结构的金属材料产生了“疲劳破坏”。金属机体表面存在细小的裂纹，飞机增压舱内方形舷窗处的机身蒙皮，在反复的增压和减压冲击下，不断地来回弯曲变形，使裂纹逐步扩展，反复数次，最终导致金属疲劳断裂。在高空中，疲劳断裂导致座舱由于内外瞬间的压差如同压缩空气一样爆炸，使飞机顷刻解体。

“彗星”飞机项目失败的原因是对于超出需求的技术的狂热，这导致产生了过于野心勃勃的设计。对于具有挑战性和激动人心的技术解决方案的欲望会导致人们采用“前沿”方案。这在本质上比经过验证的方案更有风险。虽然可以用更简化、更容易的方案，但是项目决策者往往被充满风险的“前沿”方案所吸引。

图 7-2 “彗星”喷气式飞机示意图

警示三

某公司的管理信息系统（MIS）项目已经花了 10 个月的时间，却仍未能通过客户验收，项目的大部分款项无法收回，项目亏本很大，公司的信誉受到很大的影响，从此，公司的业务每况愈下。

MIS 项目前期用了 3 个月完成功能开发，1 个月部署和试运行，第 5 个月完成实际数据导入，当正式运行时，系统却出现了严重的性能问题。随后的 5 个月都耗在了系统的性能调优上。

为什么一个曾一度成功按时交付的系统，在新旧系统数据集成、上线运行的几个月后会出现严重的性能问题，暴露出系统架构设计上的重大问题呢？

原因是项目采用快速原型开发模型，主要关注系统的功能和用户界面，而没有关注系统的非功能特性。例如，设计人员没有向自己发问：“系统性能满足用户的真实需要吗？”项目组成员没有人意识到系统潜在的性能问题，在需求说明上没有明确描述系统的容量和性能要求。

在设计过程中，缺乏有经验的系统架构设计师，也没有为此召开专门的设计评审会。在许多环节上，开发方没有识别出潜在的巨大风险，从而使风险变成了真正的问题，也就是埋在地里的那颗地雷终于爆炸了。

7.2 什么是风险管理

首先，风险关注未来将要发生的事情。今天和昨天已不再被关心，我们已经在收获由我们过去的行为所播下的种子。问题是：我们是否能够通过改变我们今天的行为，而为一个不同的、充满希望的、更美好的明天创造机会。其次，这意味着，风险涉及改变，如思想、观念、行为或地点……的改变。第三，风险涉及选择及选择本身所包含的不确定性。因此，就像死亡和税收一样，风险是生活中最不确定的元素之一。

当在软件工程领域考虑风险时，有 3 个要素是我们必须关注的。

（1）未来是我们所关心的——什么样的风险会导致软件项目彻底失败呢？

（2）改变也是我们所关心的——用户需求、开发技术、目标计算机以及所有其他与项目相关的因素的改变将会对按时交付和总体成功产生什么影响呢？

（3）最后，我们必须抓住机会——我们应该采用什么方法及工具？需要多少人员参与工作？对质量的要求要达到什么程度才是“足够的”？

——Robert Charette

在软件项目研制过程中，管理部门经常要在外部环境不确定和信息不完备的条件下，对一些可能的方案做出决策，于是决策往往带有一定的风险性，这种风险决策通常涉及进度、成本和质量这 3 个主要方面，这不仅包含着因不确定性和信息不足所造成的决策偏差，而且也包含着决策的错误。

软件项目风险是指在软件开发过程中潜在的、可能发生的问题，它可能会对软件过程或产品造成伤害或损失。风险是不确定因素，它可能发生也可能不发生。如果某个问题，百分之百会发生，那就不是风险，是真正的问题。今天的风险可能是明天的问题，如果加以防范或采取某些措施，今天的风险就不会在明天发生。如果项目风险变成现实，就有可能影响项目的进度，增加项目的成本，甚至使软件项目不能实现。

风险与机遇共存，风险越大，虽然会受到更大的挑战，但项目一旦成功，则受益匪浅。如果项目没有风险，也就缺少机遇和收获，甚至项目没有存在的意义。所以，项目计划也是在风险和收益之间的平衡艺术。其次，不管我们是否喜欢，每个项目都或多或少会存在风险，风险管理也是不可避免的。但对于软件项目来说，直到 20 世纪 80 年代，Boehm 才比较详细地对软件开发中的风险进行了论述，并提出了软件风险管理的方法。Boehm 定义软件风险管理为“试图以一种可行的原则和实践，规范化地控制影响项目成功的风险，其目的是辨识、描述和消除风险因素，以免它们威胁软件的成功运作”。

项目风险管理是指对项目风险从识别到分析直至采取应对措施等的一系列过程，包括风险识别、风险量化、风险对策和风险监控等，如图 7-3 所示，从而将积极因素所产生的影响最大化并使消极因素产生的影响最小化，或者说达到消除风险、回避风险和缓解风险的目的。对项目进行风险管理，就可以最大限度地减少风险的发生。

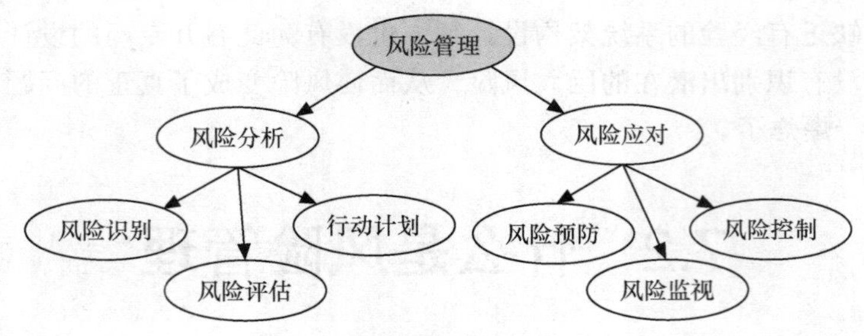

图 7-3　项目风险管理的基本内容

（1）**风险识别**要确定影响本项目的风险来源、风险产生的条件，并描述其风险特征。风险识别不是一次就可以完成的事，应该在项目的整个生命周期内持续进行。风险识别可以看作是一个持续的过程。

（2）**风险评估**是对风险影响力进行衡量的活动，即衡量风险发生的概率和风险发生后对项目目标影响的程度，从而为后面制定风险对策提供依据。

（3）**风险计划**是根据风险评估的结果，为降低项目风险的负面效应而制定方法、措施和技术手段的过程。风险计划将指导项目如何做好风险管理，包括风险处理的优先级、如何避免风险、如何消除风险等。

（4）**风险应对**就是风险计划的实施，以设法避免、消除和降低风险，包括风险预防，风险发生的监视和控制。在整个项目管理过程中，首先要预防风险的发生，在风险发生之前就将它消灭在萌芽之中。其次，一旦风险发生，就要设法最大限度地缓解风险，降低风险所带来的后果。

管理风险就是通过制定相应的措施来应对风险，减少对项目可能造成的损失，尽量避免项目的失控，为具体项目实施中的突发问题做准备，预留缓冲空间。最常采用的应对风险的几种措施是：规避、减轻、转移、接受。

- **规避**。通过变更项目计划消除风险或风险的触发条件，使目标免受影响。这是一种事前的风险应对策略。例如，采用更熟悉的工作方法、澄清不明确的需求、增加资源和时间、减少项目工作范围、避免用不熟悉的分包商等。
- **转移**。不消除风险，而是将项目风险的结果连同应对的权利转移给第三方。这也是一种事前的应对策略，如签定不同种类的合同或签定补偿性合同等。
- **弱化**。将风险发生的概率或结果降低到一个可以接受的程度，其中降低发生的概率更为有效。例如，选择更简单的流程、进行更多的试验、建造原型系统、增加备份设计等。
- **接受**。不改变项目计划，而考虑发生后如何应对。例如制定应急计划、甚至仅仅进行应急储备和监控，待风险发生时随机应变。

风险管理，一般由项目经理负责，因为项目经理管理过比较多的项目，见识广，具有良好的风险管理经验。当然，项目组的主要成员都要参与风险管理，特别是大家要共同做好风险识别和风险计划，然后项目经理、开发组长和测试组长等在各自负责相应的范围内做好风险监控。

成功的项目管理一般都对项目风险进行了良好的管理。例如，Microsoft 的量化研究表明，在风险管理中投入 5%的项目工作可以获取 50%～75%的如期完成的机会，所以说，风险管理是软件项目管理的重要内容之一，而且能使软件开发做到事半功倍。甚至有人说，项目管理的过程就是风险管理的过程，把风险管理好了，项目也就管理好了。在《与熊共舞》中，作者展示了风险管理的益处。

- 使企业可以积极地迎接风险。
- 使管理不致陷于盲目。
- 使项目能够以最小代价应对风险。
- 使责权划分更加明确。
- 使子项目的失败不致影响全局。

7.3　风险管理模型

1989 年，Charette 将风险管理体系设计为两个阶段：分析阶段和管理阶段，而每个阶段内含 3 个过程，他为各个过程提供了相应的解决思路、方法和技术手段，从而构成了风险管理模型。风险管理模型也就是风险管理的指导框架，或者说，它是系统的风险管理解决方案，包括思想、方法和工具等。

风险管理模型比较多，这里介绍一些常见的风险管理模型，帮助大家更好地理解后面风险管理的各项具体内容。

1. Boehm 模型

Boehm 认为，软件风险管理是将影响项目成功的风险形式化为一组易用的原则和实践的集合，在风险成为软件项目返工的主要因素并由此威胁到项目的成功运作前，识别、描述并消除这些风险项。他将风险管理过程归纳成两个基本步骤：风险评估和风险控制。其中风险评估包括风险识别、风险分析、风险排序等，而风险控制包括制定风险管理计划、监控风险和解决风险。图 7-4 所示描述了 Boehm 的风险管理模型，从制定技术与管理流程开始，然后完成风险计划、管理项目风险特征库、风险分析、风险处理和风险监控，最后评估风险管理流程，以不断完善风险管理流程。

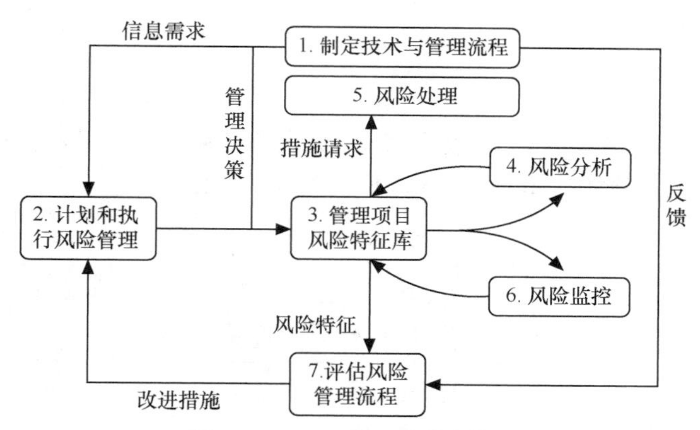

图 7-4　Boehm 的风险管理模型

Boehm 通过对一些大型项目进行调查，总结出了软件项目十大风险的列表，而他的风险管理理论的核心就是维护和更新十大风险列表，包括人员短缺、不切实际的工期和预算、不合时宜的需求、实现了错误的软件功能、设计了错误的用户界面、过高的性能要求、不断地需求改变、缺乏可复用的组件、外部完成任务不及时、实时性能过低和计算机能力有限。在软件项目开始时就应该归纳出当前项目的十大风险，然后定期召开会议重新审查、更新十大风险列表。十大风险列表是让高层经理的注意力集中在项目关键成功因素上的有效途径，可以有效地管理风险并由此减少高层的时间和精力。

IEEE 风险管理标准基本来源于 Boehm 风险管理模型，IEEE 所定义的风险管理过程包括了 Boehm 模型中的主要活动：计划并实施风险管理、管理项目风险列表、分析风险、监控风险、处理风险、评估风险管理过程。

2. CMU/SEI 模型

卡耐基-梅隆大学软件工程研究所（CMU/SEI）的持续风险管理模型（Continuous Risk Management，CRM），要求在项目生命期的所有阶段都关注风险识别和管理，将风险管理划分为 5 个部分——风险识别、分析、计划、跟踪和控制，并强调风险管理的各个组成部分的沟通，将沟通视为风险管理的核心，不断地评估可能造成恶劣后果的因素，决定最迫切需要处理的风险，实现控制风险的策略，评测并确保风险策略实施的有效性。其管理原则包括：

- 全局观点；
- 积极的策略；
- 开放的沟通环境；
- 综合管理；
- 持续的过程；
- 共同的目标；
- 协调工作。

风险管理过程域是 CMU/SEI CMMI（Capability Maturity Model Integration）的已定义级（Ⅲ级）中的一个关键过程域（Key Practice Area，KPA）。CMMI 认为风险管理是一种连续的前瞻性的过程，首先要识别潜在的可能危及关键目标的因素，然后策划应对风险的活动，在必要时实施相应的活动以缓解不利的影响，最终实现组织的目标。

CMMI 的风险管理被清晰地描述为实现 3 个目标：

1）准备风险管理；

2）识别、分析风险；

3）缓解风险。

每个目标的实现又通过一系列的活动来完成。该模型受到 Boehm 模型的影响，其核心也是风险库，实现各个目标的每项活动都会更新风险库，如图 7-5 所示。

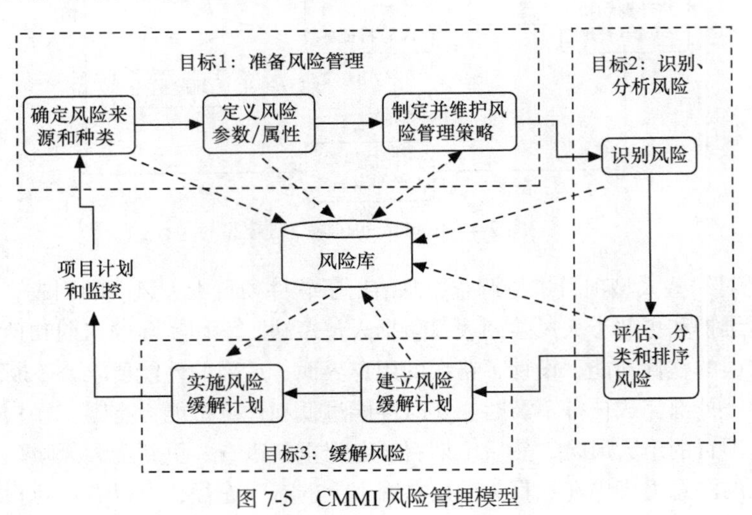

图 7-5　CMMI 风险管理模型

一般来说，风险会有原因、后果、严重级别、发生概率、类别等属性，每个企业可以根据自己的需要定义属性。风险管理策略指风险如何存储、记录、跟踪，以及采取什么缓解措施等所有关于风险管理的组织级别的要求。其中，“制订并维护风险管理策略”与“风险库”的关系是双向的交互过程，通过采集风险库中相应的数据并结合前一活动的输入来制订风险管理策略，而风险管理策略指导或约束风险库的构建。

风险缓解措施是指降低风险发生概率及风险发生时采取的减低影响的措施，处理风险的步骤包括提出风险处理意见、监督风险和在规定的阈值被超出时执行风险处理活动。应针对所选择的风险拟订并实施缓解风险的方案，主动降低风险发生时的潜在影响。这类方案可能包括用于降低所选风险万一发生时的影响的应急方案，这与缓解风险的意图无关。用于启动风险处理活动的判据、阈值和参数由风险管理战略规定，它确定风险的级别和阈值，指出风险在什么情况下将变得不可接受并且将启动风险处理行动。

风险缓解计划只针对项目的关键风险，对于一般风险仅进行监督即可。常用的风险应对措施有减轻、接受、规避和转移等。对于关键风险要有一种以上的缓解应对方法。风险缓解计划的实施需要定义缓解计划的实施负责人，定期跟踪并做出评估，如在缓解计划实施后风险的发生概率和影响程度是否得到了降低。有了这些跟踪和重新评估，就可以对风险状态和优先级进行重新更新。

3. MSF 风险管理模型

MSF（Microsoft Solutions Framework）强调风险管理必须是主动的、规范的，是不可缺少的管理过程，应持续评估、监控和管理风险，直到风险被处理或消除。MSF 风险管理模型，强调风险知识库、掌控风险列表和学习，如图 7-6 所示。MSF 定义了以下风险管理原则。

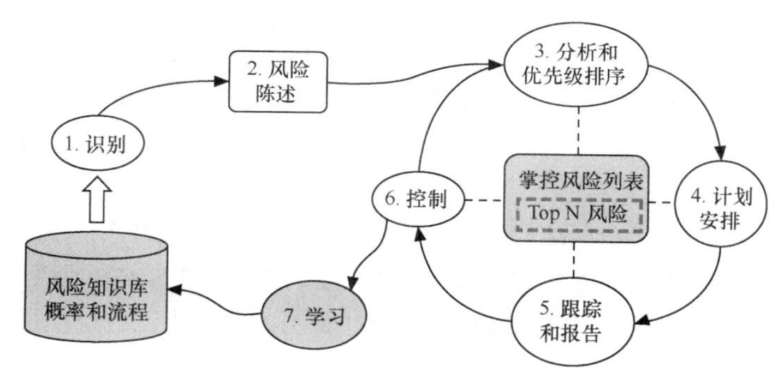

图 7-6　MSF 风险管理模型

- 风险是不可避免的，应主动规避风险。
- 识别风险是项目管理中一项积极、有益的和必要的活动。
- 有效管理风险，管理活动应贯穿于项目整个生命周期。
- 风险评估是一项持续的活动，不是一次性的，应在项目的不同阶段不断识别和评估风险。
- 培养开放的沟通环境，所有项目组成员应参与风险识别与分析。
- 不能简单地以风险的数量来评价项目的价值。
- 将学习活动融入风险管理，从经验中学习，学习可以大大降低不确定性。
- 项目组中任何成员都有义务进行风险管理。

4. Riskit 模型

美国马里兰大学的 Kontio 教授提出了 Riskit 模型，该模型为风险管理的各项活动都提供了详细的活动执行模板，包括活动描述、责任、资源、进入/退出标准、输入/输出方法和工具等。

Riskit 方法包括以下内容。

（1）提供风险的明确定义。损失的定义建立在期望的基础上，即项目的实际结果没有达到项目相关者对项目的期望的程度。

（2）明确定义目标、限制和其他影响项目成功的因素。

（3）采用图形化的工具 Riskit 分析图对风险建模，定性地记录风险。

（4）使用应用性损失的概念排列风险的损失。

（5）不同相关者的观点被明确建模。

7.4 风险识别

风险管理的源头是发现风险，如果不知道风险在哪里，那就谈不上风险管理。如果不能将那些对项目有重大影响的风险识别出来，风险一旦转化为问题，必将给项目带来损失或导致项目失败。风险识别作为风险管理的第一步，主要是识别那些可能影响项目进展的风险，并记录各项具体风险的特征。一般来说，风险识别过程不应该只在项目启动时进行一次，而应该是一个贯穿整个项目生命周期的持续过程，通常由项目经理牵头，项目主要成员参与，尽早、尽可能地识别出项目可能存在的风险。

7.4.1 软件风险因素

项目风险是指潜在的预算、进度、人力（工作人员和组织）、资源、客户、需求等方面的问题及其对软件项目的影响。每个项目经理都知道风险是项目所无法避免的，无论怎么计划都不能完全消除风险，或者说不能控制偶然事件。但是，正是因为这种不确定性，风险的识别才显得更为重要。

风险因素是指可能影响项目向坏的方向发展的一系列风险事件的总和，这些因素是复杂的，包括所有已识别的和未识别的因素。即使是潜在的风险事件，如自然灾害或团队关键人员离职等，都会对项目有重大影响。像这类潜在的风险事件发生的可能性更小，也是项目组无法控制的，不是风险管理的重点，但也必须考虑。

如果系统地看待项目风险因素，项目风险一般不外乎来自于3个方面——项目自身、组织和环境，不同的方面还可细分出具体的风险因素，可以用表7-1来描述。

表7-1 项目风险来源

项目自身	• 工作的技术方面 • 方法、过程和工具 • 资源 • 合同 • 程序接口
组织	• 组织结构 • 组织行为 • 商业/组织规则 • 组织文化

续表

环境 （外部因素）	● 客户 ● 供应商 ● 竞争对手 ● 管理机构 ● 职业道德规范 ● 社会、经济和政治等环境（条件）

7.4.2　风险的分类

软件项目的风险无处不在，涉及软件开发和维护的各个方面，既有内部的因素，也有外部的因素；既有可能来源于需求、设计和编程，也有可能来源于测试和维护等。例如，《与熊共舞》一书中提到了 5 种核心风险：进度安排的先天错误、需求膨胀（需求变化）、人员流失、合同违约和低生产率。各种各样的软件风险都存在，所以为了更好地进行识别和分析，需要建立一种收集和归纳风险的机制，对软件风险进行分类，以确保风险能够引起管理者的关注。而且，不同的风险类别和来源所具备的风险概率、影响、干系人和风险阈值等基础参数可能都是不一样的，从这个意义上看，也需要对风险进行归纳和分类。从不同的角度出发，分类的结果也不一样。

- 从项目组是否能够控制风险角度看，可以将风险分为内在风险和外在风险，即内在风险是项目组能够加以控制和影响的风险，而不能加以控制和影响的风险是外在风险。
- 按照风险来自于哪个阶段来划分，就可以分为需求风险、设计风险、编程风险和维护风险等，或分为计划阶段风险、实施阶段风险等。
- 按照风险来源于哪部分，可以分为技术风险、管理风险和组织风险等。例如，如果项目采用了复杂的技术或新技术就会存在风险，而进度和资源配置不合理就会带来管理的风险，高层对项目不重视则是组织风险。
- 按照风险对哪些结果或目标产生影响来划分，可以分为进度风险、成本风险和质量风险等。
- 从企业管理角度看，还可以分为策略风险、市场风险、销售风险、客户风险和财务风险等。

1. 组织和管理风险

- 组织结构层次过多或其他问题，可能对项目的开发效率带来不利的影响。
- 管理层可能在审查、决策上占用太多的时间，也有可能做出错误决策，给项目带来致命的打击或影响。
- 缺乏良好的企业文化，或没有形成良好的质量文化，可能对质量带来负面影响。
- 财务管理水平不高，项目预算可能被削减，打乱项目计划。

2. 需求风险

需求分析和定义中会存在风险，如需求经常变化就是最常见的软件项目风险。除此之外，还有其他一些风险。

- 用户参与度不够，需求挖掘不够。
- 和用户沟通困难，不能很好理解客户的需求。
- 需求说明不清晰、模棱两可。
- 客户的意见未被采纳，造成产品最终无法满足用户要求。
- 缺乏有效的需求变更控制流程等。

3. 合同风险

合同里的条款比较多，存在风险的概率很大。例如，软件项目常常按固定总价的方式签订合同，软件投资方（客户）希望实现尽可能多的功能。如果事先没就项目范围有明确定义，并成为合同的一部分，项目的验收可能就会很困难，大家可能在功能范围和质量上，相互扯皮，没有止境。最后，开发方不得不被迫让步，去实现许多额外的功能特性，项目进度一而再、再而三地延长，极大地增加了开发成本。

4. 项目计划方面的风险

软件计划风险比较大，因为软件的估算困难重重，误差比较大，所以计划本身和实施都存在较大的风险，主要有以下几方面。

- 计划过于理想化，脱离实际，难以实施。
- 计划主观性太强，受领导干扰过多，甚至直接由管理层下达指令决定。
- 产品过于复杂或涉足新的业务领域，软件估算与实际结果可能有很大差异。
- 项目经理对计划重视不够。
- 计划能否得到所有部门的承诺。

5. 设计和实施的风险

在软件项目中，在人员、流程和技术上都存在设计和实施的风险，只是下面会单独讨论人员风险和流程（过程）风险，所以这里主要集中在技术风险上，包括采用新技术、技术革新、技术转化等带来的风险。

- 缺乏设计经验，导致系统结构埋下了很深的问题。
- 在设计和实施过程中，出乎意料，碰到了难以克服的技术困难。
- 设计评审可能不够到位，设计中的问题没有被及时发现，将来有返工的风险。
- 代码不够规范，或者代码质量低，可能导致大量的缺陷，超出事先估计。
- 没有足够时间进行单元测试，或有些开发人员没有按照要求进行足够的单元测试。
- 过高估计了开发工具的作用，开发工具购买比计划的时间长或开发人员用了更多时间才熟悉选定的工具。
- 可能由于硬件没有及时到位，测试环境受影响，测试计划得不到保证。
- 在模块集成时，出现了意想不到的问题。
- 测试人员对自动化测试期望过高，在上面浪费了不少时间。

6. 人员风险

人力资源是软件项目实施过程中最为关键的因素，人员风险对项目的影响比较大，要引起我们的足够重视。

- 项目组人员分工不够明确，责任不够清晰，造成重复劳动或其他问题。
- 项目组人员分布在多个地方，人员之间的交流和协作比预先设想的还要难。
- 项目组人员缺乏培训，个人能力低于预期。
- 项目组人员突然生病或辞职离开。
- 项目组人员之间可能产生新的矛盾，从而导致在项目上不合作。
- 项目经理和开发人员、测试人员之间可能产生新的矛盾，导致沟通不畅，影响项目问题的解决和任务之间的衔接。
- 缺乏激励措施，士气低下，工作效率降低，影响项目的进展。
- 部分项目成员需要更多的时间适应项目的开发环境。

- 项目实施过程中或实施后期可能要新增人员，这些半途加入的人对项目不了解，经常要求教于其他人，而导致项目组工作效率降低。

7. 过程风险

所有的风险都可以看作过程的风险，因为这些风险都有可能在软件开发整个过程中发生，但这里的过程风险主要是强调不合适的流程、不同阶段的影响等引起的风险。

- 项目流程的剪裁可能不合适，导致重新审视、修改项目流程。
- 项目流程可能流于形式，缺乏有效的执行。
- 某个里程碑控制不严，导致项目延期，并影响了项目团队的时间观念，从而使项目进度进入恶性循环。
- 过度追求项目进度，导致质量方面的巨大风险。
- 项目前期的质量保证工作比较放松，导致项目后期的经常返工。
- 大量的文档工作，导致项目进展受阻。
- 与客户交流的过程中，客户答复的时间比预期的时间长。

8. 质量风险

因为难以完全模拟客户使用的各种场景，也无法覆盖全部的操作路径，无法保证客户百分之百的满意，所以产品的质量风险总是存在的，关键是如何降低质量风险、提高软件产品质量，使客户的满意度达到很高的水准。这就要求控制质量风险。软件项目的质量风险很多，如以下几方面。

- 组织上对质量保证措施、软件测试不够重视，导致产品质量低下。
- 软件过于复杂，或人为设计过于复杂，导致问题较多，难以完成充分的测试，遗漏的缺陷可能会比较多。
- 没能全面地理解客户的需求，导致客户的需求被忽视、误解，从而带来软件产品的质量问题，导致客户对于最后交付的产品不够满意，甚至拒绝验收。
- 需求变更导致测试不足，新产生的严重缺陷没能被发现。
- 设计评审、代码评审不足都可能错过某些严重的问题。
- 测试不够充分，或者测试缺乏有效的衡量手段，产品隐藏的质量问题难以发现或难以正确评估。
- 测试环境和产品真实运行环境之间存在较大差异，导致在产品实际运行时可能会出现比较大的问题（在测试环境不存在）。
- 项目组过于关心产品的功能，而忽视产品的非功能特性的设计和验证，造成产品性能、安全性、稳定性不够等问题。

7.4.3　风险识别的输入

为了做好风险识别的准备，不仅要了解各种各类风险，而且需要了解哪些信息输入，有助于我们识别风险，即要了解风险识别的输入，包括产品说明、计划输出和历史资料等。

在所识别的风险中，项目产品的特性起主要的决定作用。项目产品的特性往往决定了项目范围，项目范围是否清楚、范围是否太大等都会影响项目的风险。另外，项目的产品特性，也决定了该项目是否会涉及新的业务领域、是否会涉及新的技术领域或是否会采用新的开发平台等，一旦涉及新业务、新技术或新平台，都会带来较大的风险。所以，在风险识别之前，一定要弄清楚项目产品的特性需求以及项目范围。

另外，项目的风险识别是和项目资源计划、进度计划和成本计划等工作一起进行的，所以项目的资源估算、进度估算等都是风险识别所要考虑的关键领域。

以前所做的项目情况，对当前项目风险识别具有很大的参考价值。了解以前项目存在的问题，如哪些问题是由于风险控制不利造成的，哪些问题是由于事先根本不知道的风险而导致的，而哪些问题是突发事件，当时又是如何处理的，都对项目风险识别有帮助。如果企业在建立风险库，对风险的特征描述、因素分析、处理措施和跟踪结果等方面有很好的记录和归类，那么，风险识别的工作会更轻松些。多个风险管理模型（Boehm 模型、CMU/SEI 模型和 MSF 模型）都强调或关注风险（特征）库，因为这可以看作组织财富，被将来的项目使用。

7.4.4 风险识别的方法和工具

风险的识别有多种方法，包括面谈、头脑风暴会议、调查表、风险检查列表、风险库（包括历史资料）等，最常用的方法是头脑风暴会议、风险检查列表和风险库等，而对产品和技术的风险，则要借助于 WBS（工作分解结构）方法来识别。

1. 头脑风暴会议

头脑风暴会议是一种自由、即兴发言的会议，邀请项目成员、外聘专家、客户等各方人员组成小组，尽可能想象各种情况，每个人根据经验尽量列出所有可能的风险因素。最后，将大家提出来的风险过一遍，归纳、总结就可能得出一个非常完整的项目风险列表。

2. 风险库

通过阅读类似项目的历史资料能了解可能出现的问题。根据历史经验进行总结，通过调查问卷方式可以判别项目的整体风险和风险的类型。

3. 检查表

检查表是一个非常重要的、有效的风险识别工具，将可能出现的问题列出清单，可以对照检查潜在的风险。项目组可以根据以往类似的项目和积累的其他风险管理的知识和信息，开发和编制项目的风险检查表。检查表的好处是使风险识别过程短平快，提高了效率，但是其风险识别的质量在于所开发的风险检查表的质量。对于单个或特定的一个项目，开发风险检查表是不实际的。如果企业进行大量类似的项目，如 IT 服务企业执行的多数是 IT 应用的项目，完全可以开发一套风险检查表来提高风险识别的速度和质量。表 7-2 是风险检查表的一个示例。

表 7-2　　风险检查表

风险检查表
● 交付期限的合理性如何 ● 将会使用本产品的用户数及本产品是否与用户的需要相符合 ● 本产品必须能与之交互操作的其他产品/系统的数目。 ● 最终用户的水平如何 ● 政府对本产品开发的约束 ● 延迟交付所造成的成本消耗是多少 ● ……

7.4.5 如何更好地识别风险

项目风险识别不仅依赖于上述方法，还依赖于经验，根据以前发生的问题，通过因果分析，可以从问题追溯到风险，从而结合当前项目具体情况，识别出该项目的风险。在进行风险识别时，不妨多问自己几个问题。

- 什么样的风险会导致软件项目的彻底失败？
- 在需求分析过程中，哪些因素会影响需求定义的结果，进而影响质量？
- 开发技术中，哪些因素可能会对交付时间产生严重影响？
- 人员休假或离职将对项目进度有多大影响？

为了更好地识别项目风险，建立一张随着项目过程不断被更新维护的风险清单是关键，还需要从以下几个方面进行分析和改进。

1. 项目的前提、假设和制约因素

不管项目经理和其他有关各方是否意识到，项目的建议书、可行性研究报告、设计或其他文件一般都是在若干假设、前提和预测的基础上做出的。这些前提和假设在项目实施期间可能成立，也可能不成立。因此，项目的前提和假设之中就隐藏着风险。同样，任何一个项目都处于一定的环境之中，受到许多内外因素的制约。其中，法律、法规和规章等因素都是项目活动主体无法控制的。例如，在1998年，美国政府通过了康复法案（Rehabilitation Act）的第508节（Section 508），要求联邦机构使其电子信息可供残疾人访问。该法令同时为软件应用程序和 Web 应用程序以及电信产品和视频产品提供了可访问性（可达性，accessbility）准则。不仅联邦机构需要实施可访问性准则，与联邦政府签约工作的私人企业也需要实施这一准则。这些都是项目的制约因素，它们是不被项目管理团队所控制的，这其中自然也隐藏着风险。为了找出项目的所有前提、假设和制约因素，应当对项目其他方面的管理计划进行审查。

（1）项目范围说明书能揭示出项目的成本、进度目标是否定得太高。而审查其中的工作分解结构，可以发现以前或别人未曾注意到的机会或威胁。

（2）审查人力资源与沟通管理计划中的人员安排计划，会发现哪些人员对项目的顺利进展有重大影响。例如，某个软件开发项目的项目经理或参与系统设计的某人员最近身体状况出现问题，而此人掌握着其他人不懂的技术。这样一审查就会发现该项目潜在的威胁。

（3）项目采购与合同管理计划中，有关采取何种计价形式的合同的说明也需要审查。不同形式的合同，将使项目管理班子承担不同的风险。一般情况下，成本加酬金合同有利于承包商，而不利于项目业主。但是，如果预测表明，项目所在地经济不景气将继续下去，则由于人工、材料等价格的下降，成本加酬金合同也会给业主项目管理团队带来机会。

2. 可与本项目类比的先例

以前做过的同本项目类似的项目及其经验教训对于识别本项目的风险非常有用。甚至以前的项目财务资料，如费用估算、会计账目等都有助于识别本项目的风险。项目管理团队还可以翻阅过去项目的档案，或向曾参与该项目的有关各方征集有关资料。例如，在上一个项目中由于忽略了性能测试并在项目后期才发现产品性能出现重大问题，从而不得不延迟项目的发布时间，那么在这个项目中，就可以将性能列为产品的潜在风险之一。

7.5 风险评估

其实不仅在软件界有风险管理，在其他领域，甚至在生活的方方面面都存在各种各样的风险管理。例如，从合肥去北京出差，不用考虑交通费用，人们一般会考虑时间、舒适程度和安全性等因素。如果只考虑安全性，你会选择飞机还是火车？多数人觉得火车比飞机安全，火车出问题的概率不大，即使出了事故，后果也不会太严重，在地上就比较踏实，飞机一旦出事，就是灾难性的。而有的人会觉得飞机更安全，飞机发生事故的概率很小，造成多人伤亡的事故率约为三百万分之一。如何正确评价飞机和火车的安全性，也就是如何对飞机和火车产生事故的风险进行评估呢？

要正确评估它们的安全性，就需要将事故发生概率和事故发生后的后果一起考虑，不能单独考虑某个方面。危险性越低，安全性就越高。简单地说，危险性就等于事故发生概率和事故发生后的后果的乘积。

在进行风险识别并整理之后，我们必须就各项风险对整个项目的影响程度做一些分析和评价，其目的是优先管理重大风险，降低项目的总体风险，确保项目成功。通常这些评价建立在以特性为依据的判断之上，并以数据统计为依据，采用适当的方法进行综合衡量而做出决定。风险估计的对象是项目的单个风险，而非项目整体风险。风险估计有如下几方面的目的。

- 加深对项目自身和环境的理解。
- 进一步寻找实现项目目标的可行方案。
- 使项目所有的不确定性和风险都经过充分、系统而又有条理的考虑。
- 明确不确定性对项目其他各个方面的影响，估计和比较项目各种方案或行动路线的风险大小，从中选择出威胁最小，机会最多的方案或行动路线。

7.5.1 风险度量的内容

在项目风险评估之前，先要对项目的各种风险进行度量，获得风险因素影响的量化数据，掌握风险的影响力，才能对风险做出正确的评估，制定和实施正确的应对风险的策略。风险的影响力是指风险发生后对项目的工作范围、时间、成本质量的影响程度，而风险度量内容包括风险发生的可能性大小、风险发生时间、风险发生后其结果影响范围和严重程度等。

1. 风险发生的可能性度量

项目风险度量的首要任务是分析和估计项目风险发生的概率，即项目风险产生的可能性。一个项目风险的发生概率越高，给项目带来损失的可能性就越大，这就要求我们更加关注，更好地控制这类风险，所以项目风险可能性度量是项目风险评估的不可缺少的内容。

2. 风险发生后果度量

项目风险后果是指项目风险发生后可能给项目带来的损失大小或对项目成功负面影响的程度。例如，某项目风险发生的后果十分严重，即使项目风险可能性不大，也不能忽视，要小心防范，一旦这种风险发生可能会直接导致整个项目失败。

3. 风险影响范围度量

项目风险影响范围是指项目风险可能影响到项目的哪些方面和工作。如果风险的影响范围很大，一旦发生，项目的许多工作会受到影响，可能会造成整个项目管理的混乱。例如，需求变更的风险影响范围就很广，需求发生变化，会影响设计、编码和测试等，几乎影响所有的软件开发工作。对影响范围大的风险，即使后果不大或可能性不大，也需要防范，并考虑如何缩小其影响范围，或者制定措施，一旦这类风险发生，将其影响范围控制在局部内，使之不扩散到其他方面。

4. 风险发生时间度量

项目风险可能在哪个阶段或什么时间发生，也是项目管理者比较关注的一个点。知道风险可能发生的时间，风险控制会更有效，能做到恰到好处。例如，人员离职的风险对项目影响比较大，一旦知道有这种风险，就需要及时和当事人进行沟通，了解他或她什么时候可能会离开，就要做好相应的工作交接准备。当然，通过对其思想工作和薪酬调整，设法挽留项目关键人员，消除风险是上策。

7.5.2　风险分析技术

风险是不确定的事物，它的不确定性会导致其评估很难做到十分的精确和可靠。在项目风险度量中，人们需要克服各种认识上的偏见，消除主观臆断，避免人为地夸大或缩小风险。要客观看待风险，及时获得动态的信息，帮助我们正确地评估风险。

许多分析技术可以用来识别与评价风险事件的影响，包括数学模型、统计方法和人工估计等，也就是主观的方法和量化的方法。主观的方法一般进行定性分析，是一种经验的方法，它通过情景分析、专家决策综合获得；而量化的方法一般进行定量分析，需要借助模型来实现。

1. 情景分析和专家决策方法

情景分析，一般通过主观判断什么地方可能会出错、出错的可能性有多大。给定这些变量的主观判断，使用主观的成本/收益思考过程能做出“接受、或缓解、或转移、或消除风险”的评价。尽管风险没有被量化，但是在多数情况下，基于经验判断是比较可靠的。如果是借助专家的经验，风险评估的结果更为可靠。

专家决策法主要根据过去很多类似项目中所获得的经验来做出评估，也可以通过查阅历史项目的原始资料（问题列表、总结文档等）来对当前项目的风险进行评估。专家决策法可以代替或者辅助损失期望值法或模拟仿真法等。例如，许多项目管理专家运用自己的经验做出的项目工期、成本和质量风险等的评估，结果通常比较准确可靠，有时比规范的数学计算与模拟仿真方法更为准确和可靠，因为这些专家的经验通常是一种比较可靠的依据。在项目风险管理中，采用定性分析的方法也是常见的，将发生概率和影响力分成 3～5 级，如就风险概率和风险损失程度给出类似“高、中、低”等不同级别的评判，通过相互比较确定每个事件的差级，最后通过分布图衡量风险，如表 7-3 所示。这时，就更体现出专家的价值。

表 7-3　　风险评估矩阵

风险事件	可能性	严重性	发现难度
系统崩溃	低	高	高
硬件故障	低	高	高
不易操作	高	中	中

2. 损失期望值法

这种方法是量化的方法，有时也称评分矩阵，一般应用于小项目。这种方法首先要分析和估计项目风险概率和项目风险可能带来的损失大小，然后将二者相乘求出项目风险的损失预估值，并使用这个预估值去度量项目风险。可以将风险发生概率用百分比（0～100%）表示，而给项目带来的损失用估计成本（货币）表示，然后找出那些“概率 × 估计成本”乘积大的事件。

例如，某个风险发生概率是 40%，它发生后所带来的损失是 10 万元人民币，则损失期望值为 10 万元 × 40% = 4 万元。而另一个风险发生概率是 10%，而它一旦发生所带来的损失是 100 万元人民币，则损失期望值为 100 万元 × 10% = 10 万元。根据期望值，后面这个风险更高，需要优先防范。

3. 模拟仿真法

模拟仿真法是用数学模拟或者系统法模型去分析和度量项目风险的方法，通过不断调整参数、不断模拟，可以得到仿真计算的统计分布结果，由此作为项目风险度量的结果。模拟仿真法一般应用在大规模或复杂项目的风险度量上，可用来度量各种可量化的项目风险，包括项目工期风险和成本风险等。由于项目时间和成本的风险都是项目风险管理的重点，所以，模拟仿真法在项目风险度量中应用较为广泛。人们经常使用的这类方法有蒙特卡罗方法（Monte Carlo Method）或三角模拟分析法。

4. 风险评审技术

风险评审技术（Venture Evaluation Review Technique，VERT）是为了适应某些有高度不确定性和风险性的决策问题而开发的一种网络仿真系统。在 20 世纪 80 年代初期，VERT 首先在美国大型系统研制计划和评估中得到应用。VERT 在本质上仍属于随机网络仿真技术，它按照工程项目和研制项目的实施过程，建立对应的随机网络模型。VERT 根据每项活动或任务的性质，在网络节点上设置多种输入和输出逻辑功能，使网络模型能够充分反映实际过程的逻辑关系和随机约束。同时，VERT 还在每项活动上提供多种赋值功能，建模人员可对每项活动赋予时间周期、费用和性能指标，并且能够同时对这 3 项指标进行仿真运行。因此，VERT 仿真可以给出在不同性能指标下，相应时间周期和费用的概率分布、项目在技术上获得成功或失败的概率等。这种将时间、费用、性能（简称 T、C、P）联系起来进行综合性仿真的技术，为多目标决策提供了强有力的工具。

5. 敏感性分析法

敏感性分析法是指从众多不确定性因素中找出对项目目标（进度、成本和质量等）有重要影响的敏感性因素，并分析、测算其对项目目标的影响程度和敏感性程度，进而判断项目承受风险能力的一种不确定性分析方法。根据不确定性因素每次变动数目的多少，敏感性分析法分为单因素敏感性分析法和多因素敏感性分析法，如单因素敏感性分析法，每次只变动一个因素而其他因素保持不变。但在实际风险评估工作中，采用多因素敏感性分析法较多。敏感性分析法的目的有以下几个。

（1）找出影响项目目标的敏感性因素，分析敏感性因素变动的原因，并为进一步进行不确定性分析（如概率分析）提供依据。

（2）研究不确定性因素变动，如引起项目进度变动的范围或极限值，分析判断项目承担风险的能力（底线）等。

（3）比较多方案的敏感性大小，以便在同样目标期望值相近的情况下，从中选出不敏感的解决方案。

多因素敏感性分析法是指在假定其他不确定性因素不变的条件下，计算分析 2 种或 2 种以上不确定性因素同时发生变动，对项目经济效益值的影响程度，确定敏感性因素及其极限值。多因素敏感性分析一般是在单因素敏感性分析基础上进行，且分析的基本原理与单因素敏感性分析大体相同，但需要注意的是，多因素敏感性分析须进一步假定同时变动的几个因素都是相互独立的，且各因素发生变化的概率相同。

7.6 风险监控和规避

对风险采取的措施是减轻措施，主要是减轻风险发生的概率；而对问题采取的措施是应急措施和弥补措施。

7.6.1 风险应对

在项目早期，了解的信息比较少，风险发生的概率比较大，但是风险事件发生得越早，造成的损失也就越小。风险应对越早，其处理的成本就越小，所以要尽早对项目中存在风险采取应对措施。当项目过了半程之后，不确定因素越来越少，风险发生的概率会不断减少，但一旦风险事件发生，就容易引起更多工作的返工或对项目进度影响严重，即风险造成的损失会更大。例如，在最后一刻发现项目不能及时完成，这时，不管采取什么措施，也难以改变现状，项目延迟不可避免，所带来的影响有时是致命的。在项目生命周期内，风险发生的概率和所带来的损失如图 7-7 所示，从图中可以看到，应对风险要及时，要尽早识别风险、尽早采取应对措施。

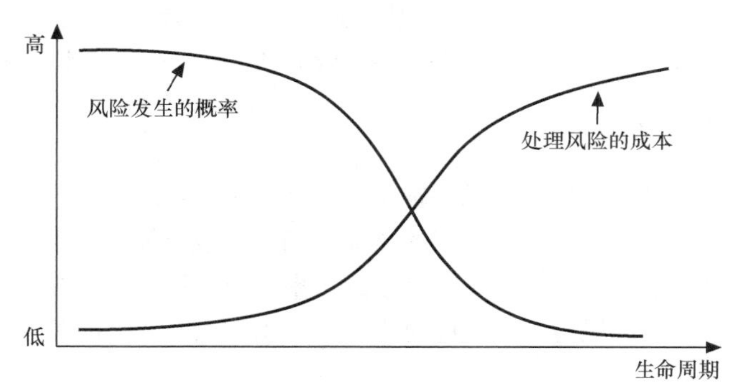

图 7-7　项目生命周期中风险变化趋势图

在传统开发中，加强需求评审和设计评审，也是尽量减少产品质量风险，减少需求变更的风险，更好控制产研发进度。敏捷开发模式采用快速频繁迭代，每个迭代周期在 1-4 周，也是为了快速得到用户的反馈，及时调整产品方向，避免大的风险，开发出受用户欢迎的产品。

风险识别和风险分析的目的就是要让决策者能够在问题发生之前就能深思熟虑，准备好应对措施。风险应对的指导原则是，参加项目的各方应该尽可能地互相合作以得到风险分担。对于已经确认的风险通常可采取以下几种措施：保留风险、减小风险、转移风险和避免风险。如果在项目的各方之间分摊风险的话，那么就要考虑以下因素。

- 避免风险的最好方法是不继续执行项目。一定要判断是否值得承担这么多风险来取得项目的收益。
- 让最有能力控制风险的一方负责承担风险是比较明智的。
- 应该尽量把风险分配给那些受风险影响最小的项目参与者。

虽然对承担特殊的项目风险要给予一定的奖励，但是如果一旦发生不幸事件，应该允许负责一方去避免风险后果的发生，或者使其最小化。

为了规避风险，成熟的软件工程项目可以设置几道防线，采取许多措施。可以从项目一开始，就针对功能和非功能需求、系统架构要求进行细致、全面的分析，来获得风险防范措施。例如，要降低系统性能的风险，靠性能测试是不够的，如果等到性能测试发现问题，可能不得不对系统设计进行修改、重写代码，这时风险已经转化成问题，造成“返工”并增加了很大的开发成本。要真正避免系统性能风险，在设计时就要进行充分讨论，相关人员都要参与设计评审，消除各种疑问并达成一致。再比如，系统实际运行环境和测试环境不一致也会带来比较大的风险，我们也不可能等到软件产品发布后再采取措施，这样也会太迟了，而是应该在设计时就要考虑可测试性，考虑通过适当的办法来模拟产品运行的环境。在搭建测试环境时，应尽量掌握产品运行环境的特征，尽量缩小测试环境和产品运行环境之间的差异。

针对风险采取的措施，一般分为 3 类：技术、组织和经济性措施。

（1）技术性措施应体现可行、适用、有效性原则，主要有预测技术措施（模型选择、误差分析、可靠性评估）；决策技术措施（模型比选、决策程序和决策准则制定、决策可靠性预评估和效果后评估）；技术可靠性分析（建设技术、生产工艺方案、维护保障技术）。

（2）组织管理性措施主要是要贯彻综合、系统、全方位原则和经济、合理、先进性原则，包括管理流程设计、组织结构确定、管理制度和标准制定、人员选配、岗位职责分工以及风险管理责任的落实等。还应提倡、推广使用风险管理信息系统等现代管理手段和方法。

（3）经济性措施主要有合同方案设计（风险分配方案、合同结构设计、合同条款设计）；保险方案设计（引入保险机制、保险清单分析、保险合同谈判）；管理成本核算。

7.6.2 风险监控

虽然风险处理越早，风险所带来的损失越小，但是，风险处理和管理是需要成本的，我们无法去控制所有的风险，也没有必要控制所有的风险。我们应该对风险发生的概率进行评估，对可能性高的风险制定风险缓解对策。如果风险发生的概率很小或风险概率没有明显在变大时，就无需采取应对措施。这就是处理风险防范和应对之间的平衡，清楚什么时候启动风险应对措施，这就依赖于风险的监控。

风险监控可以通过设置控制基线来实现，即确定各类风险的阈值或警戒线，而风险控制基线则根据风险识别和评估的结果来获得，即可以按照风险发生概率的大小来设置基线，也可以按照风险发生的综合影响力（概率×损失大小）来设置基线。最好按照风险发生概率的大小来设置基线，这样就能尽可能防止风险的发生。一旦超过基线或阈值，就启动风险应对措施，使风险得到缓解，将风险发生的概率控制在基线以内，如图 7-8 所示。

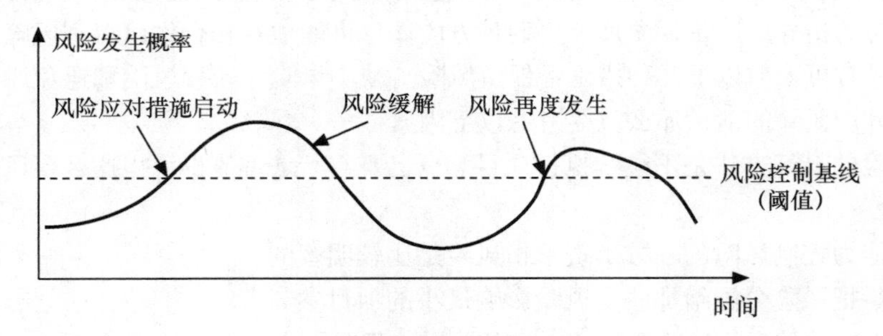

图 7-8　风险监控示意图

有些项目的风险是慢慢显现的，如进度风险，对这类风险要防微杜渐，发现早就比较容易控制。而有些风险是突然出现的，例如，项目组长突然踢足球受伤了。这种风险发生的概率小，一旦发生了，影响很大，又难以处理，需要冷静面对，通过努力还是能找到解决办法的。

在项目进行过程中要跟踪和控制已知风险，同时注意识别可能会出现的新风险。随着项目的实施以及风险应对措施的执行，包括风险转移，项目的影响因素不断变化，伴随某些风险的消失会产生新的风险，因此在整个项目过程中，需要时刻监督风险的发展与变化，将风险控制在可接受的水平之内。风险监控中一些常见的有效措施有以下几种。

（1）建立并及时更新项目风险列表及风险排序。项目管理人员应随时关注关键风险相关因素的变化情况，及时决定何时采用何种风险应对措施。

（2）风险应对审计，保证风险应对计划的执行并评估风险应对计划执行效果，包括项目周期性回顾、绩效评估等。

（3）对突发的风险或“接受”的风险采取适当的应变措施。

（4）建立报告机制，及时将项目中存在的问题反映到项目经理或项目管理层。

（5）定期召集项目干系人召开项目会议，对风险状况进行评估，并通过各方面对项目实施的反应来发现新风险。

（6）更新相关数据库，如风险识别检查表，以利于今后类似项目的实施。

（7）引入第三方咨询，定期对项目进行质量检查，以防范大的风险。

7.7　风险管理的高级技术

在风险管理中，在风险度量和评估时不仅会采用情景分析、专家决策、风险损失期望值法等，还会采用其他高级方法，如风险评审技术、蒙特卡罗法、SWOT 分析法和关键链技术方法等。表 7-4 给出了较完整的风险管理的主要方法和技术，前面已经讨论了头脑风暴法、检查表和挣值分析等方法，包括风险回避、转移和缓解等。

表 7-4　　风险管理的主要技术

风险管理步骤	所使用的工具、方法
风险识别	头脑风暴法、面谈、Delphi 法、检查表、SWOT 技术
风险量化	风险因子计算、VERT、决策树分析、风险模拟
风险应对计划制定	回避、缓解、转移、消除风险的措施
风险监控	核对表、定期项目评估、挣值分析

7.7.1　VERT 技术

VERT 技术是在 PERT（计划评审技术）、GERT（图形评审技术）的基础上发展起来的，包括风险信息系统的成本分析法（Risk Information System Cost Analysis，RISCA）和全面风险评估成本风险网络（Total Risk Accessing Cost Analysis Net，TRACANET）。RISCA 和 TRACANET 是在网络数学分析器（Mathematical Network Analyzer，MATHNET）、网络统计分析器（Statistical Network Analyzer，STATNET）和网络求解分析器（Solving Network Analyzer，SNA）等基础之上开发出来的，其中 MATHNET 可以把离散事件活动、活动时间和费用综合起来构成一个概率特征进行计算和分析。

VERT 网络模型是一种属于数学的随机网络模型，它是通过带有时间、费用和性能等变量值的弧和节点，按照其相互关系连接起来的网状图。VERT 网络的建模要素是活动（弧）和节点，而每个活动和节点都具有“时间、费用和性能”3 种参数，例如，在网络中某项活动完成时，在该活动上可以得到从软件项目开始到此活动完成时刻的周期、累计费用和到此时已达到的性能值。VERT 网络的仿真过程可以想象成一定的时间流、费用流和性能流通过各项活动，并受到节点逻辑的控制流向相应的活动中。每次仿真运行，就相当于这些流从源节点出发，经过相应的节点和活动，执行相应的事件，最后到达网络的终节点。由于网络中可以选用具有各种逻辑功能不同的节点，可能导致 3 种流只经过网络中的部分节点和弧，并到达某个终止节点。因此，必须对网络作多次重复的仿真运行，才能使整个网络中所包含的各个节点和活动都有机会得到实现，得出相应的概率分布，而每次仿真运行不过是对网络实现的一次抽样。

由于 VERT 网络中包含概率型和条件型两种逻辑功能，因此在仿真运行时有些活动能成功地实现（以概率为 1 得到实现），而有些活动则不能成功地实现，这表示前一段过程的失败。例如进行某项设计工作，如果经过设计、试制、试验等各个阶段，其结果不能达到设计性能要求，这时，在完成试验活动以后，时间和费用的累计值会被置零，表示该项设计试制工作的失败。

1. 弧（活动）的类别

（1）普通弧（活动），是 VERT 网络中的直接组成部分，普通弧上都带有以概率分布的时间、费用和性能等参数值。

（2）传送弧（活动），是 VERT 网络的组成部分，仅作为各种参数的通道，对于某些节点之间的关系具有时间上的和先后次序的约束。传送弧上不赋时间、费用和性能参数值，因而被传送的参数流不发生增值。

（3）自由弧（活动），不在 VERT 网络中直接表示出来，而是被其他活动引用。自由弧上所赋的时间、费用和性能值可以通过一定的数学关系式进行调用。

（4）排放弧（活动），设置在节点的输出端，使流量通过这个活动传出系统。因为对于某些被取消的节点，如果已有活动引入该节点，则在 VERT 网络中可能出现流量的堵塞现象。

在仿真运行中，各类活动都可以处于不同的状态。当该活动能成功地实现时，则参数流通过本活动输出至下一节点，这种状态称为成功完成状态。如果某项活动处于非成功完成状态，则该活动的时间和费用值仍通过本弧输出至下一节点，但没有性能值输出。如果某项活动处于被取消状态，则活动不能被执行，因而也没有参数流通过，不消耗任何时间和费用，更不会产生任何性能。

2. 节点的类别

VERT 网络中的节点是项目生命周期中的一个里程碑，表示前一个活动的结束和后一个活动的开始。VERT 节点具有丰富的逻辑功能，从而可以在仿真运行中决定要启动哪些输出弧或是否要启动本节点等。根据节点的逻辑功能，VERT 节点可分为组合节点和单个节点，组合节点由输入逻辑和输出逻辑组成，而单个节点只包含 1 种单个逻辑，如图 7-9 所示。

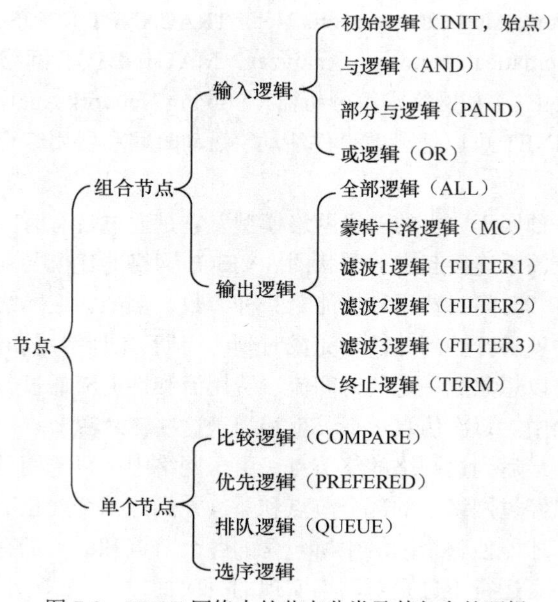

图 7-9　VERT 网络中的节点分类及其包含的逻辑

3. 建模

VERT 随机网络模型是一个图论模型，称为图 G，记节点集合为 N，弧集合为 A，则有：$G=\{N, A\}$，这里 $N=\{N_1, N_2, N_3 \cdots N_n\}$，$N_i$ 表示第 i 个节点，n 为节点总数；$A=\{A_{ij}|i,j=1,2,3\cdots n\}$。对于节点，只有累计时间（$NT_i$）、费用（$NC_i$）和性能（$NP_i$）组成的网流，而对于弧，有两种网流。

（1）自身携带的网流：由自身的时间（T_{ij}）、费用（C_{ij}）和性能（P_{ij}）组成的网流。

（2）累计网流：由弧的累计时间（$\overline{T}_{ij}$）、累计费用（$\overline{C}_{ij}$）和累计性能（$\overline{P}_{ij}$）组成的网流。

弧和节点的累计网流都是网络模型的未知量，是模拟过程中求解的对象，根据结果，可对节点和弧的机动时间、关键线路等进行分析。

网流形成原则要受节点、弧的状态和逻辑的限制。弧和节点都有成功、不成功和取消 3 种状态，节点逻辑相对复杂些，由于弧的不同状态而形成不同的节点逻辑，如 AND 逻辑，先根据输入弧的状态确定节点的状态，然后确定成功节点的时间、费用和性能值，其数学表达式如下。

$$NT_i=\text{Max}\{\overline{T}ki\ |\text{k}=1,2,\cdots \text{n},\ \text{k}<\text{n}\}$$

$$NC_i=\text{OPT}\sum_k\left\{\overline{C}kl \mid k=1,2,...n,k<n\right\}$$

$$NP_i=\text{OPT}\sum_k\left\{\overline{P}kl \mid k=1,2,...,n,k<n\right\}$$

其中，OPT 表示对有相同开始节点和结束节点的弧求最优。

对于真实决策系统，构造符合实际的随机网络模型，包括绘制网络图，是应用随机网络评审方法进行风险决策分析的关键步骤。构造网络模型的过程大体可分为以下几个步骤。

（1）确定决策的环境。在调查研究的基础上，确定被分析系统的问题、决策目标、变量和约束条件以及可接受的风险水平。

（2）按工作进程与风险分析的需要画出流程图，包括各个阶段的子流程。

（3）绘制 VERT 网络图，即在流程图的基础上，应用 VERT 的弧和节点功能，把流程图改造成 VERT 随机网络图。

（4）确定弧和节点的数据。确定弧上的时间、费用及性能参数和节点上参数及逻辑等，并在仿真运行中加以检验和修正，不断去伪存真，构造出反映真实系统的随机网络模型。

7.7.2　蒙特卡罗法

在实际项目管理中，可以获得的数据量有限，它们往往是以离散型变量的形式出现的。例如，对于某项活动的用时往往只知道最少用时、最多用时和最可能用时 3 个数据。经验告诉我们，项目进度、成本或风险可能性等变化服从某些概率模型，而现代统计数学可以将这些离散型的随机分布转换为预期的连续型分布，这样，就能针对某种概率模型，在计算机上进行大量的模拟随机抽样，从而获得模型的参数估计值。

蒙特卡罗方法是一种随机模拟方法，更准确地说，是一种有效的统计实验计算法。目前，蒙特卡罗方法是项目风险管理中的常规方法，它通过设计概率模型，使其参数恰好重合于所需计算的量；同时，可以通过实验，用统计方法求出这些参数的估计值，把这些估计值作为待求的量的近似值。从理论上来说，蒙特卡罗方法简单，不需要复杂的数学推导和演算过程，但需要大量的实验，实验次数越多，所得到的结果就越精确。

以下是蒙特卡罗模拟方法应用于项目管理中的主要过程。

（1）对每一项活动，输入最小、最大和最可能估计数据，并为其选择一种合适的先验分布模型。

（2）根据上述输入，利用给定的某种规则并通过计算机进行充分大量的随机抽样。

（3）根据概率统计原理，对随机抽样的数据进行处理和计算，求出最小值、最大值、期望值和单位标准偏差。

（4）自动生成概率分布曲线和累积概率曲线（通常是基于正态分布的概率累积 S 曲线）。

（5）依据累积概率曲线进行项目风险分析。

背 景

第二次世界大战时，美国曼哈顿计划首次正式在项目风险管理中使用蒙特卡罗法。蒙特卡罗法得名于欧洲著名赌城——摩纳哥的蒙特卡罗，可能是因为赌博游戏与概率有内在联系。实际上，早在 1777 年，法国布丰（Comte de Buffon）设计出著名的投针实验，用概率方法得到圆周率 π 的近似值，这被认为是蒙特卡罗法的起源。

在投针实验中，假定在水平面上画上许多距离为 a 的平行线，然后将一根长为 l（l<a）的同质均匀的针随意地掷在此平面上。布丰证明：该针与此平面上的平行线之一相交的概率为：$p=2l/(a\pi)$。该试验重复进行多次，并记下成功的次数，能得到 p 的一个经验值，然后用上述公式计算出 π 的近似值。1901 年，意大利人拉泽里尼（Lazzerini）用这种方法获得了最好结果——准确到 π 的 6 位小数，共掷了 3408 次针。但这种方法还没有达到公元 5 世纪祖冲之的推算精度（$3.1415926 < \pi < 3.1415927$）。这可能是传统蒙特卡罗法长期得不到推广的主要原因。

计算机技术的发展，极大地促进了蒙特卡罗法的快速普及，因为不再需要亲自动手做实验，而是借助计算机的高速运算能力，使得原本费时费力的实验过程，变成了快速和轻而易举的事情。

7.7.3 SWOT 分析法

运用各种调查研究方法，能分析出软件项目所处的各种环境因素，即内部环境因素和外部环境因素。

（1）内部环境因素，一般属主动因素，是组织在其发展中自身存在的积极和消极因素，包括优势（Strength）因素和弱势（Weakness）因素。内部因素可归为相对微观的范畴，如管理的、经营的、人力资源的等。

（2）外部环境因素是外部环境对组织的发展直接有影响的因素，包括机会（Opportunity）因素和威胁（Threat）因素，即有利因素和不利因素。外部环境因素一般属于客观因素，归属为相对宏观（如经济、政治、社会等）的范畴。

SWOT 分析法就是将调查所掌控的各种因素（内部因素和外部因素），根据其轻重缓急或影响程度等进行排序，构造成矩阵，更直观地进行对比分析。因为矩阵由 4 种因素构成，即 S 代表优势、W 代表弱势、O 代表机会、T 代表威胁，所以这个矩阵称为 SWOT 矩阵。在此过程中，应将那些对项目有直接的、重要的或严重的、范围广的影响因素优先排列出来，而将那些间接的、次要的、范围小的影响因素排列在后面，如表 7-5 所示。

在完成环境因素分析和 SWOT 矩阵的构造后，便可以制定出相应的风险应对计划了。制定风险计划的基本思路是：发挥优势因素，克服弱势因素，利用机会因素，化解威胁因素；考虑过去，立足当前，着眼未来。运用系统分析的综合分析方法，可以将排列与考虑的各种环境因素相互匹配起来加以组合，得出可选择的对策。这些对策包括以下几种。

- 最小与最小对策（WT 对策），着重考虑弱点因素和威胁因素，努力使这些因素的影响降到最小。
- 最小与最大对策（WO 对策），着重考虑弱点因素和机会因素，努力使弱点趋于最小，使机会趋于最大。
- 最大与最小对策（ST 对策），着重考虑优势因素和威胁因素，努力使优势因素趋于最大，使威胁因素趋于最小。
- 最大与最大对策（SO 对策），着重考虑优势因素和机会因素，努力使这两种因素都趋于最大。

表 7-5　采用 SWOT 方法的风险分析

S（优势）	W（弱势）
• 适应更多的需求变化 • 软件发布周期短，更容易满足客户的需求 • 由于采用配对编程和测试驱动开发思想，代码质量更高 • 团队的士气高	• 项目组认可度不高 • 系统架构设计不够充分 • 系统测试时间短 • 不适应大规模项目
O（机会）	**T（威胁）**
• 加速开发周期 • 更多的新功能可以及时融入产品 • 提高客户满意度 • 提高市场份额	• 团队需要熟悉的过程 • 需要占用项目时间进行培训 • 项目组成员可能不适应 • 新的流程可能影响工作效率 • 新的流程可能影响产品质量

7.7.4　关键链技术

进度计划一般基于工作分解结构之上，通过各个具体工作的时间估计来构建计划网络，并应用 VERT 技术、蒙特卡罗模拟法等来获得工期的概率分布，以此来估计进度风险。1997 年，Goldratt 将约束集理论（Theory of Constraints，TOC）应用于项目管理领域，提出了关键链项目管理（Critical Chain Project Management，CCPM）方法，是项目管理领域自发明关键路线法（CPM）和计划评审技术（PERT）以来最重要的进展之一。

概 念

约束理论是由高德拉特（Goldratt）博士在最优化生产技术（OPT）基础上发展起来的。约束理论的核心思想可以归纳为 2 点。

（1）所有系统都存在约束。如果一个系统不存在约束，就可以无限提高有效产出，而这显然是不实际的。因此，任何妨碍系统进一步提升有效产出的因素，就构成了一个约束。

（2）约束的存在表明系统存在改进的机会。约束妨碍了系统的有效产出，但同时也指出了系统最需要改进的地方——约束。

一个形象的类比就是“木桶效应”，一只木桶的容量取决于最短的那块木板，而不是最长的木板。因此，对约束因素的改进，才是最有效的改进系统有效产出的方法。

与其他管理理念不同，约束理论对企业的改进是聚焦的改进——只改进约束，而不是改进全部。为了有效提升系统的效率，约束理论提出了著名的聚焦五步法，这五个步骤构成一个不间断的循环，帮助系统实现持续改进。

（1）找出系统中的约束因素。

（2）挖掘约束因素的潜力。

（3）使系统中所有其他工作服从于第 2 步的决策。

（4）给约束因素松绑。

（5）若该约束已经转化为非约束性因素，则回到第 1 步。

CCPM 用关键链代替了 PERT/CPM 中的关键路径，不仅考虑了不同工作的执行时间之间前后关系的约束（各任务的紧前关系），而且还考虑了不同工作之间的资源冲突。关键链是制约整个项目周期的一个工作序列。关键链管理方法标识了资源约束和资源瓶颈，有利于项目过程资源的配置，降低因资源而引起的进度风险。基于关键链的项目管理方法特别适合于有高度不确定性的环境，如全新的软件开发项目。

Goldratt 认为在 PERT 工期估计中包含了大部分的缓冲时间，而缓冲时间并不能保证项目的按时完成。因此他将工作可能完成的时间的 50%作为工作工期的估计，并以此建立工作网络图。根据工作间的资源制约关系，修改网络图，确定关键链。然后通过为关键链和非关键链分别设置项目缓冲（Project Buffer）和输入缓冲（Feeding Buffer），来消除项目中不确定因素对项目执行计划的影响，控制进度风险，保证整个项目按时完成。

- 项目缓冲是为了保证项目在计划时间内完成，设置在关键链的末尾的缓冲区，它以关键链上所有工作比 PERT 中少估计的工期和的 50%作为缓冲区的大小。
- 输入缓冲区是为了保护关键链上的工作计划不会因为非关键链上工作的延迟受到影响而设置的。它设置在非关键链与关键链的汇合处，以非关键链上的所有工作节省工期之和的 50%作为缓冲区的大小。

基于关键链技术的软件项目进度风险管理方法，一般会采用下列步骤。

（1）首先对项目进行工作分解，估计理想工作条件下各工作的执行时间以及人力资源分配，建立工作节点网络图（Active on Node，AON）。

（2）考虑人力资源的约束，确定工作节点网络图中的关键链。

（3）采用技术风险评估技术（如风险量=风险概率×风险时间），对每项工作进行风险分析。

（4）在此基础上，为关键链配置项目缓冲，为非关键链配置输入缓冲。

（5）在项目进行过程中，通过对缓冲区的监控，进行计划风险的管理。

所谓理想工作条件是指既不考虑风险因素，也不考虑资源约束的“理想”状况。这样的理想工作条件实际是不存在的，就如同物理学研究中经常用到的理想气体一样。之所以采用理想工作条件下的完成时间，而不是 Goldratt 的可能完成时间的 50%，是由于在 50%的时间内肯定是不能完成工作的，太过紧张的计划时间会给工作执行人员造成不必要的压力，从而加大项目的系统功能风险。

在关键链的网络图中每个工作节点有一个三元组属性（a/b/c），其中 a 为理想工作条件下的工作执行（估计）时间；b 为该项工作需要的资源；c 是所需资源的数量。例如，R_S 代表系统设计人员；R_P 代表程序开发人员；R_T 代表系统测试人员，关键链的网络如图 7-10 所示。与 CPM 不同的是，关键链技术不是单纯以时间最长的路径为关键路径，而是在考虑了工作所需资源之后，根据资源约束，对网络图中的工序进行必要的调整，然后再由工作时间确定关键链，也就确定了关键路径。

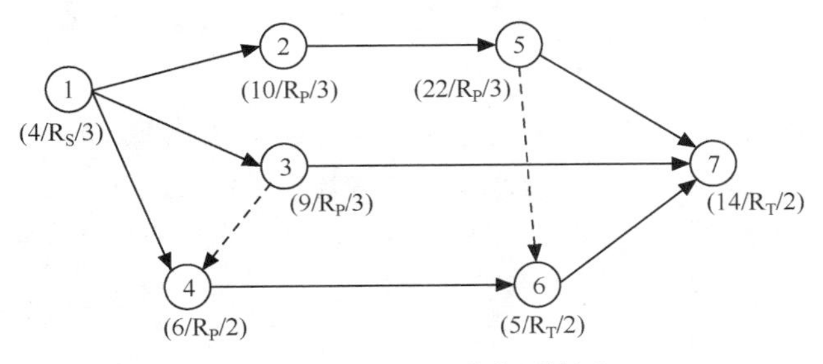

图 7-10　关键链的节点网络图

关键链技术不关注每项工作的开始日期、完成日期，取而代之的是每条链的起止时间。为了保护关键链上的工作而不影响到整个项目的计划进度，关键链技术要求为关键链设置项目缓冲区（Buffer Area）；同时，为了防止非关键链上的工作影响到关键链上工作的进度，在非关键链与关键链的汇合处设置输入缓冲，如图 7-11 所示。Goldratt 是以关键链上所有工作估算时间所节省下来的安全时间之 50%作为缓冲区的大小。

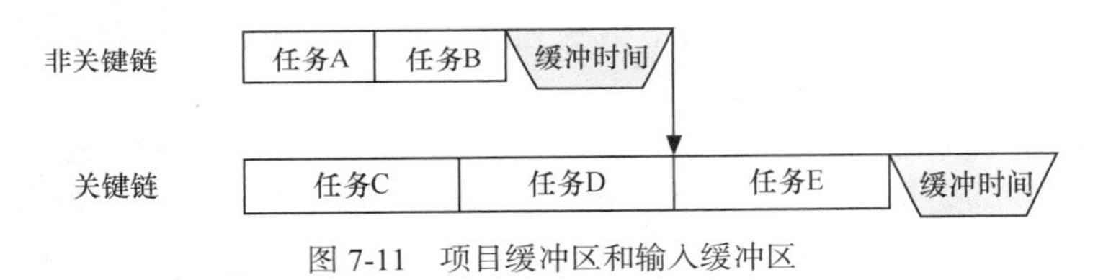

图 7-11　项目缓冲区和输入缓冲区

缓冲区的设置是为了应对项目过程中可能出现的不确定因素，进行风险的监控和管理。如果紧前任务（例如图 7-11 中任务 B）没有在计划时间内完成，那么后续任务就无法按计划时间启动，其结果就是缓冲时间被占用。缓冲时间被占用得越多，就说明越有可能延误后续的关键任务。基于关键链技术的软件项目风险管理通过对缓冲区的监控进行，而对缓冲区的监控采用“三色法”，将缓冲区三等分，分别以绿、黄、红三色表示不同的风险级别，以建立预警机制。

- 当缓冲区的占用处于绿色区时，风险级别低，项目仍然处于良好状态。
- 当缓冲区的占用处于黄色区时，风险级别提高，处于警告状态，虽不采取措施，但要密切关注，并了解背后的根本原因，开始防范风险。
- 当缓冲区已被占用到红色区，说明项目已经存在相当严重的进度风险，必须采取相应的补救措施。

控制缓冲区也可以为缓冲区设置安全底线，缓冲区的安全底线是项目过程中各时刻缓冲区大小的最小值。在项目进行过程中，应定时观测缓冲区的大小，若缓冲区处于安全底线以上，我们认为工作情况正常；低于安全底线，则有必要采取风险措施。

进一步，还应考虑资源约束对关键链的影响，尤其是同一资源在不同任务间切换常常需要一定的准备时间。因此，关键链方法引入了资源缓冲的概念，以防止关键链任务因资源没有及时到位而发生延误。与缓冲时间不同，资源缓冲本质上是一种警示信号，用来提醒项目经理或者部门经理保证资源及时到位。关键链方法要求在关键任务所需的资源被紧前的非关键任务占用时，应当提前一定时间在项目进度计划上标识资源缓冲，以便及时提醒项目经理协调资源，防止因资源不能及时到位而延误关键任务。

7.8 风险管理最佳实践

有时，企业文化会使得我们根本不可能谈论任何真正能够造成麻烦的风险——我们就像愚昧无知的部落原始人一样，以为只要不说出魔鬼的名字就不会招来魔鬼。

在工作中，我们常被迫保持“我能做到”的心态，这也是风险管理的障碍所在。提到一项风险，就等于一次“我做不到”的表态。风险管理与传统企业文化一些根本的方面有着深刻的冲突。

——《与熊共舞》

风险管理应让每个成员都参与到规划和防范的过程中，并采取主动策略，其主要目标是预防风险，强有力的风险管理过程可以减少 80%～90%的问题，消除令人意外的结果或意想不到的项目风险。但是，不是所有的风险都能够预防，可以动态维护一张最具威胁的 10 大风险因素表，加强监控和防范。项目组还必须建立一个应付意外事件的计划，投入适当的人力，保持开放的沟通渠道，使其在必要时能够以可控的、有效的方式做出反应。

其次，风险管理应设法消除或缓解那些后果严重的风险，对比较容易处理的风险，尽量避免其发生。例如，质量风险的后果比较严重，其优先级比较高，应通过持续集成、强化测试等措施以尽量降低质量风险。

风险管理或监控要确定责任人，即谁负责监控某类风险，例如，项目经理负责监控进度、需求变化、团队协作等方面的风险；开发组长负责监控技术风险、产品系统架构不合理等风险；而测试组长则负责监控质量方面的风险，包括测试策略、测试环境给质量带来的威胁。同时，风险因素相互影响、交错进行，这需要站在更高的，或全局的角度来制定风险应对计划、监控风险。这要求各类人员保持良好的沟通，协同防范风险。所以，风险管理既要保持专人负责某类风险，同时，又需要项目组成员合作，交流信息和看法，从而在风险管理中达到独立和协作的和谐。

有些风险，我们不得不面对，发生后影响大又不容易处理，这时，我们应集中精力制定对策来降低风险。例如，对于客户依赖性很强的风险，一方面尽量和客户建立良好的合作关系，另一方面，要留有空间，来应对出现的风险。

说到风险管理，人们总希望“消除风险”，其结果不仅没有消除风险，而且项目管理人员还很疲惫。例如，我们肯定希望规避进度风险，只要项目一发生延期，我们就安排加班，设法尽早地将延迟的进度追回来，结果，进度没有追回来，而质量在下降，项目组人员也疲惫不堪。其实，进度落后需要认真分析其根本原因，找到真正问题所在，加以解决。例如，由于开发环境问题、需求定义模糊等引起的问题，通过加班是解决不了的，而是要通过其他办法解决实际问题，进度才会加快。如果当前进度反映了实际情况，这时可能需要修改计划，调整进度。

当实施某种缓解风险的措施时，可能会带来另外的风险，例如，为缓解项目延期风险加人或加班，则可能会带来成本风险和质量风险。在采取任何的风险缓解措施时，都需要考虑是不是真正缓解了当前风险，更重要的是，是否缓解了项目的整体风险。

如果进度延迟很小，修改进度表可能会引起更大的进度风险，因为需要召开项目例会，重新讲解任务进度安排，每个人都要调整自己的安排，从而可能造成更大的进度风险和成本风险。

- 首先，有效的风险管理可以提高项目的成功率。
- 风险管理可以增加团队的健壮性，可以使团队对困难有充分估计，对各种意外有心理准备，大大提高组员的信心，从而稳定队伍。

- 有效的风险管理可以帮助项目经理抓住工作重点，将主要精力集中于重大风险，将工作方式从被动救火转变为主动防范。

小　结

项目风险管理是一门艺术，里面有太多的不确定性，可以通过列表、头脑风暴、专家经验等各种方法来识别软件项目的风险，然后针对项目所面临的风险进行评估，制定风险应对计划，从而监控风险、防范风险、减小风险、转移风险和避免风险等。风险管理的主要内容有以下几个方面。

- 借助风险检查表，项目组一开始就要列出所有风险。
- 通过风险发现过程，识别出项目面临的风险。
- 确认软件项目所有的核心风险都已出现在项目风险的列表中。
- 为风险命名，并提供一个唯一的编号。
- 通过头脑风暴找出各项风险的转换指标——风险发生的所有征兆中最早出现的那个。
- 估算风险发生的可能性及其发生时对成本和进度造成的影响或给项目带来的损失。
- 根据风险发生的概率和影响程度（即它们的乘积），来进行风险排序。
- 风险排序越高，越应优先得到处理，通常高度监控 5～10 个高级别风险。
- 采用相应的有效方法进行监控。
- 判断在风险转化之前采取哪些缓解措施才能保证应急措施不致失效。判断如果风险开始转化，需要采取哪些应急措施。
- 将缓解措施列入项目的总体计划，将所有细节记入一个模板。

习　题

1. 风险管理中，最重要的事情是什么？最难处理的问题是什么？
2. 需求变更的风险如何防范和控制？
3. 在软件开发过程中，严格执行开发流程和规范，对防范风险有什么帮助？
4. 如何更好地应用 VERT 技术？
5. 谈谈关键链技术和关键路径技术的异同。

实验 5：项目风险管理

（1.5 个学时）

1. 实验目的

1）掌握如何进行风险识别、风险分析和制定应对措施。

2. 实验内容

根据第一个迭代的用户故事如何进行开发，召开一次风险管理会议。

3. 实验环境

1）5 个人一组，准备若干大白纸，或者可以用电子文档展示。

2）讨论时间为一个学时。

4. 实验过程

1）组内选择一位记录人负责记录、总结。

2）大家共同查看用户故事，用头脑风暴的方法列出所有发生的和未发生的风险。

3）通过讨论选出最高优先级的十大风险项。

4）针对每个风险进行分析，商讨出应对方案（消除，缓解还是转移）。

5）讨论时间结束后，每组记录人分别解说和展示自己团队的十大风险清单。

5. 交付成果

1）十大风险清单，包括风险项，分析和应对策略。

2）写一个报告，总结所学到的经验和教训。

第 8 章 项目团队与干系人

人就是一切（或者说，几乎是一切）。

很多读者发现很有趣的是，《人月神话》的大部分文章在讲述软件工程管理方面的事情，较少涉及技术问题。这种倾向部分因为我在 IBM 360 操作系统（现在是 MVS/370）项目中角色的性质。更基本的是，这来自一个信念，即对于项目的成功而言，项目人员的素质、人员的组织管理是比使用的工具或采用的技术方法更重要的因素。

节选《人月神话》二十周年纪念版

软件项目以人为本的思想，决定了人是软件项目管理的关键环节，正如敏捷宣言所说“个体和协作胜于流程和工具”。软件开发是团队合作的工程，即使很小的、一个人开发的项目，他也要和其他人进行合作来处理需求、调试环境、进行用户培训等。那么如何处理人员之间的关系，如何把人员组织成有效率的团队并把他们的潜能尽量发挥出来呢？正所谓“一人拾柴火不旺，众人拾柴火焰高”，只有项目团队所有成员团结起来，劲儿往一处使，才能到达项目成功的顶峰。

软件开发活动是智力活动的集合，人占主导因素，软件开发不同于一般传统产品的制造。所以在进行人员管理的时候，要利用有效的手段，提高工作效率的同时，不断地激励员工，达到双赢的目的。

不仅要做好团队内部——各个团队成员之间的沟通，而且要做好团队外部沟通，和项目干系人（包括客户、管理层、市场人员、技术支持人员等）进行有效、良好的沟通。这其中和客户的沟通更为关键，正如敏捷宣言所强调的“与客户协作胜于合同的谈判”。相对客户来说，团队内部有更多的共同利益、更相似的语言、更方便的沟通渠道、更多的沟通时间。客户的利益和团队的利益往往不一致，例如客户希望实现团队能交付更多的功能、尽早交付产品，而团队希望任务少些、交付时间不要太紧。所以在 PMBOK 中，没有把沟通和人力资源管理放在一起，也是强调外部沟通更为重要，沟通不局限于团队内部。

人力资源管理属于项目的人力资源管理，也就是项目团队的管理，而项目干系人往往指项目团队之外的但在项目中有利益的人，如以软件研发项目看，项目干系人主要有用户、项目资助者、公司管理层、数据中心运维人员、市场人员、技术支持人员（客服人员）等。不管是团队，还是项目干系人，都是人的问题。只要是人，沟通、协作、知识分享、经验传递等都显得很重要。本书为了节省章节，更为了整合人的问题，把 PMBOK 中“人力资源管理、沟通、项目干系人管理”三章内容整合为一章。

8.1 项目团队建设

羚羊是草原上跑得最快的动物，但它们却常常成为狼群捕食的对象，而速度比它们慢的马群却很少被狼当作捕食的目标。狼为什么能够捕获到跑得快的羚羊，而很少捕获到跑得慢的马群呢？原因很简单，羚羊遇到危险便会四散而逃，但是马则是群居动物，它们有很强的团队合作意识和团队精神。每当有食肉动物来袭击时，成年而强壮的马就会头朝里、尾巴朝外，自动围成一圈，把弱小的和衰弱的马围在中间。只要敌人一靠近，外围的马就会扬起后蹄去踢敌人。一旦被马踢到，即使不死也会受重伤，所以很少有食肉动物愿意去袭击马群。正是这样的团队意识，使得马成为草原上最自由自在的动物。

个体的能力是有限的，但是如果能搭配起来组成力量强大的团队，那效果就大不相同了。“世上没有完美的个体，却有完善的团队。”

那么如何建立、培养有效的团队呢？结合 TSP 的精髓，笔者认为有效的项目团队建设需要软硬皆施、双管齐下，缺一不可，在建立坚实的“硬件”基础上逐步完善团队的“软件”功能。这当然离不开团队领导和团队成员共同的努力。

8.1.1 制度建立与执行

“没有规矩不成方圆”，对项目的团队建设也是如此。项目团队是由所在企业管理层来领导的，项目团队除了要遵守企业的规章制度外，还要在软件项目启动之前及时制定适合项目发展的管理制度。

- 对于异地同时开发的项目，一定要事先统一好代码检入（check in）的时间，否则进行日常构建（build）的时候，很容易因为不同步的问题造成失败。
- 在项目计划制定过程中由团队成员参加，建立一套用于发现和处理冲突的基本准则，如麦肯锡解决问题的“七步法”。
- 根据项目开发经营模式或者项目特点总结出可供参考的过程模型，如微软软件开发解决方案框架（MSF）、IBM 统一过程模型（RUP）等。
- 对于规模大或复杂的项目，建立监督、控制委员会，以便项目协调管理和统一决策。
- 建立统一格式的项目各类模板，有利于整体管理和后期分析，如需求文档模板、设计文档模板、用户手册模板和工作报告模板等。
- 对于系列项目或者类似项目建立不同项目阶段的任务检查清单，以便确保项目质量。
- 控制代码质量管理，比如：单元测试覆盖率，静态代码扫描分析，代码审查等管理。
- 测试用例管理，测试用例从设计、运行到存档最好规范起来，形成项目的知识沉淀。
- 缺陷管理，缺陷通常都会经历从发现、解决到关闭的过程。但是会有些特例，有些缺陷不能重现，有些缺陷暂时没办法解决，有些缺陷是目前业界的难题等，这样就需要把这些暂时处理不了的缺陷管理起来。

这些制度的制定，需要项目团队根据或者借鉴以往的经验来共同协商制定。如果项目进行中，仍然发现有些问题需要制定流程或者制度来解决，那么就应该及时召开项目协商会议，讨论解决方案，以免问题像雪球一样越滚越大，妨碍项目进展。

麦肯锡解决问题的“七步法”

（1）陈述问题：清晰地阐述要解决的问题。

（2）分解议题：使用逻辑树把问题分解。

（3）消除非关键议题：使用漏斗法淘汰非关键议题。

（4）制定详细的工作计划。

（5）进行关键分析。

（6）综合结果并建立有结构的结论。

（7）整理一套有力度的文件。

8.1.2　目标和分工管理

什么是团队管理？

网络上有个比较形象的例子：如果有一车沙从大厦顶上倒下来，对地面的冲击是不太大的，如果把一整车已凝固成整块的混凝土从大厦上倒下来，其结果就大不一样了。团队管理就是把一车散沙变成已凝固成整块的混凝土，将一个个独立的团队成员变成一个坚强有力的团体，从而能够顺利完成项目的既定目标。

这个例子展现了团队管理的核心之一就是建立和实现共同的目标。无论团队规模大小、人员多少，必须有效设立目标体系，达成团队共识，合理目标的设定可以成为团队发展的驱动力。那么如何进行目标管理呢？

首先，要考虑设置团队短期和长期的目标。

在《梦断代码》中提到了 Linux 之父李纳斯·托瓦茨（Linus Torvalds）的话：“别做大项目，从小项目开始，而且永远不要期望它变大。如果这么想，就会做过度设计，把它想象得过于重要。更坏的情况是，你可能会被自己想象中的艰难工作所吓倒。如果项目没解决某些眼前的需求，多半就是被过度设计了。别指望在短时间内有大成就，我致力于 Linux 达 13 年之久，我想后面还得花上好些时间。如果一早就妄想做个大东西，可能现在还没动手呢。”

托瓦茨的话意味着——做项目从小处着手更容易成功，即先要建立短期目标。但是项目的短期和长期目标都是不可缺少的。短期目标带给整个团队真实的动力，长期目标或宏伟蓝图会带给团队无形的激励。Chandler 项目在基本没有定型版本发布的基础上能维持 6 年多的时间，可能也是被他们的宏伟蓝图“只为打造卓越软件”所不断激励。

其次，把目标通过合理的手段进行分解，制定详细计划，执行、评估和反馈，不断地把团队的目标标准化，清晰化，加快目标的实现过程。

再次，要为团队成员设定个人目标。

团队中存在不同角色以及性格不同的个体，由于个体的差异，导致看问题的角度不同，对项目的目标和期望值，都会有很大的区别。这就要求管理层像乐队指挥那样，让每种乐器都能和谐共鸣。项目经理或者主管要善于捕捉成员间不同的心态，理解他们的需求，帮助他们树立和项目同方向的不同阶段的目标，并要求团队成员对相应的目标做出承诺。项目经理在项目实施中进行监督，直到完成。这样就可以使得大家劲往一处使，发挥出团队应有的合力。

最后，有了目标体系，还要有合理的工作分工才能高效、高质量地完成任务。就好比足球队，如果教练安排前锋队员去打后卫，球赛的输赢暂且不论，至少这场球赛会踢得很辛苦。因为分工不合理，配合起来很困难。在团队建设中道理同样如此，要根据每个成员的知识结构、工作经验等进行合理比例的任务安排，达到互补的功效。这也是团队管理的另一个核心内容。团队管理的本质是让其成员通过合理分工来相互协作，从而发挥出“1+1 > 2”的力量。

团队的分工包括纵向工作职能的划分（职能角色分工，详细请参见第 2 章）和横向项目任务的工作量分配（任务分配，即项目组各成员具体工作任务的分配），如图 8-1 所示。想做到合理分配工作量其实并不容易，这需要项目经理、项目组负责人和其团队成员共同协商讨论、综合考虑，包括采用 WBS 方法将工作分解到位。项目经理和项目组负责人最好能提前掌握每个成员的不同工作能力、经验、技能等，以便在分配意见不一致时，及时协调处理。

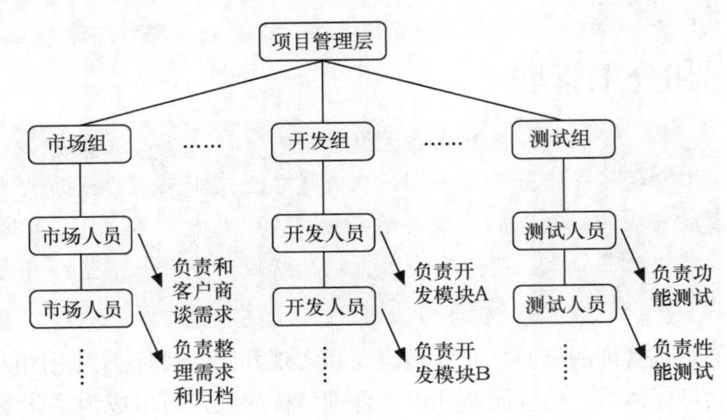

图 8-1　某软件项目工作分工图

明确的职能角色和任务分配能让员工在工作中互相监督，同时也有了一个工作准则和工作目标，互相推诿、推卸责任的现象就会减少或者避免。

8.1.3　工作氛围

鱼离不开水，人离不开空气。任何事物要想有良好的发展，都需要一个适合其生存的环境。那么软件项目的良好生存环境就是项目团队的工作氛围。

令人愉快、积极向上的工作氛围是提高工作效率的一个很重要的因素，设想一下，如果每天都要身处在毫无生机、气氛压抑的工作环境之中，那么员工怎么可能会积极主动地投入到工作中呢？只有创造良好、轻松的工作氛围，才能获得高效且具有创造性的工作成果。在工作中，“人”是环境中最重要的因素，许多优秀的“人”在一起才能塑造好的环境，成就优秀的团队，同时在良好的氛围熏陶下，“人”也会变得更加优秀。这是相互影响的，要依赖团队每个成员的努力，才能形成良性循环。

良好的工作氛围，概括起来为 8 个字：开放、真诚、平等、信任。

1．开放

很多知名企业都为员工营造开放、自主的工作氛围。在 Google，员工可以穿着随意，甚至可以带着自己的宠物狗来工作。在西门子，为了加强开放式的沟通，管理层努力改善管理方式及行为，如内部网站的建立，定期的员工沟通交流会，员工满意度调查等。在思科，每层楼都留有开放式讨论空间供员工使用。在 Facebook 的开发人员大多数都在开放式的环境下办公。办公桌分列整齐排列，工位沿着公共桌位对齐排开，员工与员工之间没有阻隔物，便于交流。开放式的工作氛围可以使人压力缓解，工作松弛有度，有益于使员工充满热情地投入工作、激发更多的创作力。

2. 真诚

一个团队的良好氛围离不开真诚的态度。尤其是在上级对下级的关系上。这里先看一个 IBM 经理是如何对待员工的例子。有一位新应聘进入 IBM 的员工，在接受上岗前的培训时由于心神不宁、注意力不集中，被总经理路过时无意看到了。结果这位员工被总经理叫了出来，了解到这位员工的妻子正在另一个城市的妇产医院待产，而这位员工刚应聘到 IBM，非常珍惜这次机会，虽然非常担心自己的妻子，但不敢请假，结果在培训课上出现思想不能集中的情况。总经理听到事情的原委后，立即派专机将这位员工送到其妻子所在医院的那座城市，这位员工一进入妻子的产房所看到的是挂有 IBM 总经理签名的花篮！原来，在这之前 IBM 已经做了该做的事情，让这位员工大为感动，声称公司让干什么都会全力做好，可总经理的回答是"希望你能永远为 IBM 服务"。工作在这样的环境中，应该没有人会整天想着如何偷懒、准备跳槽吧？虽然不是每个企业都有 IBM 那样的条件，但是可以做一下力所能及的事情，以真诚的态度给项目成员以关爱、温暖，让项目成员切身体会到团队的优越感、自豪感，这样项目成员对工作的热情会是发自内心的，更愿意以主动的、积极的热情努力工作。项目成员在被真诚感染的同时，也会以真诚的态度来感染其他人。

3. 平等

平等待人是对人最起码的尊重，同时也会获得意想不到的财富。2001 年至 2003 年，上海波特曼丽嘉酒店两度获得"亚洲最佳雇主奖"第一名的殊荣。有别于传统的对于财富、权力的看重，这项评选的一个重要指标是员工"人际体验的满意度"。在上海这个国际化大都市中，波特曼丽嘉面临着众多明星酒店的竞争压力，它是如何通往"亚洲最佳雇主"之路的呢？是因为"像绅士淑女一样待人"一直是酒店的座右铭。不管对顾客还是对同事，他们平等待人的态度从来没有改变过。在软件项目的开发中，平等对于保持团队和谐和增强信心更为重要。不要因为是技术牛人就要以他的意见为主，也不要因为是新人而不理会他的建议。团队成员都是站在同一个平台上来做项目，人人平等。在思科，平等的意识已深入人心。思科不设高级管理层专用车位，公司董事局主席兼 CEO 约翰 • 钱伯斯（John Chambers）也得自己到处找车位，他为了占车位，往往比其他员工更早来上班。在思科，和许多美国公司一样，不管他或她的头衔有多高，也不管你是干什么工作的、处在什么职位，大家都一律称呼对方名字，这也充分体现了人人平等和相互尊重。

4. 信任

玩过拓展项目中的"背摔"吗？此项目就是团队成员对一个团队的信任考验，只有充分地相信你的团队，才可能顺利地完成任务。将自己完全地交付于其他人员，需要的不仅仅是魄力和胆量，更重要的是信任，信任自己、信任他人、信任团队。在信任的基础上，才有可能建设好团队。信任是团队建设的基础，信任是一种激励，更是一种力量。团队力量的发挥来自于每个团队成员之间，团队领导与成员之间的相互信任。信任可以导致连锁反应：有了信任，才能建立积极的工作态度和良好的工作氛围，从而激励员工的工作热情，最后增强团队整体竞争力和生产力。

背　　摔

一个人站在1.4米的平台上笔直地向后倒下，大家齐心协力接住，这就是背摔。这是一种刺激而冒险的游戏，可以测验人与人之间的信任和责任感。

良好的工作氛围如何去营造，这和企业文化的建设是分不开的，可以通过培养团队的“感性、理性、悟性和韧性”来进行。

“感性”就是通过各种方式鼓动员工，使团队充满生机和活力。可以多组织一些团队活动来培养“感性”，如定期聚餐、项目倒计时、项目活动庆典之类，还可以在公司的各个角落设置一些激励标语等。在思科，每位员工像挂钥匙一样佩有三张胸卡：办公区的出入卡、公司愿景目标卡以及简要阐述公司核心文化理念的企业文化卡。这种“卡式文化”是要不断地提醒员工企业文化在哪里。思科通过这种方式，把公司愿景和文化深入到每个员工的心里。

“理性”就是让团队成员熟悉技术和项目，有效完成本职工作。可以多进行一些培训和项目交流讨论会、结对工作（如结对编程、结对测试）来促进“理性”的培养，还可以进行一些网络上的交流，如BBS、WIKI、技术社区等。同时更重要的一点是，要激励团队的自学能力。只有不断完善自己，整个团队的实力才能迅速提高。

“悟性”是培养团队能及时洞悉项目的隐藏缺陷和客户的真实需求，做到及时修正和解决相关问题。悟性的培养是最难的。拓展培训可以给予一定的帮助，但重要的还是要靠上级正确的指引和自己的领悟。

“韧性”是培养团队坚韧不拔的精神，从而能应对各种状况的能力。在工作中，我们经常会遇到这样、那样的问题，而且有些问题是初次遇到或者非常棘手。但是无论如何，为了项目的正常运行，我们必须想尽各种办法采取应对措施。

“每天你都会看到报刊说我们生活在一个多么糟糕的年代，这话，我可是都听了一辈子了。”1988年，豪顿•富特（Horton Foote）在接受国家公众广播电台著名主持人特瑞•格如斯（Terry Gross）的访谈时说道，“我不认为有哪个年代会比其他年代更糟糕，说到底，每个年代都有不同的新问题。”豪顿•富特是美国著名剧作家，曾获得普利策奖和奥斯卡最佳编剧奖。富特的话是20多年前说的，但今天仍然提醒我们，人性中有一种品质叫韧性。我们都有忍受艰难困苦的巨大能力。管理者应该激发和培养员工的这种韧性，使你的团队变得更加强大。

总之，创造良好的工作气氛就是为了给团队成员创造一个自由交流和沟通的平台，并潜移默化地营造一个相互帮助、相互尊敬、相互信任、相互理解、相互激励、相互鼓舞、相互关心的团队，从而塑造一个有凝聚力、向心力的优秀团队。

8.1.4　激励

再好的车，没有油照样跑不了。人类的感情是复杂的，人们不是任何时候都对工作富有激情，所以需要激励来为团队加油。

管理学发展到现在，很多科学家都对激励提出了自己的理论。其中比较著名的有马斯洛的需求层次论、麦克利兰的成就需要理论和弗鲁姆的期望理论等。

1. 马斯洛的需求层次论

马斯洛的需求层次论把需求分成生理需求、安全需求、社会需求、尊重需求和自我实现需求5类，依次由较低层次到较高层次，如图8-2所示。

马斯洛的需求层次理论有以下基本观点。

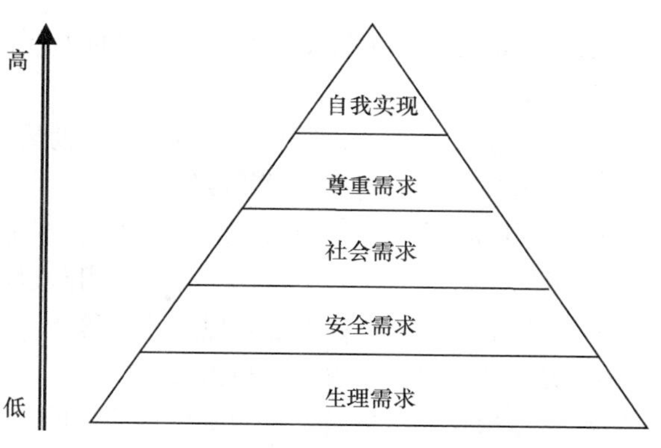

图 8-2　马斯洛的需求层次论

- 5 种需求像阶梯一样从低到高，按层次逐级递升，但这样的次序不是完全固定的，可以变化，也有种种例外情况。
- 一般来说，某一层次的需求相对满足了，就会向高一层次发展，追求更高一层次的需求就成为驱使行为的动力。相应的，获得基本满足的需求就不再是一股激励力量。
- 5 种需求可以分为高低 2 级，其中生理上的需求、安全上的需求和社会的需求都属于低一级的需求，这些需求通过外部条件就可以满足；而尊重的需求和自我实现的需求是高级需求，他们是通过内部因素才能满足的，而且一个人对尊重和自我实现的需求是无止境的。同一时期，一个人可能有几种需求，但每一时期总有一种需求占支配地位，对行为起决定作用。任何一种需求都不会因为更高层次需求的发展而消失。各层次的需求相互依赖和重叠，高层次的需求发展后，低层次的需求仍然存在，只是对行为影响的程度大大减小。

2. 麦克利兰的成就需要理论

美国哈佛大学教授、社会心理学家戴维·麦克利兰（David C. McClelland），则把人的高层次需求归纳为对成就、权力和亲和的需求。

- 成就需求（Need for Achievement）：争取成功，希望做得最好的需求。
- 权力需求（Need for Power）：影响或控制他人且不受他人控制的需求。
- 亲和需求（Need for Affiliation）：建立友好亲密的人际关系的需求。

不同类型的人有不同的需求，应该给予相应的激励。

3. 弗鲁姆的期望理论

北美著名心理学家和行为科学家弗鲁姆（Victor H. Vroom）认为，人总是渴求满足一定的需要并设法达到一定的目标。这个目标在尚未实现时，表现为一种期望，这时目标反过来对个人的动机又是一种激发的力量，而这个激发力量的大小，取决于目标价值（效价）和期望概率（期望值）的乘积，用公式表示如下。

$$M = \sum V \times E$$

M 表示激发力量，是指调动一个人的积极性，激发人内部潜力的强度。

V 表示目标价值（效价），这是一个心理学概念，是指达到目标对于满足其个人需要的价值。同一目标，由于各人所处的环境不同，需求不同，其需要的目标价值也就不同。同一个目标对每一个人可能有 3 种效价：正、零、负。效价越高，激励力量就越大。

E 是期望值，是人们根据过去经验判断自己达到某种目标的可能性是大还是小，即能够达到目标的概率。目标价值大小直接反映人需要动机的强弱，期望概率反映人实现需要和动机的信心强弱。

这个公式说明：假如一个人把某种目标的价值看得很大，估计能实现的概率也很高，那么这个目标激发动机的力量就会很强烈。

激励理论还有很多，其实不论什么理论，要想激励有效，都要通过 3 个基本步骤来完成。

（1）分析激励。不管是针对个体还是针对团队，要产生好的效果，首先必须深入分析他们的需求和期望。

（2）创建激励环境。良好的环境可以帮助员工发挥最大的潜能，善于运用激励的领导者可以帮助员工超越过去，创造更大的成绩。

（3）实现激励。对于有成就的员工要实施奖励。有成就的员工包括有进步的，工作表现好的，达到目标的，帮助他人的等，凡是有助于团队建设和项目发展的都应该给予相应的奖励。

一提起激励，大多数人首先想到的就是钱。当然不能忽视物质奖励的力量，但同时也可以运用一些切实可行的软性激励法和相关技巧。

- 目标激励：给下属设定切实可行的目标之后跟踪完成。
- 及时认可：上司的认可就是对员工工作成绩的最大肯定，但认可要及时，采用的方法可以诸如发一封邮件给员工，或是在公众面前表达对他/她的赏识。
- 信任激励：信任永远是最重要的激励守则之一。
- 荣誉和头衔：为工作成绩突出的员工颁发荣誉称号，强调公司对其工作的认可，让员工知道自己是出类拔萃的，更能激发他们工作的热情。
- 情感激励：发掘优点比挑剔缺点重要，即使是再小的成就也一定要赞许。
- 给予一对一的指导：很多员工并不在乎上级能教给他多少工作技巧，而在乎上级究竟有多关注他/她。读过《杰克·韦尔奇自传》的人，肯定对韦尔奇的便条式管理记忆犹新。这些充满人情味的便条对下级或者是朋友的激励是多么让人感动。
- 参与激励：提供参与的机会。
- 授权是一种十分有效的激励方式。合理授权可以让下属感到自己受到重视和尊重，在这种心理作用下，被授权的下属自然会激发起潜在的能力和热情。
- 激励集体比激励个人更有效。（两熊赛蜜故事中的哲理）
- 听比说重要、肯定比否定重要等。

两熊赛蜜的故事

黑熊和棕熊喜食蜂蜜，都以养蜂为生。它们各有一个蜂箱，养着同样多的蜜蜂。有一天，它们决定比赛看谁的蜜蜂产的蜜多。

黑熊想，蜜的产量取决于蜜蜂每天对花的“访问量”。于是它买来了一套昂贵的测量蜜蜂访问量的绩效管理系统。在它看来，蜜蜂所接触的花的数量就是其工作量。每过完一个季度，黑熊就公布每只蜜蜂的工作量；同时，黑熊还设立了奖项，奖励访问量最高的蜜蜂。但它从不告诉蜜蜂们它是在与棕熊比赛，它只是让它的蜜蜂比赛访问量。

棕熊与黑熊想得不一样。它认为蜜蜂能产多少蜜，关键在于它们每天采回多少花蜜——花蜜越多，酿的蜂蜜也越多。于是它直截了当告诉众蜜蜂：它在和黑熊比赛看谁产的蜜多。它花了不多的钱买了一套绩效管理系统，测量每只蜜蜂每天采回花蜜的数量和整个蜂箱每天酿出蜂蜜的数量，并把测量结果张榜公布。它也设立了一套奖励制度，重奖当月采花蜜最多的蜜蜂。如果一个月的蜜蜂总产量高于上个月，那么所有蜜蜂都受到不同程度的奖励。

一年过去了，两只熊查看比赛结果，黑熊的蜂蜜不及棕熊的一半。

黑熊的评估体系很精确，但它评估的绩效与最终的绩效并不直接相关。黑熊的蜜蜂为尽可能提高访问量，都不采太多的花蜜，因为采的花蜜越多，飞起来就越慢，每天的访问量就越少。另外，黑熊本来是为了让蜜蜂搜集更多的信息才让它们竞争，由于奖励范围太小，为搜集更多信息的竞争变成了相互封锁信息。蜜蜂之间竞争的压力太大，一只蜜蜂即使获得了很有价值的信息，比如某个地方有一片巨大的槐树林，它也不愿将此信息与其他蜜蜂分享。

而棕熊的蜜蜂则不一样，因为它不限于奖励一只蜜蜂，为了采集到更多的花蜜，蜜蜂相互合作，嗅觉灵敏、飞得快的蜜蜂负责打探哪儿的花最多最好，然后回来告诉力气大的蜜蜂一齐到那儿去采集花蜜，剩下的蜜蜂负责贮存采集回的花蜜，将其酿成蜂蜜。虽然采集花蜜多的能得到最多的奖励，但其他蜜蜂也能捞到部分好处，因此蜜蜂之间远没有到人人自危相互拆台的地步。

相比之下，激励集体比激励个人更有效。

对于激励还有一点非常重要，那就是自我激励。自我激励可以使自己拥有积极心态并充满信心。

在推销员中间，广泛流传着一个这样的故事：两个欧洲人到非洲去推销皮鞋，由于炎热，非洲人向来都是打赤脚。第一个推销员看到非洲人都打赤脚，立刻失望起来："这些人都打赤脚，怎么会要我的鞋呢。"于是放弃努力，失败沮丧而回；另一个推销员看到非洲人都打赤脚，惊喜万分："这些人都没有皮鞋穿，这皮鞋市场大得很呢。"于是想方设法，引导非洲人购买皮鞋，最后发大财而回。

这就是自我激励的作用。同样是非洲市场，同样面对打赤脚的非洲人，一个人看到之后就灰心失望，不战而败；而另一个人就自我激励，满怀信心，结果大获全胜。

激励之所以是一门艺术，就是因为组成团队的每个人都各不相同，那么他们的需求和期望也就各不相同。经理要在不同时期，针对不同成员，发挥聪明才智，不断摸索、运用不同的激励方法和技巧给部下加油。

8.1.5　过程管理

团队建设要软、硬皆施，同时还要站在更高的角度来发展团队。这个角度就是团队的过程管理，即通过熟悉和了解团队在不同时期的特点来进行适当的管理。

和产品有生命周期一样，团队也有自己的寿命周期，图 8-3 描述了一个团队从建立到成熟或者重组的里程图。

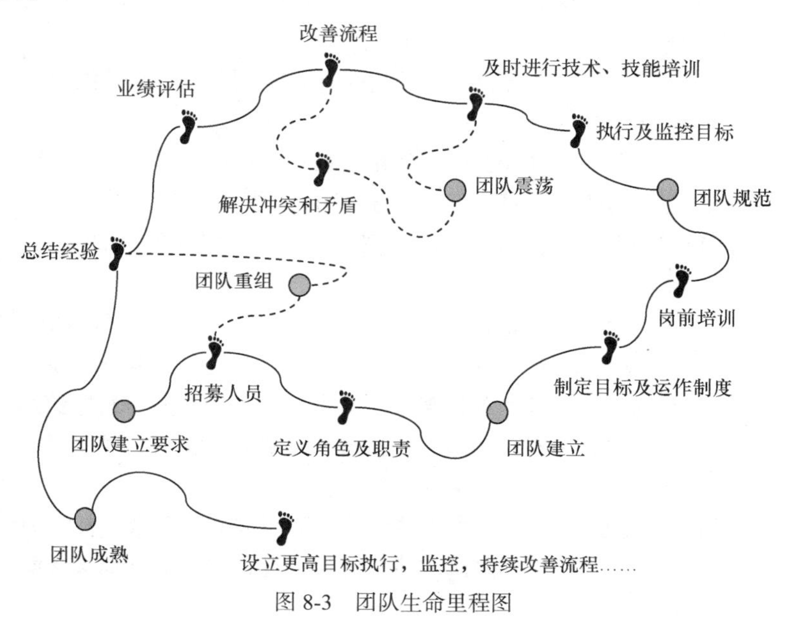

图 8-3　团队生命里程图

团队的发展一般都会经过形成期、震荡期、规范期、成熟期和重组期这 5 个典型阶段。如图 8-4 所示。实际上，团队发展不一定是按照这 5 个阶段顺序发展的，有可能是跳跃循环发展的。

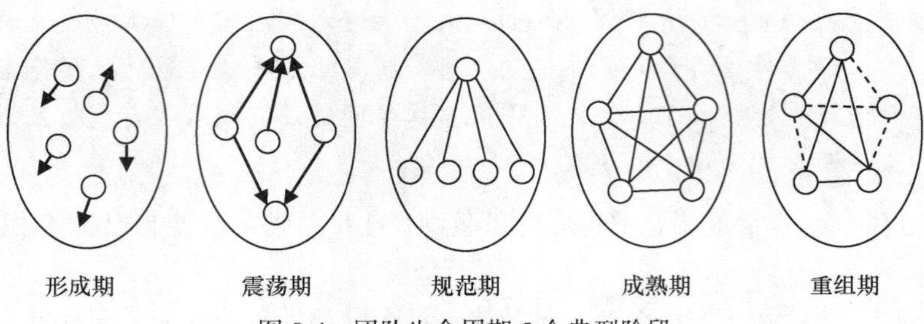

图 8-4　团队生命周期 5 个典型阶段

在团队“形成期”和“规范期”，要发挥“领”的作用，即团队主管/项目经理应该引领团队成员尽快适应环境、融入团队氛围，让成员尽快进入状态，降低不稳定的风险，确保事情的顺利进行。在这个过程中，团队主管/项目经理应该采取控制型领导风格，目标由领导者设立并清晰、直接地告知想法与目的，不能让成员自己想像或猜测，否则容易走样。在项目实施的过程中，团队主管/项目经理要时刻走在前面，起到榜样和示范的作用。这个时期也要快速建立必要的规范，不需要多么完美，只需要能尽快让团队进入轨道，这时规定不能太多太繁琐，否则不易理解，又会导致绊手绊脚。

在团队“震荡期”，团队主管/项目经理要发挥“导”的作用。因为在震荡期团队的人际关系还尚未稳定，所以需要不时地帮助协调，还需要不断强调互相支持、互相帮忙的重要性，那么团队主管/项目经理就应该及时解决冲突、化解矛盾，在团队中形成有效的制度体系、发展合力。在这个过程中，团队主管/项目经理要走在中间，观察分析、随机应变。

在团队进入“成熟期”后，主管要为团队设立更高的目标，刺激团队登上新的发展高度。此阶段的领导风格要采取民主方法，促进全体成员参与，晓之以义，喻之以利，使团队全体成员明确远期目标、中期目标和近期目标，达成共识，紧密团结起来为实现整体利益而努力。在这个过程中，团队主管要走在后面，纵观全局，深思熟虑，既要鼓励创新、保持团队成长的动力，还要有危机意识，提倡持续学习，持续成长。

团队发展的不同阶段，其特点各不相同，必须因时而异，正确、及时化解团队发展过程中的各类矛盾，促进团队的不断发展。

从《梦断代码》整本书来看，Chandler 项目并没有进行有效的团队管理。除了提供给成员们优越的办公环境和氛围外，其他有关团队管理的方方面面都做得不尽人意。

- **迟迟没有短期目标**：版本目标在做完 0.3 版之后到 2004 年才通过白板上的即时贴确定 0.4、0.5、0.6、0.7 版本实现的特性。
- **激励不够**：决定在狗食版中暂时只实现日历功能，延误与特性削减给团队带来了不良的影响，一些人离开了。Chandler 项目是一个开源项目，而其成员也是开源的拥护者。他们共同的激励来源就是通过发展开源项目来改变这个世界，让更多的人享受到开源的好处。那么项目延误与特性削减就是对他们最大的伤害。延期或者没法实现他们的期望（他们的激励就越来越少）导致一些人没有动力而离开了。
- **缺少团队过程管理**：Chandler 项目太专注于技术的研究，而且由于长时间没有成果可见，为“改变世界”的理想而吸引的团队成员在漫长的过程中逐渐感到失望而离去，新的成员再补充进来。团队基本没有正式进入执行期，也就没有真正发挥出团队有效的合力。

对于团队建设，有句话总结得很经典，套用一下就是“无情管理”和“友情关爱”相结合，建立良好的团队秩序和工作氛围；同时明确目标，合理分工；建立激励机制，实行过程管理，从而提高团队成员的凝聚力，使整个团队发展壮大。

8.2　知识传递和培训

在软件开发过程中，信息和知识的传递是非常重要的。因为软件开发要经历不同阶段，需要不同的角色来协同工作。如果信息传递不正确就会发生各种各样的问题。管理学之父德鲁克说：“每一次传递都会使信息减少一半，噪音增加一倍”。图 8-5 中描述了一个项目在不同阶段，由各个角色对软件实现的功能描述进行的信息传递，经过各个阶段信息传递误差的不断放大，从而导致最后的结果让人啼笑皆非。

图 8-5　讽刺软件信息传递的著名幽默画

- 客户没有把自己的需求描述清楚，一开始传递就有问题。
- 项目经理没有认真倾听客户的需求，客户的需求被打了折扣。
- 分析人员进一步误解了客户的需求，设计的内容快到了不可理喻的地步。
- 程序员写的代码也是漏洞百出，在原来需求错误的功能设计上雪上加霜。
- 项目过程中忽视文档，文档几乎是一片空白。
- 软件在安装之后，某些功能又不能正常工作，几乎不可用。
- 技术支持人员可能将问题弄得更糟糕……

软件开发过程是知识传递或知识转换（knowledge transferring）的过程，注重和维持在知识转换中的完整性，才能保证知识通过需求、设计、编程、验证等各个阶段能正确、有效地传递。

8.2.1 知识传递

在软件开发过程中，信息和知识是通过纵向（项目发展的不同阶段）和横向（不同角色和不同团队之间的合作）交错进行传递的。正如图 8-6 所示。

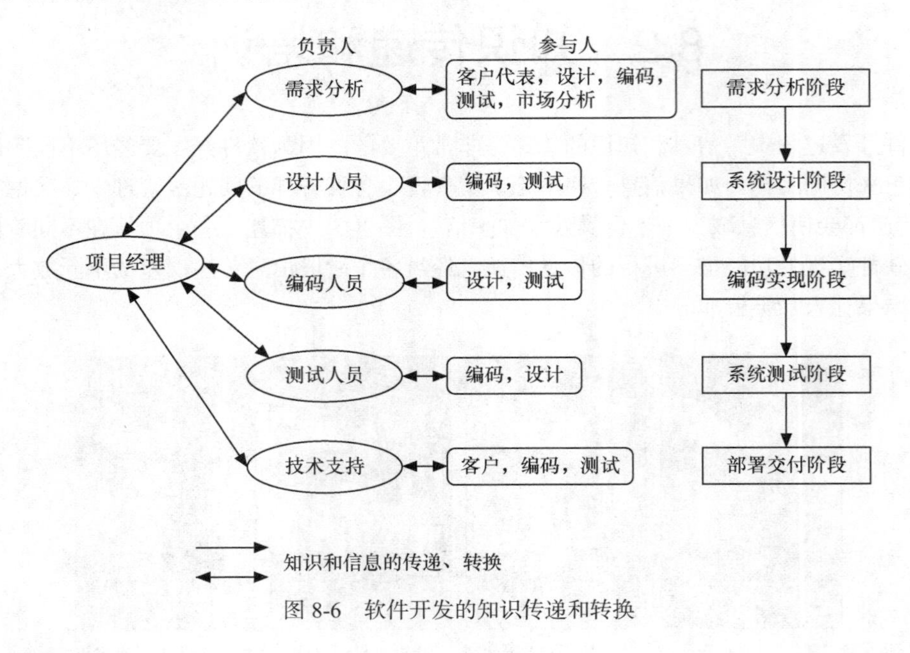

图 8-6 软件开发的知识传递和转换

1. 纵向传递

纵向传递是指软件产品和技术知识从需求分析阶段到设计阶段、从设计阶段到编程阶段、从开发阶段到维护阶段、从产品上一个版本到当前版本的知识传递过程。纵向传递是一个具有很强时间顺序性的接力过程，是任何一个开发团队都必须面对的过程问题。在软件成为成品之前，知识的主要载体是文档和模型，即常称的工件（artifact）。例如，需求阶段市场人员、产品设计人员，将对客户需求的理解、对业务领域的认识传递给工程技术人员（软件工程师），并通过需求文档（包括用例）、软件产品规格说明书来描述。软件过程每经历一个阶段，就会发生一次知识转换的情况，特别是在设计阶段和编程阶段。

- 需求分析阶段到设计阶段，是从业务领域的、自然语言描述的需求转换为计算机领域技术性的描述，也就是将需求文档、产品设计规格说明书转换为分析模型、设计模型、数据模型等工件。
- 在编码阶段，将分析模型、设计模型、数据模型的描述语言（如 UML）转化为编程语言（如 C/C++、Java 等），将设计模型中隐藏的知识转化为更为抽象的符号集。

最后，发布的软件产品，又试图完整地复原用户的需求。用户需求和产品功能特性的差异，可以看作是知识传递的失真程度，这种程度越大，产品的质量越低。所以知识传递的有效性和完整性也是影响产品质量的重要因素之一。

另一方面，我们知道，知识在传递过程中，失真越早，在后继的过程中知识的失真会放大得越厉害，所以从一开始就要确保知识传递的完整性，这就是为什么大家一直强调“需求分析和获取”是最重要的。敏捷模式下，良好用户故事的编写也突出这一点。如何搜集和整理用户故事，如何排列用户故事的优先级，进而澄清真正适合用户需求的、有价值的功能需求。

2. 横向传递

横向传递是指软件产品和技术知识在不同团队之间的传递过程，包括不同工种的团队（市场人员、产品设计人员、编程人员、测试人员、技术支持人员）之间、不同产品线的开发团队之间、不同知识领域之间、新老员工之间等的知识传递过程。可以说，横向传递是一个实时性的过程。

横向传递的例子比较多，在软件项目团队中，有不同的角色，不同的角色有不同的责任和特定的任务，但是一个项目的成功需要团队的协作，需要相互之间的理解和支持，这也必然要求不同知识（设计模式、程序实现的思路、质量特性要求和测试的环境等）的相互交流。

3. 知识传递的有效方法

无论是纵向传递还是横向传递，保证知识传递的有效性、及时性、正确性和完整性是必要的。因此应建立一套知识传递的流程、方法来帮助实现这些目标。另外，对于一些重要信息建立正规的文档是非常必要的。这一点在《人月神话》提纲挈领的章节中也提到："为什么要有正式的文档？"

> **为什么要有正式的文档?**
>
> 首先，书面记录决策是必要的。只有记录下来，分歧才会明朗，矛盾才会突出。
>
> 第二，文档能够成为同其他人沟通的渠道。
>
> 最后，项目经理的文档可以作为数据基础和检查列表。
>
> 摘自《人月神话》

知识传递和转换的主体是人，知识传递的重点就是把人的工作做好，即在组织过程管理中加强这一个环节，包括团队文化的建设、员工的教育和培训等。

- 创造愉快、活跃的团队关系和团队氛围，可以促进充分的、有效的知识传递。
- 对团队的适时、定期的培训是保证知识传递的及时性和正确性的常用手段。
- 对新进的员工进行足够的培训，并为每个新人配一个资深的工程师辅导或帮助这个新人，即建立和实施师傅带徒弟、伙伴的关系（Mentor Model）等。

需求文档、产品规格说明书、设计的技术文档、测试计划和用例等的评审、复审，起着一箭双雕的作用，既是质量保证的一种措施，也是一种知识传递的方式。在评审前，不同的团队主动地进行充分的讨论和交流，应得到鼓励和支持。在实际工作中，我们常常有计划、有意识地安排专门的知识传递活动（如培训、讲座等）。

使用统一的语言（如 UML）来描述领域知识、设计模型和程序实现等，能使大家对同样的一个问题有同样的认识，减少知识传递的难度和成本。在引入原型开发方法、迭代开发、敏捷开发过程模式后，软件产品的开发是在不断演进的，软件团队人员可以通过这个演进的过程不断吸收领域知识，进行知识转换和传递，知识传递过程就会变得相对容易。另外，建立良好的反馈机制（如阶段目标的设定和审查就是很好的反馈方式）、文档管理系统、知识库（如 Wiki）和论坛等，都会有助于知识的共享、传递和积累。

8.2.2 培训

培训是知识传递和转移的最主要的手段，同时也是学习技能和培养良好工作态度的重要途径。为什么这么说呢？先来看看《论语》中的一个小故事。

有一天，孔子带着学生去楚国，途径一片树林，看到一个驼背老头拿着竹竿粘知了，好像是从地下拾东西一样，一粘就是一个。孔子问道："您这么灵巧，一定有什么妙招吧?"驼背老头说："我是有方法的。我用了5个月的时间练习捕蝉技术，如果在竹竿顶上放2个弹丸掉不下来，那么去粘知了时，它逃脱的可能性是很小的；如果竹竿顶上放3个弹丸掉不下来，知了逃脱的机会只有十分之一；如果一连放上5个弹丸掉不下来，粘知了就像拾取地上的东西一样容易了。我站在这里，有力而稳当，虽然天地广阔，万物复杂，但我看的、想的只有'知了的翅膀'。如因万物的变化而分散精力，又怎能捕到知了呢？"

从上面的故事，可以看到，老汉练习捕蝉分为3个阶段进行培训。

第1阶段：练习会做，也就是练习技能。

第2阶段：练到熟练，也就是熟练技能。

第3阶段：不分散精力，全神贯注，炉火纯青。

- 在日本，一个贴商标的工人必须经过2年的培训才能上岗，这么简单的一种工作，为什么要这么做呢？因为他们需要的是第3阶段工作状态的工人，也就是能够在最高工作境界下工作的工人。
- 在思科（Cisco），员工培训的时间没有规定，Cisco认为业务和培训是一体的，培训是无时不在的。
- Infosys是印度的第二大软件公司，世界500强企业之一。Infosys为员工提供了良好的工作环境，建立了完善的员工培训体系。公司设有专门的培训管理部门，综合运用岗前培训与在职培训等多种形式，结合内部培训与外部培训来组织高质量的培训资源，提供从开发技术、项目管理到质量控制等全方位的培训课程，确保每一位员工拥有所在岗位所需要的技能。

可以看出，员工要想发展，企业要想壮大，都离不开培训。而且随着社会的不断进步，培训不再是工作，而是一种理念，要在企业中合理地运作和推行，才能帮助企业更上一层楼。

培训工作的内容制定要考虑各个方面的需求。例如，对于项目上的技术需求，要在项目开始实施前安排相关的技术培训；对于不同工作岗位，不同层次的人员，就要不定期地安排一些业务方面、管理方面、流程方面等不同内容的培训；对于团队成长方面的需求，就有必要开展一些理论和实践相结合的合作、沟通等方面的培训。如果不了解实际的培训需求，可以做个培训需求调查，这样有助于有针对性地开展培训工作。培训的形式可以多样化，比如内训——针对业务相关的不同部门进行的技术展示或者交流；外训——可以去了解业界的一些好的技术和管理方法，之后回来进行分享；系列培训——针对新人、技术骨干、管理人才进行的一系列相关的课程；单一的课程培训——针对共性问题的指导，时间管理、沟通技巧、团队合作等；实践训练的拓展培训。

8.3 沟通和协作

一位父亲下班回家很晚了，他很累并有点烦，发现5岁的儿子靠在门旁等他。"爸，我可以问你一个问题吗？"

"什么问题？""爸，你一小时可以赚多少钱？""这与你无关，你为什么要问这个问题？"父亲生气地问。

“我只是想知道，请告诉我，你一小时赚多少钱？”小孩哀求道。“假如你一定要知道的话，我一小时赚 20 美金。”

“哦，”小孩低下了头，接着又说，“爸，可以借我 10 美金吗？”父亲发怒了：“如果你只是借钱去买那些无聊的玩具的话，给我回到你的房间，并躺在床上好好想想为什么你会那么自私。我每天长时间辛苦地工作着，没时间和你玩小孩子的游戏。”

小孩安静地回到自己的房间并关上门。

父亲坐下来还在生气。过了一会儿，他平静了下来，开始想，也许他对孩子太凶了，或许孩子真的想买什么有用的东西，再说他平时很少要钱。

父亲走进小孩的房间：“你睡了吗，孩子？”“还没有，爸，我还醒着。”小孩回答。

“我刚刚可能对你太凶了，”父亲说，“我将今天的气都爆发出来了，这是你要的 10 美金。”“爸，谢谢你。”小孩子欢快地从枕头底下拿出一些零碎的钞票来，慢慢地数着。

“为什么你已经有钱了还要呢？”父亲生气地问。

“因为这之前还不够，但现在足够了。”小孩回答，“爸，现在我有 20 美金了，我可以向你买一个小时的时间吗？明天请你早一点回家，我想和你一起吃晚餐。”

多么感人的故事，但从中我们还可以看到有效沟通的重要性。PMBOK 中有单独的一章是讲述沟通管理的，它建议项目经理要花 75%以上时间在沟通上，可见沟通在项目中的重要性。

如果是 2 个人，只有 1 条沟通渠道；如果是 3 个人，就有 3 条沟通渠道；如果一个项目组有 5 个人，那么沟通链就有 10 条沟通渠道，如图 8-7 所示。沟通渠道随人数的增长，不是线性的，而是非线性的，其计算公式为 $n(n-1)/2$。

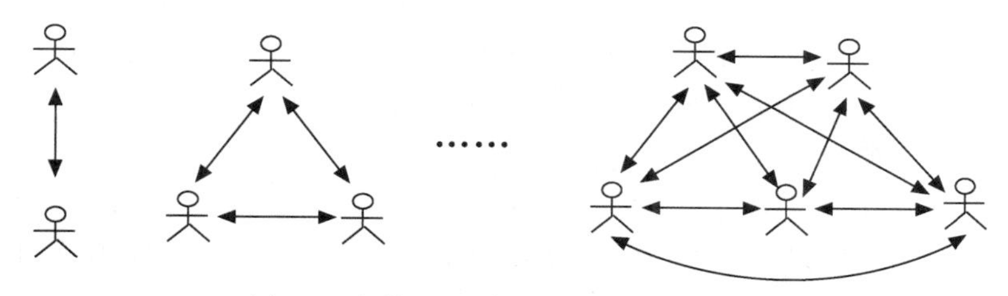

图 8-7　人数和沟通渠道之间的非线性关系

对于大型项目来讲，其涉及人员众多，沟通渠道成指数级增长，如果不能有效控制，沟通的成本就会很大。这也是为什么敏捷 Scrum 建议 5-9 人一个团队的道理。如果没有及时、有效的沟通，项目的延误和失败会常常发生。所以，在软件项目的人力资源管理中，不仅要认识沟通的重要性，而且要采取有效的方法来提高沟通的有效性。

8.3.1　有效沟通原则

人无法只靠一句话来沟通，总是得靠整个人来沟通。

——管理大师彼得 · 德鲁克（Peter F. Drucker）

沟通这个词太熟悉了，几乎人人都知道。但是要做到有效沟通，那就不是一件容易的事情了。很多娱乐节目都有这样一个竞赛环节就是双方配合猜成语、生活用品等词语，这自然要看两个人的合作默契程度，但是其中的有效沟通也是很关键的。猜的那个人就要注意倾听，而比划、描述那个人就要注意自己的表达是否准确。游戏同时还要考验两个人的双向沟通，也就是默契。一个眼神，一个手势就能明白对方的意思。这个游戏同时也总结出了有效沟通的五个原则。

1. 原则之一：学会倾听

巴顿将军为了显示他对部下生活的关心，搞了一次参观士兵食堂的突然袭击。在食堂里，他看见两个士兵站在一个大汤锅前。

“让我尝尝这汤！”巴顿将军向士兵命令道。

“可是，将军……”士兵正准备解释。

“没什么‘可是’，给我勺子！”巴顿将军拿过勺子喝了一大口，怒斥道：“太不像话了，怎么能给战士喝这个？这简直就是刷锅水！”

“我正想告诉您这是刷锅水，没想到您已经尝出来了。”士兵答道。

只有善于倾听，才不会做出愚蠢的事。只有善于倾听，才能等对方的意思表达清楚。多听听对方的看法，明白对方的意思，才能进行有效的沟通，也有益于解决问题。善于倾听是有效沟通的前提。

2. 原则之二：表达准确

要想表达准确，光口头表达是不够的。要想 100%传递信息，还要借助其他辅助表达方法。例如，用说话的语气、手势和共享的图形、文件来辅助说明。在软件项目开发中，辅助表达方法尤为重要。例如，在和客户确认需求的时候，最好提前准备个简单的界面设计模型来进行说明；在和别人讨论设计的时候，也应该有个逻辑结构图来阐述你的设计思想等。

3. 原则之三：及时沟通

及时进行沟通是很重要的。例如，如果在参与检查别人的设计的时候，发现有个地方设计不妥，但是说不清楚哪里不对。可能这个时候有些人会选择不说，他们打算等自己想清楚了再告诉设计者。但是这可能就延误了时机，等想清楚要说的时候，设计人员可能已经把设计给代码人员进行编码了。如果这个设计真的错了，那么编码也要重新修改，代价就大了。所以，有疑问的时候应及时和大家沟通，毕竟人多思路广，可能问题在现场就解决了。

4. 原则之四：双向沟通

实践证明双向沟通比单向沟通更有效，双向沟通可以了解到更多的信息。因为在沟通的过程中，一定存在发送方和接受方。如果发送方发送出信息，得不到及时反馈，那么可能发送方就会重复发送。所以在沟通的时候，即使你没有问题或者更好的建议、想法，也要及时给对方反馈，表示你接收到了对方的信息。以便后面的沟通可以顺利地进行。

5. 原则之五：换位思考

大家都知道，许多电梯里都安装了镜子，但人们却很少去想安装这些镜子的初衷是什么，为这个问题我们可以提供好几种答案：整理仪容、扩展空间，甚至偷看美女。但是正确答案是：为了方便残疾人。因为残疾人坐着轮椅进电梯后，不便于转过去看电梯到了几楼，但如果有那么一面镜子，他们就可以很方便地看看自己是不是到了目的地，到时候退出来就可以了。

从中可以看出，人们往往喜欢从自身的角度去考虑问题，但是当尝试着从别人，与自身位置不同的人的身上来考虑问题的时候，得出的答案总是会不同。在做软件项目和别人沟通的时候，这一点也很重要。要从多个角度来考虑和讨论问题，沟通双方多一份理解，少一份误解，才比较容易达成共识。如果能养成下面几个沟通的好习惯，沟通会更有效。

（1）态度积极：积极面对冲突，迎难而上，回避只会导致情况恶化。

（2）牢记目标：从一开始就要清楚沟通的目的是什么，再开始。当你的想法不能被对方接受的时候，你需要尽力改变对方的想法。当然在整个沟通的过程中要维持良好气氛，缩小分歧，协商一个双方/多方认可的方案。在 Chandler 项目中有过很多会议讨论，每次开会的目标其实是想消除一个到两个问题，确定一些事情，好让项目本身能够向前迈进。但是，参会者讨论的时候忘记了会议目标，导致讨论的东西越来越多，提出的问题也是一个接一个，无穷无尽。所以很多的会议都没有结果，成为无效的讨论，浪费了大家的时间。

（3）重要的先说：在沟通过程中，要着眼于要点，不要跑题或者在无关紧要的东西上大费周章。要反复重申自己关注的要点，步步为营。

（4）协同效应：有效的冲突管理都是基于协同效应来完成的。不同的价值观、意见和愿景，这些都不是问题而是机会。妥善处理可以扬长避短，互相补缺。

（5）不断学习：时时更新自己的知识和技能，不断学习他人好的经验。

8.3.2　消除沟通障碍

要真正做到有效沟通，不仅要遵守上述的沟通原则，尽量主动积极地沟通，而且要消除沟通中常见的障碍。

1. 不要不敢和上级沟通

在这一方面，墨子的学生耕柱做得非常好，他能大胆主动地与老师沟通，消除了心中的郁闷。春秋战国时期，耕柱是一代宗师墨子的得意门生，不过，他老是挨墨子的责骂。有一次，墨子又责备了耕柱，耕柱觉得自己真是非常委屈，因为在许多门生之中，大家都公认耕柱是最优秀的人，但又偏偏常遭到墨子指责，这让他面子上过不去。一天，耕柱愤愤不平地问墨子："老师，难道在这么多学生当中，我竟是如此的差劲，以致于要时常遭您老人家责骂吗？"墨子听后，毫不动肝火："假设我现在要上太行山，依你看，我应该要用良马来拉车，还是用老牛来拖车？"耕柱回答说："再笨的人也知道要用良马来拉车。"墨子又问："那么，为什么不用老牛呢？"耕柱回答说："理由非常简单，因为良马足以担负重任，值得驱遣。"墨子说："你答得一点也没有错，我之所以时常责骂你，也只因为你能够担负重任，值得我一再地教导与匡正。"耕柱从墨子的解释中得到欣慰，放下了思想包袱。

所以说不要不敢和上级沟通，遇到什么困难或有什么疑惑，要积极主动和上级坦诚沟通，说不定你的问题和疑惑就会迎刃而解。

2. 不要说"我以为……"

沃尔玛 CEO H.Lee Scott 教导我们："第一次说的话常常被人误解和疏略"，所以不要以为说清楚了，别人就明白了；不要以为沟通过，别人就很清楚了；不要以为没有反馈就是没有意见了，更不要以为"对方会这样想，对方会那么做"。只有真正沟通了，才能知道对方的真正想法。只有让对方给出一个明确的答复，才能确认对方的态度。在沟通过程中一定要注意对方的反馈，是否已经把事情和问题交待清楚了，是否对方已经理解了。特别是跨部门、跨区域的沟通，一定要注意确保双方理解一致。

3. 不要对下属缺少热忱

下属所需要的不仅仅是前面提到的激励，他更需要上级用真诚的"心"去和他沟通，和他交流，给他及时充电。让下属及时了解公司的进展、公司的目标、公司的规划和管理层的相关想法，有利于激发下属的热情和工作积极性，让员工时刻认为自己是公司的不可缺少的一部分。这一点，世界上最大的连锁零售企业沃尔玛公司做得非常好。

沃尔玛公司的股东大会是全美国最大的股东大会，每次大会公司都尽可能让更多的商店经理和员工参加，让他们看到公司全貌，做到心中有数。萨姆·沃尔顿在每次股东大会结束后，都和妻子邀请所有出席会议的员工约 2500 人到自己的家里举办野餐会，在野餐会上与众多员工聊天，大家一起畅所欲言，讨论公司的现在和未来。为保持整个组织信息渠道的通畅，他们还让各工作团队成员全面注重收集员工的想法和意见，通常还带领所有人参加“沃尔玛公司联欢会”等。

萨姆·沃尔顿认为让员工们了解公司业务进展情况，与员工共享信息，是让员工最大限度地干好其本职工作的重要途径，是与员工沟通和联络感情的核心。而沃尔玛也正是借用共享信息和分担责任，满足了员工的沟通与交流的需求，达到了自己的目的：使员工产生责任感和参与感，意识到自己的工作在公司中的重要性，感觉自己得到了公司的尊重和信任，积极主动地努力争取更好的成绩。

4. 不要忽视沟通技巧

20 世纪世界最成功的建筑师之一贝聿铭是著名的华裔建筑设计师。在一次正式的宴会中，他遇到过这样一件事：当时的宴会嘉宾云集，在他邻桌坐着一位美国百万富翁。在宴会中，这个百万富翁一直在喋喋不休地抱怨：“现在的建筑师不行，都是蒙钱的，他们老骗我，根本没有水准。我要建一个正方形的房子，很简单嘛，可是他们做不出来，他们不能满足我的要求，都是骗钱的。”

贝聿铭听到后，他的风度非常好，没有直接地反驳这位百万富翁，他问：“那你提出的是什么要求呢？”百万富翁回答：“我要求这个房子是正方形的，房子的四面墙全都朝南！”贝聿铭面带微笑地说：“我就是一个建筑设计师，你提出的这个要求我可以满足，但是我建出来这个房子你一定不敢住。”这个百万富翁说：“不可能，你只要能建出来，我肯定住。”

贝聿铭说：“好，那我告诉你我的建筑方案，是建在北极。在北极的极点上建这座房子，因为在极点上，各个方向的墙都是朝南的。”

在这种正规的商务场合，贝聿铭并没有使矛盾冲突升级，而是很好地、很委婉地反击了这个百万富翁。这正是语言沟通技巧的应用。下面列出一些基本技巧。

- 倾听的技巧：在倾听的时候尽量停止说话、不要打断对方、集中精力、少批评、少提问题、让对方感到轻松。如果有反对意见，也要尽量控制自己的情绪等。
- 反馈的技巧：如果赞同则点头、微笑或者给予正面的反馈；如果有其他意见则表达自己的不同看法和感受，最好提出积极性的建议。
- 语言的技巧：同样一句话，用不同的语气，或者用不同的表达方式，可以达到不同的效果。当然不是每个人都是语言专家，在沟通中尽量用客气、真诚的语气和表达方式比较好。
- 沟通方式的选择：沟通方式有单独沟通、会议沟通、书面沟通、口头沟通等，可以针对不同的事情选择适当的沟通方式。
- 引起共鸣的技巧：对于有争议和产生冲突的地方，要想办法尽量减少争议、转化冲突，让双方达成共识。

有效沟通对于项目的成功是很关键的，项目经理在沟通中还要起到承上启下的作用。要重视沟通，尊重他人，确保项目顺利完成。

8.3.3 沟通双赢

在 8.3.1 小节中，已经提到沟通必须是双向的才更有效。有个生活中的实例，奶奶和孙女有时候会相互抱怨“你今天做的饭菜不好吃？”“你这孩子怎么这么难伺候呀？”其实奶奶已经想尽办法变化花样，孙女也是个好孩子，只是难免有时候有点要求。为了消除这种抱怨，让家庭更和睦，爷爷想出个好办法，把奶奶和孙女叫到一起来商讨下周食谱。这方法真有效，从此家里没有了这样的抱怨声，其乐融融。在沟通的同时，如果能时刻保持着双赢的理念，如图 8-8 所示，和对方积极地配合，积极地协同工作，这样就更有利于双方快速达成共识，并向着共同的愿景而努力。

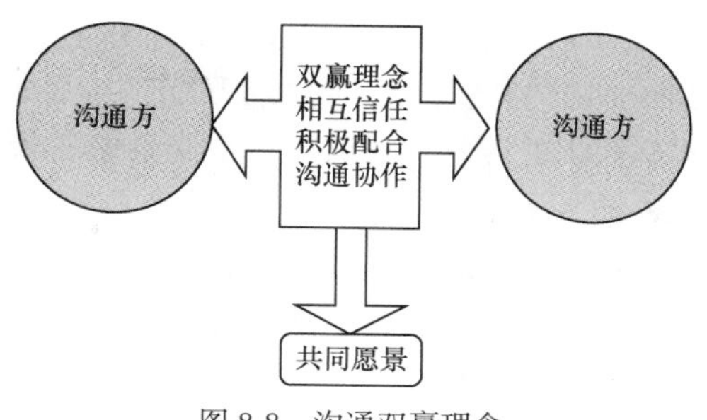

图 8-8　沟通双赢理念

举个简单的例子，在软件设计中，任务 B 和任务 C 之间有接口。项目主管把两个任务分给了不同的人，但是他们在讨论接口设计的时候意见不一致。在这种时候，双方就应该及时沟通协作，本着双赢的理念，站在客观的角度上判断到底谁的理解出了问题，耐心地讨论，促使两人达成共识。

在实际研发工作中，由于工作或进度的压力，容易出现沟通问题。但是只要双方及时、积极、主动地沟通，那么不必要的误会都可以在沟通中消除，大家也能愉快地合作，共享项目的成功，实现双赢。

沟通是软件项目管理中的重要一环。项目中的每个人都应该高度重视沟通，重视沟通的主动性和双向性，只有这样，项目才能顺利进行，同时也为质量和效率的提高打下基础。

8.4　经验、知识共享

软件行业发展到现在，其实是一个漫长的知识和经验分享、积累、创新和发展的过程。很多知名的软件公司也越来越注重完善知识和经验分享的模式。IBM 通过建立知识分享和信任的文化，鼓励和培养员工贡献经验和想法；麦肯锡的资深管理者会说服专业人员去和他们的同事分享知识和经验，以帮助提升公司的整体水平；惠普建立了专家网络，让遍布全球、拥有个别特殊专业知识的员工能在需要的时候迅速地被找到；而台积电的每个新人一加入公司都会被指派一个资深员工来进行传帮带。

在 kmpro 知识管理系统首席分析师王振宇的知识管理博客中，有这么一副漫画，如图 8-9 所示，耐人寻味。

图 8-9　知识共享漫画

技术团队的创新成果和经验如果没有共享、保存，那么就会出现循环式的发明，即耽误了时间又做了无用功。所以，在企业发展中要提倡和鼓励不断交流、持续学习和无偿分享。

要达到知识经验共享的双赢目的，企业和个人都需要做出努力。

1. 企业角度

（1）首先要提倡和强调知识经验共享的重要性。要让大家认识到知识共享不是可有可无、可做可不做的事情。要创建良好的环境，营造良好的氛围。可以编制知识共享的相关宣传手册发给大家，还可以张贴一些宣传画，重点是让员工认识到其重要性并能形成紧迫感。

（2）其次要确立正确而鼓舞人心的知识管理愿景和战略目标。要围绕长期和短期目标来考虑，为团队成员指明努力的方向。

（3）再次要建立指导监督团队，来提供足够的推动力。

（4）最后要激励知识共享的贡献者，西门子就是一个很好的典型。西门子建立了一个称为 ShareNet 的知识共享网来收集员工共享的知识信息。那么，西门子是用什么来激励 ShareNet 用户共享知识的呢？他们通过一个质量保证和奖励计划（The ICN ShareNet Quality Assurance and Reward System）来激励员工共享有价值的知识。在西门子通信网络集团，员工可以通过知识共享活动获得“知识股票”，“持股量”积累到一定的程度，员工可以获得公司的特别奖励。例如，前 50 名的员工最近获得了由公司赞助的去纽约旅行的机会。

2. 个人角度

（1）要做到无私奉献，无偿分享。知识的共享追求精神就是利他主义的代表。对于知识不要采取封锁的态度，而是要让知识快速地流动，形成知识共享的链接和互动。现在的 Blog 就是无偿分享，展现自我的方式。

（2）要积极参与知识的分享和讨论，在讨论中不断学习、相互提高，真正实现从知识到能力的跨越。Wiki 百科蕴含了“与他人同创共享”的理念，而 BBS 则体现了“与他人共同探讨”的思想。

知识的积累与创新，都是在知识共享的前提下完成的。软件行业是一个称得上日新月异的行业，如果没有做好知识共享，那么也就没有企业的快速发展。

8.5 项目绩效管理

饮誉北美的绩效管理专家罗卜特•巴克沃先生在他的经典著作《绩效管理——如何考评员工的表现》里对绩效管理做了经典的定义。

绩效管理是一个持续的交流过程，该过程由员工和他/她的主管之间达成的协议来保证完成，并在协议中对下面的问题有明确的要求和规定。

- 明确期望员工完成的实质性的工作职责。
- 明确员工的工作对公司实现目标的影响。
- 以明确的条款说明“工作完成得好”是什么意思。
- 员工和主管之间应如何努力以维持、完善和提高员工的绩效。
- 工作绩效如何衡量。
- 指明影响绩效的障碍并排除之。

对此定义，巴克沃先生补充说：“这些只是初步的观点，后面我们还会不断丰富它。但要注意这里的一些关键观点，绩效管理工作是同员工一起完成的，并且最好以共同合作的方式来完成，因为这对员工、经理和组织都有益。绩效管理是一种防止绩效不佳和共同提高绩效的工具。最重要的是，绩效管理意味着经理同员工之间持续的双向沟通。它是两个人共同学习和提高的过程。”

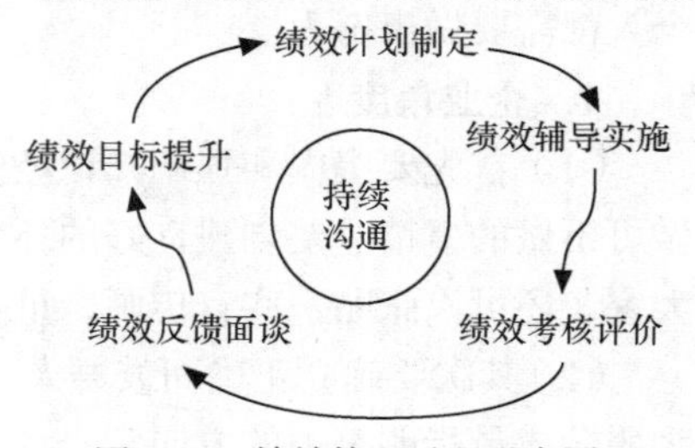

图 8-10 绩效管理过程示意图

所谓绩效管理，是指各级管理者为了达到组织目标，在持续沟通的前提下，与员工共同进行绩效计划制定、绩效辅导实施、绩效考核评价、绩效反馈面谈、绩效目标提升的持续循环过程，如图 8-10 所示。绩效管理的目的是管理者与员工一起共同完成绩效目标，在其过程中不断提升员工的能力和素质，从而改进与提高公司的整体绩效水平，实现组织的愿景规划和战略目标。

8.5.1 绩效管理存在的问题

如今软件企业数不胜数，但是真正做好绩效管理的企业少之又少。在软件行业中，项目管理不完善，技术变化快，需求旺盛，市场竞争激烈，软件人员流动性较高等特点，导致其绩效管理存在以下几个方面的问题。

1. 理念错误

很多员工认为绩效管理是人力资源和经理的事，与自己无关。反正自己是被考核的对象，只要按照规定和制度做事就好了。这种错误的认识会导致在进行绩效计划、实施、反馈等阶段的时候，员工消极参与，甚至不愿接受绩效管理。在这种情况下，必须要事先让员工明白绩效管理对他们的好处，他们才会乐意接受，才会配合做好绩效管理工作。因此，在实施绩效管理之前，一定要将其目的、意义、作用和方法等问题对全体员工进行解释，必要时还要进行相关的培训。

2. 将绩效考核等同于绩效管理

在前面的概念中已经说了，绩效管理是一个计划、辅导、实施、评价、反馈的持续循环的过程。这个过程强调管理层和员工持续的双向沟通。如果简单地认为绩效考核就是绩效管理，那么可能在做绩效管理时就会忽略极为重要的计划制定、沟通管理、目标提升等过程，绩效管理也就失去了其本来的目的。

3. 过于强调量化

软件产品开发主要是一项智力活动，而其活动成果又是抽象的、知识性的产品，方方面面都要求量化是比较困难的。《梦断代码》中有一段让人印象深刻的话："数十年来，程序经理们尽力寻找一种准确的方法来测量该领域的生产力。程序员每天的工作成果是代码，而软件生产力最明显的量尺也是代码。然而这量尺却不能令人满意，有时甚至具有欺骗性。诺博尔和毕多在研究可复用软件对象时发现，代码行各有不同。在代码量、程序完成度、质量以及对用户的价值之间，并无可靠的关联关系。"当过分强调绩效要量化、精准的时候，就必然走入一个误区。当然，量化指标作为科学管理的一个重要特征是值得我们去关注和研究的。但是，对软件绩效管理来说，除了量化，我们还有很多其他更重要的工作要做，如着眼于前瞻性的指导目标，着眼于更有效的沟通管理，着眼于良好的绩效管理环境的改善等。

4. 缺少绩效反馈流程

认为绩效考核是人事的职责，从上到下执行，缺少绩效反馈流程，导致项目组成员情绪很大，项目结果每况愈下。正如前面所说，绩效考核是双向的，反馈很重要，通过有效的反馈沟通可以及时分析绩效管理的成果。对于达到预期目标的员工，可以针对情况设定更高要求的目标；对于未达到预期目标的，可以及时分析原因，从而找到改进绩效的措施。

5. 不注重沟通

许多管理活动失败都是因为沟通出现了问题，沟通在整个项目管理中起着决定性的作用，当然对于绩效管理也不例外。制定绩效计划和目标要沟通，帮助员工实现目标要沟通，给员工评价要沟通，收集员工的反馈也要沟通。离开了沟通，绩效管理就会成为形式，名存实亡。

6. 目标不清晰，持续性较差

对于软件企业来讲，外部环境变化太快（市场方向变化、技术变化、人们需求的不断提升等），导致一些软件企业对未来的发展方向比较模糊，没有明确的目标和自己核心的价值观。这样绩效管理的目标就没办法确定，又何谈后面的实施、考核、反馈等环节呢？软件企业的人员流动率高，又使已经确定的目标难以持续进行。

7. 管理方式千篇一律

每个人都是独一无二的，所以要避免千篇一律的管理方式,实行个性化管理。每个人都有不同的个人特质，如不同的价值取向、不同的文化背景、不同的成就动机、不同的压力感知程度等等，管理者需要根据每个人的不同特质采取相应的管理方法，实现对员工的“私人定制式管理”，以使其能充分发挥知识和能力。

员工管理常见的几种方式：

- 管过程，即全流程监控，适用于生产型员工和新员工。
- 管结果，即结果导向，适用于知识技术型员工和资深员工。
- 管方向，即把控主线和底线，适用于有一定能力的管理型员工。
- 管愿景，即价值观的引导和管理，适合有丰富经验的综合型员工。

8. 不能有效利用评估结果

大部分软件企业对于评估结果只有两招：物质奖励和晋升。对于物质激励来讲，软件企业的员工大多是充满活力、富有理想的知识分子，除了物质激励外，他们更看重个人知识和技术的提升、发展空间的扩大等方面的“软性”激励，所以应该找寻更多符合他们需求的有效的激励方法，如岗位轮调、培训发展、进入企业人才库等。对于晋升来讲，其实并不是所有优秀的开发人员都适合做管理人员，也不是所有优秀的开发人员都对管理岗位感兴趣。走向不擅长或者不感兴趣的管理岗位，会使这些优秀人员工作起来越来越不顺手，越来越缺乏信心，对个人发展和企业的发展反而不利。

8.5.2 如何做好绩效管理

虽然软件绩效管理问题多多，但是业内人士都在孜孜不倦地找寻有效的管理方法和对策。这里从绩效管理的循环流程来详细说明如何做好软件的绩效管理工作。

1. 绩效管理工作前期调查

这一环节是绩效管理的前提。在制定计划之前，要先明确企业的经营发展战略、组织结构、工作流程、岗位设置、企业文化等方面的信息。掌握这些信息对后面如何计划有很大的帮助。

2. 绩效计划的制定

这里包括两个方面，一是团队整体绩效计划，二是团队成员个人绩效计划。这两个方面的计划是分别进行的，但不管是团队还是个人的绩效管理计划，都应针对其发展目标如何实现，如何执行绩效管理做出深入细致的规划，保证个个环节都有监控和负责的人，这样可以确保整个绩效管理过程是可以追踪和衡量的，对绩效管理整个方案的实施将大有裨益。可以借助一些方法来做计划，如 SMART 法、WBS 法和 5W2H 法等。计划没有一成不变的，在实施的过程中要不断地调整和改善。

绩效管理计划制定结束后应该确定出几个方面的内容：绩效目标、绩效实施计划方案、绩效实施时间或者周期、绩效管理追踪与辅导方法和绩效衡量标准等。

目标设定的 SMART 法

——s 代表具体（specific），目标一定要是具体的、确定的，不能够模糊。

——m 代表可度量（measurable），制定的目标一定是可以度量的，如某人制定的目标是“提高代码质量”，这个目标就是不可度量的，没有什么标准来判断代码质量是否提高。而“单元测试覆盖率达到 80%以上”这个目标相对来说就是可以度量的。

——a 代表可实现（attainable），目标在付出努力的情况下可以实现，避免设立过高或过低的目标。就如“单元测试覆盖率达到 80%以上”这个目标，应该是在前一个阶段目标（如达到 60%的覆盖率）的基础上设定的，那么这个阶段目标才是有可能达到的。如果设定一个不可能达到的目标，那么目标也就失去了意义。太低的目标显然没有什么激励作用。

——r 代表结果（result-based），明确目标达到什么样的结果，可以让审查的人知道目标的目的。

——t 代表时限（time-based），必须具有明确的达到目标的截止期限。

3. 绩效辅导实施

在绩效计划实施的过程中，管理层要通过有效的沟通不断地对团队及其成员实施绩效辅导，并在取得或偏离阶段性目标的过程中给予适当的激励或纠正，使整个计划的实施不偏离中心轨道。还有一点比较重要，就是沟通过程中要提倡创新意识。随着社会的快速发展，创新越来越重要。想要在纷繁多变的市场经济环境中寻找发展和机会，没有创新是不可能实现的。

4. 绩效考核评价

绩效实施结束后不管有没有达到预期目标，都要进行评价。管理层通过合理的分析，把绩效目标和实际所做的工作进行对比，尽量客观地为被评估者指出优点及有待改进的地方。在员工和团队整体考核评价的基础上再进行分析，为绩效目标提出更有效的改善建议和可执行的工作计划。

5. 绩效反馈和绩效目标的提升

任何流程的执行其反馈环节都值得重视。通过反馈可以掌握单方面看不到的信息和状况，再通过有效的沟通和讨论使其流程和制度更加完善，从而提高个人和整体的绩效。反馈的渠道可以多种多样，时间也没有限制，可以贯穿整个绩效流程中。但这里要强调的是，对于考核评价的结果一定要与被评估人进行绩效面谈，通过有效的沟通技巧让被评估人了解他在工作中的优缺点，并一起分析制定下一阶段的发展规划。

8.5.3　软件团队绩效考核方法讨论

软件是一个团队合作的结晶。那么软件完成之后，对于团队的绩效考核就很重要。通过考核结果可以清楚地知道需要改进和继续发扬光大的方面，对团队的发展有利。当然前提是考核的指标要设定得合理。

在很多软件企业中，通常都是在项目结束后由项目组长或者项目经理来做总结和评价。这种方法不提倡，其中主观的因素比较多。比较好的方法是将定性和定量指标相结合。

1. 定性指标

- 工作态度，如责任心、敬业精神、工作热情等。
- 工作氛围，如团队士气如何，精神状态如何。
- 工作经验，如工作方法高效与否，知识的传递正确、及时与否。
- 团队合作能力，沟通是否通畅，是否能及时处理矛盾。
- 应变能力，对于变更的控制、计划、实施和监督的效果如何。

● 处理问题能力，对于出现的问题，能否及时，正确地解决。

对于定性指标而言，为了平衡主观因素带来的误差，可以采用 360 度反馈调查的方法来评定。由团队内部、团队外部成员共同参与做一个整体的 360 度调查，之后统计平均的满意度，将结果发布出来。现场投票也是一种可借鉴的开放方式，如图 8-11 所示。

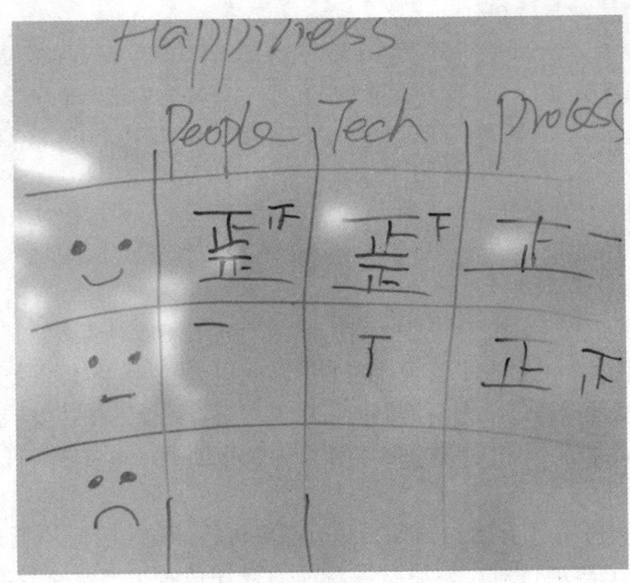

图 8-11　某项目满意度现场投票结果

2. 定量指标

● 工作量，如完成产品的功能点数量、人员实际工作天数。
● 工作效率，对比前面版本工作效率是否提高，或者和项目初期制定的相关度量来对比，如每天执行的测试案例数量、每天完成的代码行数/功能点数和每天发现的缺陷数量等。
● 工作质量，通过项目相关工作度量来对比，如每天/每一千行/每个功能点的缺陷率、回归缺陷率和客户满意度反馈等。
● 按时完成，是否每个里程碑都能按时完成等。

对于定量指标而言，关键在于其度量标准制定得是否合理，是否能较准确地反应项目真实情况，所以在定量指标设定之前，必须做好相关的调查和研究，衡量利弊，做出合适的考核指标。如果软件企业的不同系列产品工作流程、方式等都不相同，那么就需要制定适合各个系列产品的定量考核指标。

总之，绩效管理犹如一把双刃剑，用得好，则削铁如泥，用不好，反而割伤自己。想做好绩效管理，在避免一些常见问题的同时还要与员工进行持续、动态的沟通，明确绩效目标，建立正确的指导和考核体系，在过程中提高员工的能力，从而实现公司的目标，使员工和企业共同发展。

8.6　项目干系人管理

一项已经动工两年多的地铁市政工程，会因为沿线老百姓的意见，而改变规划吗？2005 年北京在修地铁 5 号线的时候，就发生了这样的事情。5 号线北经天通苑。天通苑是北京新兴的、大型社区，人口 30 多万。按照 5 号线原规划，人口稠密的天通苑，只设了一站。能不能在天通苑人口最密集的地方，再加上一站？起初，这只是在社区网上论坛里说说的话题。后来，在 10 多位天通苑居民的推动下自发成立了一个“加站推动小组”。他们通过网络发帖，电话相关部门，联合签名等方式，把加站变成了现实。后来加上的这一站，就叫天通苑站。

由此可见，一个社区的需求，一个竞争对手新功能的发布，一条法律法规的变动，一个人心情的好坏，一个人所处地位的改变，一条公司/团队的决策等等，都可能会影响到项目的成败。积极参与项目或其利益在项目执行中或成功后受到积极或消极影响的组织和个人，项目管理中称为项目干系人。在第二章中已经阐述了什么是项目干系人以及与项目、项目团队的密切关系，那么如何才能有效地管理项目干系人呢？ 项目经理和项目团队需要完成大概三步工作。

1. 识别干系人——如果不能对项目干系人进行无遗漏的识别，仅仅关注项目具体事情和计划，项目出了问题可能都不清楚问题出在哪里了。
2. 分析了解干系人——真正弄清楚干系人的需求和期望。
3. 管理干系人的期望——平衡、满足期望，让大家做朋友。

8.6.1　识别干系人

我们要在项目之初尽早识别出这些人和组织，因为从项目一开始就要和他们建立充分的沟通以确保项目正常运行。所以也可以说识别项目干系人是沟通的基础。可以通过头脑风暴法识别，也可以利用之前项目的存档文件把相关干系人列出来。仔细思考哪些是可能影响到项目，或者项目可能影响到的人和组织。软件项目可能的内部、外部干系人有：出资方、客户、项目执行组织、项目团队成员、项目总监、项目行政负责人、老板、供应商、承包商和合作伙伴等。项目干系人头脑风暴图为项目经理提供了项目干系人的全景，为进一步对干系人进行分析，为更好地把握项目管理打下一个坚实的基础。图 8-12 是一个例子。

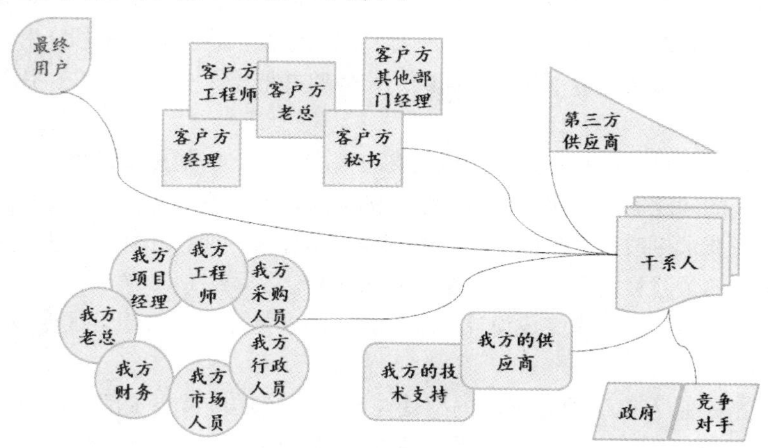

图 8-12　某项目干系人头脑风暴图

无遗漏地识别干系人是有一定难度的。我们可以逐步理顺干系人的关系，尽可能地找出所有干系人。图 8-13 是某项目内部干系人关系图，管理层主要和项目经理经常沟通来了解和掌握项目状况；项目经理要和所有的项目团队、产品经理、PMO 等保持频繁的沟通；项目团队之间因为相互的依赖必须经常联系；产品经理主要和客户代表、用户讨论需求，并把确定的需求提交给项目团队。

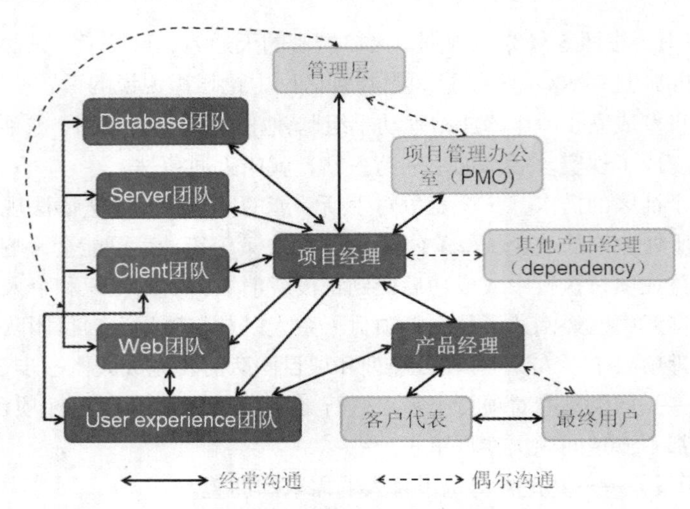

图 8-13　某项目内部干系人关系图

不同的项目阶段，项目的干系人会不同，因此持续地识别干系人是项目经理或项目团队重要的工作组成部分。当干系人发生变动时，要重新对干系人进行识别和评估，并主动投入精力进行沟通和交流，力争新的项目干系人是为项目服务的。

8.6.2　分析了解干系人

这个阶段就是要确定项目利益干系人的需求和期望并做出分析。举个例子，如果在开发一个软件应用系统的时候，最终目标用户的期望就是要开发一个满足现有的需要，稳定性强的应用系统，则系统的设计就需要向结构简单、性能稳定的方面来考虑，而不应该多浪费时间来做一些可扩展、可升级的复杂结构。我们需要深入地了解干系人的真正需求。如果当年俞敏洪问他的学生需要什么，肯定不会有人说“希望课上能用一部分时间给我们讲些好玩的段子和人生励志故事”，但新东方就是凭着这个做法制造了与众不同的用户体验并取得了成功，远在“用户体验”这个概念流行之前。

管理层向你索要项目进度状态报告。他的真正需求是什么？他想知道项目是否进展顺利，是否有阻碍项目进展的问题需要解决，是否有潜在的风险需要规避等等。

产品经理不断要求更改项目范围。他的真正需求是什么？通过和客户代表或者对比竞争者的产品，他更改范围的最终目的是想让产品更满意于客户。

项目团队想要更多的时间来完成设计，他的真正需求是什么？希望尝试更多设计方案，找出最优的。

我们需要了解干系人对于项目可能的感受与反应，同样也需要了解怎样将他们融入到项目中，并积极与他们进行沟通。直接与干系人面谈、召集会议或展开问卷调查都是获取需求和期望的方式。

不同的干系人对项目的影响也不同，有的是积极的，有的是消极的。在各种干系人分析方法中，最常用的主要有影响力/利益矩阵、SWOT 分析法等。

（1）影响力/利益矩阵（Power/Interest Matrix）：根据相关利益人的影响力及其与项目的利益水平进行分类。我们可以通过影响力/利益矩阵来决定与各相关利益人分别构建什么样的关系，如图 8-14 所示。

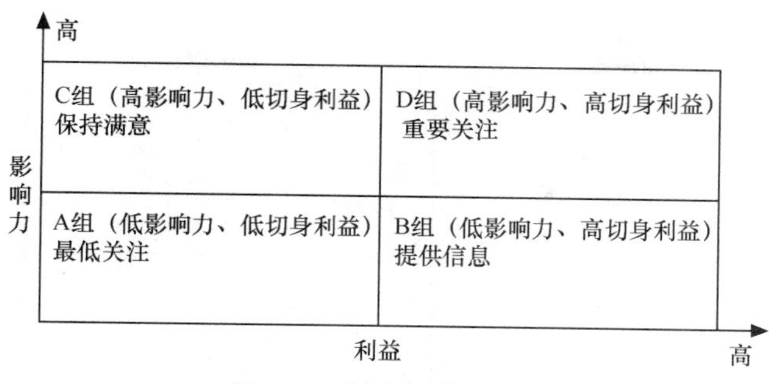

图 8-14　影响力/利益矩阵

- A 组（低影响力、低切身利益）相关利益人只需最低限度的关注。
- B 组（低影响力、高切身利益）相关利益人应予知会，他们能够影响更为重要的相关利益人。
- C 组（高影响力、低切身利益）相关利益人虽然具有相当的影响力，但由于项目所采取的战略举措牵涉到他们的利益不多，他们基本上会采取相对顺服的姿态，但也可能因为任何突发事件，改变态度而成为 D 组的一员。所以，对他们的利益要求应予以满足。
- D 组（高影响力、高切身利益）相关利益人既具有很强的影响力，又与项目所采取的战略举措具有极高的关联性。所以，项目实行战略举措之前，必须要把他们能否接受该战略纳入考虑范畴。

（2）SWOT 分析法：这是一个由麦肯锡咨询公司提出的、常用的分析方法，包括分析优势（Strength）、劣势（Weakness）、机会（Opportunity）和威胁（Threats）。

首先识别出所有项目相关利益人需求的优势和劣势，然后把识别出的所有优势分成两组，分的时候以两个原则为基础，一个是与项目中潜在的机会有关，另一个是与潜在的威胁有关；用同样的方法把所有的劣势分成两组，一组与机会有关，另一组与威胁有关。最后，将刚才的优势和劣势按机会和威胁分别填入 SWOT 分析矩阵，如图 8-15 所示。

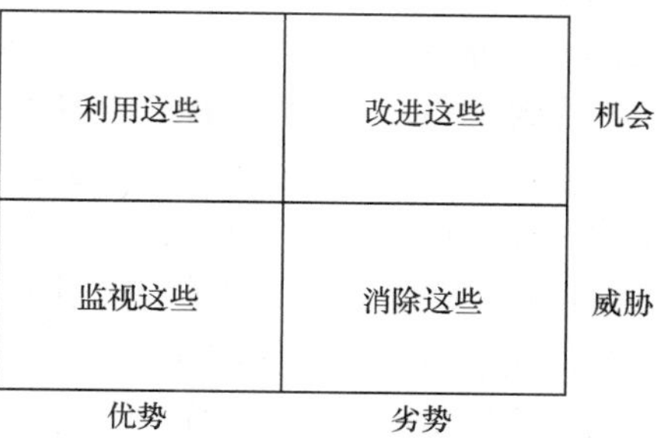

图 8-15　SWOT 分析矩阵

根据分析，我们整理出干系人登记册，如表 8-1 所示，包含关于已识别干系人所有详细信息：

1. 基本信息：姓名、组织职位、项目角色、联系方式

2. 评估信息：主要要求、期望，对项目影响、与项目生命周期哪阶段密切

3. 干系人分类：内部/外部，影响级别分类（核心，重要，非核心）

表 8-1　　项目干系人登记册

项目名称：
项目编号：
项目经理：

续表

序号	基本信息				评估信息		干系人分类	
	角色	部门	姓名	联系方式	主要需求和期望	与生命周期的哪个阶段最密切相关，有何影响	分类	重要度分级
1	项目经理						内部	核心
2	项目组成员							核心
3	项目总监							核心
4	行政部门							非核心
5	…							
6	客户						外部	重要
7	供应商							重要
8	承包商							重要
9								
10								

8.6.3 管理干系人的期望

相关干系人的识别、分析都是管理干系人的基础，最终目标是项目经理和项目团队需要利用分析的结果，采用适当的沟通方式，通过所拥有的资源、技能等去沟通协调，影响干系人的行为，以达成项目的目标。一个不能平衡并满足项目相关干系人期望的项目经理，在项目的开展过程中将会“举步维艰”。

针对不同影响级别的项目干系人，应该考虑不同的沟通渠道。

核心干系人：定期的全方位项目交流，包括项目组例会、与项目管理部门的沟通会议、项目关键里程碑会议总结等。

重要干系人：关键里程碑的前期评审会议，定期的项目状态和信息发布，定期收集反馈等。

非核心干系人：不定期，非正式的沟通是必要的。保持良好的合作关系。比如项目紧，需要加班，那么就需要行政部分提供加班餐和班车等服务。

项目经理除了在项目前期编制良好的沟通计划外，更要懂得如何艺术化地与“项目干系人”进行沟通，站在各角色人的立场上，能提前想别人所想，急别人所需。比如：经济危机了，投资方更关注“预算”了，这样就定期地提供“项目变更花费”情况，并且提供下个月的预计花费，保证投资方清晰地知道项目花费状况；项目团队士气低落，项目经理应该及时找部门经理了解情况并给些提高士气的意见等。这些做法会让干系人觉得我们会使他们的利益更大化，更愿意和我们合作，和我们做朋友。

当然在满足需要的同时，项目经理和团队还要及时预测、发现、控制和解决干系人对项目可能造成的不利影响。

分析和管理项目相关干系人是贯穿项目始终的。因为他们的需求和期望不是唯一的，在各个软件项目阶段都可能有所不同。这就需要我们的项目经理不定期地与相关干系人沟通，并发挥自己的管理能力来平衡项目干系人的需求和期望，最终成功完成项目。

小　　结

本章从软件项目管理的角度，对项目团队和干系人如何管理进行了几个重点方面的阐述。在软件项目中，人是最重要的资源。管理不好就会导致人员流失，生产效率低，工作积极性不高，干系人不满意等状况，所以如何做好有效沟通，促进团队和干系人更好的协作是本章的重点。

要想激发员工的动力，发挥出团队的合力，管理层不但要挖掘和培养高素质、高能力的人员，建立符合公司发展的正确策略，还要注重在工作中采用理论和实践相结合的方法，通过分析成功和失败的案例，不断改善和提高管理方法，尽快找到并完善适合团队发展的管理体系。

习　　题

1. 团队建设有几个核心内容？简单阐述一下。
2. 思考一下自己在哪个需求层次，如何才能激励自己？
3. 在软件开发过程中，信息和知识是如何传递的？
4. 请结合身边的事情举例说明沟通管理的重要性。
5. 文中总结了有效沟通的几个好习惯，请结合实际生活中的案例再总结出几点。
6. 双赢的概念是什么？
7. 绩效管理是怎样的循环过程？
8. 组织你的团队讨论一下绩效考核的有效方法并尝试去实践。
9. 干系人管理的重要性是什么？如何有效地做好干系人管理？

实验 6：Lean Coffee 讨论法

（共 1.5～2 个学时）

1. 实验目的

1）快速掌握 Lean Coffee 讨论法

2）加深理解参与积极性和讨论的有效性

3）训练演讲能力

2. 实验内容

围绕学习相关的知识或者课程确定讨论主题，比如主题是软件项目管理、软件测试等。

3. 实验环境

五个人一组，问题便签若干，每组一个定时器。

老师设定讨论持续时间：比如 1 个小时。

4. 实验过程

1）每人写下想和大家讨论的话题或者问题， 最少两个。

2）大家把自己的问题都贴在桌子上，并逐个解释自己的问题。

3）进行投票，每人有 3 票选择权。

4）投票完毕进行统计，按票数多少进行优先权排序。票数最多排第一位，以此类推。

5）选出小组组长，讨论结束时，代表小组总结演讲。

6）设定 8 分钟计时，开始讨论第一优先级的话题。

7）8 分钟计时完毕，大家终止讨论（不管话题有没有结论）。举手投票是否下个 8 分钟继续这个话题讨论。如果同意继续，重新设定 8 分钟来讨论，否则按优先级讨论下一个。

8）重复 6) 步骤，直到讨论持续时间结束。

9）由于时间有限，没讨论完的话题，可以留到下次讨论。

10）最后，进行小组演讲，每位组长 3 分钟演讲时间，总结概括讨论的精髓。1 分钟问答时间，其他组成员可针对话题来提问，本组人做出相应回答。

5. 交付成果

写一个总结报告，描述讨论过程，对发言的要点进行记录和分析，并总结所学到的经验和教训。

第9章 项目监督与控制

“软件乃是人类自以为最有把握，实则最难掌控的技术。”

——出自《梦断代码》韩磊译后记

软件工程发展至今，失控的项目屡见不鲜。在《梦断代码》一书中，作者不止一次地问：“为什么就是不能像造桥那样造软件？”每个做软件的人其实都期望做软件可以像造桥一样按计划一步一个脚印地来实施，即使中途有紧急变化，也有紧急处理方案来确保项目在掌控之内。但是，在当今互联网蓬勃发展的时代，顾客需求瞬息万变，全球性竞争环境和技术创新不断加速等，导致产品生命周期不断缩短，商业模式不稳定，软件开发的计划必须跟得上变化，那么软件开发过程中的监督和控制工作就尤为重要。

9.1 项目过程度量

软件项目的监督和控制工作须以一定的基准来进行校对、核实。这些基准就被称为软件的度量。软件过程度量是收集、分析和解释关于过程的定量信息，是软件过程评估和改进的基础。只有在一组基线度量建立后，才能评估过程及其产品改进的成效。基于度量，可以更好地用数据来描述软件过程的能力、效率和质量等，可以更好地对软件开发的整个过程进行监督、控制和改进，从而达到不断提高软件开发的生产力和软件产品的质量的目标。

9.1.1 内容

软件过程度量贯穿整个软件生命周期，包括需求度量、设计度量、编程和测试度量、维护度量等，其度量工作要求能覆盖过程评估和改进标准（ISO12207、ISO15504 和 CMMI 等）中的各个条目，涵盖软件过程能力和软件过程性能两大方面，涉及控制过程、支持过程、管理过程、组织过程和服务过程。

1. 软件过程能力度量

CMM/CMMI 是对软件过程能力最好的诠释，软件过程能力通过 CMM 的 18 个关键过程域或 CMMI 的 24 个过程域体现出来。以 CMMI 为例，要对软件过程能力进行度量，就意味着要对下列对象实行度量。

- 需求管理和需求开发能力。
- 技术解决能力、因果分析能力和决策分析能力。
- 项目计划能力、项目监督和控制能力、合同管理能力和集成化项目管理能力。
- 质量管理能力、配置管理能力和风险管理能力。
- 组织级过程定义能力、组织级培训能力、组织级改革能力和产品集成能力。

针对敏捷成熟度模型，业内有太多的讨论和纷争，从不同的角度提出了各不相同的模型。笔者认为惠普提出的模式相对成熟一些。它从协作，自动化，流程三个方面的成熟度来划分五个等级。如图 9-1 所示。

详细可以参考这里：

http://h30499.www3.hp.com/t5/HP-Software-Developers-Blog/DevOps-maturity-model-Part-1/ba-p/6037287

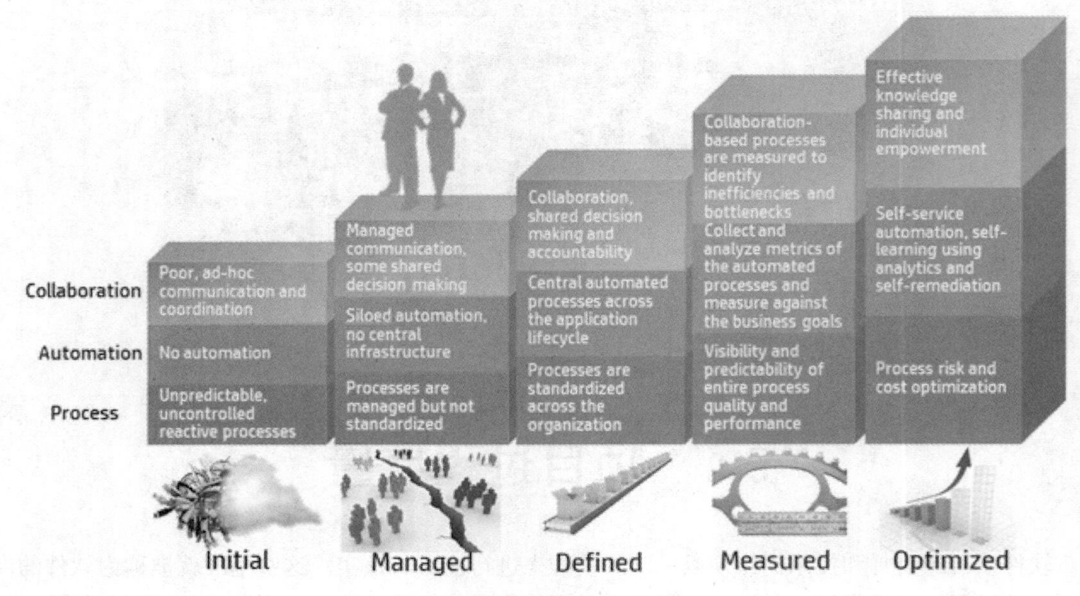

图 9-1　惠普敏捷成熟度模型

2. 软件过程性能的度量

软件过程性能的度量分为 4 部分：过程质量度量、过程效率度量、过程成本度量和过程稳定性度量。进一步划分后，软件过程性能的度量包括软件产品和服务质量、过程依赖性、过程稳定性、过程生产率、时间和进度、资源和费用、技术水平等，如图 9-2 所示。

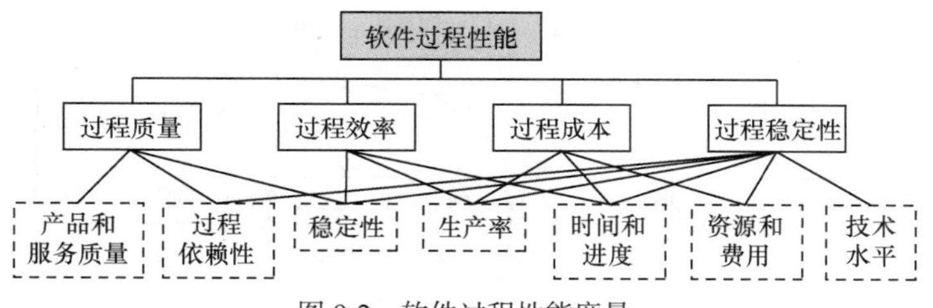

图 9-2　软件过程性能度量

3. 过程效率度量和质量度量的有机结合

软件开发过程的度量，往往将过程效率和过程质量结合起来进行度量及度量分析，以获得过程性能的最优平衡。

- 衡量过程效率和过程工作量——工作量指标，如软件过程生产率度量、测试效率评价、测试进度 S 曲线（见 9.1.3 小节）等。
- 从质量的角度来表明测试的结果——结果指标，如累计缺陷数量、峰值到达时间、缺陷平均增长速率等。

例如，在实际测试过程度量工作中，就定义了测试效率和缺陷数量的矩阵模型，就是将过程度量值和测试结果的缺陷度量一起来研究，如图 9-3 所示。

- 情形 1 是最好的情况，显示了软件良好的内在质量——开发过程中的错误量低，并通过有效的测试验证。
- 情形 2 是一个较好的情况，潜伏的、较多的缺陷通过有效的测试被发现。
- 情形 3 是不确定的情况，我们可能无法确定低缺陷率是由于代码质量好还是测试效率不高。通常如果测试效率没有显著恶化，低缺陷率是一个好的征兆。
- 情形 4 是最坏的情况，代码有很多问题，但测试效率低，很难及时发现它们。

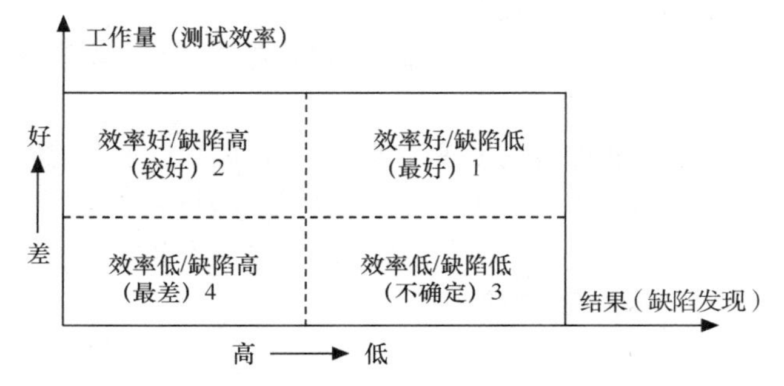

图 9-3　测试效率和缺陷数量的矩阵模型

9.1.2　流程

软件过程度量是收集、分析和解释数据，并对整个软件项目进行监督、控制和改进的过程。其一般流程，如图 9-4 所示。

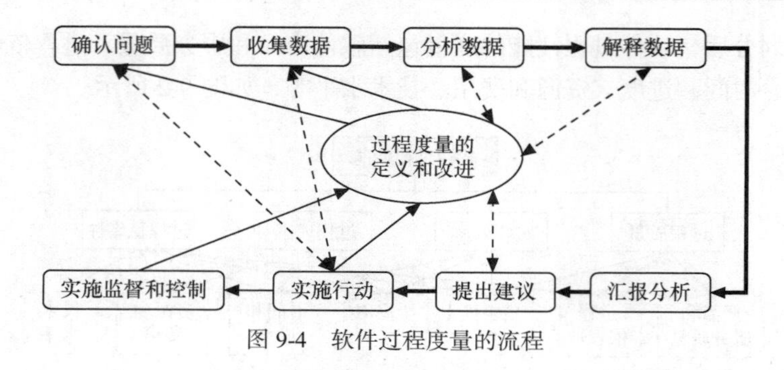

图 9-4　软件过程度量的流程

图中粗箭头表示流程的主要流动方向，即从确认过程问题到实施过程行动的全过程；细实箭头表示和过程强关联；过程度量受过程控制性的影响；虚线表示弱关联，相互参考。软件过程的度量，需要按照已经明确定义的度量流程加以实施，这样能使软件过程度量获得充足的数据，并具有可控制性和可跟踪性，保证过程度量的准确性和有效性。

为了说明度量的过程，这里以项目目标驱动的度量活动为例，度量过程被定义为 5 个阶段。

（1）**识别目标和度量描述**。根据各个项目的不同要求，分析出度量的工作目标，并根据其优先级和可行性，得到度量活动的工作目标列表，并由管理者审核确认。根据度量的目标，通过文字、流程图或计算公式等来描述度量活动。

（2）**定义度量过程**。根据各个度量目标，分别定义其要素、度量活动的角色、数据收集过程、数据格式和存储方式、度量数据分析反馈过程、环境支持体系等。

（3）**搜集数据**。根据度量过程的定义，接受有关方面提供的数据，主动采集数据，或通过信息系统自动收集数据，并按指定的方式审查和存储。

（4）**数据分析与反馈**。根据数据收集结果，按照已定义的分析方法、有效的数学工具进行数据分析，并做出合理的解释，完成规定格式的图表，将分析报告反馈给项目经理、相关的管理者和项目组。

（5）**过程改进**。对于软件开发过程而言，根据度量的分析报告，可以获得对软件过程改进的建设性建议，管理者可以基于度量数据做出决策。

其中，“识别目标”和“定义度量过程”是保证成功搜集数据和分析数据的先决条件，是度量过程最重要的阶段。

对于软件度量过程而言，过程的可视化或者搜集可归属因素以求改进过程时，经常需要对所获得的信息彻底分类和理解，包括组织数据以及寻找模式、趋势关系等。在改进过程中也需要评估度量过程自身的完备性。度量核心小组根据本次度量活动所发现的问题，将对度量过程做出变革，以提高度量活动的效率，或者使之更加符合项目目标。

9.1.3　方法

为了项目过程度量的有效实施，首先需要建立软件项目过程的基线，然后将获得的实际测量值与基线进行比较，才能找出哪些度量指标高于上限，哪些低于下限以及哪些处在控制条件之内。同时，还需要获得度量值的平均值和分布情况，平均值反映了组织的整体水平或程度，而分布情况反映了组织的过程能力和执行的稳定性。

- 指定基限，即上限（Upper Limit, UL）和下限（Lower Limit, LL）。
- 平均期望值，即均值（Average Value, AV）。

在统计学上用 σ（Sigma）来表示标准偏差，即表示数据的分散程度，可以度量待测量对象在总体上相对目标值的偏离程度。常用下面的计算公式表示 σ 的大小。

$$\sigma=\sqrt{\sum_{i=1}^{n}(X_i-X_v)^2/(n-1)}$$

其中，X_i 为样本观测值；X_v 为样本平均值；n 为样本容量。

在正态分布曲线中，均值 $\pm1\sigma$ 只能给出 68.26%的覆盖程度，而使用均值 $\pm2\sigma$、$\pm3\sigma$ 则可以界定正态分布曲线中 95.44%、99.73%的覆盖程度。6σ 则说明样本观测值非常集中，过程能力很强，所以被用来表示高质量的生产水平，如图 9-5 所示。

人们已经建立了众多的连续分布数学模型来帮助进行各类过程的度量和分析，这些模型可以在软件过程度量中得到应用。例如，常用 S 曲线模型来度量软件项目测试进度的变化，用缺陷到达模式和累积预测模型度量软件产品质量在过程中的变化，在第 6 章曾介绍过缺陷到达模式。

S 曲线模型用于度量项目测试进度，而进度的跟踪是通过对计划中的进度、尝试的进度与实际的进度三者对比来实现的。其数据一般采用当前累计的测试用例（test cases）或者测试点（test points）的数量。由于测试过程 3 个阶段中前后 2 个阶段（初始阶段和成熟阶段）所执行的测试数量（强度）远小于中间的阶段（紧张阶段），即累计数据关于时间的曲线形状很像一个 S 形，所以被称为 S 曲线模型，如图 9-6 所示。在第 5 章成本计划的时候也曾经提到过。

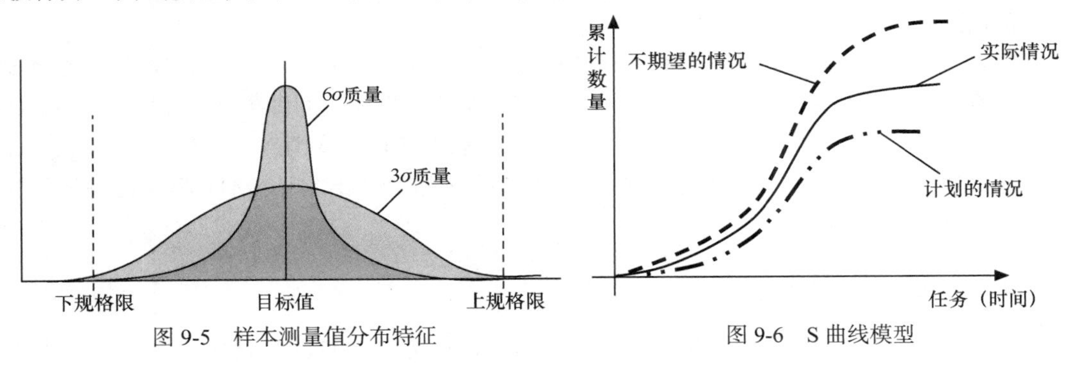

图 9-5　样本测量值分布特征　　　图 9-6　S 曲线模型

9.1.4　规则

过程度量使得一个组织能够从战略级洞悉一个软件过程的功效，并使得管理者能够以实时的方式改进项目的工作流程及技术方法。这对于提高和改进软件过程有很大的帮助。不过，和其他工业度量一样，只有遵循一定规则并合理利用才能收到好的成效。结合其他度量规则总结如下：

- 制定度量参数时应尽可能考虑组织的受用性和通用性。不适合、不通用的度量对软件过程的改进没有任何意义，同时还会浪费研究和制定度量的时间，如一个没有接触过任何 CMMI 流程的软件企业，一开始就用 CMMI 4 级来度量所有项目的过程，这根本不现实。
- 度量的目标是改进软件开发过程，提高质量和效率，因此不要使用度量去片面地评价个人或组织团队，这样会违背度量的初衷，并影响团队成员的积极性。
- 避免度量指标太多或者太少，如只设定了唯一的度量指标——千行代码缺陷率必须小于 3，就是一千行代码只允许产生 3 个缺陷。如果一个项目的千行代码缺陷率大于 3，就能说这个项目的质量不合格吗？在评价项目质量的时候，要结合项目的规模、业务逻辑复杂度和代码复杂度等多方面数据来做综合评价。

- 利用专门的系统或者用专人进行统计度量工作，以确保数据的一致性和准确性。同时也便于及时做数据分析，修改不合理的度量参数。有些数据的收集是要遵循一定的规则来进行的，如果没有专人或者专门的工具来做这项工作，其度量结果也就没有可比性，如代码行的统计，就要对格式、空行、注释行、删除行等制定不同的处理规则。
- 为收集数据和制定度量标准的个人及小组提供定期的反馈。当局者迷，往往制定制度的人员看不到其缺点和要改进的地方，所以需要大家积极地、及时地提供反馈来改进度量方法。
- 对于新的度量参数要增加试运行环节，在正式应用时应尽可能确保度量参数的合理性。
- 在度量方面要遵循灵活性原则，如在度量过程中，对于新现象和变化要积极面对，进行合理分析。如果需要，应抛弃过时的数据，对度量指标进行调整。
- 不定期地进行度量数据的分析和预测。分析和预测结果可以帮助项目负责人/项目经理进行估计、管理和监管。

9.2 数据收集

数据收集包括项目进展过程中的进度、状态信息收集，也包括项目完成后对整个项目进行总结时统计信息的收集。这里主要讨论项目进展中的信息收集，对项目监督和控制的影响。项目总结期间的信息收集，将在第 10 章中讨论。

对项目进行监督和控制的有效性取决于进度数据收集得是否真实可靠，是否完善。有了准确、足够的数据信息，才能进行分析，做出正确的判断，最后采取相应的解决办法和措施。Chandler 项目中，有人用 Wiki 写工作状态信息，有人偶尔向邮件列表发一些消息，还有人在 blog 上贴出进度，导致项目的整体状态无处可寻。数据信息收集得不准确、不及时和不完整，也是这个项目失败的原因之一。

9.2.1 数据收集方式

在第 5 章介绍的进度计划和管理中，已经将项目划分成多个可控制的活动，并定义出主要的里程碑来控制项目的进度。但是，在一个里程碑或者具体活动没有完成之前，尤其是对大型或者参与人员分布在不同团队、不同地点的项目来说，及时收集完成信息和相关问题/相关风险信息，是非常重要的。掌握和分析这些数据信息，可以及时地将项目控制在计划的轨道范围内。数据收集的主要方式有两种：被动接收和主动收集。

1. 被动接收

被动接收是指项目成员按规定/要求发出项目的相关数据信息，之后由项目经理或者项目组长进行整理和分析。目前，比较常见的方式是日报、周报和月报，就是要求项目成员在每天/每周/每月对自己的相关项目工作信息进行自我总结和归纳，然后发给项目经理及项目组主要成员等指定人员。报告的内容通常包括以下几个方面。

- 任务状态。可以用交通信号灯的形式来表现，例如，任务进度良好基本没有问题，那么就可以用绿色来表示；如果进度严重落后或者目前存在很多问题不能确保项目的进展，那么就可以用红色来标记。这样项目组长/负责人/经理一眼就可以看到需要重点关注的方面而不会遗漏。
- 任务完成情况。最好把任务的各个细节部分加以权重，以真实的数据来说明任务完成的百分比。

- 已经解决的问题及其解决方法。这个主要是给项目相关的其他成员的一个案例参考，还可以方便项目负责人对实践经验进行收集并存到知识库。
- 需要解决的问题。如果有需要解决的问题，则需要在报告中列出，方便其他人提供解决方案和线索。
- 潜在的风险。如果有潜在的风险则需要在报告中列出，方便其他人提供减小或避免风险的策略和方法。
- 人员的工作分配情况。
- 共用的开发、测试环境信息。
- 相关的缺陷报告、代码审查等一些可供参考的信息。

被动接收还包括项目成员遇到问题或者需要帮助的时候发出的不定期的数据信息。这样的数据信息不需要任何形式格式，只要求能准确地描述数据信息就可以了。

2. 主动收集

被动地收集信息是不足够的。因为有些问题可能会被隐藏起来，所以需要主动地收集信息，随时掌握项目状况，这对项目的监控会很有帮助。项目组长/负责人/经理应该通过各种手段主动地进行数据的收集。

（1）即时地和项目成员进行沟通，掌握项目情况。大多数软件企业，都有自己固定的即时沟通渠道，如常用的 E-mail、即时通信工具、电话、会议等，项目成员之间也大多数通过这些方式进行相互交流。项目经理为了收集数据，每天都会和项目成员进行大量的沟通，来及时了解和掌握目前的项目状态和存在的问题。如果事情紧急或者重要，那么面对面沟通是最好的方式。如果身处异地，可以开个网络会议来进行声音、视频、文档共享等同步交流。

（2）建立例会制度，定期主动收集和掌握各方信息。可以针对项目情况，实施日例会/周例会/双周例会/月例会制度。在例会上，各负责人主动汇报项目的状况，对存在的问题和困难进行汇总分析，找出解决方法或者降低不确定性因素对项目的影响。

（3）查看跟踪系统中记录的相关信息。为了管理方便，项目经理可以建立一个 Web 的站点或者 Wiki 之类的共享项目数据的系统，要求项目成员共同合作更新项目数据信息，如新问题的提交数据信息，人员变动信息等。同时，我们还可以利用缺陷跟踪系统来收集需要的数据信息了。如目前要解决的缺陷数量、有多少阻碍测试进度的缺陷等。

（4）不定期召开项目研讨会（workshop） 根据项目进展情况召集相关人员进行现状、未来的讨论。以此来获取团队成员对于项目的真实感受和相关建议。这也是获取有用信息的好途径。

要想得到足够的、完整的数据信息，就必须要主动收集和被动接收相结合，并要定期地对收集到的数据进行整理存档，为数据分析做好准备。

9.2.2 数据质量

收集到足够的、完整的数据信息的同时，还要在数据采集过程中，确保数据的质量。有高质量的数据才能做出相对准确的分析结果。针对数据的质量需要注意以下几点。

1. 数据的真实性

只有真实的数据才能反映真实的情况，才能给出真实的依据，基于真实数据的分析才更可靠，才能帮助我们做出正确的决策。所以收集的数据应该通过筛查，才能保证其数据的真实性。例如，在测试阶段中，对发现的缺陷做分析，如果不去除一些影响真实数据的信息，那么分析的结果就有偏差。像一些重复的缺陷（由于多个测试人员同时测试一个模块，难免会误报重复的缺陷）和不是缺陷的缺陷（如由于环境配置问题等导致的缺陷）和浮现几率非常低的缺陷（只出现一次又查不到任何诱因的缺陷，可能是由于个人错误操作或者同步运行程序过多等原因导致）等都属于影响真实数据的信息。

2. 数据的及时性

在软件开发过程中，有些数据是要求及时收集的，如果不能及时上报这些数据并解决数据所反映的问题，将会对软件项目的进度，甚至质量、成本造成很大的威胁。例如，在分析需求的时候，明知道在现阶段是不可能完成某个需求的实现的，但抱着试试看的态度，没有及时向用户说明，结果导致在项目开发后期才向客户表明需求不能实现。这样的做法可能会影响整个项目的整体设计，延误进度，同时还可能严重损害公司的声誉。所以在做软件项目的时候，有任何问题和风险都要及时提出来，项目经理可以及时汇总分析，并同大家一起快速找到问题的解决方案。

3. 数据的有效性

有效的数据才有分析的价值。确保数据的有效性取决于管理规范和成员的积极配合。不管是项目的开始、进行中还是结束，都要不时地对员工进行相关管理、素质提高等相关方面的培训。这样在提高员工能力的同时，管理理念/相关规范也会深入人心。那么员工就容易识别和上报有效的数据信息，这样提高了数据分析的可信度，同时也减小了筛选数据的人员的工作量。例如，有的测试员工为了提高自己所发现的缺陷数，可能会提交一些自己都不能确认的缺陷，这样就可能会浪费开发人员的时间。针对这种情况，可以使用伪缺陷率（误报缺陷所占的比率）来对测试人员进行综合评价。有的开发员工为了掩盖自己的单元测试行覆盖率，会编写没有断言的测试代码。这样既做了无用功，又耽误了时间。要和员工不断强调，我们不是追求统计上的漂亮数据，而是要反映真实情况的有效数据信息。

9.3 可视化管理

通常在安装某软件或者系统的时候，安装程序会以一个可视的进度条来展示安装完成的百分比。如果没有这个安装进度显示，我们就不知道进展到了哪里，可能会焦急地等待。没有时间限制的等待会显得特别漫长，对于软件开发项目尤其如此。软件工程师每天都要专注于无形的、抽象的工作，如果不知道进展在哪里，开发过程中很容易造成进度失控、预算超支、质量差等问题。软件的可视化管理是解决这一问题的好办法。可以利用项目管理的方法、工具和技术将复杂纷乱的项目任务进行可视化管理，从而及时地、尽早地发现和解决问题，以避免和减轻潜在的风险。

9.3.1 全程可视化

可视化管理可以使管理任务"化繁为简"，监控起来"一目了然"，但是要做到软件全程可视化不是一件容易的事情。因为在软件开发的各个阶段，其关注点是不同的，所以要在各个阶段做好相关的规划、监督和控制。另外，需要借助软件项目管理工具，才能更容易、更好地实现项目的可视化管理，关于常见的项目管理工具，可以参见附录G。

1. 项目前期调查时期

在这个阶段项目还没最终确定是否要做，我们所关注的是可行性分析的结果。对于技术上没把握的，或者复杂用户界面的项目最好采用原型设计方法。通过可行性原型或者一些模拟技术来实现可视化，让大家清楚技术难度和可实现性。

2. 项目启动时期

在项目刚刚启动的时候，确定组织结构是可视化的首要任务。第 2 章中已经讲述了组织结构图，如图 9-7 和图 9-8 所示。这其实就是组织结构的可视化。通过组织结构图，项目组成员可以清楚地知道项目涉及到哪几个不同的组和不同的人员。这样便于人员之间的相互联系。

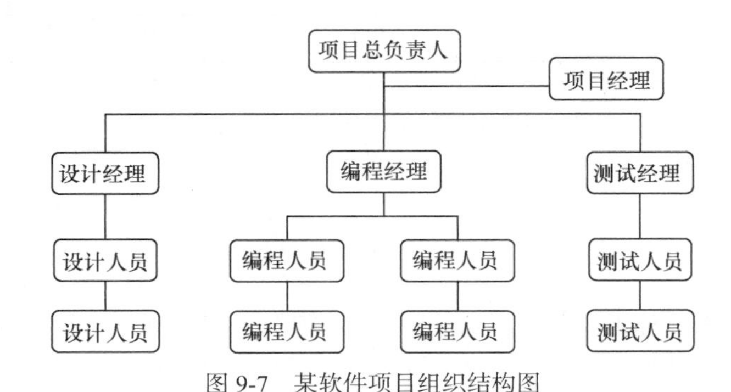

图 9-7　某软件项目组织结构图

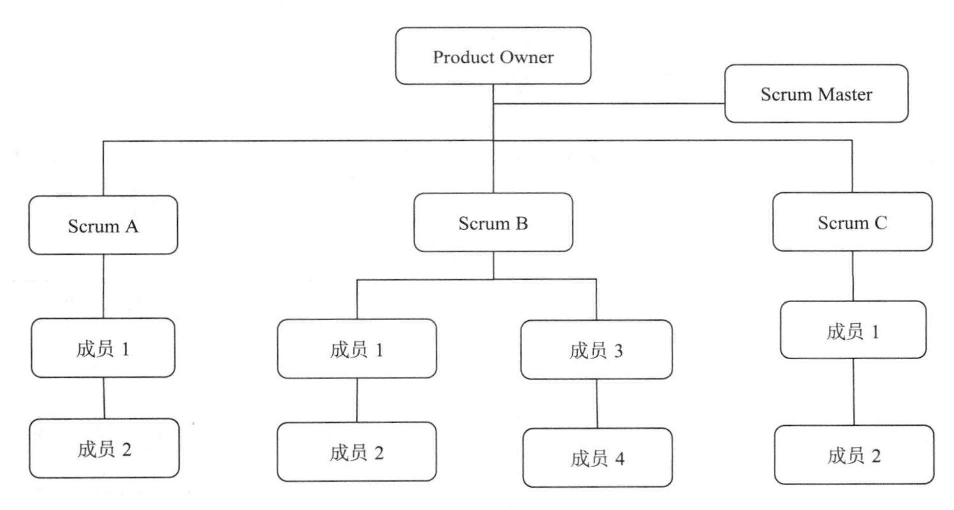

图 9-8　某软件项目敏捷 Scrum 模型的组织结构图

3. 项目计划时期

在项目计划时期，工作任务分解及任务之间相互关系的可视化是非常必要的。尤其是活动之间相互的依赖关系，表格/图形有助于提高项目计划的可视性，如 WBS 图表就是经常使用的可视化的计划图表。

在对项目进行任务计划时，会直接考虑到人员和其他资源的划分情况。责任到人是软件开发管理的核心。那么如何让人员的职责可视化呢？角色责任矩阵就是一个好方法，如表 9-1 所示。从表中可以很清楚地知道各个项目活动的负责人和协调人，如果有任何相关的问题可以很快找到负责人来解决问题。

表 9-1 角色责任矩阵

活　动	小　王	小　李	小　张	小　韩	小　徐
需求	P	P	A	I	I
设计	C	A	P	I	I
编码	P	A	C	C	I
测试	C	A	I	P	I
验收	I	A	I	C	P

注：

A（Accountability）责任，对项目成败负责和进行协调管理。

P（Participate）参与，参与项目的具体任务。

C（Consulted）咨询，提供意见，帮助决策。

I（Infomed）通报，知晓进度。

4. 项目执行时期

在项目的执行时期，最重要的信息就是项目进度如何，计划完成多少工作，实际完成了多少工作，项目是否可以按计划保质保量地完成等。项目经理在项目执行的过程中会不断地收集各个参与小组的进度和相关数据，经过汇总来分析出项目的进度、质量、风险、资源等情况。项目经理会根据不同的情况来选择适合的可视化方法来呈现项目的进展信息。

- 展示进度信息，可以选用甘特图、时间线。
- 展示代码质量，可以利用一些代码审查结果和缺陷分析图表。
- 展示缺陷的可视化信息，可以使用缺陷日增长率分析图，缺陷仪表板（Bug Dashboard），如表 9-2 所示。

表 9-2 缺陷仪表板

级　别	总　数	未处理	正在处理	修　正	不是缺陷	重　复	暂不处理	关　闭
致命的	2	0	0	0	0	0	0	2
严重的	216	18	7	5	1	4	20	161
一般的	31	23	1	0	0	0	0	7
微小的	5	2	0	0	0	3	0	0

- 展示风险可视化，项目初期就建立十大风险清单（即列出风险最高的前 10 项），然后进行跟踪，风险也会随着项目的进展而发生变化，所以要动态地维护十大风险清单。
- 针对资源信息的可视化，可以利用资源利用率分析图表，如表 9-3 所示，可以看出赵晓和郑园园的工作量安排过多，需要了解实际情况协调处理。

表 9-3 人力资源利用率图表

人员名单	部　门	项　目	利用率
赵晓	开发部	项目 A 60%，项目 B 40%，项目 C 40%	140%
前进	产品部	项目 B 90%	90%
孙红	测试部	项目 A 100%	100%
李冰	客户支持部	项目 D 90%	90%
周峰力	测试部	项目 A 100%	100%

续表

人员名单	部　门	项　目	利用率
吴勇	市场部	项目 A 100%	100%
郑园园	测试部	项目 C 60%，项目 D 60%	120%
王立松	开发部	项目 C 100%	100%
冯潇潇	产品部	项目 B 50%，项目 C 40%	90%
陈晨	测试部	项目 B 80%	80%
楚楚	客户支持部	项目 A 50%，项目 C 50%	100%

5. 项目收尾总结时期

在这个时期，由于项目接近尾声，紧张的工作终于可以告一段落，是时候把大家的成绩和不足好好总结一下了。把这些信息分析完之后，最好用表格、图形、Powerpoint 文件等可视化形式呈现给大家，如可以用柱状图来显示项目总体缺陷的不同级别所占百分比，如图 9-9 所示。因为大多数人记忆图形的能力比记忆文字的能力要强得多。

6. 项目后期维护时期

软件后期维护的可视化主要是针对维护过程中遇到的问题进行汇总和分析，最后将汇总的数据转换成图形或者表格之类的可视化结果。例如，做一个分类分析，把维护工作分成几个不同种类：纠错性维护、适应性维护、预防性维护和完善性维护等，之后对这个分类所占的工作比重进行分析，如图 9-10 所示。这样就可以知道项目以后开发的努力方向。

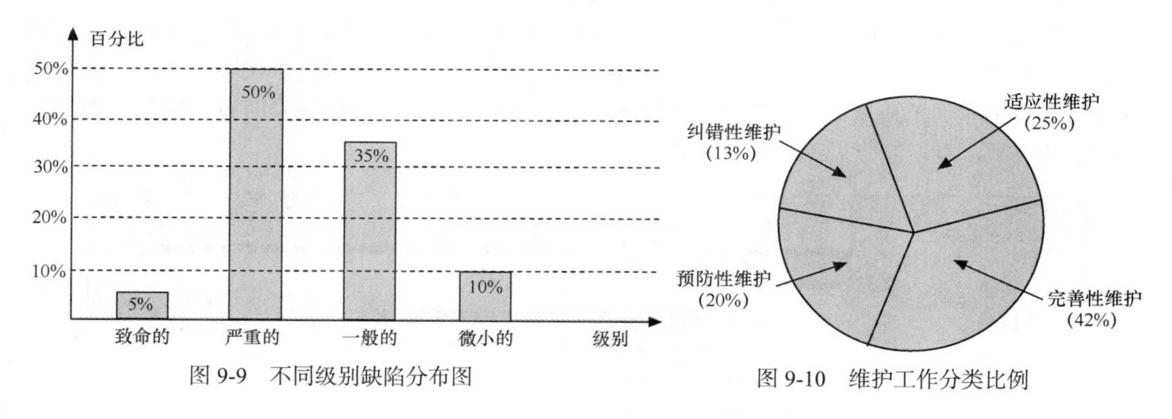

图 9-9　不同级别缺陷分布图

图 9-10　维护工作分类比例

9.3.2　进度可视化监控方法

软件项目管理很重要的一点就是在确保质量的前提下做好进度监控。项目经理在收集到项目相关进展数据之后，如何进行可视化监控呢？如何以最好的形式将项目进度展现给不同的利益相关者呢？根据不同利益者不同的需求，项目经理需要选择适合的可视化方法，并以最好的效果呈现出项目的进展情况。下面介绍几种常用的方法。

1. 甘特图

甘特图不仅是制定进度计划的工具，还是进度监控可视化的好帮手。图 9-11 显示了在 5 月 3 日当天的某软件项目进度情况，其中黑色竖线就是当日指针线，每个任务的水平粗实线就是实际进度，水平实线没有到达当日指针线，就说明实际进度落后于计划；细实线超过当日指针线，就说明实际进度比计划提前。从图 9-11 可以了解到项目的总进度完成了 40%，以及每个具体活动的进度完成百分比，其中模块 A、C 的编码进度比计划延迟了，模块 B 的编码进度比计划超前了。

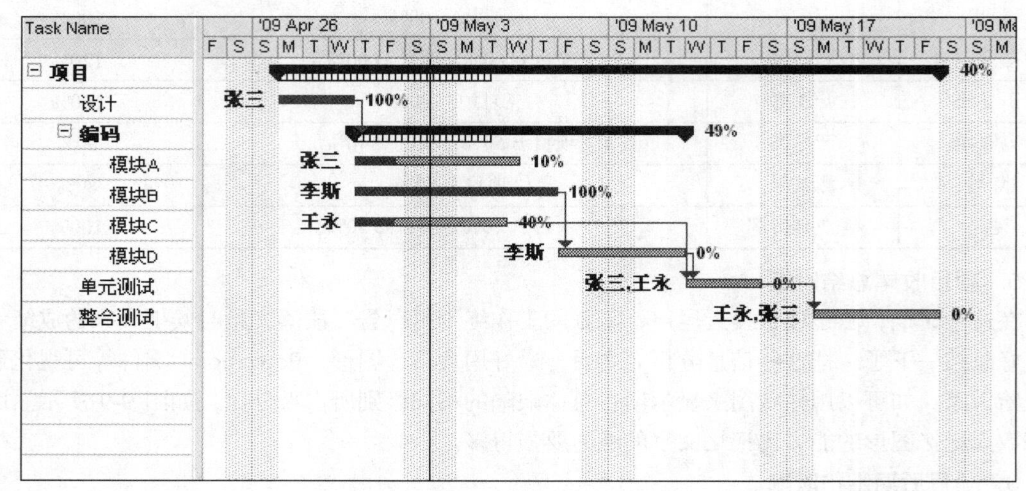

图 9-11　进度甘特图

2. 延迟图

延迟图其实是由甘特图演变而来的，它注重强调每个活动的相对进度情况。这种图对于那些没有按计划完成进度的活动，提供了更加醒目的可视化显示，如图 9-12 所示，其中虚线就是延迟线。折线偏离当日指针向左的活动就是比计划延迟了，折线偏离当日指针向右的活动就是比计划超前了。如果延迟线一直在当日指针线的附近弯曲，说明计划做得比较符合实际。否则，说明计划做得不合实际。尤其是在大、中型项目的进展中发现这种状况，就应该及时重审项目计划，找到问题的根源，重新制定后面的进度计划。

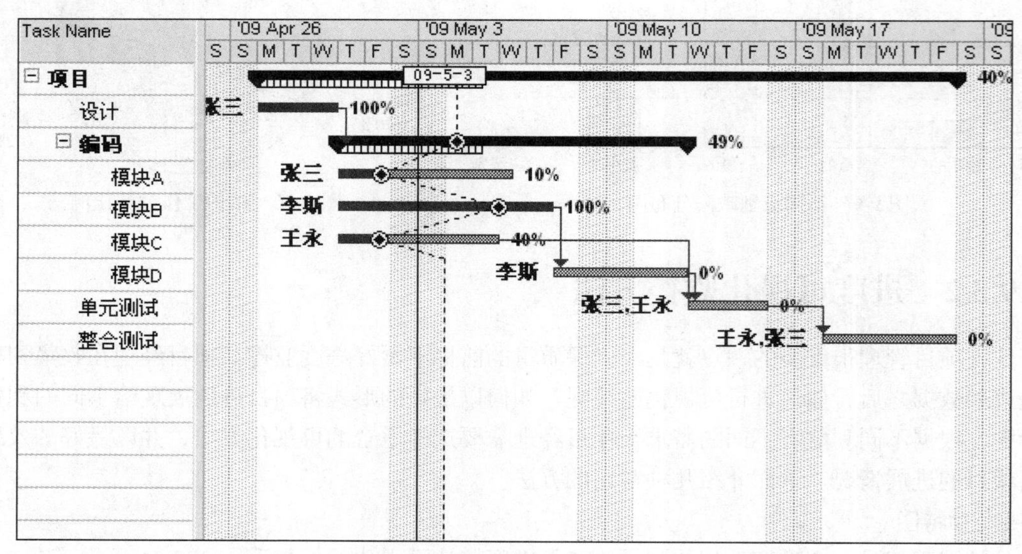

图 9-12　进度延迟图

3. 时间线

如果想简单、清楚地展示项目整体进度（客户和有些利益相关人只关心项目的整体进展情况），那么可以选用时间线表示法，如图 9-13 所示。你一眼就可以看出项目进展到哪一步，进度完成百分比是多少。但是这个表示法的前提是项目的前期规划要尽量做得精确，能比较准确估计里程碑和检查点占总进度的完成百分比。并且随着项目的进展和变化，要不断地调整和完善后面的计划。

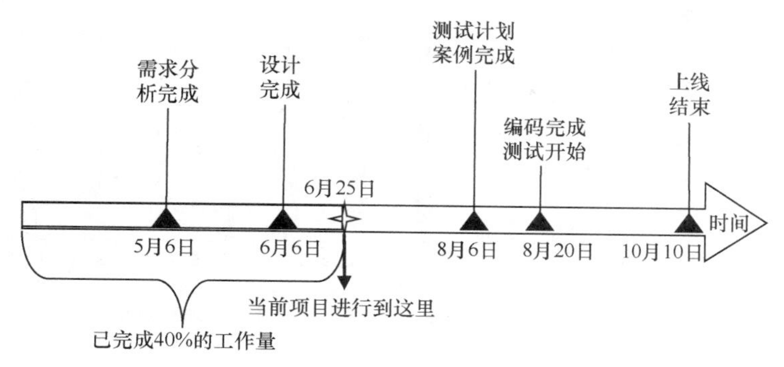

图 9-13　进度时间线图

4. 计划与实际对比图

在软件项目的监督和控制过程中，经常会将收集到的项目实际进展信息与进度基准计划做比较，来判断项目是否偏离正常的轨道。要使项目尽可能早地回到正确的轨道上来，就要在对比的过程中及时找出偏差，纠正错误，解决问题。图 9-14 是某软件执行期某时间点的计划与实际对比进度曲线图。从图中可以看出这个项目 4 月 6 日之前的进度比较正常，基本按计划完成，而且从 3 月 30 日以后进度还超前了一些。

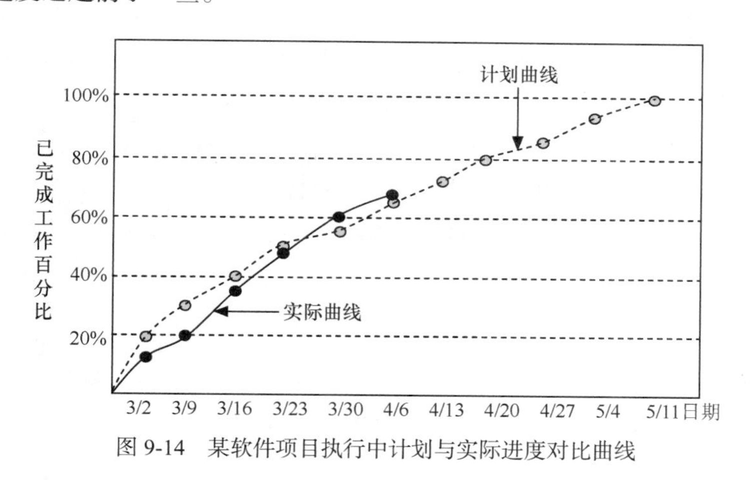

图 9-14　某软件项目执行中计划与实际进度对比曲线

5. 燃尽图

燃尽图（burn down chart）是在项目完成之前，对需要完成的工作的一种可视化表示。燃尽图有一个 Y 轴（工作）和 X 轴（时间）。该图表有一个 45 度向下的直线，理想状况是，剩余工作量会沿着这条直线“烧尽”至零。现实情况会因项目而异。燃尽图向大家提供工作进展的一个公共视图。可以根据每天的进展来及时控制项目的偏离度。燃尽图常常用于敏捷编程。从图 9-15 可以看出这个项目前期工作量预估过少，中后期进度有些滞后，迭代的最后一天有的用户故事没有完成。图 9-16 是完美项目的燃尽图，剩余工作逐步燃尽，分批接受用户故事，直到最后全部完成。

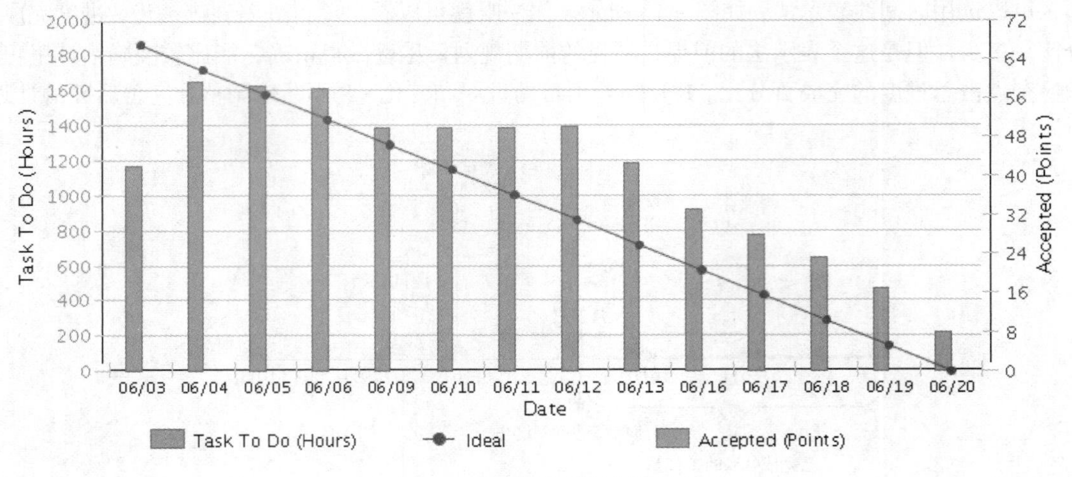

图 9-15　某软件项目燃尽图

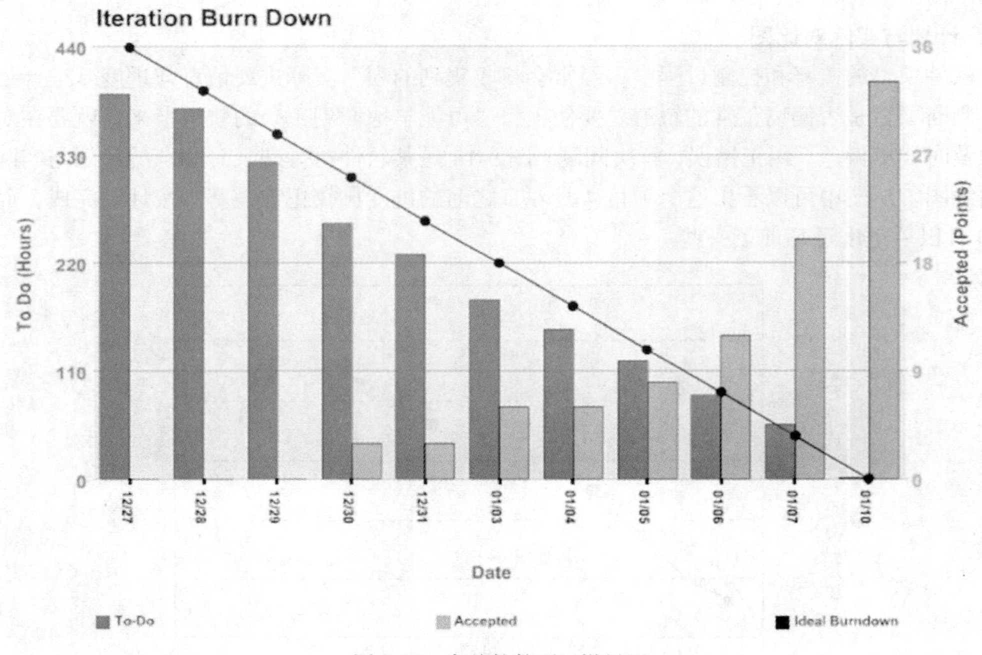

图 9-16　完美软件项目燃尽图

6. 其他进度可视化方法

结合实际工作经验，还有一些非正规、非主流的可视化方法介绍给大家。这些方法对于日常监督和控制项目也起到了很重要的作用。

（1）预警提示。在软件开发中，尤其是多人合作的项目中，项目被分解成各个不同的子任务分派给不同的软件工程师。有时候工程师由于过于专注自己的任务时间表，而忘记或者忽略了项目的整体时间表，那么就有可能对相关联的任务造成影响。所以项目经理或者负责人就有必要做出预警提示。针对预警提示的可视化，可以利用软件项目管理工具自带的功能（如邮件提醒功能），也可以根据项目情况自己做一个预警提示表，如表 9-4 所示。

表 9-4 任务完成状态及预警提示

任　务	负 责 人	状　态	下一个检查点	期　限
模块 A 测试完成	王明	第 2 轮测试完成 70%	测试完成：1 月 14 日	今天
模块 B 编码完成	李浩	完成 90%	代码完成：1 月 15 日	明天

（2）代码审查可视化分析。代码审查是确保代码质量的好办法。如果靠人工来审查，可能需要很多的时间，一般会利用代码审查工具来提高效率。借助工具，可以对代码的覆盖率、风格、复杂度、深度等进行分析，之后提供分析结果。有了这些可视化的分析结果就可以很容易地找出代码的一些潜在的问题。图 9-17 是代码审查工具 CodePro Analytix 的一个分析结果。CodePro Analytix 是一个基于 Eclipse 的快速开发环境，能够自动地完成代码评审、覆盖率度量等工作。

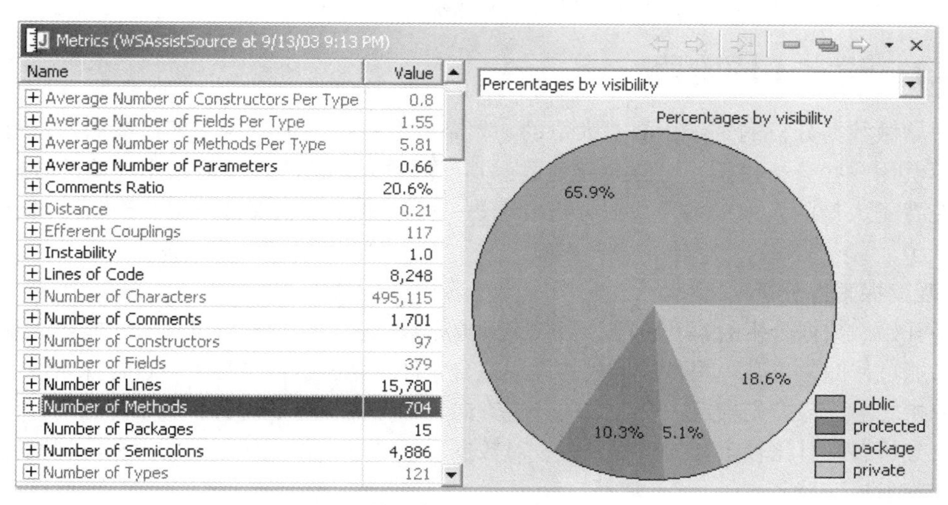

图 9-17 代码审查工具 CodePro Analytix

（3）缺陷分析。根据不同需要对缺陷进行分析，能帮助我们掌握开发、测试的进展情况以及产品质量状况。缺陷分析包括随时间的缺陷趋势分析、各个模块的缺陷分布分析和引起缺陷的根本原因分析等。

（4）及时战报。这个方法基本上是所有可视化方法的综合体现，对于涉及人员众多和相互关系比较复杂的项目比较实用。项目经理需要及时收集和整理信息，把项目实际进度情况、项目中存在的问题及其处理办法、项目风险信息等用可视化的方法及时呈现给大家。通过战报的形式呈现出来，生动活泼，更能激励团队。

9.4 数 据 分 析

在对软件项目进行监控的过程中，项目经理会收集到大量的数据信息，如果不对这些数据进行分析和整理的话，可能会迷失在纷乱的数据当中，而不能做出正确的判断和决策。来看一个啤酒与尿布的故事。

啤酒与尿布

在美国的一家超市里，有一个有趣的现象：尿布和啤酒赫然摆在一起出售。但是这个奇怪的举措却使尿布和啤酒的销量双双增加了。这不是一个笑话，而是发生在世界零售连锁企业巨头美国沃尔玛超市里的真实案例，并一直为商家所津津乐道。原来，美国的妇女们经常会嘱咐她们的丈夫下班以后要为孩子买尿布。而丈夫中有 30%～40%的人同时也为自己买一些啤酒，因此啤酒和尿布在一起购买的机会还是很多的。

按常规思维，尿布与啤酒是风马牛不相及的。是什么让沃尔玛发现了尿布和啤酒之间的关系呢？正是商家通过对超市一年多原始交易数字进行详细的分析，才发现了这对神奇的组合。

《人月神话》中有句话说得好，"实践是最好的老师，但是，如果不能从中学习，再多的实践也没有用。"这些繁杂的数据信息如果不加分析，我们就得不到数据之间隐藏的关联性，也发现不了数据信息其中的规律，同时也会丧失很多学习和提升的机会。

9.4.1 设定不同阶段

刚开始做数据分析的时候，面对大量的、繁杂的数据，我们可能不知道该如何进行分析。如果简单套用一些分析模型，可能会起到适得其反的效果，即不但不能给出正确的分析结果，反而还花费了大量的人力成本。数据分析要经过一个观察探索、模型选定、推断得出分析结果的过程。

1. 观察探索性分析

这是开始做数据分析的第一阶段。当收集到原始数据时，必须从杂乱无章、看不出规律的数据下手，通过作图，造表，用各种形式的方程拟合，计算某些特征量等手段进行探索性的分析。在开始分析之前，最好先确定一个大致的分析方向，以免分析过于盲目。观察探索性分析很大程度上需要分析者具有比较丰富的工程经验，对数据比较敏感，善于从不同的视角发现问题。

2. 模型选定分析

在观察探索性分析的基础上总结出一类或几类可能的适用模型或者方法，然后结合历史数据进行进一步的验证，之后从中挑选出确定的模型和方法。

3. 推断分析

应用所确定的模型和方法对软件开发过程中的数据进行分析，得出比较可靠的、精确的推断，能对风险的预防和项目的监控起到积极的作用。

4. 改进分析

没有任何事物可以一成不变地适应外界环境，软件数据分析也是一样。要在开发项目过程中不断积累经验，不断学习和吸取更好的分析模型和方法，持续改进数据分析的流程和方法，为软件项目的监控提供更加有力的分析结果。

9.4.2 分析方法

数据分析是将收集的数据通过加工和整理，使其转化为可利用的信息。软件开发业正在接受很多已经广泛用于传统行业的数据分析方法，常用的方法有以下几种。

- 老七种工具，即排列图、因果图、分层法、调查表、散步图、直方图、控制图。
- 新七种工具，即关联图、系统图、矩阵图、KJ 法、计划评审技术、PDPC 法、矩阵数据图。

- 像因果图、直方图、矩阵图、计划评审技术等，在前面章节中已经有过介绍，这里再介绍一些其他的常用方法，如排列图法、关联图法、KJ 法和 PDPC 法等。

1. 排列图法

排列图是为寻找主要问题或影响质量的主要原因所使用的图。它是由两个纵坐标、一个横坐标、几个按高低顺序依次排列的长方形和一条累计百分比折线所组成的图。排列图又称帕累托（Pareto）图。排列图分析适用于控制和提高软件质量，因为软件缺陷密度分布总是不相同的，大量的缺陷往往呈现聚集模式，也就是说大量的缺陷集中存在于少数质量较差的模块或部件中，或者说 80%以上的缺陷是由于 20%的那部分主要原因而造成的。例如，Grady 和 Caswell 为惠普（HP）的 4 个软件项目提出了一个关于软件缺陷分类的 Pareto 分析。结果发现，有 3 种类型的缺陷占了总缺陷的 30%以上，它们是需要新功能或不同处理，需要对现有数据进行不同的组织和表现，以及用户需要额外的数据字段。通过把注意力集中在这些更普遍的缺陷类型上，确定引起问题的可能原因，并且实施过程改进，惠普就能实现显著的质量改进。相关例子如图 9-18 所示。

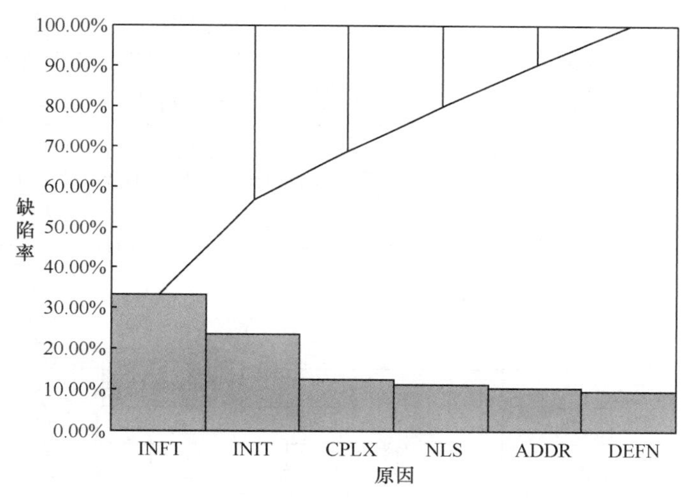

图 9-18　软件缺陷分析排列图

2. 关联图法

在分析数据信息的时候，特别要注意数据之间的关联性。如果众多因素交织在一起，就可以使用关联图法来分析。它将众多的影响因素以一种较简单的图形来表示，如图 9-19 所示。这样易于抓住主要矛盾、把握问题的关键，这点很重要。就如同牵牛理论：牧童的力气很小，但却能牵着牛走。找出关键问题后，就可以进一步集思广益，找出解决问题的方法。

关联图法是根据事物之间横向因果逻辑关系找出主要问题的最合适的方法。纵向关系可以使用因果分析法来加以分析，但因果分析法对横向因果关系的考虑不够充分，这

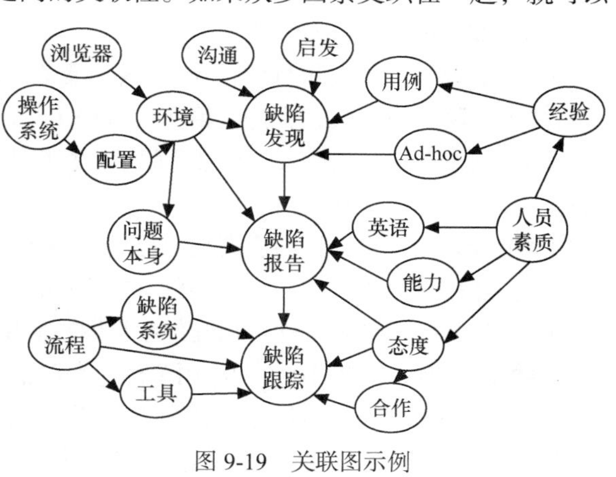

图 9-19　关联图示例

时关联图就大有用武之地了。

在图 9-19 中，缺陷发现、缺陷报告、缺陷跟踪之间就存在着先后的因果关系，其中又纠缠着环境、流程、人员素质等相关的因素。所以在这种情况下，就要使用关联图法及时理清它们之间的横向因果关系，找出关键问题，从全盘加以考虑，就容易找出根本的解决办法。

3. KJ 法

KJ 法又称 A 型图解法、亲和图法（Affinity Diagram），KJ 是该方法创始人人文学家川喜田二郎姓名的英文缩写。KJ 法是将未知的问题、未曾接触过的领域的问题的相关事实、意见或设想之类的语言文字资料收集起来，并利用其内在的相互关系做成归类合并图，以便从复杂的现象中整理出思路，抓住实质，找出解决问题的途径的一种方法，如图 9-20 所示。

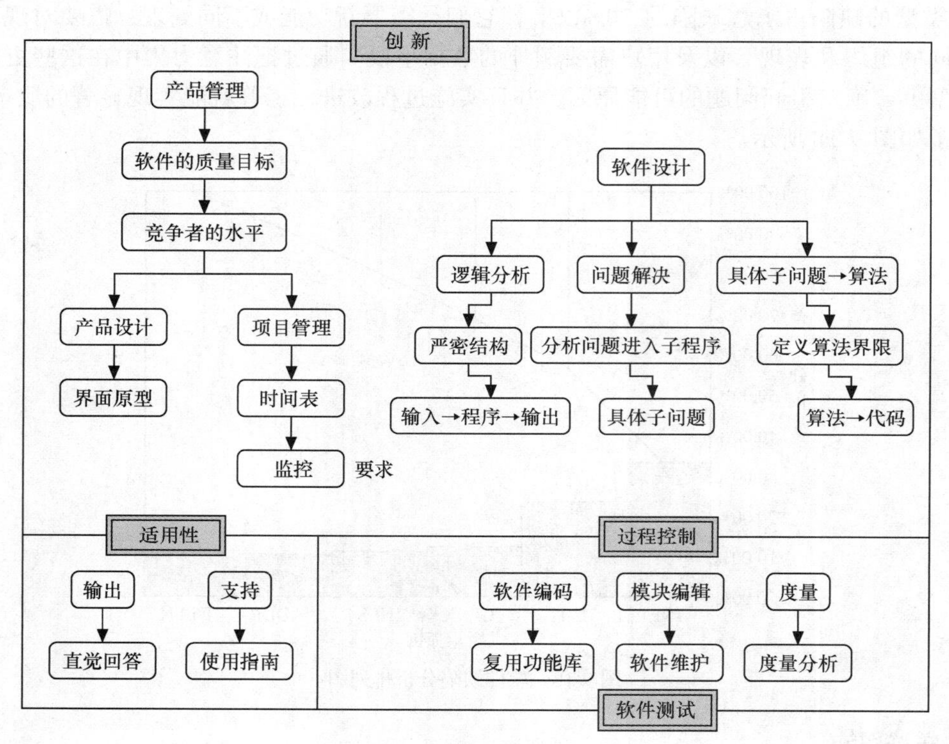

图 9-20　软件开发过程的亲和图

KJ 法的实施步骤如下。

（1）准备，主持人和与会者 4～7 人，准备好黑板、粉笔、卡片、大张白纸、文具。

（2）头脑风暴会议，主持人请与会者提出 30～50 条设想，将设想依次写到黑板上。

（3）制作卡片，主持人同与会者商量，将提出的设想概括为 2～3 行的短句，写到卡片上，每人写一套。这些卡片称为“基础卡片”。

（4）合并为小组，让与会者按自己的思路各自进行卡片分组，把内容在某点上相同的卡片归在一起，并用绿色为它加一个适当的标题。不能归类的卡片则自成一组。

（5）合并为中组，将每个人所写的小组标题卡和自成一组的卡片都放在一起。经与会者共同讨论，将内容相似的小组卡片归在一起，用黄色笔为它加一个适当标题。不能归类的卡片则自成一组。

（6）合并为大组，经讨论再把中组标题卡和自成一组的卡片中内容相似的归纳成大组，加一个适当的标题，用红色笔写在一张卡片上，称为“大组标题卡”。

（7）编排卡片，将所有分门别类的卡片，以其隶属关系，按适当的空间位置贴到事先准备好的大纸上，并用线条把彼此有联系的连结起来。如编排后发现不了有何联系，可以重新分组和排列，直到找到联系。

（8）确定方案，将卡片分类后，就能分别地暗示出解决问题的方案或显示出最佳设想。经会上讨论或会后专家评判确定方案或最佳设想。

KJ 法所用的工具是 A 型图解或亲和图。亲和图是一种数据精简的图示方法，通过识别各种观点潜在的相似性（亲近关系、亲和性）来进行分类，如用于归纳、整理由头脑风暴法产生的观点、想法等语言资料。亲和图把大量的定性输入转化为少量的关键因素、结构或是类别。亲和图有利于分析质量问题（如软件缺陷）、顾客投诉、顾客满意度调查等，如在软件开发过程中，通过一些技术小组、质量小组进行独立工作，找出软件缺陷的主要原因，而且是透过现象找出根本原因，可能就是那么几个根本原因。澳大利亚质量组织（Australian Organization for Quality）在“Modern Approaches to Software Quality Improvement”中就通过一个亲和图来描述软件开发过程改进的一些要素：创新、适用性增强、过程控制等。

4. PDPC 法

过程决策程序图，PDPC（Procedue Decision Program Chart）是建立在故障模式、风险分析（FMEA）、故障树分析基础上的综合性的分析方法。它可以采用顺向思维和逆向思维的不同模式来构造决策程序。PDPC 用于分析缺陷或故障对项目进程或软件开发过程进展的影响，从而寻求预防问题发生的相应措施，寻求消除或减轻问题产生的影响的解决方法，如图 9-21 所示。PDPC 也可以应用在制定计划阶段或进行系统设计的时候，事先预测可能发生的障碍（不理想事态或结果），从而设计出一系列对策措施以最大的可能引向最终目标。

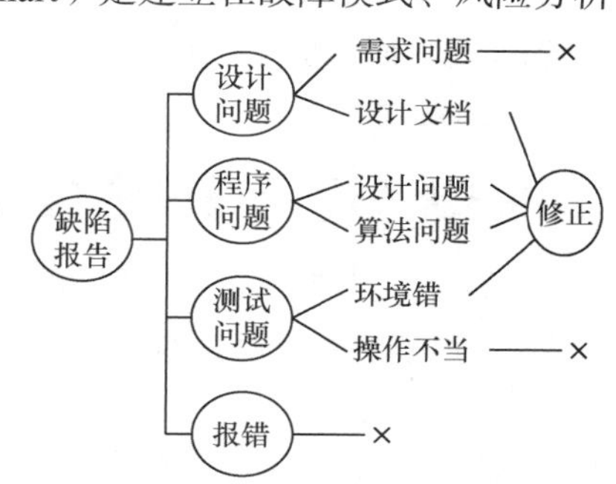

图 9-21　过程决策程序图

5. Lean Coffee 法

Lean Coffee 是一种 Agile 讨论会，所有被讨论的议题都是参与者现场提出并投票选出的。这样在很大程度上保证了参与者的积极性和讨论的有效性，同时，一个议题 8 分钟的时间限制也保证了讨论不会过于冗长。

Lean Coffee 于 2009 年由 Jim Benson 和 Jeremy Lightsmith 在波士顿提出，在 4 年多的时间里风靡了世界各大企业。

在做数据分析的时候，不能局限于分析方法的应用。要在数据收集和分析中，不断积累经验，不断发掘数据信息的规律性和关联性，比如在《人月神化》中就提到“缺陷修复总会以 20%～50%的机率引入新的缺陷，也称作回归缺陷”，那么在修复缺陷的时候，就要采取相应的办法或者机制来控制这种回归缺陷的产生，避免重复劳动。 在敏捷 Scrum 提倡速率法（Velocity）是根据历史数据分析估算出团队的容量。

引用概念

团队速率

这个目的是预测我们一个迭代能完成多少工作。如果 Scrum 团队成员是稳定的、迭代持续时间是固定的，那么这样就可以根据之前迭代所完成的用户故事点来估算下个迭代能完成多少用户故事。

In Scrum, velocity is how much product backlog effort a team can handle in one sprint. This can be estimated by viewing previous sprints, assuming the team composition and sprint duration are kept constant. Velocity is used in sprint planning to fill a sprint.

9.5 优先级控制

了解时间管理的人都知道，在安排自己的时间的时候，要先区分事情的重要性和紧急性，把事情分为 4 个级别。

（1）重要的、紧急的是第一优先级。

（2）重要的、不紧急的是第二优先级。

（3）紧急的、不重要的是第三优先级。

（4）不重要、不紧急的是第四优先级。

然后，再按照事情的优先级来合理安排自己的时间。在对软件项目进行控制的时候，要照顾到质量、成本和进度之间的平衡关系，同样要对事物进行优先级管理和控制，确保优先级高的事情先得到处理。

9.5.1 优先级设定与处理

一般地，在管理软件开发的过程中，基本会遇到 3 个不同的层面的优先级处理问题。

1. 多项目并行优先级处理

在一个软件企业中，多项目并行运作是常有的事。而且每个客户都希望自己的项目可以最早完成，这在现实中是不可能的。那么公司的领导层要站在全局的角度来处理项目的优先级，管理的重点在于评估好项目的优先级，然后协调各个并行项目之间的资源，从而获得最大收益或最佳投入产出比。其评价筛选流程如图 9-22 所示。

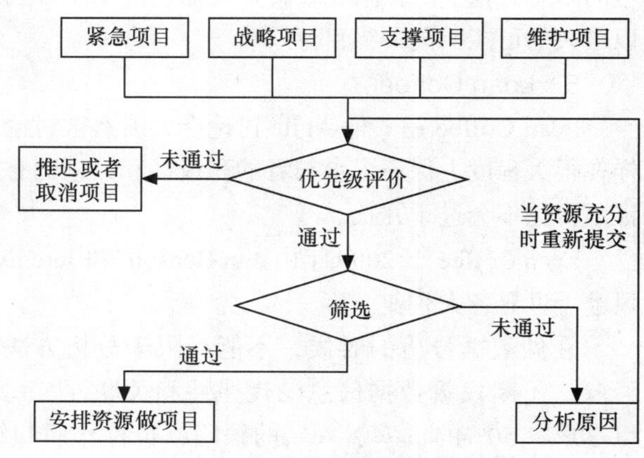

图 9-22　多项目优先级评价筛选流程

例如，由于重要性及战略考虑，某个项目需要延迟提交给客户，而另一个并行项目必须要增加大量的临时性人力、物力和财力来保证其尽快完成。一般来说，处理在线产品的严重破坏性问题的项目优先级是最高的。这个时候就要尽快出紧急的产品包来补上这个严重的漏洞。

2. 任务和问题优先级处理

不管是项目经理、项目负责人还是项目成员，在整个项目进行中，都会遭遇到任务或者问题解决的优先级控制问题。

针对任务来说，常见的几种高优先级的任务有以下几方面。

- 核心功能或核心模块的任务。

- 关键路径上的任务。
- 有相互依赖关系的前导任务。
- 不是关键路径上的，但是没有任何缓冲期的任务。
- 依赖外界因素的任务，如软件产品要和其他公司的硬件产品做集成，其接口任务是决定整个软件产品是否成功的关键。
- 优先级高的项目任务，比如：有的工程师同时工作在几个项目上，由于没有分身术，当然要先完成优先级高的任务。根据经验表明，一个人最好集中在一个项目上，这样效率最高。但是现实往往有些偏离。遇到类似状况，要学会及时正确的处理。

针对问题来说，以下几种常见情况属于高优先级。

- 影响范围大的问题，如某些软、硬件环境问题，一旦出现就会阻碍开发和测试人员的正常工作。
- 阻碍进度的问题，例如，某个模块的设计不合理，导致相关的其他模块不能完成接口的编码，阻碍了编码进度；某个缺陷的产生导致整个模块不能进行测试，阻碍了测试进度。
- 严重影响项目质量的问题，如《梦断代码》中提到的黑洞式缺陷，即无法确定修正所需时长的缺陷，就是这个缺陷导致一个核心的需求不能完成，影响了项目的质量。
- 客户发现的严重问题，有些项目在正式发布之前，会邀请客户进行 Beta 或者体验性测试。这样做，一方面可以避免严重问题影响项目验收；另一方面可以提高客户满意度。
- Scrum 模式下，项目负责人（Product Owner）接收完成用户故事时候发现的严重问题。这类问题如果不及时解决，可能就影响用户故事的完成，进而影响到迭代和版本发布。

3. 协调工作优先级处理

也许当前项目团队就是由跨部门、跨区域或跨国界的人员组合而成的，也许只是单一的团队内部成员的组合，不管我们身处何方，都要处理好协作关系。一项基本原则是在同样的时间紧迫程度的条件下，他人的问题需要优先解决，因为你的协助是解决他人问题的前提，如同前导任务，有依赖关系。自己的问题自己可以随时解决，没有什么依赖条件。当然如果自己的问题需要寻求别人帮助时，别人也应该优先解决你的问题。这也是良好团队合作的表现。

要想控制好优先级，其前提是做好优先级的判断。当然每个企业或个人都有其不同的方法，而且方法适不适用是要通过实践来检验的。

9.5.2 缺陷优先级和严重性

在修正软件缺陷的时候，经常会遇到混淆缺陷的优先级和严重性的情况。如果对缺陷处理不当，最后会严重影响项目质量。先来看一下优先级和严重性的定义。

缺陷严重性是指软件缺陷对软件质量的破坏程度以及对客户使用产品或服务的影响程度，即此软件缺陷的存在将会对软件的功能和性能的负面影响程度。缺陷的严重性一般被定义为 5 个级别。

A 类：致命错误，如死循环，导致数据库发生死锁，严重的数值计算错误。

B 类：严重错误，如功能不符，程序接口错误。

C 类：一般性错误，如界面错误，打印内容、格式错误。

D 类：较小错误，如显示格式不规范，长时间操作未给用户进度提示。

E 类：建议性问题（非缺陷）。

优先级是指表示处理和修正软件缺陷的先后顺序的指标，即哪些缺陷需要优先修正，哪些缺陷可以稍后修正。缺陷的优先级一般被分为 4 个级别。

1. 最高优先级，立即修复，否则阻碍进一步测试。例如，软件的主要功能错误或者造成软件崩溃，数据丢失的缺陷。

2. 较高优先级，在产品发布之前必须修复。例如，影响软件功能和性能的一般缺陷。

3. 一般优先级，如果时间允许就修复。例如，本地化软件的某些字符没有翻译或者翻译不准确的缺陷。

4. 低优先级，可能会修复，但是不影响正常发布。例如，对软件的质量影响非常轻微或出现几率很低的缺陷。

一般来说，严重性程度高的软件缺陷具有较高的优先级，但并不是严重性高的缺陷优先级就一定高，例如，如果某个严重的软件缺陷只在非常极端的条件下产生，其出现的机率很低，那么则没有必要马上解决。另外，如果修正这个软件缺陷，需要重新修改软件的整体设计结构，可能会产生更多潜在的缺陷，而且软件由于市场的压力必须尽快发布，此时即使缺陷的严重性很高，也要进行全方位考量，尽量在合适的时间来修正这个缺陷。反过来也不是严重性低的缺陷，优先级就不高。例如，一个错别字的缺陷，如果不在产品发布之前修正，那么就可能严重影响公司的市场形象。

那么如何正确区分缺陷的优先级和重要性呢？除了根据其定义和级别外，还有2个必不可少的原则来帮忙。

1. 从客户的角度考虑

客户是上帝，对于缺陷同样如此。软件最终是为客户服务的，从客户的角度考虑问题、修改问题和解决问题，软件才能符合客户的需要和口味。当评估缺陷优先级的时候，要常考虑这个缺陷是否对客户造成很大的负面影响。负面影响大，优先级就高。

2. 遵照二八原则

二八原则是19世纪末20世纪初意大利经济学家帕累托提出的，这个原则很简单：任何一组事物中，最重要的只占其中约20%，其余的80%虽然是多数，但是却是次要的。所以抓住重要的部分来处理很重要，只有先抓住了重要的关键缺陷，测试效率和测试质量才能提高，同时也能产生最大的效益。

3. 四象限原则

效仿时间管理四象限法则，把缺陷按轻重缓急进行分类，优先处理重要和紧急的缺陷。理清这些关系后，会很快清楚哪些缺陷是必须马上完成，哪些缺陷是可以暂时缓一缓，这样也就不会被堆积如山的缺陷所压垮，工作效率自然也会得到很大的提高。

9.6 变更控制

“不变只是愿望，变化才是永恒。”——《人月神话》

对于大多数软件开发来说，发生变更的环节比较多。

（1）需求变更。软件开发项目中大多数的变更都是来源于需求变更。“需求变更”也是业界公认的项目管理重大挑战，尤其是项目后期产生的需求变更，对项目的影响是非常大的。因为客户的需要是无止境的，虽然在制定合同时已经规定了相关项目的需求范围和截止时间，需求范围的定义也不是绝对的或无懈可击的，随着项目的深入，客户往往会提出新的需求，而且有时候为了特别的需求，客户也愿意支付额外费用来赢得自己最大的利益，同时由于竞争激烈，项目开发方也愿意或不得不尝试满足客户的新需求。

（2）设计变更。这一方面来源于需求的变更，另一方面来源于初始的设计缺陷。由于在设计过程中考虑不完善或忽视了某些非功能特性（如安全性、故障转移等），设计难以通过验证，那么就必须进行设计的变更。如果设计的变更影响范围比较广或发生在项目后期（代码已完成），那么项目的风险就很大。

（3）代码变更。在代码没有冻结之前，变更基本上是常有的事。需求、设计的变更会导致代码的变更；功能缺陷需要解决，代码需要变更；代码不符合设计、不符合客户习惯等，也需要变更。

（4）进度、费用、合同时间、测试计划等的变更。

所以说，变更在软件开发的过程中是不可避免的。如果缺乏对变更的管理，就可能会导致过程混乱、经常性地重复工作，以至于项目的完成时间一拖再拖、没有止境。变更并不可怕，关键是如何管理。

9.6.1　流程

变更控制的目的并不是控制变更的发生，而是对变更进行管理，确保变更有序进行。为了有效管理变更，需要规范相应的变更控制流程，从变更请求的提交，到接收、评估、决策直至结束，如图 9-23 所示。

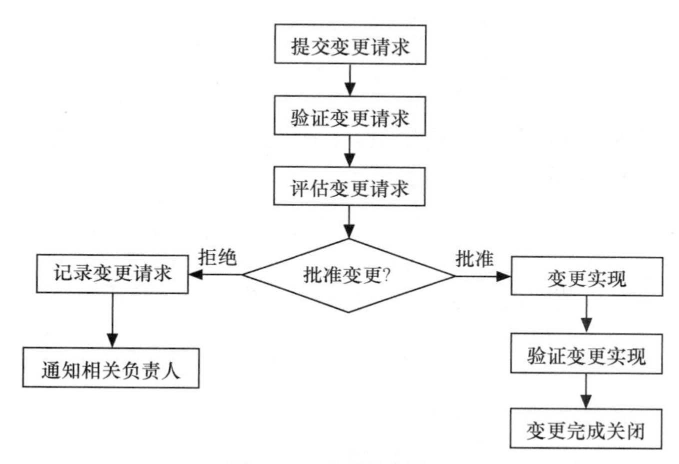

图 9-23　变更控制流程

1. 变更提交

在提交阶段，要对变更请求进行记录。根据请求起源和收集信息类型的不同，可以分为新功能、功能增强、缺陷修正等不同类型的请求。

新功能或功能增强请求，一般来自客户、市场产品部门或者客户支持部门，不同的是，功能增强是在原有功能的基础上对功能进行改善。这类请求要提供的关键数据或信息要说明对客户的重要性、对客户的益处和具体的用例。大多数的缺陷是在软件项目开发内部测试过程中被发现的，不需要经过严格的变更控制流程，缺陷跟踪系统或者缺陷管理流程会记录、控制，直到缺陷的解决。而对于客户发现的缺陷，必须经过严格的变更控制流程，决定是否发布紧急的补丁还是放在下一个版本中解决，这取决于缺陷对客户的影响程度和修正难度，也就是后面“评估和决策”中考虑的重点因素。

2. 变更接收

项目必须建立变更请求的接收和跟踪机制，包括指定接收人和处理变更请求的负责人，确认变更请求。变更接收时，需要检查变更请求的内容是否清晰、完整、正确，并确定变更请求的类型，分配唯一的标识符，记录在案等。

3. 变更评估

首先浏览所有新提交的变更请求，详细了解每个请求的特征，确定变更的优先级、影响范围和所需的工作量，为下一步决策提供足够的数据信息。不同的请求类型，其评估方法和流程是有区别的，如缺陷请求评估，首先是再现当前的缺陷，然后评估缺陷的严重程度。而对功能增强请求，首先是了解客户的意愿，然后将同类型的请求放在一起比较，以决定各自的优先级，这取决于涉及多少用户、客户类型（大客户还是小客户）、对销售额的影响程度、产品主版本还是淘汰版本等。

4. 变更决策

根据评估结果（如工作量估计数据、资源需求、紧迫程度）来做出决策，即决定批准请求还是拒绝请求，或者决定在当前版本还是推迟到将来某个版本上实现请求。自然，不同的请求，其决策的影响因素是不一样的，如功能增强的决策因素主要考虑竞争对手的产品功能、自己产品的竞争力、符合哪些客户的期望等，而缺陷处理的决策会受时间的影响，在开发周期的早期，绝大部分的缺陷都应得到修正，而在后期，会经过多方正式会审来决定。

5. 变更实施与验证

在变更请求批准后，就开始实施和验证。对新功能、功能增强等请求的实施，往往需要与其他变更结合起来一起控制，如设计的相应变更、费用的相应变更、进度的相应变更等。变更请求还涉及到相应的文档更新，即要保持文档和功能特性的同步，避免给后续项目管理带来麻烦。

通过流程控制可以确保采纳最合适的变更，使变更产生的负面影响减少到最小，还可以来跟踪已批准变更的状态，确保不会丢失或疏忽已批准的变更。

9.6.2 策略

针对变更控制，只有规范的控制流程是不够的，还要运用一些适当的策略来预防、控制和管理变更。

1. 变更预防

先来看个小故事，看从中能学到什么。

扁 鹊 医 术

魏文王问名医扁鹊说：“你们家兄弟三人，都精于医术，到底哪一位医术最好呢？”扁鹊答说：“长兄最好，中兄次之，我最差。”文王吃惊地问：“你的名气最大，为何反而长兄医术最高呢？”扁鹊惭愧地说：“我扁鹊治病，是治病于病情严重之时。一般人都看到我在经脉上穿针管来放血、在皮肤上敷药等大手术，所以大家以为我的医术高明，名气因此响遍全国。我中兄治病，是治病于病情初起之时。一般人以为他只能治轻微的小病，所以他的名气只及于本乡里。而我长兄治病，是治病于病情发作之前。由于一般人不知道他事先能铲除病因，所以觉得他水平一般，但在医学专家看来他水平最高。”

这个故事说明了一个简单的道理，那就是事后控制不如事中控制，事中控制不如事前控制。不能仅仅靠流程来控制变更，更应该防患于未然，做好事前的预防是很必要的，可以采用下面的方法。

- 在项目开始之前，调查和研究历史项目的变更信息，找出变更的集中区域，做好相关准备。例如，有些客户对产品界面的风格和美观要求很高，经常提出修改，甚至到了项目后期还提出修改，这会严重影响整个项目的实施进程。为了预防这种对项目影响很大的变更，在项目合同中，就可以针对这一需求进行协调和讨论，在合同中增加一项条款，限制界面修改次数和时间。

- 请经验丰富的专家对项目可能出现的变更进行评估，这有助于帮助项目经理了解项目变更的可能性，以便在事件发生时做出及时的响应。
- 在项目计划时，预留一些缓冲时间，以应对突发的变更。

2. 变更控制委员会

作为变更管理的一个核心控制机制，变更控制委员会（Change Control Board，CCB）起着决策和管理的作用。一个有效率的 CCB 会定期地考虑、讨论每个变更请求，并且由于集体决定，可以做出正确的决策。有了 CCB，变更控制流程会得到严格执行，变更发生的概率也会大大降低。CCB 成员应能代表变更涉及的团体，可能包括客户代表、市场部代表、开发人员代表、测试人员代表等。在保证权威性的前提下应尽可能精简 CCB 人员，涉及太多人员可能很难集中起来讨论并做出决策。有时为了获得足够的技术和业务信息，还可以邀请其他人员临时列席会议。

3. 变更执行管理

在实践中很多开发团队虽然组成了 CCB 并有一定的处理流程，却往往忽视了对于变更执行的管理。而变更实施的好坏依然对项目有很大的影响。对于批准的变更，要建立一个变更任务列表，和对待其他常规任务一样管理和监控，直到完成。

4. 变更适应——敏捷开发

软件业一直喧嚣了多年的“敏捷开发”，就是想使软件开发更适应需求变化，使开发团队能力提高，反应越敏捷就越能适应变化。现阶段一些技术和理念可以帮助项目更好地适应变化。

- **构件/组件化**——最大限度的软件复用。世界各国所有的 IT 项目都已证明，最大限度的复用已有成果，无疑是提高软件开发效率，缩短开发周期，降低开发成本，并改善软件质量的有效方式。据统计，如果软件系统开发中的复用程度达到 50%，则其生产率提高 40%，开发成本降低约 40%，软件出错率降低近 50%。
- **配置化设计理念**——让软件开发更敏捷。由于平台高度封装了大量成熟而实用的应用构件/组件和模块，并内置功能强大、成熟而实用的各种应用系统和开发工具，因此在软件开发过程中使得绝大多数开发与应用无需特殊的编码，只需按照项目需求选择相应的组件或模块进行“拖曳式”配置，而系统集成过程自动完成——正如统一规格、统一标准的机器零部件，只需按要求简单地组装即能成为完整的机械设备一样，因而大大提高了软件开发的效率，缩短了应用开发的调试期，降低了软件开发与应用的难度，并且应用可立即部署。
- 持续集成——自动构建、自动部署、自动测试：这是一个开发的最佳实践，它要求开发小组的每个成员频繁地集成他们的工作成果，这个频度通常是至少每天一次，有时甚至每天多次。每次的集成通过自动构建、自动部署、自动测试去尽快探测潜在的错误。很多团队都发现这种实践能快速有效地减少集成问题，加快软件开发的步伐。
- **设计和开发充分考虑扩展性和复用性**，避免后期大量重复代码和代码的重构。
- **测试驱动开发（TDD-Test Drive Development）**，先写测试程序，然后再编码使其通过测试，利用测试来驱动软件程序的设计和实现。这样可以让开发者在开发中拥有更全面的视角，有效预防缺陷，避免过度实现带来的浪费。

5. 变更经验收集与总结

在管理和跟踪变更的同时，应该把各种变更的原因、方法和经验教训都记录下来，如表 9-5 所示。在项目结束后及时总结，形成变更控制更有效的方法，为今后的项目提供有价值的参考。

表 9-5　　某软件项目审批通过的需求变更记录单

日期	变更类型	变更内容	评估影响	负责人
2013 年 12 月 19 日	需求增加	辅助功能支持 - 手指拖动问题的解决	需要增加 3 天	小王
	需求移除	子项目的 Code Merge	不影响当前进度，小李空闲两天时间可以去支援别的任务	小李
2013 年 11 月 26 日	需求改变	A 模块的代码重构	不影响当前进度	小张
	需求增加	B 模块的代码重构	不影响当前进度	小马
	需求改变	连接系统性能问题的解决，从 5 秒降低到 2 秒	需要增加 3 天	小李
	需求改变	用户界面上 password 窗口的设计改动	需要增加 2 天	小张

9.7　合同履行控制

销售人员订立合同后，如释重负，合同交给执行部门，按合同做就好了。看似简单，如果不对合同履行加以控制的话，意想不到的事情可能会随时发生，如同下面这个真实的故事。

在一个软件项目实施的中后期，项目经理接到项目组程序员小张的请求，要求为他增派人手，说他的活儿干不完了，可安排给他的工作按计划应该完成了。原来，小张与客户接口小刘在工作中成了铁哥们，小刘几次请小张开发一些小的模块。小张也没向项目经理请示，就自作主张给做了。这次，他又答应在客户原有模块上增加信息归类功能，结果做起来才发现他做不了，这才向项目经理求救。项目经理和客户沟通，要求做项目变更。可客户咬死说前几次都是免费的，这次也应该免费。

故事里的小张固然有错，但究其根本原因在于缺乏对合同履行情况的监控。合同履行控制也是容易忽视的环节，可以通过下面几种措施来减少甚至避免相关问题的发生。

1. 制定科学完整的合同管理制度

国际最佳做法是企业事先制定完备的合同管理制度。这是做好合同履行控制的前提。软件企业应当根据自己的业务特点制定一套常用的合同范本，确定常见的法律风险种类并规定相应的合同条款加以管理，如企业在某些重大问题上的风险承受级别（底线条款）。企业法律部门或法律顾问应更多地参与甚至主导合同管理的过程，包括对合同对方当事人进行资信调查，合同谈判、起草、修订、签署、履行以及事后审查等。为此，企业应当订立相应的流程和指南，用于指导法律部门和业务部门的关联性工作。

2. 制定合理完善的合同履行控制系统

对于合同履行采用专人负责、一合同一档案、履行合同的相关审查、定期汇报、法律部门监督等方式，来加强对合同履行过程的控制，保证合同履行严格按照合同约定的方式及合同要求的流程进行。

3. 加强合同变更的管理

我们知道，在软件开发过程中，需求变更是最常见的。而需求变更的结果往往会引起合同条款的改变。当需要改变或者添加合同条款时，应遵照企业的变更控制流程进行变更的提交、审核和批准，最后更改合同，双方签字，合同正式生效后进行相关的变更实施。

4. 强化企业法律顾问的职责

对于法律顾问的工作范围，企业往往注重于起草、签订一份完备的合同或者打赢一场诉讼，而忽视了企业法律顾问在合同履行过程中的监督作用，这就使企业浪费了一块宝贵的法律资源。因为企业法律顾问参与了合同的起草、签订以及对对方当事人的前期调查，其所掌握的信息是企业其他工作人员无法比拟的。另外，企业法律顾问一般是专职执业律师，拥有丰富的法律知识和实战经验。所以要把合同的履行状况和相关审查结果定期汇报给法律顾问审阅，真正发挥法律顾问在合同履行中的控制作用。

5. 组织企业职工的法律培训

企业合同的最终履行要靠企业员工去完成，所以对企业员工的法律知识培训是不可缺少的，特别是对项目/产品/开发/测试经理们的培训尤其重要。对企业员工的培训主要注重两个方面。

（1）加强对员工的企业内部合同履行控制系统的培训，尤其是对负责履行合同的员工的培训，使每一个员工清楚合同履行的流程和合同履行中应该保存的法律文书。

（2）加强对员工的法律意识及基础法律知识的培训，使员工在履行合同过程中自觉地遵守公司的合同履行流程，不擅自承接相关的需求变更，并及时发现问题、报告问题和解决问题。

合同履行控制着重于企业自身制度的设计和员工的培训，通过对企业自身的管理和建设，达到控制合同履行中法律风险的目的，避免不必要的损失，对于保证合同按期完成具有重要的意义。

小　　结

“一份完美的图纸并不等于一幢坚实的大楼。”

事实的确如此，再好的计划如果没有有效的控制和监督，一切如同纸上谈兵毫无意义。软件开发的特性决定了控制和监督尤为重要。本章讨论了实施有效监控的前提，是必须对数据信息进行度量、收集和整理，而且为了有效地反映数据信息的进度，最好以直观的、醒目的可视化方式来展现项目的进度，并介绍了一些常用的可视化管理方法，如甘特图、时间线和延迟图等。

本章后面的几个小节针对优先级控制、变更控制和合同履行控制进行了充分的讨论。变更控制是重点，其主要功能是通过正规的控制流程来管理软件开发过程中的任何变更，减少变更造成的负面影响，确保软件产品的质量。

习　　题

1. 什么是项目过程度量？其方法有哪些？
2. 过程度量的制定规则有哪些？请根据你的项目，制定一些切实可行的度量指标。
3. 数据信息收集的方式有几种？举例说明。
4. 数据收集的难点在哪里？
5. 数据可视化的作用是什么？
6. 结合实际项目你会选择哪个可视化方法来显示项目进度信息？
7. 简述变更控制的流程。
8. 结合你的项目，你会采取哪些有效方法来预防变更？

第10章 项目收尾

"不到最后，不是结束。"——瑜伽修行者

项目收尾是项目生命周期最后一个阶段，可以称之为收官之战。软件项目的收官之战，虽然不像很多围棋高手比赛，在收官之战后胜负才见分晓，但是同样非常重要。成功的项目收尾是软件公司和客户追求的共同目标。

与项目的其他阶段不同的是，收尾阶段没有系统、有序的工作过程，而往往是非常零碎、繁琐、费时、费力的工作，所以在软件开发项目中收尾工作往往不被大家重视，从而导致一些严重的问题。例如，验收前期工作准备不充分，在客户验收现场，软件运行环境出现问题，没办法解决，验收通过不了；用户手册不全面，客户不满意，不肯付清账目。所以，做好项目收尾工作是项目管理的重要一环。

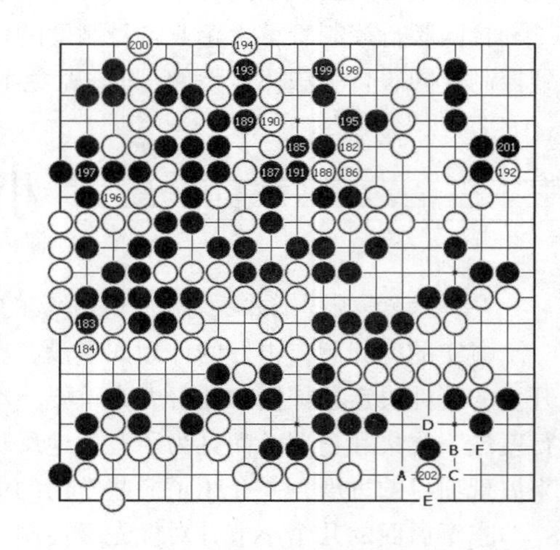

项目收尾是一项复杂的工作，项目经理是其中的关键人物，需要与用户、客户、企业管理层、团队成员进行良好的沟通和交流。成功的项目收尾应当是项目通过验收的、资金落实到位的、认真总结工作经验的、与客户保持良好关系的状态，收尾成功要求项目经理机智地协调、处理收尾工作中的人际关系，推动收尾工作顺利进行。

整个收尾工作大体上可以分成项目验收和项目总结两个过程。

10.1 验　　收

当软件项目即将完工或已经完工的时候，项目验收是项目承包方及客户方都期望能够按时进行的一个阶段性过程。项目一旦进入到验收阶段，对于项目承包方来说，主体的工作基本上已完成，他们可能不再需要投入大量的人力、物力、时间及精力在这个项目上，一旦验收通过则意味着他们所承担的这个项目就将进入下一个阶段的移交工作，如产品/资料移交、客户培训，从而圆满地完成当前项目，开始售后服务的常规性工作。而对于客户来说，项目验收是对该项目进行一个全方位的检验，以确保产品功能、性能等符合其需求。一旦验收通过，意味着他们所投资的东西即将为他们带来经济上或管理上的某种效益，同时，要安排下面的一系列工作，包括项目接收、人员培训、付清合同款项等。项目的成功验收是一系列细致工作完成到位的结果，验收的前期工作要准备充分才行。

对于公司内部的项目，如一些研究性项目，其项目验收过程就相对简单。一旦项目完成，就可以由项目负责人组织相关的专家和领导进行项目成果的检查和验收。其验收标准是根据当初立项的目标和项目负责人对其作出的相关承诺，例如，某领域的技术可行性的研究项目，其成功检验标准就是必须用这种技术做出一个成型的功能模块展示给大家。如果研究成果表明其技术不可行，那么就不必进行成果检验了，但是要出具研究报告说明技术不可行的缘由。对于敏捷的迭代项目，针对需要上线发布的迭代，要按照验收流程来走。

针对不上线发布的迭代，其验收过程相对简单，基本上由项目组做演示（Demo），之后项目负责人（Product Owner）来验收用户故事的完成程度 （完成标准根据项目计划时候定义的用户故事验收标准 - User Story DOD 和迭代验收标准 - Iteration Definition of Done）。没有完成或者失败的用户故事重新进入待办列表，PO 会按优先级重新排序。下个迭代开始之前，完成当前迭代总结。

10.1.1 验收前提

一般来说，项目承包方和客户方对于何时进行项目的验收，往往看法是不相同的。对于项目承包商来说，只要完成了前期与客户共同认定的项目需求书中规定的各项工作，并且进行了相关的功能测试、性能测试等，同时将相关的项目文档准备完善后便可以进行项目的验收了，然而对于客户来说，主要关心的不是合同、技术协议、需求规格说明书、用户使用手册等文档是否齐全、内容是否详尽，而是其业务是否真正地在软件系统中得以实现，并且能良好地运行，不会出现任何严重的问题，将此作为项目验收的标准。

针对大型的、复杂的软件项目而言，提前做一个详细的验收计划是非常必要的，可以用来指导验收工作的进行。针对中小型和相对简单的软件项目而言，可能只要准备一份完整的检查清单，到时逐项进行验收就可以了。不管大小项目，项目承包方在正式验收之前，都应该做到以下几点。

（1）完成合同要求的全部内容。即软件开发已经完成，并全部解决了已知的软件缺陷。

（2）完成软件系统测试，包括单元测试、集成测试、功能测试和性能测试等，并出具相关的测试报告。

（3）各项文档、代码和报告的审查全部完成，包括软件需求说明书审查、概要设计审查、详细设计审查、所有关键模块的代码审查、所有的测试脚本代码审查、对单元、集成、系统测试计划和报告的审查。

（4）准备好相关的开发文档和产品文档。

- 开发文档包括：《投标方案》、《需求分析和功能要求》、《系统分析和技术设计》、《数据库结构和数据字典》、《功能函数文档》、《应用接口（API）说明》等。
- 产品文档包括：《产品简介》、《产品演示》、《常见疑问解答》、《功能介绍》、《评测报告》、《安装手册》、《使用手册》和《维护手册》等。

（5）验收测试计划准备好，并通过评审和批准。

（6）准备好其他验收资料，如变更记录控制文档、验收审核表等。

（7）软件问题处理流程已经就绪。

（8）准备好软件安装和验收测试环境。

（9）与客户确认验收流程。

（10）完成合同或合同附件规定的其他验收内容。

还有一点非常重要，就是项目承包商必须经常与客户积极主动地沟通，越是在项目的后期及验收阶段，这种沟通需要越加频繁，再次明确验收前需要完成的工作，及时处理沟通中出现的问题，还要与客户商定一个相对固定的验收期限，使双方都继续朝着这个方向去努力，防止无限期的拖延。

10.1.2 验收测试

验收测试（Acceptance Testing）或用户验收测试（User Acceptance Testing，UAT）是软件开发结束后，相关的用户和/或独立测试人员根据验收测试计划对软件产品投入实际应用以前进行的最后一次质量检验活动。检验软件产品是否符合预期的各项要求，以及用户能否接受的问题。即软件的功能和性能如同用户所合理期待的那样。 由于它不只是检验软件某个方面的质量，而是要进行全面的质量检验，并且要决定软件是否合格，因此验收测试是一项严格的正式测试活动。需要根据事先制订的验收计划，进行功能检测、质量鉴定和资料评审等活动。在敏捷项目中，项目验收内容应该都包含在Release definition of done 中了。项目验收的这些内容都是在项目计划时候定义好的，如果有进一步要求应该及时通过变更管理，并在项目验收标准中更新。

1．功能检测

客户依据项目合同内容、验收标准和相关的需求功能说明书，对所要求达到的成果进行验证，确保功能和接口与需求说明的一致性。范围检测是项目验收中对于该项目实际功能的一个全局性的检查，在整个项目验收中，它将对该项目每一个功能模块进行细致的检查，找出可能存在的错误、漏洞，这可能需要花费大量的时间和精力来进行。但是由于验收时间的限制，项目开发方最好能提前让客户参与一些功能性的测试。这既有利于缩短验收的时间，还有利于尽早发现一些客户关心的问题，尽早解决问题。

还有一种常用的办法，就是按照软件产品的模块或者业务内容分类划分来进行阶段性验收，当完成几个相关的模块或者达到某个业务目标时，双方就这部分内容完成验收工作。在项目结束时候，只要针对接口部分、依赖部分等进行相关的验收就可以了。这种办法和敏捷迭代的思想比较一致。这种分阶段验收更有利于及早发现和解决问题，但是缺点是客户可能为了迎合自己的实际需要，提出更多的需求变更。对于这种情况，要以不变应万变，做好需求变更控制，确保项目的质量、时间和成本之间的平衡。

2．质量鉴定

质量鉴定是依据合同中的质量条款、质量计划中的指标要求，遵循相关的质量检测标准，对项目进行质量评定。这部分工作可能与功能检测的部分工作有重叠的地方，但两者的侧重点是不同的，质量鉴定主要是对软件的性能、安全性、兼容性、系统升级和维护等方面做一个综合性的鉴定，如软件性能是否稳定、资料共享是否存在安全隐患、操作使用是否便捷、程序接口是否可扩展等。质量好的系统不仅能够满足现有的需求，而且具有可靠的安全性、系统的兼容性和良好的可扩展性等。

在进行性能测试和压力测试时，测试范围必须限定在那些使用频度高的和时间要求苛刻的软件功能子集中。性能测试通常需要辅助工具的支持。由于开发方已经事先进行过性能测试和压力测试，因此可以直接使用开发方的辅助工具。也可以通过购买或其他方式来获得辅助工具。具体的测试方法可以参考相关的测试书籍。

3. 资料评审

项目资料是验收的重要依据，也是项目交接、维护、后期总结和存档的凭证。向客户和上级部门移交的资料是不同的。

向客户提交的评审资料主要是产品相关说明/简介文档、测试报告、用户手册、培训文档等和客户相关的信息资料。

向上级提交的评审资料除了提交给客户的软件产品和资料存档以外，还要包括软件开发管理文档，如需求说明书、概要设计说明书、项目计划、重要的会议纪要、各类检查报表以及各类重要信息记录等。这些文档都是很宝贵的财富，可以方便维护人员进行必要的资料查找，还可以为后续项目提供参考依据。当然，对于内部项目，这些文档可能都已经在文档管理系统里，而且在到达各个里程碑时就已经完成评审，所以最后验收的内容就比较少了，可能只是软件产品本身、测试报告和质量评估报告等。

在实际的验收测试执行过程中，常常会发现资料评审是最难的工作，一方面由于变更需求等方面的压力使这项工作常常被弱化或推迟，造成持续时间变长，加大审核的难度；另一方面，资料评审中不易把握的地方非常多，每个项目都有一些特别的地方，没有一个统一的标准。这就依靠供求双方本着双赢的目的，对争议之处尽快达成共识，找到解决办法。

10.1.3 验收流程

软件验收应是一个循序渐进的过程，要经历准备验收材料、提交申请、初审、复审，直到最后的验收合格，完成移交工作。其整个流程如图 10-1 所示。

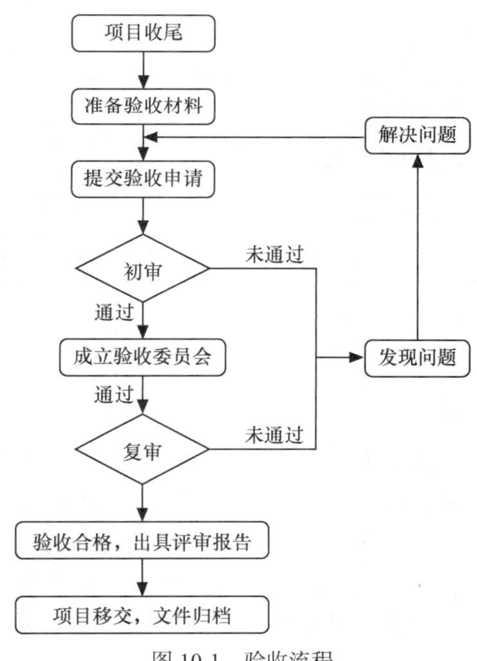

图 10-1 验收流程

1. 准备验收材料并提交验收申请

这在 10.1.1 小节已经谈过了。准备好验收材料就可以提交验收申请了。这个申请一般是由项目经理或项目总负责人提交给上级领导、产品经理或市场部、项目管理委员会或产品发布委员会。

2. 初审

产品经理或市场部经理在接到验收申请后，组织公司内部专家对项目进行初审。初审的主要目的是为正式验收打基础。根据专家的建议，可能需要重新整理验收材料，为复审做准备。如果在审核过程中发现严重的软件功能性问题或其地问题，那就需要和技术人员一起讨论解决方法，必要时需要向客户申请项目延期。

3. 成立验收委员会

初审通过后，产品经理或市场部经理协调或组织管理层领导、业务管理人员、客户代表、投资方代表和信息技术专家成立项目验收委员会，负责对软件项目进行正式验收。

4. 复审（验收测试）

软件承包方/开发方以项目汇报、现场应用演示等方式汇报项目完成情况，验收委员会根据验收计划、合同内容、验收标准对项目进行评审、讨论并形成最终验收意见。一般来说验收结果可分为验收合格、需要复议和验收不合格 3 种。对于需要复议的要做进一步讨论来决定是否要重新验收还是解决了争议的问题就可以通过。对于验收不合格的要进行返工，之后重新提交验收申请。

5. 验收合格，项目移交

验收合格之后，就可以着手准备项目验收报告、进行项目移交和用户培训等相关收尾工作了。

10.1.4 验收报告

在验收结果公布之前，项目验收委员会应该根据验收的实际情况出具验收报告。因为验收委员会是由来自客户方、投资方、承包方、信息技术专家等组成的团队，他们给出的验收报告代表项目全局的视角。所以不管验收合格与否，都可以提供详细的验收信息给项目组成员，以便让他们了解应该改进的地方和努力的方向。

一般来说，正规的验收报告应该包括项目的基本情况审核、进度审核、变更审核、投资结算审核、验收计划、情况汇总和最后的验收结论等，可以参考附录 E。

验收报告内容要细致、全面、客观、真实，因为验收报告一方面是出具验收结果，另一方面是给项目组成员提供验收的详细信息。尤其针对项目验收中的问题处理和建议，应该尽可能给出明确和详尽的信息。例如，“建议提高项目质量和产品的可用性”，这样的描述就不是很好，会给项目组成员带来迷惑，到底是哪个功能或者模块做得不好，质量改进和可用性又指的是哪一方面呢？在这种情况下，最好举例加以具体说明，如表 10-1 所示。

表 10-1 某软件项目意见汇总表

问题描述	建议说明
1. 提高项目质量	在项目正式评审之前多做一些随机测试，减少评审过程中发现明显的缺陷，提高自身信誉度
2. 提高产品的可用性	如页面浏览速度、页面布局的人性化设计以及符合用户的操作习惯等
3. 提高兼容性	移动应用已经越来越普及，希望该软件在下个版本可以支持 iPhone 等移动设备

10.2 项目总结和改进

离完美的终点只差一步之遥了。过程无法让我们成熟，过程可以帮我们发现问题，只有通过不断总结和不断学习，才能走向成熟。结果固然重要，但经验的总结和积累更重要，是专业化长远发展的基石。任何的质变都来自于量变的积累。

每个项目，不论其是否成功，都应该被当作学习的好机会，恰当地进行总结将给项目管理者、团队成员和相关人员、组织带来很多收益。

10.2.1 总结目的和意义

项目结束后，大家本能地认为可以松一口气，休息一下了。当项目经理召集大家准备和开始总结会议的时候，很多人都认为项目做都做完了，结果就是那样，总结还有什么意义呢？追其根源，是他们不清楚项目总结的目的，即使勉强做一些经验总结和失败分析，其分析结果也不够深入，给今后的工作带来不了太多的收益。

项目总结的目的要提前深入人心，才能带来好的效果。敏捷迭代模式，建议每个迭代做总结，这样更及时有效，利于持续改进、不断完善。一般来说，项目总结至少应包括以下几个目的。

（1）**分享经验。**项目结束后，项目团队成员在一起分享一下经验和体会，不仅有助于团队建设，还有助于知识和经验的共享和积累。

（2）**避免犯相同的错误。**“无法从失败中吸取教训是最大的失败”，但是软件项目的执行和管理常常犯重复性的错误。这就需要我们更加重视通过事后总结，分析错误的根源，找到可改进或者可修正的方法，防止发生重复性错误。比如阻碍项目进展的问题（Block issue），项目的缺陷（defect）分析，没有按计划完成的用户故事分析等。

（3）**提出合理性建议。**针对软件项目的完成结果和存在的一些问题，提出可行性的合理化建议是非常必要的。不管哪一方面的建议，都对将来的项目管理改进有很好的帮助。

（4）提升项目流程的改进。任何项目都不能简单套用已有的项目流程，通过实践才能发现哪些方面推进项目正常运行，哪些方面阻碍项目正常运行。如果做项目的时候，由于时间有限没办法深入思考这类问题，现在是时候静下来想想是否我们的流程有哪些方面的不足，要如何改进。

（5）**激励项目团队成员。**做任何事情都应该有始有终，软件项目以人为本的思想，更决定了要重视肯定项目组成员为项目做出的成绩。嘉奖成绩优异者，不仅可以鼓励个人，也可以激励团队其他成员积极努力地工作。

（6）**最佳实践的积累。**项目是流程、方法等具体实践的主要途径，通过项目的检验，良好的实践得以传递，这些最佳实践是公司宝贵的财富，有助于提高公司的生产力水平，也能为后续的项目提供可参考的实践依据。

10.2.2 总结会议

项目验收完毕以后，通常项目经理会召集该项目的参与人员在一起开个总结会。在总结会上，大家对项目进行回顾、反思，总结、分享项目中好的方法和好的实践，分析项目中存在的问题、缺点和不足，讨论、提出改进方案等，然后把这些内容写成一个报告，提交给上一级部门。在项目管理领域通常把这个会称作 Postmortem meeting 或者 Retrospective Meeting。

Postmortem 是医学名词，是原意是死后的尸体剖检，在项目管理中引申为事后总结，对项目进行总结式的回顾，发现问题、剖析问题，为了以后做得更好。在国外，postmortem meeting 已成惯例，很多高水准的软件团队都会在项目结束后把开发过程中的酸甜苦辣如实地写下来，把开发过程总结写成 postmortem 文章来发表。

Retrospective，也是事后总结回顾，是在 Scrum 里的叫法。Scrum 流程是步步迭代的，而其迭代的不仅仅是你们开发的产品，也是你们这个 team 的工作方式。 因此每个 sprint 之后回顾一下走过的这一段各种故事，包括从计划、开发、测试、到展示等等的方方面面。列出来之后，针对问题讨论可能的解决方案，可以分为三类：

- Start doing
- Stop doing
- Continue doing

1. 项目回顾

就是对所做的工作或过程作扼要的概述和评价。如果项目涉及不同的项目组，那么每个项目组代表最好都能分别进行项目的回顾，因为每个项目组在项目开发过程中工作的内容和性质不同，看待项目的角度也就不同。

在召开会议之前，项目经理和各个项目组代表应该提前准备好项目总结信息。如果每个人都在开会现场回忆项目进展的历程，这必然会耽误所有与会者的时间，同时也会遗漏一些暂时想不起来的重要信息。这些项目总结信息不应该是等到项目结束后，再来进行整体的回顾，应该是在软件项目启动阶段就要开始积累相关信息，包括一些问题的跟踪、变更的管理、突发事件和冲突的处理等，一些认为重要的事情都可以详细地记录下来。有了这些清晰明确的记录信息，才能真实、全面地反映项目在整个开发过程中的轨迹，有利于做好下面的分析和整理工作。针对持续时间长的项目，阶段性总结是有效可行的好方法。例如，在项目里程碑和重要节点进行阶段性小结，看看现阶段的工作进展如何，还有哪些需要改进的方面，如何做好下一阶段的工作等，这样在项目结束的总结阶段，就可以把各个阶段性小结拿出来回顾。

2. 软件度量结果分析

第 9 章已经介绍了软件过程度量是软件过程评估和改进的基础。所以在项目结束的时候，要对过程度量的结果进行适当的分析和总结，以便更好地改进软件项目的质量和效率。

软件项目的度量一般都是围绕质量、成本、进度、规模、缺陷和代码等来进行的。常用的度量指标如表 10-2 所示。

可以看出，偏差（%）的指标当然越小越好，这说明计划做得很符合实际情况。如果哪一项偏差大，就要重点分析一下原因，找出减少偏差的解决方法，为下一个项目计划提供参考依据。

回归缺陷率和无用缺陷率一般用来评价开发和测试的工作质量。回归缺陷率低，表明开发在修理缺陷的时候，考虑周全，没有引起回归缺陷，而无用缺陷率低，表明测试人员在报告缺陷的时候，经过了认真的核实，避免了重复无用的劳动。

千行代码缺陷率经常被作为一个重要的软件度量指标，其值表面上看是越低越好，但是客观地是要结合软件规模和生产率的指标来综合分析。如果软件规模大，生产率高，千行代码缺陷率相对低，基本可以说明其软件质量还不错，缺陷率不高。

看问题都要通过表面看本质，度量结果分析也是如此，不能单凭一个指标结果来断言，只有从全局考虑，综合相关联的指标结果才能真正找到问题的根源，从而进一步地去找寻方法解决问题。

表 10-2　　软件项目常用度量指标

基本度量项	计 算 公 式
进度、规模度量指标	
持续时间偏差（%）	（（实际持续时间−计划持续时间）/计划持续时间）×100 （持续时间不包含非工作日）
进度偏差（%）	（（实际结束时间−计划结束时间）/计划持续时间）×100
工作量偏差（%）	（实际工作量−计划工作量）/计划工作量
规模偏差（%）	（（实际规模−计划规模）/计划规模）×100
软件需求稳定性指数（%）	（1−(修改、增加或删除的软件需求数/初始的软件需求数)）×100
发布前缺陷发现密度（个/KLOC）	发布前所有报告的总数/代码规模（KLOC）
遗留缺陷密度（个/KLOC）	发布后发现的/缺陷数规模（KLOC）
质量、成本度量指标	

续表

基本度量项	计 算 公 式
质量成本（%）	（（评审工作量+返工工作量+缺陷修改工作量+测试计划准备工作量+测试执行工作量 + 培训工作量 + 质量保证工作量）/实际总工作量）×100
返工成本指数（%）	（（返工工作量+缺陷修改工作量）/实际总工作量）×100
缺陷度量指标	
文档缺陷发现密度（个/页）	发现的缺陷数/文档页数
测试用例缺陷发现密度（个/用例）	发现的缺陷数/测试用例数
千行代码缺陷率（个/KLOC）	发现缺陷数/千行代码行数
回归缺陷率（%）	（各个 Build 中回归缺陷数/全部缺陷数）×100
无用缺陷率（%）	（（重复的缺陷数+报错、误报的缺陷数）/全部缺陷数）×100
代码质量	
圈复杂度(Cyclomatic Complexity)	它可以用来衡量一个模块判定结构的复杂程度，数量上表现为独立现行路径条数，也可理解为覆盖所有的可能情况最少使用的测试用例数
继承树深度 (Class inheritance depth)	每个类提供一个从对象层次结构开始的继承等级度量
圈引用（Package Tangle Index）	给出包的复杂等级，最好的值为 0%，意味着没有一个循环依赖；最坏的值为 100%，意味着包与包之间存在大量的循环依赖。该指数计算方式：2 * (package_tangles / package_edges_weight) * 100
缺陷代码审查率（Defect Code Review Rate）	代码审查过的缺陷/全部处理过的缺陷，这个审查率建议的 100%
每千行代码度量指标	
每千行代码文档规模（pages/KLOC）	文档页数/代码千行数
每千行代码测试用例规模（测试用例/KLOC）	测试用例数/代码千行数
生产率指标	
文档生产率（页/人天）	文档页数/（文档准备工作量+文档评审工作量+文档修改工作量）
测试用例生产率（用例/人天）	测试用例数/（用例准备工作量+用例评审工作量+用例修改工作量）
代码生产率（LOC/人天）	实际代码行数/（代码准备工作量+编码工作量+代码评审工作量+代码修改工作量）
测试执行效率	
自动化测试覆盖率	自动化测试用例/全部测试用例
用例执行效率（用例/人天）	用例数/测试人员工作量

在做软件度量结果分析的时候，应该拿公司内部类似的项目或者系列项目来进行纵向对比分析，有条件的还可以和同行业的类似项目进行横向对比，找出不足和需要改进的方面。

3. 经验、体会分享

软件项目基本上都是多人合作的成果，从项目的立项、需求分析、设计、编码、测试到结束，每个项目组成员多多少少都会有自己的体会和感受，这个部分就是鼓励大家把好的经验拿出来分享，提出不足和需要改进的地方和大家一起讨论。

不是所有的项目成员都有记录开发日志的好习惯，这需要公司的倡导和个人的感悟。但是项目经理需要想办法让大家分享自己的感受和体会，这对个人的成长和项目的发展都是有利的。这里有个比较适用的方法分享给大家，当没有开发日志，不知从哪开始总结的时候，可以使用TopList的方法。例如，让每个人总结自己在项目中做得最好的两个方面和最差的两个方面。如果是大中型项目或者比较复杂的项目，那么可以要求总结得更详细，如在质量方面做得好/差的两点，在项目控制方面做得好/差的两点，在团队合作等方面做得好/差的两点等。

4. 改进和建议方案讨论

这部分内容和经验分享是同步进行的，在大家分享和讨论的过程中，要真正地从实际出发，逐步总结出经验教训之后，根据已经取得的成绩和新形势、新任务的要求，提出改进和建议方案。

在这里需要注意的是，一定要根据讨论的可行性方案设定一些行动目标（Action Item），以便跟踪。要想提高，光说不做是不行的，落实行动才是最重要的。表10-3是一个Action Item设置的示例包括行动负责人（Action Owner）、截止日期（Due Date）等。在行动截止时间之前，及时地不定期地检查进行状态，确保可以在截止日期完成。如果有特殊原因需要延迟时间，请及时协调相关人员商定合理的时间。

表10-3　　某软件项目总结行动目标设置表

Action #	Action Item	Action Owner	Due Date
1	整理项目相关文档，存档	张鹏	06/20/2009
2	研究接口问题处理模式	李璇	06/30/2009
3	研究自动化测试压力工具，提供一个可行性方案	王晓晓	08/30/2009

5. 嘉奖和庆祝

项目结束了，对表现优秀的员工，要给予精神上或者物质上的奖励，一方面是对其进行鼓励，另一方面是给大家树个榜样，激励其他员工努力、有效地工作。

如果在经费允许的条件下，还可以举行一个小的庆祝会，加强大家的沟通交流，同时也肯定大家的工作成果。这是团队建设、增强团队合作和友好气氛的有效途径之一。

10.2.3 总结报告

总结报告就是把总结会议的内容和讨论结果形成正式的书面报告，一方面提交给上级部门审阅，另一方面保存在项目档案中。

总结报告不同于其他报告，其格式无关紧要，重要的是要真实地记录项目的历史信息和会议讨论的结果，包括下面几方面的内容。

（1）项目整体信息回顾、度量结果分析。

（2）做得好的方面。

（3）做得差的方面。

（4）改进方案和建议，包括要采取的措施和责任人。

（5）寻求帮助信息（就是需要上级领导关注并给予支持和帮助的方面，如硬件设施需要购买，工作环境的改善等）。

写好总结还需要注意以下几个问题。

（1）一定要实事求是，成绩不能夸大，缺点也不能缩小，更不能弄虚作假。

（2）分析问题着眼点要准确，分析要深入，不要回避、隐瞒问题和矛盾。

（3）条理要清楚。有主次之分。条理不清的报告，谁都不愿意看，即使看了也不知其所以然，又怎么会给予支持和帮助呢？

（4）最好可以剪裁得体，图文并茂，去芜存精。对于一些分析结果以图表对比来呈现可以给人清新明了的感觉。

小 结

收尾是项目生命周期最后一个阶段，也是形成产品闭环的关键一步。如何确保项目收尾工作可以顺利完成是本章介绍的重点内容。项目收尾基本上分为两个重要过程，项目验收和项目总结。项目验收重点是确保项目可以通过客户验收并能顺利移交；项目总结则是实事求是地列出自己的优缺点，分析不足，找出改进和解决的方案，提高个人能力和团队合力。

习 题

1. 项目经理在项目收尾工作中起到什么作用？
2. 项目验收的前提是什么？
3. 项目验收测试应该包括哪些方面？
4. 项目总结的目的有哪些？
5. 如何召开项目总结会议？
6. 软件度量的意义是什么？ 结合手边的项目，尝试做一下度量分析，看看有什么收获？

附录A 项目管理常用缩写

ACWP	Actual Cost of Work Performed 已执行工作实际成本
AD	Activity Description 工作描述
ADM	Arrow Diagramming Method 箭线图示解法
AF	Actual Finish Date 实际完成日期
AOA	Activity-On-Arrow 双代号网络图法
AON	Activity-On-Node 单节点网络图法
AS	Actual Start Date 实际开始日期
ATDD	Acceptance Test-Driven Development 验收测试驱动开发
BAC	Budget At Completion 在完成时的预算
BCWP	Budgeted Cost of work Performed 已执行工作预算成本
BCWS	Budgeted Cost of work Scheduled 计划完成工作预算成本
BDD	Behavior-Driven development 行为驱动开发
CCB	Change Control Board 变更控制委员会
CCPM	Critical Chain Project Management 关键链项目管理
COCOMO	Constructive cost model 可构建的成本模型
CPFF	Cost Plus Fixed Fee 成本加固定费用（合同）
CPIF	Cost Plus Incentive Fee 成本加奖励费用（合同）
CPI	Cost Performance Index 成本执行指数
CPM	Critical Path Method 关键线路法
CV	Cost Variance 成本偏差
DD	Data Date 数据日期
DoD	Definition of Done 完成的定义
DU	Duration 持续时间，工期
EAC	Estimate At Completion 在完成时的估算
EF	Early Finish date 最早完成日期
EI	External input 外部输入数
EIF	External interface file 外部接口文件
EO	External output 外部输出数
EQ	External query 外部查询数
ES	Early Start date 最早开始日期

ETC	Estimate (or Estimated) To Complete　到完成时的估算
EV	Earned Value　挣值法
FF	Free Float or Finish-to-Finish　自由时差，或完成到完成关系
FFP	Firm Fixed Price　完全固定总价合同
FPA	Function points analysis　功能点分析
FPIF	Fixed Price Incentive Fee　固定价加奖励费用
FS	Finish-to-Start　完成到开始关系
FDD	Feature-Driven Development 功能驱动开发
GERT	Graphical Evaluation and Review Technique　图示评审技术
ILF	Internal logical file　内部逻辑文件
IPMA	International Project Management Association 国际项目管理协会
JCL	Job control language　工作控制语言
KLOC	Thousand lines of code　千代码行数
LF	Late Finish Date　最晚完成日期
LOC	Lines of code　代码行
LOE	Level of Effort　投入水平
LS	Late Start date　最晚开始日期
MATHNET	Mathematical Network Analyzer　网络数学分析器
MPM	Modern Project Management　现代项目管理
OBS	Organization(al) Breakdown Structure　组织分解结构
PC	Percent Complete　完成百分比
PDM	Precedence Diagramming Method　前导图法
PERT	Program Evaluation and Review Technique　计划评审技术
PF	Planned Finish date　计划完成日期
PM	Project Management or Project Manager　项目管理或项目经理
PMBOK	Project Management Body of Knowledge　项目管理知识体系
PMI	Project Management Institute 项目管理学会
PMP	Project Management Professional　项目管理专业人员
PRD	Product requirement document　产品需求文档
PS	Planned Start date　计划开始日期
PSS	Project Scope Statement　项目范围说明书
QA	Quality Assurance　质量保障
QC	Quality Control　质量控制
QIF	Quantitative Influencing Factors　定量影响因子（方法）
RAM	Responsibility Assignment Matrix　责任分配矩阵
RDU	Remaining DUration　剩余工期
RFP	Request For Proposal　请求建议书
RISCA	Risk Information System Cost Analysis　风险信息系统的成本分析法
RMC	Rational Method Composer　IBM 过程管理工具平台
RSI	Requirement Stability Index　需求稳定因子

SF	Scheduled Finish date or Start-to-Finish 计划完成日期或开始到完成关系
SLOC	Single line of code 独立代码行数
SNA	Solving Network Analyzer 网络求解分析器
SOW	Statement of Work 工作说明
SPI	Schedule Performance Index 进度执行指数
SS	Scheduled Start date or Start-to-Start 计划开始日期或开始到开始关系
STATNET	Statistical Network Analyzer 网络统计分析器
SV	Schedule Variance 进度偏差
SWOT	Strength-Weakness-Opportunity-Threat 优势-弱势-机会-危险
TC	Target Completion date 目标完成日期
TDD	Test-Driven Development 测试驱动开发
TF	Total Float or Target Finish date 总时差，或目标完成日期
TOC	Theory of Constraints 约束集理论
TOR	Term of Reference 项目参考条款
TRACENET	Total Risk Accessing Cost Analysis Net 全面风险评估成本风险网络
TS	Target Start date 目标开始日期
TQM	Total Quality Management 全面质量管理
VERT	Venture Evaluation Review Technique 风险评审技术
WBS	Work Breakdown Structure 工作分解结构
WWPMM	World-wide Project Management Method 全球项目管理方法
XP	eXtreme Programming 极限编程

附录B 项目管理术语中英文对照

-A-

Acceptance　验收

Acceptance Criteria 验收标准

Activity　活动

Activity Definition　工作定义

Activity Description　工作说明

Activity Duration Estimating　工作持续时间估算

Administrative Closure　行政收尾

Agile development 敏捷开发

Algorithmic models　算术模型

Application Area　应用领域

Audit　内审

-B-

Backward Pass　逆推计算法也称反向遍历法

Backlog 代办事项

Bar Chart　横道图，也称为甘特图。

Baseline　基线

Baseline Finish Date　基准计划完成日期

Baseline Start Date　基准计划开始日期

Bottom-up Estimating　自底向上估算

Budget Estimate　预算估计

Burn-down Chart 燃尽图

–C–

Calendar Unit　日历单位

Change in Scope　范围变更

Change Request　变更申请

Client　客户

Communications Planning　沟通计划

Concurrent Engineering　协同设计

Contingency Allowance　应急费用

Contingency Planning　应急计划

Contingency Reserve　应急储备

Constraints　约束条件

Contract　合同

Contract Administration　合同管理

Contract Close-out　合同收尾

Control　控制

Control Chart　控制图

Corrective Action　纠正措施

Cost Benefit Analysis　成本收益分析

Cost Budgeting　成本预算

Cost Control　成本控制

Cost Estimating　成本估算

Cost of Quality　质量成本

Crashing　赶工

Critical Activity　关键活动

Critical Chain　关键链

Critical Path　关键路径

Current Finish Date　当前完成日期

Current Start date　当前开始日期

-D-

Definitive Estimate　确定性估算

Deliverable　可交付成果

Delphi technique　德尔菲法

Dependency　依赖关系

Dummy Activity　虚工作
Duration　持续时间，工期
Duration Compression　持续时间压缩

-E-
Earned Value Analysis　挣值分析
Effort　人工量
Embedded　嵌入型
Estimate　估算，概算
Estimating Factors 估算因子
Exception Report　例外报告
Expert judgment　专家判断

-F-
Fast Tracking　快速跟进
Feature　产品特性
Feature point　特征点
Finish Date　完成日期
Fixed Price Contract　固定总价合同
Float　时差，机动时间，浮动时间
Forecast Final Cost　预测最终成本
Forward Pass　正推计算法，正向遍历法。
Functional Manager　职能经理
Functional Organization　职能组织
Functional Specification　功能规格说明书
Fuzzy logic　模糊逻辑

-G-
Gantt Chart　甘特图
Grade　等级

-I-
Impact　影响评估
Information Distribution　信息分发
Initiation　立项
Inspection　正式评审会议
Issue-resolving ability　问题解决能力
Integrated Cost/Schedule Reporting　成本/进度综合报告
Iteration 迭代

-K-
Key Event Schedule　关键事件进度计划
Key Chain　关键链

-L-
Lag　滞后量
Lead　提前量
Life-cycle Costing　全生命期成本估算
Line Manager　产品经理
Link　连接
Logic　逻辑
Logic Diagram　逻辑图
Logical Relationship　逻辑关系
Loop　回路

-M-
Manifesto 宣言
Master Schedule　主进度计划
Mathematical Analysis　数学分析
Matrix Organization　矩阵型组织
Method Library　方法库
Metric　估算、度量
Milestone　里程碑
Milestone Schedule　里程碑进度计划
Mitigation　减轻风险
Monitoring　监控
Monte Carlo Analysis　蒙托卡罗分析
Multi-Factor Estimation　多因素估算模型

-N-
Near-Critical Activity　次关键工作
Network　网络
Network Analysis　网络分析
Network Logic　网络逻辑
Network Path　网络线路
Node　节点

-O-
Objectives　项目目标
Object point　对象点

Organic 组织型

Organizational Planning 组织计划编制

Overall Change Control 整体变更控制

Overlap 重叠，提前量

-P-

Parametric Estimating 参数估算法

Pareto Diagram 帕累托图

Performance Reporting 执行报告

Performing Organization 执行机构

PERT Chart 计划评审技术图

Phase 阶段

Precedence Relationship 优先关系

Predecessor Activity 前导活动

Process 流程

Process View 流程视图

Procurement Planning 采购计划

Program 项目集、程序

Program management 程序管理、项目集管理

Portfolio 项目组合

portfolio management 资产组合管理

Project 项目

Project Charter 项目许可证

Project Communication Management 项目沟通管理

Project Cost Management 项目成本管理

Project Human Resource Management 项目人力资源管理

Project Integration Management 项目综合管理

Project Life Cycle 项目生命期

Project Management Software 项目管理软件

Project Management Team 项目管理团队

Project Network Diagram 项目网络图

Project Phase 项目阶段

Project Plan 项目计划

Project Plan Development 项目计划开发

Project Plan Execution 项目计划实施

Project Planning 项目计划编制

Project Procurement Management 项目采购管理

Project Quality Management 项目质量管理

Project Risk Management 项目风险管理

Project Schedule 项目进度

Project Scope Management 项目范围管理

Project Team member 项目队伍成员

Project Time Management 项目时间管理

-Q-

Quality Planning 质量计划

-R-

Requirements 要求

Reserve 储备量

Resource Leveling 资源平衡

Resource-Limited Schedule 资源约束进度计划

Resource Planning 资源计划

Resource Utilization 资源利用效率

Responsibility Chart 责任图

Responsibility Matrix 责任矩阵

Retainage 保留金

Retrospective 回顾（反思）会议

Review 评审

Risk estimation 风险估算

Risk Event 风险事件

Risk Identification 风险识别

Risk Response Control 风险应对控制

Risk Response Development 风险应对开发

Rolling plan 滚动计划

-S-

S-Curve S 曲线

Schedule 进度

Schedule Analysis 进度分析

Schedule Compression 进度压缩

Schedule Control　进度控制
Schedule estimation　进度估算
Scope Baseline　范围基准
Scope Change　范围变更
Scope Change Control　范围变更控制
Scope Definition　范围定义
Scope Planning　范围计划
Scope Verification　范围验证
Semidetached　半独立型
Size estimation　规模估算
Slack　时差，在 PERT 中使用的与 Float 等同意义的术语“时差”
Source Selection　供方选择
Staff Acquisition　工作人员招募
Stakeholder　项目干系者
Standard　标准
Standard component　标准构件法
Start Date　开始日期
Start-to-Start　开始到开始关系
Story Points 故事点

-T-

Target Schedule　目标进度计划
Task　任务
Task Owner　任务负责人
Team Development　队伍建设
Team members　队伍成员
Top-down Estimating　自顶向下估算

-U-

Unit Cost　单位成本
Unit Price　单价
Unpredictable　不可预测的
Update　更新
Urgency　紧急情况
Usability　可用性
Use Case　用例
User　用户
User Interface　用户界面
User Requirements　用户需求
User Story 用户故事
Users　用户群
Utilization　使用、利用

-V-

Validation　生效
Value　价值
Value Analysis　价值分析
Value Improvement　价值改进
Value-Added　增值
Variable　变量
Variable Cost　可变成本
Variance Analysis　偏差分析
Velocity 团队速率
Vendor　供应商卖方
Verbal Bid　口头投标
Verification　证实验证
Verification Plan　验证计划
Verification Procedures　验证步骤
Version　版本
Vision　远景、愿景

-W-

Workload estimation　工作量估算
Work Item　工作项
Work Package　工作包

-Y-

Yield　收益

-Z-

Zero Based Budgeting　零基预算
Zero Dollar Contract　零元合同、免费合同
Zero Float　零浮动时间零时差

附录C ISO项目计划模板

1. 引言

1.1 编写目的

[说明编写这份项目开发计划的目的，并指出预期的读者。]

1.2 背景

a. 待开发软件系统的名称；

b. 本项目的任务提出者、开发者、用户及实现该软件的计算中心或计算机网络；

c. 该软件系统同其他系统或其他机构基本的相互来往关系。

1.3 术语

[列出本文件中用到的专门术语的定义和外文首字母组词的原词组。]

1.4 参考资料

[列出可用的参考资料。]

2. 项目概述

2.1 工作内容

[简要地说明在本项目的开发中须进行的各项主要工作。]

2.2 主要参加人员

[扼要地说明参加本项目开发工作的主要人员的情况，包括他们的技术水平。]

2.3 产品

2.3.1 程序

[列出需移交给用户的程序的名称、所用的编程语言及存储程序的媒体形式，并通过引用有关文件，逐项说明其功能。]

2.3.2 文件

[列出需移交给用户的每种文件的名称及内容要点。]

2.3.3 服务

[列出需向用户提供的各项服务。]

2.3.4 非移交的产品

[说明开发集体应向本单位交出但不必向用户移交的产品。]

2.4 验收标准

[对于上述这些应交出的产品和服务，逐项说明或引用资料说明验收标准。]

2.5 完成期限

[完成项目的最迟期限。]

2.6

[本计划的批准者和批准日期。]

3. 实施计划

3.1　工作任务的分解与人员分工

[对于项目开发中需完成的各项工作，从需求分析、设计、实现、测试直到维护，包括文件的编制、审批、打印、分发工作，用户培训工作，软件安装工作等，按层次进行分解，指明每项任务的负责人和参加人员。]

3.2　接口人员

[说明负责接口工作的人员及他们的职责。]

3.3　进度

[对于需求分析、设计、编码实现、测试、移交、培训和安装等工作，给出每项工作任务预定的开始日期、完成日期及所需资源，规定各项工作任务完成的先后顺序以及表征每项工作任务完成的标志性事件。]

3.4　预算

[逐项列出本开发项目所需要的劳务以及经费的预算和来源。]

3.5　关键问题

[逐项列出能够影响整个项目成败的关键问题、技术难点和风险，指出这些问题对项目的影响。]

4. 支持条件

[说明为支持本项目的开发所需要的各种条件和设施。]

4.1　计算机系统支持

[逐项列出开发中和运行时所需的计算机系统支持，包括计算机、外围设备、通信设备、模拟器、编译程序、操作系统、数据管理程序包、数据存储能力和测试支持能力等，逐项给出有关到货日期、使用时间的要求。]

4.2　需由用户承担的工作

[逐项列出需要用户承担的工作和完成期限，包括需由用户提供的条件及提供时间。]

4.3　需由外单位提供的条件

[逐项列出需要外单位合同承包者承担的工作和完成的时间。]

5. 专题计划要点

[说明本项目开发中需制订的各个专题计划的要点。]

附录D 变更请求和控制文档模板

项目变更申请	
申请变更的项目名称、周期及其项目经理	*输入项目名称、周期和项目经理*
变更的内容及其理由	*清楚说明变更的具体内容，以及为什么要变更*
评估变更将对项目造成的影响	*变更之后可能对项目产生的工作量、对进度的影响和带来的成本*
项目经理签字	
变更控制委员会的意见	签字，日期
机构领导审批	*审批意见：* 签字，日期
变更后实施结果	
变更要通知的相关人员	
变更实施后的结果	
项目经理审核意见	*审核意见：* 签字，日期

附录 E 软件项目验收报告模板

{软件项目名称–验收报告}

1. 项目基本情况

项目名称:	
项目合同甲方:	
项目合同乙方:	
项目合同编号:	
项目开工时间:	
项目竣工时间:	
项目验收日期:	

2. 项目进度审核

2.1 项目实施进度情况

序 号	阶 段 名 称	起 止 时 间	交付物列表	备 注
1				
2				
3				
4				
5				
6				

2.2 项目变更情况

2.2.1 项目合同变更情况

{记录合同变更情况}

2.2.2 项目需求变更情况

{记录需求变更情况}

2.3 项目投资结算情况

序号	款项	金额（万元）	备注
1			
2			
合计			

3. 项目验收计划

3.1 项目验收原则

（1）审查提供验收的各类文档的正确性、完整性和统一性，审查文档是否齐全、合理。

（2）审查项目功能是否达到了合同规定的要求。

（3）审查项目有关服务指标是否达到了合同的要求。

（4）审查项目投资以及实施进度的情况。

（5）对项目的技术水平做出评价，并得出项目的验收结论。

3.2 项目委员会

{记录项目验收委员会人员情况}

验收人员	所属单位	所属角色	相关职责

3.3 项目验收内容

1. 硬件设备验收
2. 软件平台验收
3. 应用系统验收
4. 项目文档验收
5. 项目服务响应（如售后服务、问题响应等方面）验收

4. 项目验收情况汇总

4.1 项目验收情况汇总表

验收项	验收意见		备注
	通过	不通过	
总体意见： 项目验收组长（签字）			

续表

未通过理由：   项目验收组长（签字）

4.2 项目验收附件明细

1. 软件平台验收单（见附件一）
2. 功能模块验收单（见附件二）
3. 项目文档验收单（见附件三）
4. 硬件设备验收单（见附件四）

4.3 项目验收结论

  专家组长（签字）

5. 问题处理

如果验收过程中发现工作成果中存在缺陷或者文档准备不充分等问题，应当视问题的严重性给出合适的处理措施。

问　　题	处 理 措 施
客户方负责人签字	
开发方负责人签字	

6. 附件

附件一：软件平台验收单

验收人：

验收时间：

序　　号	软 件 类 型	软 件 名 称	验 收 结 果	备注 （机器的 IP 地址等）
1				
2				
3				

附件二：功能模块验收单

验收人：

验收时间：

序　号	功能模块	验收内容	合同要求	验收结果
1				
2				
3				
4				
5				

附件三：项目文档验收单

验收人：

验收时间：

序　号	文档名称	用　途	验收结果	备　注
1				
2				
3				
4				
5				

附件四：硬件设备验收单

验收人：

验收时间：

序　号	硬件名称	基本用途	型　号	配置情况	验收结果	备注（机器的 IP 地址等）
1						
2						

附录 F 国际项目管理专业资质标准

国际项目管理专业资质标准（IMPA Competence Baseline，ICB），是对项目管理人员必备的知识、经验和能力水平的综合评估和认证。国际项目管理协会（IPMA）针对项目管理人员专业水平的不同，将项目管理专业人员资质认证划分为四个等级，即 A 级、B 级、C 级和 D 级，每个等级分别授予不同的头衔和证书，IPMA 于 2006 年发布了 ICB 的最新版本——ICB3。

IPMA全球四级证书体系（IPMP）

头衔	能力		认证程序			有效期
			阶段1	阶段2	阶段3	
国际特级项目经理 Certified Projects Director (IPMA Level A)	能力 =知识 +经验 +个人 素质	A	申请 履历 项目清单 证明材料 自我评估	项目群管理报告	面试	5年
国际高级项目经理 Certified Senior Project Manager (IPMA Level B)		B		项目报告		
国际项目经理 Certified Project Manager (IPMA Level C)		C		笔试 二选一： 案例研讨或 短项目报告		
国际助理项目经理 Certified Project Management Associate (IPMA Level D)	知识	D	申请 履历 自我评估	笔试		无时间限制

（1）**A 级**：认证的特级项目经理（Certified Projects Director），获得这一级国际项目经理有能力指导一个公司（或一个分支机构）的包括有诸多项目的复杂规划，有能力管理该组织的所有项目，或者管理一项国际合作的复杂项目。

（2）**B 级**：认证的高级项目经理（Certified Senior Projects Manager），获得这一级国际项目经理可以管理大型复杂项目，或者管理一项国际合作项目。

（3）C 级：认证的项目经理（Certified Projects Manager），获得这一级国际项目经理能够管理一般复杂项目，也可以在所在项目中辅助高级项目经理进行管理。

（4）D 级：认证的助理项目经理（Certified Projects Management Associate），获得这一级认证的项目管理人员具有项目管理从业的基本知识，并可以将它们应用于某些领域。

由于各国项目管理发展情况不同，有各自的特点，因此 IPMA 允许各成员国的项目管理专业组织结合本国特点，参照 ICB 制定在本国认证国际项目管理专业资质的国家标准（National Competence Baseline，NCB）。中国项目管理研究委员会(PMRC)代表中国加入 IPMA 成为 IPMA 的会员国组织，IPMA 已授权 PMRC 在中国进行 IPMP 的认证工作，此项认证工作于 2001 年 7 月已全面展开。PMRC 已经根据 IPMA 的要求建立了“中国项目管理知识体系(C-PMBOK)”及“国际项目管理专业资质认证中国标准(C-NCB)”，这些均已得到 IPMA 的支持和认可。

ICB 的具体内容

ICB 要求国际项目管理人员必须具备的专业资质包括 7 大类、60 细项，而每一细项的评判分为低、中、高三个档次。分类、标准、指导及参照构成了完整的 ICB 评估系统。

1. 基本项目管理

（1）项目和项目管理。（2）项目管理实施。（3）项目化管理。（4）系统方法整合。（5）项目范畴。（6）项目阶段和生命周期。（7）项目发展和评估。（8）项目目标和战略。（9）项目成功和失败标准。（10）项目启动。（11）项目结束。

2. 方法和技术

（12）项目结构。（13）内容和范围。（14）时间表。（15）资源。（16）项目成本和财务。（17）配置和调整。（18）项目风险。（19）绩效度量。（20）项目控制。（21）信息、文件和报告。

3. 组织能力

（22）项目组织。（27）采购、合同。（30）标准和规章。（31）问题处理。（32）谈判、会议。（33）永久组织。（34）业务流程。（35）个人发展。（36）组织学习。

4. 社会能力

（23）团队合作。（24）领导力。（25）沟通。（26）冲突和危机。

5. 一般管理

（28）项目质量管理。（29）项目信息系统。（37）变革管理。（38）营销和产品管理。（39）系统管理。（40）安全、健康与环境。（41）法律事务。（42）金融和会计。

6. 个人态度

（43）沟通能力。（44）动机（主动、积极、热情）。（45）关联能力（开放度）。（46）价值升值能力。（47）说服能力（解决冲突、论辩文化、公正性）。（48）解决问题能力（全面思考）。（49）忠诚度（团结合作、乐于助人）。（50）领导力。

7. 一般印象

（51）逻辑。（52）思维的结构性。（53）无错。（54）清晰。（55）常识。（56）透明度。（57）简要。（58）中庸。（59）经验视野。（60）技巧。

附录G 常用项目管理工具特性对比表

1. 商业软件

软件产品	特性	适用范围	相关链接
MS Project	与其他MS Office系列产品的结合，满足协同工作、用户权限管理、任务关联等；通过Excel、Access或各种兼容数据库存取项目文件	进度、成本管理和资源分配管理	http://office.microsoft.com/zh-cn/project/FX100649012052.aspx
Oracle's Primavera P6 Enterprise Project Portfolio Management	Oracle Primavera P6企业级项目组合管理软件（简称：Oracle P6 EPPM），提供全局优先次序排列、进度计划、项目管控、执行管理以及多项目、组合管理等功能。提供了一个可以管理任何规模项目的解决方案，适用于组织和项目团队内不同复杂程度、不同管理层次或技术要求的项目	大型项目和单项目的计划、进度、控制管理	http://www.oracle.com/applications/primavera/index. html
Oracle's Primavera P6 Professional Project Management	专业项目管理软件（简称：Oracle P6 PPM），可以对100000道作业进行管理，并提供无限资源和无限量的目标计划数。由于大量的数据处理需要复杂且灵活多变的组织管理工具，Oracle P6 PPM提供了多种管理方式，方便您对作业、项目和资源进行组织、过滤和分类管理	适合管理大规模、高复杂度和多项目	http://www.oracle.com/applications/primavera/primavera-professional-project-manag-ement.html
LiquidPlanner	批量输入任务可连续输入最多达20个任务，一行一个 可设定人员的时间可用性，以便统计工时 任务描述信息非常丰富 可以提供在线甘特图预览	只有制定明确的WBS规范和文件夹规范，才能将其应用自如	http://www.liquidplanner.com/
CA公司的项目管理套件	Clarity Portfolio Manager用于战略管理； Clarity Resource Manager 用于资源管理； Clarity Project Manager用于项目日常工作管理； Clarity Financial Manager 用于项目财务管理； Clarity Process Manager用于项目流程管理	适合项目细化管理	http://www.ca.com/us/project-management-software.aspx

续表

软件产品	特性	适用范围	相关链接
IBM Rational Portfolio Manager	IBM Rational Portfolio Manager（RPM）通过使项目组合管理过程的规范化和自动化。RPM提供了一个完整的企业级项目管理解决方案，帮助你划分IT项目的优先级别，计划、管理和监控IT项目。RPM是一个可伸缩的、功能强大的企业级项目管理解决方案：它集成了项目管理、流程管理和知识管理三方面能力，提供了一个可定制的企业级业务管理与分析平台	企业级项目管理	http://www-01.ibm.com/software/awdtools/portfolio/
HP Project and Portfolio Management (PPM)	能够提供集成的IT项目管理能力，遵循自上而下地计划与自下而上地驱动实践的结合。HP PPM Center能够实现对需求收集、资源分配、项目执行等环节的统一、可视化管控，并提供强大的工作流引擎，帮助企业实现项目生命周期的管理，同时该软件还支持与微软Project的双向集成。包括配置管理、程序管理、财政管理、时间管理、资源管理、需求管理、项目与项目组合管理等	企业级的集成、综合管理	https://h10078.www1.hp.com/cda/hpms/display/main/hpms_content.jsp?zn=bto&cp=1-11-16-18^1299_4000_100__
Borland Management Suite Tools	TeamDemand：提供企业经理人一个可以检视软件开发内容的「视窗」，包含监控软件开发的进度、需求与专案的处理状况 TeamFocus：同时在多个专案环境中支持管理多种软件开发方法的工具，包含Agile、waterfall、iterative等 TeamInspector：基于一些关键的指标对软件进行结构方面、功能方面、可靠性方面的检查。 TeamAnalytics：透过资料仓储与商业智能提供整合所有ALM（Application Lifecycle Management）工具的仪表板，自动搜集并分析所有的软件开发历程资料，供企业经理人决策之用	多平台，多开发工具等复杂项目管理	http://www.borland.com/us/products/team/index.html

2. 开源工具

软件产品	特性	适用范围	相关链接
Teamwork	以一个全新的观点把文档管理，团队协作，项目管理结合起来。群和项目管理功能在一个集成环境，可以同时协调和管理数以百计的项目	适合处理复杂的项目	http://www.twproject.com/
DotProject	可以同时管理多家公司。 运作于多种的作业平台：DotProject这套软件所使用的开发工具，皆是兼容性很高的工具，MySQL很容易连结多种语言，也可以在很多种作业系统下运作良好，可以在多种平台上面运行 Web Server Base：由于是以JavaScript、PHP的工具所开发出来的工具，所以可以支持项目成员在不同的地点，都可以更新、掌握项目进度，适合用于群体使用，很符合项目管理的需求	是一套轻量级项目管理系统，可以广泛适用	http://www.dotproject.net

续表

软件产品	特性	适用范围	相关链接
Teamwork	以一个全新的观点把文档管理，团队协作，项目管理结合起来。群和项目管理功能在一个集成环境，可以同时协调和管理数以百计的项目	适合处理复杂的项目	http://www.twproject.com/
DotProject	可制作出多种不同的报表及图表，将项目中繁多的资料作适当的处理 软件的功能界面，可以透过不同的步骤操作相同的功能；并且软件设计者，将相关的功能配置在同一个操作画面，让使用者可以不必另外绕道选择功能 对中文支持良好	是一套轻量级项目管理系统，可以广泛适用	http://www.dotproject.net
XPlanner	简单的模型规划，虚拟笔记卡(Virtual note cards),iterations、user stories与工作记录的追踪，未完成stories将自动迭代，工作时间追踪，生成团队效率，个人工时报表，SOAP界面支持	极限编程的软件项目	http://www.xplanner.org/
Open Workbench	可以管理多项目；基于资源/任务的约束条件、优先级等的进度优化平衡；工作范围变更导致的进度变更分析/赢得值分析；颜色区分任务状态	比较适合初学者和小型项目的管理	http://www.openworkbench. org/
Freeplane	是一个开源思维导图、知识创建和项目管理软件。功能和Mindmanager相似	适合做头脑风暴	http://freeplane.sourceforge.net/

3. 敏捷管理工具

软件产品	特性	适用范围	相关链接
Rally	支持backlog, user story, release, iteration, task, defect, test case等管理。提供产生各种数据图表，便于跟踪。用户可以自定义自己的dashboard，便于管理 免费版本可以支持10个用户，1个项目	适合企业级项目管理。但企业版本需要购买	http://www.rallydev.com/product-features/rally-community-edition
VersionOne	提供4种级别的edition，功能也是逐级增多的。Team edition 是免费的，支持10个用户 team Catalyst Enterprise Ultimate	根据自身需要选择合适的edition。	http://www.versionone.com/Product/Compare_Editions/Team/
Mingle	Anything is card! 所有操作都是基于卡片的，也就是说一个项目的基本构成单位就是story card，而基于这些卡片方便的展示、管理、统计都是很方便的。 它默认提供了三种软件开发模板（Scrum, Kanban 和 Agile），每个模板包含了该方法学所需的项目属性。同时，Mingle 还支持用户自定义模板，即允许用户对其进行裁剪，以便定制出适合自身使用的模板 免费版本可以支持5个用户	Mingle 适合轻量级的小项目 Mingle Plus 适合多团队的项目	http://www.thoughtworks.com/products/mingle-agile-project-management/choose-edition
TinyPM	支持on site和download两种模式。提供taskboard, user stories, wiki, timesheet,iteration 主要管理功能 免费支持5个用户的使用	比较适合小型项目的管理	http://www.tinypm.com
EasyBacklog	是一个完全免费的online工具。简单的backlog和sprint管理	适合初学者练习	http://easybacklog.com/

参考文献

[1] Scott Rosenberg. 梦断代码[M]. 韩磊，译. 北京：电子工业出版社，2008.

[2] Frederick P Brooks. 人月神话[M]. 北京：清华大学出版社，2002.

[3] Tom DeMarco，Timothy Lister. 人件[M]. 2 版. 北京：清华大学出版社，2003.

[4] 朱少民. 软件工程导论[M]. 北京：清华大学出版社，2009.

[5] Bob Hughes，Mike Cotterell. 软件项目管理[M]. 4 版. 北京：机械工业出版社，2007.

[6] (美)杰克·R·梅瑞狄斯，小塞缪尔·J·曼特尔. 项目管理：管理新视角[M]. 6 版. 北京：电子工业出版社，2006.

[7] Joe Marasco. 软件开发边界[M]，雷程炜，译. 北京：电子工业出版社，2007.

[8] Mark A Fuller. IT 项目管理[M]. 杨眉，等译. 北京：人民邮电出版社，2009.

[9] 詹姆斯·刘易斯. 项目计划、进度与控制[M]. 赤向东，译. 北京：清华大学出版社，2002.

[10]（美）凯西·施瓦贝乐. IT 项目管理[M]. 王金玉，译. 北京：机械工业出版社，2002.

[11] Clifford F Gray. 项目管理教程[M]. 徐涛，等译. 2 版. 北京：人民邮电出版社，2005.

[12] 韩万江，姜立新. 软件开发项目管理[M]. 北京：机械工业出版社，2004.

[13] Larry Constantine. 人件集——人性化的软件开发[M]. 谢超，刘颖，等译. 北京：人民邮电出版社，2004.

[14] 朱少民. 软件质量保证和管理[M]. 北京：清华大学出版社，2007.

[15] Gerald M Weinberg. 质量·软件·管理（第一卷：系统思维）[M]. 邓俊辉，译. 北京：清华大学出版社，2004.

[16] Jack Gido，James P Clements. 成功的项目管理[M]. 张金城，等译. 北京：电子工业出版社，2007.

[17] Stanley E. Portny. 如何做好项目管理[M]. 宁俊，等译. 北京：企业管理出版社，2004.

[18] Neal Whitten. 管理软件开发项目[M]. 2 版. 孙艳春，等译. 北京：电子工业出版社，2002.

[19] Harold Kerzner. 项目管理—计划、进度和控制的系统方法[M]. 9 版. 杨爱华，等译. 北京：电子工业出版社，2006.

[20] 朱少民. 软件过程管理[M]. 北京：清华大学出版社，2007.

[21] 杨一平，等. 软件能力成熟度模型 CMM 方法及应用[M]. 北京：人民邮电出版社，2001.

[22] Craig Larman. 敏捷迭代开发管理指南[M]. 张晓坤，译. 北京：人民邮电出版社，2013.

[23] Ken Schwaber. Scrum 敏捷项目管理[M]. 李国彪，译. 北京：清华大学出版社; 2007.

[24] Esther Derby , Diana Larsen. Agile Retrospectives[M]. 周全，冯左鸣，拓志祥，李丽森，译. 北京：电子工业出版社，2012.

[25] James Shore. Shane Warden.The Art of Agile Development[M]. 王江平，译. 北京：机械工业出版社，2009.

[26] Max Wideman 个人网站 http://www.maxwideman.com

[27] 中国研发管理网 http://www.chinardm.com

［28］项目管理者联盟 http://www.mypm.net
［29］中国项目管理网 http://www.project.net.cn
［30］IBM 研发网络 http://www.ibm.com/developerworks/cn
［31］希赛网 http://www.csai.cn
[32] Scrum 联盟 https://www.scrumalliance.org/
[33] http://www.mountaingoatsoftware.com/agile/scrum